普通高等教育土木工程专业"十四五"规划教材
"互联网＋"创新型教材

土木工程施工

（第 3 版）

主　编　殷为民　　杨建中

副主编　刘明辉　　唐炳全

　　　　张正寅　　刘国军

武汉理工大学出版社

·武 汉·

内 容 简 介

本书根据土木工程专业人才培养和专业评估标准要求,按照课程教学大纲和《高等学校土木工程本科指导性专业规范》中施工的知识点基本要求进行编写,结合现行施工标准、施工新技术、新工艺等内容,力求教材的时代性和有效性。教材内容包括土方工程、桩基础工程、模板工程、钢筋工程、混凝土工程、预应力混凝土工程、结构安装工程、砌体与脚手架工程、防水工程、装饰工程、桥梁结构工程施工、路面与隧道工程施工等。为了方便学习和掌握相关施工技术,配备了大量动画视频。

本书既可以作为本科和大专院校土木类学生专业课教材,也可作为工程技术人员培训、继续教育参考书籍。

图书在版编目(CIP)数据

土木工程施工/殷为民,杨建中主编 . —3 版 . —武汉:武汉理工大学出版社,2023.12
ISBN 978-7-5629-6898-6

Ⅰ. ①土… Ⅱ. ①殷… ②杨… Ⅲ. ①土木工程-工程施工 Ⅳ. ①TU7

中国国家版本馆 CIP 数据核字(2023)第 233541 号

项目负责人:高 英 汪浪涛 戴皓华		责 任 编 辑:戴皓华	
责 任 校 对:张莉娟		版 面 设 计:正风图文	

出 版 发 行:武汉理工大学出版社
地　　　址:武汉市洪山区珞狮路 122 号
邮　　　编:430070
网　　　址:http://www.wutp.com.cn
经　　　销:各地新华书店
印　　　刷:武汉市洪林印务有限公司
开　　　本:787×1092　1/16
印　　　张:27
字　　　数:635 千字
版　　　次:2023 年 12 月第 3 版
印　　　次:2023 年 12 月第 1 次印刷
定　　　价:59.00 元

前　言

（第 3 版）

高质量发展是全面建设现代化国家的首要任务。建筑业作为实体经济和支柱产业，根据工业化和城镇化发展需要，施工生产方式在不断转变，施工工艺与施工方法在不断发展，以技术为基础的智能建造在大力推进。随着经济建设的深入，土木工程施工的内容在不断变化，相关标准和技术在不断革新，教材内容也需要不断调整。

编写第 3 版的目的，就是对相关内容根据现行政策法规、标准文件和工程建设的要求进行梳理，对施工技术需要限制和禁止使用的内容进行调整，另外，对本书第 2 版读者反映的一些问题，在第 3 版中及时修正。作为应用性学科，在课程学习过程中，应根据教材内容辅助动画和工程相关资料进行思考和理解，为此教材配备了大量动画视频，可在书中相应位置扫码观看。

本书第 3 版总体框架和编写原则与第 2 版相似，仍分为 13 章。各章节编写分工为：第 1 章、第 6 章 6.1～6.5 节由扬州大学殷为民编写；第 2 章 2.1～2.3 节由扬州大学唐炳全编写；第 2 章 2.4～2.6 节由扬州大学宋兴禹编写；第 3 章由四川农业大学刘国军编写；第 4 章、第 7 章由郑州大学杨建中编写；第 5 章由陕西理工大学孙建伟编写；第 6 章 6.7～6.8 节、第 8 章 8.5 节由扬州大学马洪伟编写；第 8 章 8.1～8.2 节由扬州大学张正寅编写；第 6 章 6.6 节、第 8 章 8.3 节由扬州大学广陵学院单青编写；第 8 章 8.4 节、第 9 章 9.1 节由扬州大学于建兵编写；第 9 章 9.2～9.4 节由湖北文理学院刘云编写；第 10 章由扬州大学周国利编写；第 11 章由南阳理工学院鲁亚波编写；第 12 章、第 13 章由华北水利水电大学刘明辉编写。全书由殷为民、杨建中担任主编，刘明辉、唐炳全、张正寅、刘国军担任副主编。本书由扬州大学出版基金资助出版。

对读者提出的宝贵意见和建议，以及出版社编辑给予的大力支持和帮助，在此表示衷心的感谢。同时，在教材使用过程中读者有批评意见请及时与我们联系。联系信箱：yzywm@aliyun.com；教材辅助学习公众号：土木施工在线。

土木施工在线
公众号

编　者

2023.7

前　言

（第 2 版）

随着经济建设的发展,土木工程施工的内容在不断变化,在本书第 1 版出版后的六年多时间内,国家相继颁布了《建筑工程施工质量验收统一标准》(GB 50300—2013)、《混凝土结构工程施工质量验收规范》(GB 50204—2015)、《装配式混凝土建筑技术标准》(GB 51231—2016)及相关施工规范等标准,建筑产业现代化得到了各方面的重视和大力推动,建筑业 10 项新技术进行了升级更新,教材的内容需要反映这些进展。

编写第 2 版的目的之一,就是对相关内容根据政策法规、标准文件和工程建设的要求进行适当的调整,增加了装配式混凝土结构施工的知识;另外,本书第 1 版限于编者能力,书中仍有不妥之处,同时一些读者也反映了书中存在的若干问题,需要在第 2 版中及时修正。为了方便学习和掌握相关施工技术,本次修订还配备了大量动画视频,可在书中相应位置扫码观看。

本书第 2 版总体框架和编写原则与第 1 版相似,仍分为 13 章。各章节编写分工为:第 1 章、第 6 章 6.1～6.5 节由扬州大学殷为民编写;第 2 章 2.1～2.3 节由扬州大学唐炳全编写;第 2 章 2.4～2.6 节由扬州大学宋兴禹编写;第 3 章由四川农业大学刘国军编写;第 4 章、第 7 章由郑州大学杨建中编写;第 5 章由陕西理工大学孙建伟编写;第 6 章 6.7～6.8 节、第 8 章 8.5 节由扬州大学马洪伟编写;第 8 章 8.1～8.2 节由扬州大学张正寅编写;第 6 章 6.6 节、第 8 章 8.3 节由江海职业技术学院单青编写;第 8 章 8.4 节、第 9 章 9.1 节由扬州大学于建兵编写;第 9 章 9.2～9.4 节由湖北文理学院刘云编写;第 10 章由扬州大学周国利编写;第 11 章由南阳理工学院鲁亚波编写;第 12 章、13 章由华北水利水电大学刘明辉编写。全书由殷为民、杨建中担任主编,刘明辉、唐炳全、张正寅、刘国军担任副主编。本书由扬州大学出版基金资助出版。

对读者提出的宝贵意见和建议,以及出版社编辑给予的大力支持和帮助,在此表示衷心的感谢,同时在教材使用过程中读者的批评意见请及时与我们联系。联系信箱:yzywm@aliyun.com。

编　者

2019.10

前　言

（第 1 版）

　　土木工程施工是土木工程类专业的主要专业课程之一，本课程是一门应用性学科，具有涉及面广、实践性强、发展迅速等特点。目前，土木施工教材种类较多，各有特点，但如何形成一本适应卓越工程师培养目标的专业教材是编者一直思考的问题。本书在借鉴相关教材、标准和技术应用成果的基础上进行编写，具体思路是介绍相关工种工程主要知识，包括土木工程材料检验和验收、施工工艺和方法、施工机械和质量验收等，有层次地组织并结合教学要求展开、穿插案例并加以综合。

　　本书编写体现以下几个原则：

　　一是相关内容与现行标准紧密结合，以工程师培养为目标，内容相对精炼并结合施工新技术，体现教材内容时代性；

　　二是满足培养目标所需完成的全部教学任务和相应要求，覆盖《高等学校土木工程本科指导性专业规范》关于施工的所有核心知识点；

　　三是教材内容除绪论外，相关章节考虑穿插案例 1～2 个，案例具有一定针对性和综合性；

　　四是每章节后附有思考与练习题，思考与练习题编制具有一定工程背景，且与工程师训练和相关执业资格考试要求相结合；

　　五是教材提供 PPT 课件辅助学习，增加读者对相关知识的掌握，体现应用型人才培养和卓越人才培养的要求。

　　本书共分 13 章，第 1 章、第 6 章 6.1～6.7 节由扬州大学殷为民编写；第 2 章由扬州大学唐炳全编写；第 3 章由四川农业大学刘国军编写；第 4 章、第 7 章由郑州大学杨建中编写；第 5 章由陕西理工学院孙建伟编写；第 8 章 8.1～8.3 节由扬州大学张正寅编写；第 6章 6.8 节、第 8 章 8.4 节由扬州大学马洪伟编写；第 9 章由湖北文理学院刘云编写；第 10章由扬州大学周国利编写；第 11 章由南阳理工学院鲁亚波编写；第 12 章、第 13 章由华北水利水电大学刘明辉编写。全书由殷为民、杨建中任主编，刘国军、刘明辉、唐炳全、刘云任副主编。

　　本书编写过程中参阅了多个院校的土木工程施工教材和相关技术资料，出版社编辑为本书出版付出了大量心血，在此一并表示衷心感谢。

　　限于作者水平和经验，书中可能存在不妥之处甚至错误，敬请读者批评指正。联系信箱：yzywm@aliyun.com。

编　者

2013.6

目　　录

1 绪 论

1.1 土木工程施工的研究对象、任务和学习方法

施工是指工程的建造活动。土木工程施工是指通过有效的组织方法和技术途径,按照工程设计文件和相关标准的要求在指定位置上建造产品的过程。

土木工程包括建筑工程、道路工程、桥梁工程、地下工程等。土木工程施工是土木工程专业的一门主要专业课,它分为施工技术和施工组织两大部分,内容包括施工工艺、施工方法、施工材料和机具使用、施工组织计划等。

一个工程的施工,包括许多工种工程,诸如地基与基础工程、混凝土结构工程、钢结构工程、结构吊装工程、防水工程、屋面工程和装饰装修工程等,各个工种工程的施工都有其自身的规律,需要根据不同的施工对象及自然环境条件采用相应的施工技术,选择不同的施工机械,根据工程目标进行科学的组织。土木工程施工是多专业、多工种协同工作的一个系统工程。

土木工程施工强调施工的针对性和科学安排。施工技术是以各工种工程施工的技术为研究对象,以施工方案为核心,综合具体施工对象的特点,选择工种工程合理的施工方法,制定有效的施工技术措施,其内容包括土木工程材料的检验和验收、施工工艺和施工方法、施工机械选择和施工质量的验收等。施工组织是以科学编制一个工程项目的施工组织设计为研究对象,结合具体施工对象,编制出指导施工的组织设计,合理使用人力物力、空间和时间,着重各工种施工中关键工序的安排,使之有组织、有秩序地施工,其内容包括施工部署、施工准备工作、施工方案、施工进度计划安排、施工平面布置图设计和施工管理计划等。

综上所述,土木工程施工的研究对象就是最有效地建造房屋、构筑物、道路桥梁和地下工程等的理论、方法和有关的施工规律,以科学的施工组织设计为指导,以先进和可靠的施工技术为支撑,保证工程施工项目安全、高质量和经济地完成。

本课程的任务就是使学生了解土木工程施工领域国内外的新技术和发展动态,掌握工种工程和单个建造项目施工方案的选择以及施工组织设计的编制,具备解决一般土木工程施工技术和组织计划的基本知识。

本课程是一门应用性学科,具有涉及面广、实践性强、发展迅速等特点。本课程与土木工程材料、材料力学、结构力学、基础工程、混凝土结构以及钢结构等课程均有密切的关联,具备这些课程的基础知识才能学习本课程。本课程又是以工程实际为背景的,其内容均与工程有着直接联系,需要有一定的工程概念。同时,施工新技术、新工艺、新材料、新设备不断涌现,因此,学习本课程必须坚持理论联系实际的学习方法。

本课程学习应以强化工程实践能力、工程设计能力与工程创新能力为核心，采取基于问题的学习、基于项目的学习、基于案例的学习等多种研究性学习方法。除对于课堂讲授的基本理论、基本知识加以理解和掌握之外，还需经常阅读有关土木工程施工方面的书籍杂志，随时了解国内外最新动态，并对相关的教学实践环节，如现场参观、课程设计以及生产实习等予以足够重视，加强创新能力训练，培养解决问题的实践能力。

1.2　土木工程施工发展

土木工程是一个古老的专业，人类从进入文明社会以来，建造业不仅为人们提供"衣、食、住、行"中的住、行两大需求，也推动着其他产业的发展与社会进步。在社会进步的同时，土木工程施工也在不断地发展。我国是一个历史悠久的国家，在世界科学文化的发展史上，我国人民有着极为卓越的贡献，在施工技术方面，同样有巨大的成就。

旧石器时代，原始人藏身于天然洞穴。进入新石器时代，人类已架木巢居，以避野兽侵扰，进而以草泥作顶，开始建造活动。后来发展到将居室建造在地面上。到新石器时代后期，人类逐渐学会用夹板夯土筑墙、垒石为垣、烧制砖瓦。战国、秦、汉时，我国的砌筑技术已有很大发展，能用特制的楔形砖和企口砖砌筑拱券和穹隆。我国的《考工记》记载了春秋时期的营造法则。秦以后，宫殿和陵墓的建筑已具相当规模，木塔的建造更显示了木构架施工技术已相当成熟。至唐代大规模城市的建造，表明房屋建造技术也达到了相当高的水平。北宋李诫编纂了《营造法式》，对砖、石、木作和装修、彩画的施工法则与工料估算方法均有较详细的规定。至元、明、清，已能夯土加竹筋建造三四层楼房，砖券结构得到普及，木构架的整体性得到加强。清代的《工部工程做法则例》统一了建筑构件的模数和工料标准，制定了绘样和估算的准则。现存的北京故宫等建筑表明，当时我国的建造技术已达到很高的水平。

19世纪中叶以来，水泥和建筑钢材的出现，产生了钢筋混凝土，使土木施工进入新的阶段。我国自鸦片战争以后，在沿海城市出现了一些用钢筋混凝土建造的多层房屋和高层大楼，但多数由外国建筑公司承建。此时，我国由私人创办的营造厂虽然也承建了一些工程，但规模小，技术装备较差，施工技术相对落后。

中华人民共和国成立后，我国的建筑业发生了根本性的变化。为适应国民经济恢复时期建设的需要，扩大了建筑业建设队伍的规模，引入了苏联建筑技术，在短短几年内，就完成了鞍山钢铁公司、长春汽车厂等一千多个规模宏大的工程建设项目。1958～1959年在北京建造了人民大会堂、中国历史博物馆、北京火车站等结构复杂、规模巨大、功能要求严格、装饰标准高的建筑，标志着我国的建筑施工开始进入了一个新发展时期。

我国建筑业的第二次大发展是在20世纪70年代后期，国家实行改革开放政策以后，一些重要工程相继恢复上马，工程建设再次呈现一派繁荣景象。在20世纪80年代，以南京金陵饭店、广州白天鹅宾馆和花园酒店、上海新锦江宾馆和希尔顿宾馆、北京的国际饭店和昆仑饭店等一批高度超过100m的高层建筑为龙头，带动了我国建筑施工技术，特别是现浇混凝土施工技术的迅速发展。进入20世纪90年代，随着房地产业的兴起，城市大规模旧城改造,高层和超高层写字楼与商住楼的大量兴建,使建筑施工技术达到了很高的水平。进入 21 世纪,随着国家经济的发展,综合国力的增强,大跨空间结构建筑、地下工程、高层钢结构建筑开始大量兴建,超高层型钢混凝土组合结构工程也如雨后春笋,特别是近几年绿色施工、建筑产业现代化的推动,进一步促进了施工技术的进步和施工组织管理水平的提高。

在建筑施工技术方面,建设部自 1994 年起陆续发布 10 项建筑业新技术。该 10 项建筑业新技术的推广应用,对推进建筑业技术进步起到了积极作用。近年来,北京奥运工程、上海世博会工程等一批重大工程的相继建设,促进了工程技术的创新和研发应用。基础工程施工中推广应用了大直径钻孔灌注桩、静压桩、基坑支护、地下连续墙及逆作法等新技术;主体结构施工中应用了组合大模板、爬模和滑模、早拆模板等新型模板体系,大直径钢筋机械连接技术,高强高性能混凝土、预应力技术、泵送混凝土、大体积混凝土浇筑技术、装配式混凝土结构以及塔吊和施工升降机的垂直运输机械化等多项新的施工技术;在装饰工程施工中应用了内外墙面喷涂,外墙面玻璃及幕墙,高级饰面面砖的粘贴等新技术以及节能技术,使我国的建筑施工技术水平与发达国家的水平基本接近。

在桥梁工程施工方面,中国古代木桥、石桥和铁索桥都长时间保持世界领先水平,为世人所公认。据文献记载,中国早在公元前 50 年就建成了跨度达百米的铁索桥,而欧美直到 17 世纪尚未出现铁索桥。回顾旧中国的桥梁历史,许多大河上大跨径桥梁和上海、天津、广州等大城市中的一些桥梁也无一不是由洋商承建的。中华人民共和国成立后,1952 年政府决定建设第一座长江大桥即武汉长江大桥,欲使"天堑变通途"。1957 年武汉长江大桥建成通车,它是 20 世纪 50 年代中国桥梁的一座里程碑,为中国现代桥梁工程技术和南京长江大桥的兴建奠定了基础。

20 世纪 50 年代预应力混凝土简支梁桥的实现,使中国桥梁界初步具备了高强度钢丝、预应力锚具、孔道灌浆、张拉千斤顶等有关的材料、设备和施工工艺,为 20 世纪 60 年代建造主跨 50 m、100 m 和 150 m 的中、大跨径桥梁创造了条件。20 世纪 70 年代,大跨径拱桥盛行,"文革"时期多双曲拱桥,在地质情况较好的地区建造的一些双曲拱桥至今仍在使用。

20 世纪 80 年代后,国内开始建设斜拉桥,并相继有多座斜拉桥建成,跨径多为 250 m以下,但拉索的防腐体系相对落后,也导致建成的斜拉桥投入使用十多年后因防腐失效不得不进行换索。可以说整个 80 年代,中国的桥梁技术在梁桥、拱桥和斜拉桥上都取得了全方位的、突飞猛进的发展。

进入 20 世纪 90 年代,相继有主跨 602 m 的上海杨浦大桥斜拉桥建成,并有主跨为1385m 的江阴长江大桥悬索桥建成,标志着中国正在走向世界桥梁强国之列。进入 21 世纪,2008 年建成通车的主跨跨径 1088 m 的苏通长江大桥,2012 年建成通车的三塔双跨2×1080 m 钢箱梁悬索桥泰州长江大桥,这显示我国具备了建造特大跨径桥梁的能力。

在土木工程施工组织方面,新中国在第一个五年计划期间,就在一些重点工程上编制了指导施工的施工组织设计,并将流水施工的技术应用到工程上。进入到 20 世纪 80 年代和 90 年代以后,许多重大土木工程项目需要更为科学的施工组织设计来指导施工。计算机结合网络计划技术和工程 CAD 技术以及虚拟建造技术的应用,正在逐步实现远程对现场施工进行实时监控的目标。随着计算机的普及和技术的进步,现代施工组织和工程项目管理逐步与国际接轨,将会发展到一个更新、更高的水平。

建筑业是我国国民经济的支柱产业。近年来,在创新、协调、绿色、开放、共享的新发展理念引领下,我国建筑业生产规模不断扩大,行业结构不断优化,支柱产业地位不断巩固,对经济社会发展、城乡建设和民生改善发挥了重要作用,我国正由"建造大国"向"建造强国"持续迈进。高质量发展是全面建设社会主义现代化国家的首要任务,建筑业高质量发展是在满足可持续发展的前提下,顺应新发展理念。首先,建筑业本身的产品质量具有高质量水平,同时与建筑业相关联的内容,如建筑设计与施工、材料供应与运输、机械设备质量、人员配备、参建各主体管理水平和管理制度等都应满足社会发展和可持续的高质量发展要求。

未来建筑业高质量发展主要体现在:一是工业化。国家目前正大力推广装配式建筑,而建筑工业化是推广装配式建筑的基础和前提。所谓装配式建筑,是指通过模数化、标准化提前在工厂加工制作好建筑用构件和配件,如楼板、墙板、楼梯、阳台等,再将构件和配件运输到建筑施工现场,通过可靠的连接方式在现场装配安装而成建筑。只有通过这种方式把大量现场作业转移到工厂,才能真正实现高质量、高水平的"工厂制造、工地建造"。二是绿色化。国家规划明确提出碳达峰、碳中和目标。建筑业是碳排放大户,大约消耗了全球 30%～40% 的能源。其中建筑材料生产阶段、建筑运维阶段的碳排放量占比最大。对此,建筑业的节能减排首先要运用新技术,对传统建筑材料进行更新迭代;同时要大力推广绿色建筑、超低能耗建筑,最大程度降低在建筑运维阶段的能耗。三是智能化。如何抓住数字经济的发展机遇,是当前建筑业面临的重大挑战。所谓智能化,主要指新一代信息技术与传统建筑业深度融合,加快推进建筑业数字化转型,打造全产业链贯通的智能建造产业体系。此外,要着力推进工业互联网平台在建筑领域的融合应用,加快建立涵盖工程建设全方位、多功能的建筑产业互联网平台,充分运用新一代信息技术,打造"中国建造"升级版。

1.3　工程建设标准和技术文件

工程项目的建造必须符合工程建设标准的要求,施工技术管理需要工程技术人员结合工程实际,注重技术文件的编制,以科学指导工程建设活动。

1.3.1　工程建设标准

工程建设标准是为在工程建设领域内获得最佳秩序,对建设活动或其结果规定共同的和重复使用的规则、导则或特性的文件。该文件经协商一致后制定并经一个公认机构批准,以科学、技术和实践经验的综合成果为基础,以促进最佳社会效益为目的。工程建设活动的复杂性、特殊性、重要性等特性,决定工程建设标准的复杂性、特殊性和重要性。工程建设标准的特点主要是综合性强、政策性强。有关专业的标准规范为相应专业的工程技术人员提供了必要的规定,以保证安全和工程建设质量,达到预期的建设目的。

我国的标准体系分为国家标准、行业标准、地方标准和企业标准四级。国家标准是指对全国经济技术发展有重大意义,需要在全国范围内统一的技术要求所制定的标准。国家标准是标准体系中的主体。行业标准是指对没有国家标准而又需要在全国某个行业范围内统一的技术要求所制定的标准。行业标准是对国家标准的补充,是专业性、技术性较强的标准。地方标准是指对没有国家标准和行业标准而又需要在省、自治区、直辖市范围内统一的工业产品的安全、卫生要求所制定的标准。地方标准在本行政区域内适用。企业标准是指企业所制定的产品标准和在企业内需要协调、统一的技术要求和管理要求所制定的标准。企业标准是企业组织生产、经营活动的依据。

工程建设标准根据其属性划分为强制性标准和推荐性标准。强制性标准是国家通过法律的形式明确要求对于一些标准所规定的技术内容和要求必须执行,不允许以任何理由或方式加以违反、变更,包括强制性的国家标准、行业标准和地方标准。对违反强制性标准的,国家将依法追究当事人法律责任。推荐性标准是指国家鼓励自愿采用的具有指导作用而又不宜强制执行的标准,即标准所规定的技术内容和要求具有普遍的指导作用,允许使用单位结合自己的实际情况,灵活加以选用。

标准、规范、规程都是标准的一种表现形式,习惯上统称为标准,只有针对具体对象才加以区别。当针对产品、方法、符号、概念等基础标准时,一般采用"标准",如《建筑工程施工质量验收统一标准》(GB 50300)、《混凝土强度检验评定标准》(GB/T 50107)、《公路工程质量检验评定标准》(JTG F80)等;当针对工程勘察、规划、设计、施工等通用的技术事项做出规定时,一般采用"规范",如《混凝土结构设计规范》(GB 50010)、《混凝土结构工程施工规范》(GB 50666)、《混凝土结构工程施工质量验收规范》(GB 50204)、《公路桥涵施工技术规范》(JTG/T F50)、《公路路基施工技术规范》(JTG F10)等;当针对操作、工艺、管理等专用技术要求时,一般采用"规程",如《钢筋机械连接技术规程》(JGJ 107)、《混凝土泵送施工技术规程》(JGJ/T 10)、《建筑工程冬期施工规程》(JGJ/T 104)、《建筑机械使用安全技术规程》(JGJ 33)等。

一般规程比规范低一个等级,规程的内容不能与规范抵触,如有不同,应以规范为准。土木工程不同专业方向的标准、规范、规程适用范围不尽相同,在使用时应注意其适用范围。因我国幅员辽阔,各地的水文地质条件、环境资源、技术力量差异很大,在使用有关规范时应结合工程所在地的地方标准以及当地的具体条件。

1.3.2　工程技术文件

为保证施工技术的传承、推进企业技术进步,做好技术管理是施工企业管理内容之一,技术管理部门应根据施工技术的应用和发展做好技术文件的编制和指导。工程技术文件包括企业标准的制定、工法编制、QC成果等。

企业标准化是企业科学管理的基础。企业标准主要指施工工艺标准,其主要内容一般包括总则、施工准备、施工工艺、质量标准、质量问题处理、成品保护、职业健康安全与环境管理、质量记录等。企业生产的产品没有国家标准和行业标准的,应当制定企业标准,作为组织生产的依据；已有国家标准或者行业标准的，国家鼓励企业制定严于国家标准或者行业标准的企业标准，在企业内部适用。

工法是以工程为对象，以工艺为核心，运用系统工程原理，把先进技术与科学管理结合起来，经过一定工程实践形成的综合配套的施工方法。工法必须符合国家工程建设的方针、政策和标准，具有先进性、科学性和适用性，能保证工程质量安全、提高施工效率和综合效益，满足节约资源、保护环境等要求。工法的内容一般包括前言、特点、适用范围、工艺原理、工艺流程及操作要点、材料与设备、质量控制、安全措施、环保措施、效益分析和应用实例等项。工法分为房屋建筑工程、土木工程、工业安装工程三个类别。

工法制度自1989年底在全国施工企业中实行，它是指导企业施工与管理的一种规范性文件，是企业技术水平和施工能力的重要标志，也是企业自主知识产权的标志。企业应在工程建设中积极推广应用工法，推动技术创新成果转化，提升工程施工的科技含量。工法分为国家级、省（部）级、企业级，实行分级管理。国家级工法的关键性技术应达到国内领先及以上水平；工法中采用的新技术、新工艺、新材料尚没有相应的工程建设国家、行业或地方标准的，已经省级及以上住房和城乡建设主管部门组织的技术专家委员会审定；已经过2项及以上工程实践应用，安全可靠，具有较高推广应用价值，经济效益和社会效益显著；遵循国家工程建设的方针、政策和工程建设强制性标准，符合国家建筑技术发展方向和节约资源、保护环境等要求。由住房和城乡建设部组织专家进行评审和公布，国家级工法有效期为8年。

QC指质量控制。QC小组是指在生产或工作岗位上从事各种劳动的职工，围绕企业的经营战略、方针目标和现场存在的问题，以改进质量、降低消耗，提高人的素质和经济效益为目的组织起来，运用质量管理的理论和方法开展活动的小组。开展QC小组活动是实现全员参与质量改进的有效方法，是提高企业竞争力的有效途径。QC小组活动课题主要有问题解决型（包括现场型、攻关型、管理型、服务型）和创新型等类型，必须及时总结、形成成果。QC小组活动运用的管理技术主要有三方面：遵循PDCA循环；以事实为依据，用数据分析；应用统计方法。问题解决型课题包括选择课题、现状调查、设定目标、分析原因、确定主要原因、制定对策、实施对策、检查效果、制定巩固措施和总结及计划等内容；创新型课题主要按PDCA循环过程开展工作。QC成果应按一定程序进行交流发布，以提高企业质量管理的水平。

2 土方工程

 内容提要

本章包括概述、土方工程量计算与调配、排水与降低地下水、土方边坡与基坑支护、土方开挖与回填和质量检查与验收等内容。主要介绍了土方工程的组成和特点,土的工程分类,土方工程施工要求和方法;重点阐述了土方工程量计算、井点降水的设计、基坑支护形式、基坑监测、常用土方施工机械的选用以及土方回填压实方法。

2.1 概　　述

土方工程包括土的开挖、运输、回填与压实等主要施工过程以及场地平整、排水与降水、土壁边坡与基坑支护等辅助施工过程。常见的土方工程有:场地平整;基坑、基槽与管沟的开挖与回填;人防工程、地下建筑物或构筑物的土方开挖与回填;地坪填土与碾压;路基填筑等。土方工程是土木工程最先施工的工种工程。

土是一种天然物质,由固体颗粒(固相)、水(液相)和气(气相)所组成的三相体系。不同土的颗粒大小、矿物成分、三相比例各不相同,且土体颗粒又与周围环境发生了复杂的物理化学反应,所以土的性质千差万别。土方工程施工具有以下特点:

(1)施工条件复杂。土是天然物质,种类繁多、成分复杂,性能变化大;工程地质及水文地质变化多;土方工程多为露天作业,施工受当地的气候条件影响大;在城市施工时,地下常有不明障碍物妨碍施工;基坑土方开挖时,周边环境保护要求高。

(2)面广量大、劳动繁重。根据场地和基坑情况,土方工程有不同的施工要求,土方量可达数万乃至数百万立方米。如上海金茂大厦深基坑土方开挖面积达 2×10^4 m²,主楼开挖-19.65 m,裙楼开挖-15.1 m,土方开挖总量达到 3.29×10^5 m³。

根据上述特点,组织土方施工,首先了解施工地区的地形、地质、水文、气象资料、雨水情况;掌握现场土质情况、土层分布、土的工程性质、地下水分布情况、地下障碍物及周边环境保护要求;尽可能采用机械化施工,以降低劳动强度;根据现场情况、施工条件、质量及工期要求,拟定合理可行的施工方案,加快工程进度,降低工程成本,提高生产效率,减少繁重的体力劳动。在施工中,则应及时做好施工排水和降水、土壁支护等工作,以确保工程质量,防止流砂、塌方等意外事故的发生。

2.1.1　土的工程分类

土成分复杂,种类繁多,分类方法也很多。在土力学中为研究土的力学及变形性能,根据土的颗粒级配或塑性指数把土分为岩石、碎石土(漂石、块石、卵石、碎石、圆砾、角砾)、砂土(砾砂、粗砂、中砂、细砂和粉砂)、粉土、黏性土(黏土、粉质黏土)和人工填土等。在土方施工中,土方开挖的难易程度直接影响土方工程施工方法的选择、劳动量的消耗和工程的施工费用,故在土方施工中,根据土方开挖的难易程度进行分类,称为土的工程分类。土的工程分类将土分为松软土、普通土、坚土、砂砾坚土、软石、次坚石、坚石、特坚石共八类,如表 2.1 所示。

表 2.1　土的工程分类

土的分类	土的名称	开挖方法及工具	可松性系数	
			K_s	K_s'
一类土(松软土)	砂,粉土,冲积砂土层,疏松的种植土,泥炭(淤泥)	用锹、锄头挖掘	1.08~1.17	1.01~1.03
二类土(普通土)	粉质黏土,潮湿的黄土,夹有碎石、卵石的砂,种植土,填筑土及粉土	用锹、锄头挖掘,少许用镐翻松	1.14~1.28	1.02~1.05
三类土(坚土)	软黏土及中等密实黏土,重粉质黏土,粗砾石,干黄土及含碎石、卵石的黄土,粉质黏土,压实的填筑土	主要用镐,少许用锹、锄头挖掘,部分用撬棍	1.24~1.30	1.04~1.07
四类土(砂砾坚土)	重黏土及含碎石、卵石的黏土,粗卵石,密实的黄土,天然级配砂石,软泥灰岩及蛋白石	先用镐、撬棍,然后用锹挖掘,部分用楔子及大锤	1.26~1.32	1.06~1.09
五类土(软石)	硬石炭纪黏土,中等密实的页岩,泥灰岩,白垩土,胶结不紧的砾岩,软的石灰石	用镐或撬棍、大锤挖掘,部分使用爆破方法	1.30~1.45	1.10~1.20
六类土(次坚石)	泥岩,砂岩,砾岩,坚实的页岩,泥灰岩,密实的石灰岩,风化花岗岩,片麻岩	用爆破方法开挖,部分用风镐	1.30~1.45	1.10~1.20
七类土(坚石)	大理岩,辉绿岩,玢岩,粗、中粒花岗岩,坚实的白云石、砂岩、砾岩、片麻岩、石灰岩,有风化痕迹的安山岩、玄武岩	用爆破方法开挖	1.30~1.45	1.10~1.20
八类土(特坚石)	安山岩,玄武岩,花岗片麻岩,坚实的细粒花岗岩,闪长岩,石英岩,辉长岩,辉绿岩,玢岩	用爆破方法开挖	1.45~1.50	1.20~1.30

2.1.2　土的工程性质

土有多种工程性质,其中对土方工程施工方法选择和工程量大小有直接影响的有:土的可松性、土的渗透性、土的密度、土的含水量等,同时,土的物理力学性质、变形指标对土方工程施工也有重大的影响。

（1）土的可松性

自然状态的土,经过开挖后,其体积因松散而增加,以后虽经回填压实仍不能恢复到原来的体积,这种性质称为土的可松性。

土的可松性程度用可松性系数来表示。自然状态土经开挖后的松散体积与原自然状态下的体积之比,称为土的最初可松性系数,用 K_s 表示;土经回填压实以后的体积与原自然状态下土的体积之比,称为土的最后可松性系数,用 K'_s 表示。即

$$K_s = \frac{V_2}{V_1} \quad , \quad K'_s = \frac{V_3}{V_1} \tag{2.1}$$

式中　K_s——土的最初可松性系数;

K'_s——土的最后可松性系数;

V_1——土在自然状态下的体积(m^3);

V_2——土体开挖后的松散体积(m^3);

V_3——土经回填压实后的体积(m^3)。

由于土方工程量是以自然状态下土的体积计算,所以用 K_s 计算开挖后松散的土方体积,即土方运输的工程量;用 K'_s 计算土方的调配及回填用土量。

（2）土的渗透性

土体孔隙中的自由水在重力作用下会透过土体而运动,这种土体被水透过的性质称为土的渗透性,用渗透系数 K 表示。地下水在渗流过程中受到土颗粒的阻力,其大小与土的渗透性、水头差及渗流路径的长短有关。当基坑开挖至地下水位以下时,地下水会渗流入基坑,需采取排水或降水措施以保证土方施工条件。

渗透系数 K 反映土的透水性大小,对土方施工中施工降水与排水的影响较大。含水层渗透系数可通过现场抽水试验测得,粉土和黏性土的渗透系数也可通过原状土样的室内渗透试验测得。表 2.2 为岩土层渗透系数 K 的经验值。

表 2.2　岩土层的渗透系数 K 的经验值

土的种类	渗透系数 K(m/d)	土的种类	渗透系数 K(m/d)
黏土	<0.005	中砂	10～20
粉质黏土	0.005～0.1	均质中砂	35～50
黏质粉土	0.1～0.5	粗砂	20～50
黄土	0.25～10	均质粗砂	60～75
粉土	0.5～1.0	圆砾	50～100
粉砂	1.0～5	卵石	100～500
细砂	5～10	无填充物卵石	500～1000

（3）土的密度和干密度

土在天然状态下单位体积的质量称为土的密度,用 ρ 表示。

$$\rho = \frac{m}{V} \tag{2.2}$$

式中　ρ——土的密度(kg/m^3);

m——土的总质量(kg);

V——土的总体积(m^3)。

土的干密度 ρ_d 指单位体积固体颗粒的质量,可按式(2.3)计算:

$$\rho_d = \frac{m_s}{V}$$ (2.3)

式中 ρ_d——土的干密度(kg/m^3);

m_s——土中固体颗粒的质量(kg),即为烘干后土的质量;

V——土的总体积(m^3)。

土的干密度在一定程度上反映了土颗粒排列的紧密程度,可作为填土压实质量的控制指标。

(4)土的含水量

土的含水量指土中水的质量与固体颗粒的质量之比的百分率,用 w 表示。

$$w = \frac{m_w}{m_s} \times 100\%$$ (2.4)

式中 w——土的含水量(%);

m_w——土中水的质量(kg);

m_s——土中固体颗粒的质量(kg)。

土的含水量反映了土的干湿程度,随外界雨、雪、地下水的影响而变化。当土的含水量增加时,土体越潮湿,机械施工的难度加大;含水量超过20%时运土的车轮就会打滑或陷轮;回填土时若含水量过大就会产生橡皮土而无法压实;同时土的含水量对土方边坡稳定也有直接的影响。

2.2 土方工程量计算与调配

场地平整是将天然地面改造成设计要求的平面所进行的土方施工过程。场地平整施工,一般应安排在基坑(槽)、管沟开挖之前进行,以使大型土方机械有较大的工作面,能充分发挥其效能,并可减少与其他工作的相互干扰。

场地平整施工工艺流程为:

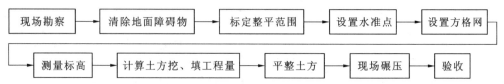

在场地平整施工之前,应首先确定场地的设计标高,计算挖、填土方工程量,然后根据土方工程量进行土方规划,制定施工方案,组织施工。

2.2.1 场地设计标高的确定

场地设计标高是土方工程量计算的依据。场地设计标高应满足规划、生产工艺及运输要求;有一定的表面泄水坡度(≥2‰),满足排水要求,并考虑最高洪水位的影响;力求场地内挖填平衡且土方工程量最小。

场地设计标高一般应在设计文件中规定,若设计文件无规定时,可以根据场地采用"挖、填土方平衡法"或"最佳设计平面法"来计算。"最佳设计平面法"应用最小二乘法的原理,使场地内方格网各角点的施工高度的平方和最小,求出最佳设计平面,既能满足土方工程量最小,又能保证挖、填土方量相等,但此法计算较繁杂。"挖、填土方平衡法"概念直观,计算简便,精度能满足施工要求,在实际工作中常采用该法,但此法不能保证土方量最小。

采用"挖、填土方平衡法"确定场地设计标高步骤如下:

(1)初步计算场地设计标高

计算原则:场地内的挖方量与填方量相等而达到土方平衡,施工前、后场地内土方量不变。

计算场地内土方量,需将场地地形图根据要求的精度划分为边长为 $10 \sim 40$ m 的正方形方格网,如图 2.1(a)所示,然后标出各方格网角点的标高。各方格网角点标高可根据地形图上相邻两等高线的标高,用插入法求得。当无地形图或场地比较大时,可在地面用木桩打好方格网,然后用仪器直接测出标高。

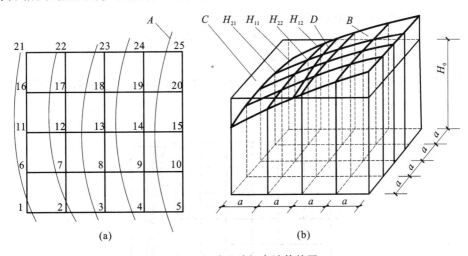

图 2.1 场地设计标高计算简图

(a)地形图上划分方格网;(b)设计标高示意图

A—等高线;B—自然地面;C—初步设计标高平面;D—零线

根据场地内土方量平整前、后相等,场地设计标高公式如下:

$$H_0 Na^2 = \sum_{i=1}^{N} \left(a^2 \frac{H_{11} + H_{12} + H_{21} + H_{22}}{4} \right) \tag{2.5}$$

即

$$H_0 = \frac{\sum_{i=1}^{N}(H_{11} + H_{12} + H_{21} + H_{22})}{4N} \tag{2.6}$$

式中　H_0——场地初步设计标高(m);

　　　a——方格网边长(m);

N——方格数;

H_{11}、H_{12}、H_{21}、H_{22}——任一方格网四个角点的标高(m)。

在图 2.1 中,角点 2 既是方格 1276 的角点,又是方格 2387 的角点,是这两个相邻方格的公用角点,其标高在计算中相加两次;角点 7 是相邻四个方格的公用角点,其标高在计算中相加 4 次;角点 1 仅是方格 1276 一个方格的角点,其标高在计算中仅相加一次;在不规则的场地中,某些方格角点是 3 个相邻方格的角点,其标高在计算中相加 3 次。因此式(2.6)可改写成:

$$H_0 = \frac{\sum H_1 + 2\sum H_2 + 3\sum H_3 + 4\sum H_4}{4N} \tag{2.7}$$

式中 H_1——1 个方格网仅有的角点标高;

        H_2、H_3、H_4——分别为 2 个方格、3 个方格、4 个方格共有的角点标高;

        N——方格数。

根据式(2.7)确定的场地初步设计标高,场地为一水平面,不能满足排水泄水坡度要求。因此,以 H_0 为场地中心标高,泄水坡度为 i_x、i_y,如图 2.2 所示。场地各点设计标高为:

$$H_n = H_0 \pm l_x i_x \pm l_y i_y \tag{2.8}$$

式中 H_n——场地内任一角点的设计标高(m);

        l_x、l_y——计算点沿 x、y 方向距场地中心点的距离(m);

        i_x、i_y——场地在 x、y 方向的泄水坡度;

        "±"——由场地中心点指向计算点时,若其方向与 i_x、i_y 反向取"+"号,同向取"—"号。

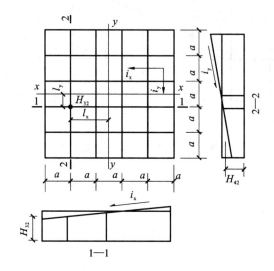

图 2.2   泄水场地标高计算

(2)场地设计标高的调整

实际工程中,对计算所得的设计标高,在土方工程量计算完成后,还应考虑下列因素进行调整:

①土的可松性。土体开挖回填之后体积增加,需相应提高场地设计标高,以达到土方量的实际平衡。土的可松性的影响取决于土的最后可松性系数。

②场地边坡填、挖土方量不等而影响场地设计标高。

③根据经济比较结果,采取场外取土或弃土的施工方案而影响场地设计标高。

如调整场地设计标高,则须重新计算土方工程量。

2.2.2 土方量计算

工程场地的外形往往复杂,常常将其假设或划分成一定的几何形状,并采用具有一定精度又和实际情况接近的近似方法进行计算。

2.2.2.1 小型场地平整土方工程量计算

场地平整土方工程量计算步骤如下:

(1)计算各方格角点的施工高度

场地设计标高确定以后,方格角点的设计标高减去该角点自然标高即可得各方格角点的施工高度,其计算公式为:

$$h_n = H_n - H'_n \qquad (2.9)$$

式中 h_n——n 角点施工高度(m),以"$+$"为填、"$-$"为挖;

H_n——n 角点的设计标高(m);

H'_n——n 角点的自然地面标高(m)。

(2)确定施工零线

施工高度为零点的连线即为"零线",它是挖方区与填方区的分界线。若两相邻角点施工高度变号(两角点施工高度 h_n 有"$+$"有"$-$",两角点一填一挖),在两角点连线的边线上一定有一点施工高度为零,该点称为"零点",将各相邻的零点连接起来即为零线。零点位置如图 2.3 所示,可用插入法计算。

$$x_1 = \frac{h_1}{h_1 + h_2}a \quad , \quad x_2 = \frac{h_2}{h_1 + h_2}a \qquad (2.10)$$

式中 x_1、x_2——角点至零点的距离(m);

h_1、h_2——相邻角点施工高度的绝对值(m);

a——方格边长(m)。

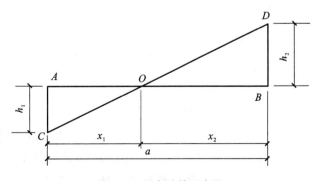

图 2.3 零点计算示意图

（3）计算方格土方工程量

零线将方格网分成三种类型：方格网四个角点全填或全挖、两填两挖、三挖一填或三填一挖。土方工程量一般采用四棱柱法进行计算。

①全填或全挖方格土方工程量计算。方格四角点均为挖或填，如图 2.4 所示，其土方量为

$$V = \frac{a^2}{4}(h_1 + h_2 + h_3 + h_4) \tag{2.11}$$

式中　V——填方或挖方体积（m^3）；

h_1、h_2、h_3、h_4——方格角点填（挖）高度绝对值（m）；

a——方格边长（m）。

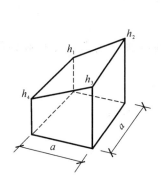 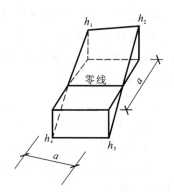

图 2.4　全填或全挖的方格　　　图 2.5　两填两挖的方格

② 两填两挖方格土方工程量计算。方格的相邻两角点为挖方，另两点为填方，如图 2.5 所示。其挖方部分的土方量为

$$V_{1,2} = \frac{a^2}{4}\left(\frac{h_1^2}{h_1 + h_4} + \frac{h_2^2}{h_2 + h_3}\right) \tag{2.12}$$

填方部分的土方量为

$$V_{3,4} = \frac{a^2}{4}\left(\frac{h_3^2}{h_2 + h_3} + \frac{h_4^2}{h_1 + h_4}\right) \tag{2.13}$$

③三挖一填或三填一挖方格土方工程量计算。方格的三个角点为挖方或填方，如图 2.6 所示，其中一个角点部分的土方量为

$$V_4 = \frac{a^2}{6} \frac{h_4^3}{(h_1 + h_4)(h_3 + h_4)} \tag{2.14}$$

三个角点部分的土方量为

$$V_{1,2,3} = \frac{a^2}{6}(2h_1 + h_2 + 2h_3 - h_4) + V_4 \tag{2.15}$$

为了提高土方工程量计算的精度，利用顺着等高线方向的对角线将方格网划分成两个三角形，如图 2.7 所示。结合方格网各角点的施工高度，就将原来一个方格所对应的四棱柱体划分成两个三棱柱体，分别计算各三棱柱体的体积并按挖方、填方分别汇总即可计算场地的挖、填土方工程量。同理零线也将三角形划分成不同类型方格进行计算。

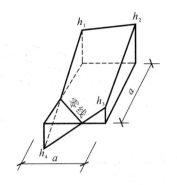

图 2.6 一填三挖或一挖三填的方格

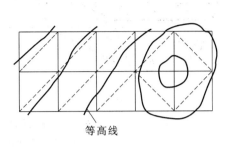

图 2.7 三角形划分示意图

(4)计算场地边坡土方工程量

按设计标高平整后的场地与周边边界之间应设置一定坡度的边坡来保持土体的稳定和施工安全,如图 2.8 所示。边坡土方工程量可以划分成三棱柱、三棱锥两种几何形体计算单元,分别按三棱柱、三棱锥体积公式计算。

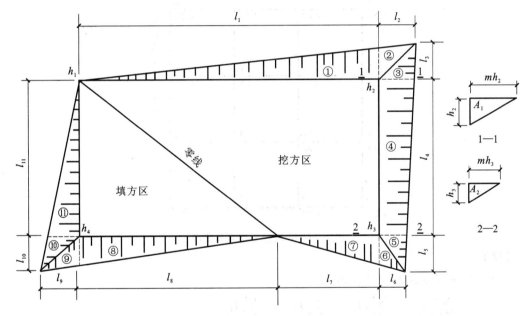

图 2.8 场地边坡土方量计算示意图

m—坡度系数

2.2.2.2 基坑(槽)和路堤的土方量计算

如图 2.9 所示,基坑(槽)和路堤的土方量可按近似柱体计算,即

$$V = \frac{H}{6}(F_1 + 4F_0 + F_2) \tag{2.16}$$

对基坑而言,H 为基坑的深度,F_1、F_2 分别为基坑上、下底面积(m^2);对基槽或路堤而言,H 为基槽或路堤的长度(m),F_1、F_2 为两端的面积(m^2);F_0 为 F_1 与 F_2 之间的中截面面积。

基槽和路堤通常根据其形状(曲线、折线、变截面)划分成若干计算段,分段计算土方

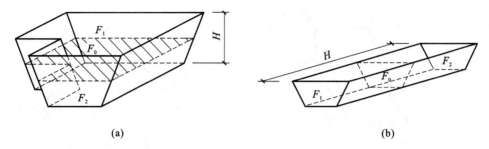

图 2.9　基坑(槽)、路堤土方量计算示意图

(a)基坑土方计算;(b)基槽和路堤土方计算

量,然后再累加求得。

　　【例 2.1】　某建筑场地方格网和自然地面标高如图 2.10 所示,方格网边长 $a=20$ m。泄水坡度 $i_x=3‰$,$i_y=2‰$,不考虑土的可松性及边坡影响,试计算方格网各角点的设计标高、施工高度,画出施工零线。

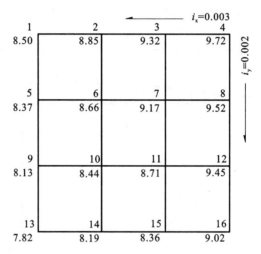

图 2.10　某场地方格网布置图

【解】

(1)初步确定场地的设计标高 H_0

$$H_0 = \frac{\sum H_1 + 2\sum H_2 + 3\sum H_3 + 4\sum H_4}{4N}$$

$$\sum H_1 = 8.50 + 9.72 + 9.02 + 7.82 = 35.06 \text{ m}$$

$$\sum H_2 = 8.85 + 9.32 + 9.52 + 9.45 + 8.36 + 8.19 + 8.13 + 8.37 = 70.19 \text{ m}$$

$$\sum H_4 = 8.66 + 9.17 + 8.71 + 8.44 = 34.98 \text{ m}$$

$$H_0 = \frac{35.06 + 2 \times 70.19 + 4 \times 34.98}{4 \times 9} = 8.76 \text{ m}$$

(2)根据场地泄水坡度计算方格网角点的设计标高 H_n

$$H_n = H_0 \pm l_x i_x \pm l_y i_y$$

$$H_1 = 8.76 - 30 \times 0.003 + 30 \times 0.002 = 8.73 \text{ m}$$

$$H_2 = 8.76 - 10 \times 0.003 + 30 \times 0.002 = 8.79 \text{ m}$$

$$H_3 = 8.76 + 10 \times 0.003 + 30 \times 0.002 = 8.85 \text{ m}$$

其他角点标高计算见图 2.11。

(3)计算方格网角点的施工高度 h_n

$$h_n = H_n - H'_n$$

$$h_1 = 8.73 - 8.50 = 0.23 \text{ m}$$

$$h_2 = 8.79 - 8.85 = -0.06 \text{ m}$$

$$h_3 = 8.85 - 9.32 = -0.47 \text{ m}$$

其他角点施工高度的计算见图 2.11。

(4)确定施工零线

角点 1 施工高度为 0.23,角点 2 施工高度为 -0.06,相邻角点施工高度 +、- 改变,故在 1—2 线上有施工零点,用插入法可求出,如图 2.11 所示。同理可求出 2—6、6—7、7—11、11—12、15—16 线上的零点,连接成施工零线,如图 2.11 所示。

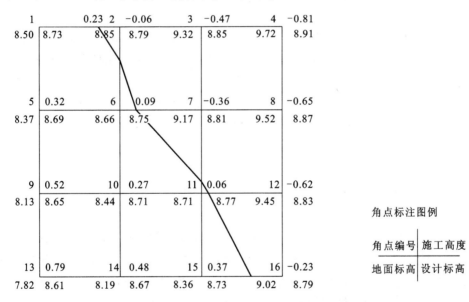

图 2.11 某场地方格网角点设计标高及施工高度

根据施工零线可以将场地划分成挖方区、填方区,同时确定方格的类型,选用相应的土方工程量计算公式即可以计算该方格的挖方量、填方量,所有方格计算完成后汇总成场地总的挖方量、总的填方量。

2.2.3 土方调配

土方调配就是对挖土的利用、堆弃和填土方案进行优化,使土方运输费用小、运程合理、减少重复挖运,方便施工。一般建筑工程施工场地狭小,土方调配方案优化的空间小,但在大型土方工程中,土方调配是土方施工设计的重要内容。土方平衡调配应尽可能与城市规划和农田水利相结合,将余土一次性运到指定弃土场,做到文明施工。

土方调配的步骤是:首先划分土方调配区,然后确定各调配区之间土方运输的价格,利用数学"线性规划"中的"运输问题"原理确定土方调配方案,最后绘制土方调配图。

(1)土方调配区划分的原则

①土方调配区划分应与建(构)筑物的平面位置相协调,并考虑它们的开工顺序、工程分期施工的要求;

②调配区的大小应满足主导土方施工机械(铲运机、挖土机)的技术要求,应力求达到挖方与填方基本平衡和总运输量最小;

③调配区的范围应与土方工程量计算用的方格网协调,通常由若干个方格网组成一个调配区;

④当土方运距较大或场地内土方不平衡时,可根据附近地形,考虑就近取土或就近弃土,这时每一个取土区或弃土区可作为一个独立的土方调配区。

(2)确定土方调配方案

土方调配区确定之后,便可计算各挖方区、填方区之间的平均运距。平均运距即为挖方调配区土方重心与填方调配区土方重心之间的距离。如果调配区之间距离较远,沿道路运输时,按实际道路情况计算。

土方的运输价格与平均运距密切相关,简化计算时可以用平均运距代替运输价格。但在实际施工中,土方的运输价格应综合考虑挖土、运土、卸土、回填等,可根据定额或市场调研确定。

在划分土方调配区、确定各调配区之间土方运输的价格以后,可利用数学"线性规划"中的"运输问题"原理对多个调配方案进行比选,确定土方调配方案。最后根据土方调配方案绘制土方调配图。

2.3 排水与降低地下水

在土方施工中,水会影响施工,且易引起土方边坡坍塌,使土方施工无法正常进行。水主要来源于地面积水(包括雨水、施工用水、生活污水等)和地下水。地面积水如不及时排除,也会流入基坑。为了保证土方及后续工程施工的顺利进行,应及时排除地面积水、降低地下水,以保持场地土体干燥。

2.3.1 排除地面水

排除地面水,需在施工场地内布置临时排水系统。临时排水系统的布置应尽量利用自然地形,以便将水直接排至场外或流入低洼处抽走;同时注意与原有排水系统相适应,并尽量与永久性排水设施相结合,以节省费用。

临时排水系统通常可采用设置排水沟、截水沟或修筑土堤等方式。设置排水沟时,主排水沟最好设置在施工区边缘或道路两旁,其横断面和纵向坡度应参照施工期内地面水最大流量确定。一般排水沟的横断面不小于 300 mm×300 mm,纵向坡度不小于 3‰,平

坦地区不小于 2‰。施工过程中应注意保持排水沟畅通,排水设备的能力宜为总渗水量的
1.5～2.0倍。

2.3.2 降低地下水

在土方开挖过程中,当基坑(槽)、管沟底面低于地下水位时,由于土的含水层被切断,
地下水会不断地渗入坑内。雨季施工时,地面水也会流入坑内。如果不采取降水措施,基
坑内的施工条件就会恶化,无法正常施工,地基土也会被水泡软,易造成边坡塌方并使地
基的承载能力下降。另外,当基坑下遇有承压含水层时,若不降水减压,则基底可能被冲
溃破坏。因此,为了保证施工条件、质量和安全,在基坑开挖前或开挖过程中,必须采取措
施降低地下水位,使地基土在开挖及基础施工时保持干燥。

降低地下水位的方法有集水坑降水法和井点降水法。

2.3.2.1 集水坑降水法

集水坑降水法(也称明排水法)是在基
坑开挖过程中,当坑底挖至地下水位以下
时,在坑底四周或中央开挖具有一定坡度的
排水沟,设集水坑,使地下水沿沟流入集水
坑内,然后用水泵抽走,如图 2.12 所示。对
坑底渗出的地下水,可采用盲沟排水。当地
下室地板与支护结构间不能设置明沟时,也
可采用盲沟排水。抽出的水应排至远离基
坑的地方,以免倒流回基坑内。雨季施工

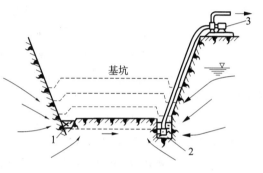

图 2.12 集水坑降水法
1—排水沟;2—集水坑;3—水泵

时,应在基坑周围或地面水的上游,开挖截水沟或修筑土堤,以防地面水流
入基坑内。

集水坑降水法一般适用于降水深度较小且土层为粗粒土层或渗水量小
的黏性土层。当基坑开挖较深,又采用刚性土壁支护结构挡土并形成止水
帷幕时,基坑内降水也多采用集水坑降水法。当采用井点降水法但仍有局
部区域降水深度不足时,可辅以集水坑降水。如降水深度较大,或土层为细砂、粉砂或软
土土层时,宜采用井点降水法。一般情况下,降水应持续到基础施工完毕,且土方回填后
方可停止,但当主体结构有抗浮要求时,停止降水的时间应满足主体结构施工期的抗浮
要求。

扫一扫
集水井降水

(1) 集水坑的设置

为防止基底土结构被破坏,集水坑应设置在基础范围以外,地下水的上游,间距应根
据地下水流量、基坑平面形状及水泵的抽水能力等确定,一般沿排水沟宜每隔 20～40 m
设置一个。集水坑的直径或宽度一般为 0.6～0.8 m,其深度随着挖土的进程而逐步加深,
并保持低于挖土面 0.8～1.0 m。坑壁可用竹、木料等进行简易加固。当基坑挖至设计标
高后,集水坑底应低于基坑底面 1.0～2.0 m,并铺设厚约 0.3 m 碎石滤水层,以免在抽水
时将泥砂抽出,并防止坑底土被扰动。

（2）排水沟的设置

排水沟一般设置在基坑的周围,深 0.5～0.8 m,宽度大于或等于 0.4 m,水沟的边坡为 1∶1～1∶0.5,排水沟应有 2‰～5‰的纵向坡度,以保持水流畅通。

（3）水泵的选择

在基坑降水时使用的水泵主要有离心泵、潜水泵、膜式电泵等。水泵的选择主要根据流量与扬程而定。

离心泵是利用叶轮高速旋转时所产生的离心力,将轮心中的水甩出而形成真空,使水在大气作用下自动进入水泵,并将水压出。离心泵安装时应使吸水口伸入水中至少 0.5 m,并注意吸水管接头严密不漏气。使用时要先将泵体及吸水管内灌满水,排出空气,然后开泵抽水(此称为引水),在使用过程中要防止漏气与脏物堵塞。离心泵扬程在满足总扬程的前提下,主要是使吸水扬程满足降低地下水位的要求(考虑由于管路阻力而引起的损失扬程为 0.6～1.2 m)。如果不够,可另选水泵或降低其安装位置。离心泵抽水能力大,一般宜用于地下水量较大的集水坑降水（$Q > 20$ m³/h）。

潜水泵由立式水泵与电动机组成,电动机有密封装置,其特点是工作时完全浸在水中,这种泵具有体积小、质量轻、移动方便、安装简单及开泵时不需引水等优点,在基坑排水中已广泛应用。一般用于涌水量 $Q < 60$ m³/h。使用时为了防止电机被烧坏,应注意不得脱水运转或陷入泥中,也不适用于排除含泥量较高的水或泥浆水,否则叶轮会被堵塞。

膜式电泵通常用于涌水量 $Q < 60$ m³/h 的基坑排水。

采用集水坑降水法,根据现场土质条件,应保持开挖边坡的稳定性。边坡坡面上如有局部渗入地下水时,应在渗水处设置过滤层,防止土粒流失,并设排水沟将水引出坡面。

2.3.2.2　流砂

（1）流砂产生的原因

当基坑挖土位于地下水位以下而土质为细砂或粉砂,又采用集水坑降水时,坑底下的土有时会形成流动状态,随地下水涌入基坑,这种现象称为流砂。流砂发生时,土成为流动状态,边挖边冒,基底土完全丧失承载能力,施工条件恶化,工人难以立足,基坑难以挖到设计深度。严重时会引起边坡土方塌方,如有临近的建筑物,可能会造成地基被掏空而使建筑物下沉、倾斜。所以流砂对土方施工及临近的建筑物有很大的危害。流砂产生的原理如图 2.13 所示。

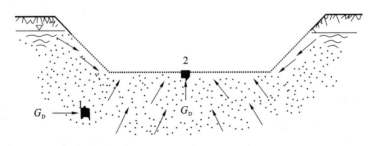

图 2.13　流砂产生原理图

1,2—土体单元

流动的水对土体颗粒产生压力,称为动水压力 G_D。动水压力的大小与水头差成正比、与渗流路线的长度成反比,即与水力梯度成正比,还和土质有关。土体颗粒对水的阻力与水流方向相反,流动的水对土体单元的压力即动水压力与水流方向一致。

图 2.13 中,在集水坑底取一土体单元 2,该单元土体除自重外,还承受水的浮力、动水压力及相邻单元间的土体剪力。如为砂性土,土体单元间剪力为 0,若浮力与动水压力的合力大于土体自重,即动水压力大于土的浸水浮容重,则此时,土颗粒处于悬浮状态,随地下水的渗流,一并流入基坑,发生流砂现象。

流砂现象一般发生在细砂、粉砂及砂质粉土中。在粗大的沙砾中,因孔隙大,水在其间流过时阻力小,动水压力也小,不易出现流砂。而在黏性土中,由于土粒间内聚力较大,也不会发生流砂现象。一般工程经验是:在可能发生流砂的土质处,当基坑挖深超过地下水位线 0.5 m 左右时,就要注意流砂的发生。

(2)流砂的防治

流砂防治的主要途径是减小或平衡动水压力或改变其方向,主要的措施有:

① 枯水期施工。此时地下水位低,基坑内外水头差小,动水压力小,甚至基坑内无地下水,不易产生流砂。

② 抢挖法。组织分段抢挖,使挖土速度超过冒砂速度,在挖至标高后立即铺竹篾、芦席并抛大石块,以平衡动水压力,将流砂压住。此法可解决局部或轻微的流砂。

③ 设止水帷幕法。即将连续的止水支护结构(如连续板桩、深层搅拌桩、密排灌注桩等)打入基坑底面以下一定深度,形成封闭的止水帷幕,从而使地下水只能从支护结构下端向基坑内渗流,增加地下水渗流的路径,减小水力梯度,从而减小动水压力,防止流砂产生。此法造价较高,一般可结合挡土支护结构整体考虑。

④ 水下挖土法。即不排水施工,使基坑内外水压平衡,动水压力为 0,流砂就无从发生。此法在沉井施工中经常采用。

⑤ 人工降低地下水位法。即采用井点降水法,使地下水位降低至基坑底面以下,地下水的渗流向下,则动水压力的方向也向下,增大了土粒间的压力,从而根除了流砂的发生。因此,此法应用广泛且可靠。

2.3.2.3 井点降水法

井点降水法即人工降低地下水位法,就是在基坑开挖前,预先在基坑周围或基坑内设置一定数量的滤水管(井),利用抽水设备连续不断地从中抽水,使地下水位降至坑底面以下并稳定后才开挖基坑,并在开挖过程中仍不断抽水,使地下水位稳定于基坑底面以下,使所挖的土始终保持干燥,提供良好的挖土条件,从根本上防止流砂现象发生。边坡可适当改陡以减少挖土量,还可以使土密实,提高地基土的承载能力。但值得注意的是,在降低基坑内地下水位的同时,基坑外一定范围内的地下水位也下降,从而引起附近的地基土产生一定的沉降,施工时应考虑这一因素的影响。井点降水一般应持续到基础施工结束且土方回填后方可停止。对于高层建筑的地下室施工,井点降水停止后,地下水位回升,对地下室产生浮力,所以井点降水停止的时候应进行抗浮验算,地下室及上部结构的重量满足抗浮要求后才能停止井点降水。

井点降水法有真空井点、喷射井点、管井井点等。施工时可根据土的渗透系数、降低水位的深度、工程特点、设备条件、周边环境及经济技术比较等因素确定,必要时组织专家进行论证。各井点降水法的适用范围见表2.3。

表 2.3　井点降水法的适用范围

井点类别	土类	渗透系数 K(m/d)	降水深度(m)
单级真空井点	黏性土、粉土、砂土	0.005～20.0	<6
多级真空井点	黏性土、粉土、砂土	0.005～20.0	<20
喷射井点	黏性土、粉土、砂土	0.005～20.0	<20
管井井点	粉土、砂土、碎石土	0.1～200.0	不限

(1)一般轻型井点

真空井点又称一般轻型井点,就是沿基坑四周每隔一定距离埋入直径较小的井点管(下端为滤管)至含水层内,井点管上端通过弯联管与集水总管相连,利用抽水设备将地下水从井点管内不断抽出,使地下水位降至基坑底面以下,如图2.14所示。

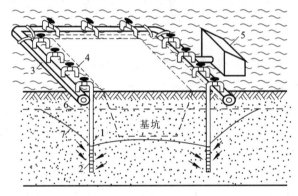

图 2.14　轻型井点法降水全貌图

1—井点管;2—滤管;3—集水总管;4—弯联管;5—泵房;6—原地下水位线;7—降水后的地下水位线

扫一扫

井点降水

①一般轻型井点设备

一般轻型井点设备由管路系统和抽水设备组成。

管路系统包括滤管、井点管、弯联管和集水总管。

滤管为进水设备,必须埋入含水层中。滤管长 1.0～1.5 m,直径 38～51 mm,管壁上钻有直径 12～19 mm 的呈梅花状排列的滤孔,滤孔面积为滤管表面积的 20%～25%。管壁外包两层孔径不同的滤网,内层为细滤网,采用 30～50 孔/cm² 的钢丝布或尼龙丝布;外层为粗滤网,采用 8～10 孔/cm² 的塑料或纺织纱布。为使水流畅通,在管壁与滤网之间用细塑料管或铁丝绕成螺旋状将两者隔开。滤网外面用带孔的薄铁管或粗铁丝网保护。滤管下端为一塞头(铸铁或硬木),上端用螺纹套管与井点管连接(或与井点管一体制作)。滤管构造如图2.15所示。

井点管为直径 38～51 mm、长 5～7 m 的钢管,上端通过弯联管与集水总管相连。弯联管一般采用橡胶软管

图 2.15　滤管构造图

1—钢管;2—管壁上小孔;3—缠绕的铁丝;

4—细滤网;5—粗滤网;6—粗铁丝保护网;

7—井点管;8—铸铁塞头

或透明塑料管,后者能随时观察井点管出水情况。

集水总管一般为直径 100～127 mm 的钢管,每节长 4 m,其间用橡胶管连接,并用钢箍卡紧,以防漏水。总管上每隔 0.8 m 或 1.2 m 设有一个与井点管连接的短接头。

抽水设备常用的有真空泵抽水设备与射流泵抽水设备两类。

真空泵抽水设备由真空泵、离心泵和水气分离器(又称集水箱)等组成,一套设备能带动的总管长度为 100～120 m,其工作原理如图 2.16 所示。抽水时,先开动真空泵 13,将水气分离器 6 抽成一定程度的真空,使土中的水分和空气受真空吸力作用形成水气混合液,经管路系统和过滤箱 4 进入水气分离器 6 中,然后开动离心泵 14,使水气分离器中的水经离心泵由出水管 16 排出,空气则集中在水气分离器上部由真空泵排出。如水多来不及排出时,水气分离器内的浮筒 7 上浮,阀门 9 将通往真空泵的通路关闭,保护真空泵不致进水。副水气分离器 12 用来滤清从空气中带来的少量水分使其落入该分离器下层放出,以保证水不致吸入真空泵内。压力箱 15 调节出水量,并阻止空气由水泵部分窜入水气分离器内,影响真空度。过滤箱 4 是用以防止水流中的部分细砂磨损机械。为使真空度能适应水泵的要求,在水气分离器上装设有真空调节阀 21。另设有冷却循环水泵 17 对真空泵进行冷却。常用的 W5、W6 型干式真空泵,其最大负荷长度分别为 100 m 和 120 m。

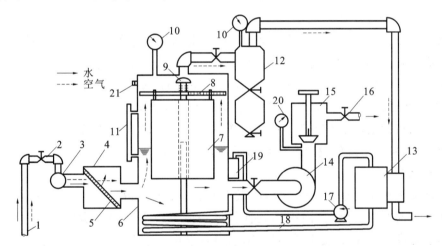

图 2.16 轻型井点真空泵抽水设备工作简图

1—井点管;2—弯联管;3—集水总管;4—过滤箱;5—过滤网;6—水气分离器;7—浮筒;8—挡水布;
9—阀门;10—真空表;11—水位计;12—副水气分离器;13—真空泵;14—离心泵;15—压力箱;
16—出水管;17—冷却泵;18—冷却水管;19—冷却水箱;20—压力表;21—真空调节阀

射流泵抽水设备由离心泵、射流器、循环水箱等组成,如图 2.17 所示。其工作原理是:离心泵将循环水箱里的水压入射流器内由喷嘴喷出时,由于喷嘴处断面收缩而使水流速度骤增,压力骤降,使射流器空腔内产生部分真空,把井点管内的水、气吸上来进入水箱,待箱内水位超过泄水口时自动溢出,排至指定地点。

射流泵抽水设备与真空泵抽水设备相比,具有结构简单、体积小、质量轻、制造容易、使用维修方便、成本低等优点,便于推广。但射流泵抽水设备排气量较小,对真空度的波动比较敏感,且易于下降,使用时要注意管路密封,否则会降低抽水效果。

一套射流泵抽水设备可带动长度 30～50 m 集水总管,适用于粉砂、粉土等渗透性较

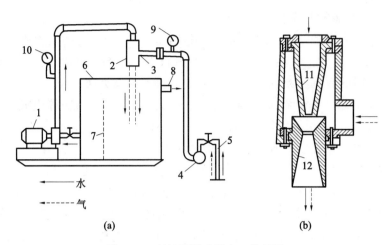

图 2.17　射流泵抽水设备工作简图

(a)工作简图;(b)射流器剖面

1—离心泵;2—射流器;3—进水管;4—集水总管;5—井点管;6—循环水箱;7—隔板;
8—泄水口;9—真空表;10—压力表;11—喷嘴;12—喉管

小的土层中降水。

②一般轻型井点布置

井点系统布置应根据水文地质资料、工程情况和设备条件等确定。一般要求掌握的水文地质资料有:地下水含水层厚度、承压或非承压水及地下水变化情况,土质、土的渗透系数及不透水层位置等。要求了解的工程情况主要有:基坑(槽)形状、大小及深度。此外,还应了解井点设备情况,如井点管长度、泵的抽吸能力等。

轻型井点布置包括平面布置和高程布置。平面布置即确定井点布置形式、总管长度、井点管数量、水泵数量及位置等。高程布置则确定井点管的埋设深度。

a. 平面布置

当基坑或沟槽宽度小于 6 m,水位降低不大于 5 m 时,可采用单排线状井点,井点管应布置在地下水的上游一侧,其两端的延伸长度一般不小于坑(槽)宽度,如图 2.18(a)所示。若沟槽宽度大于 6 m,或土质不良,则采用双排井点,如图 2.18(b)所示。面积较大的基坑应采用环状井点,如图 2.18(c)所示。有时,为了便于挖土机械和运输车辆进出基坑,可留出一段(地下水下游方向)不封闭或布置成 U 形,如图 2.18(d)所示。井点管距离基坑壁一般为 0.7~1.0 m,以防局部发生漏气。井点管间距应根据现场土质、降水深度、工程性质等按计算或经验确定,一般为 0.8~1.6 m,不超过 2.0 m。在总管拐弯处或靠近河流处,井点管应适当加密,以保证降水效果。

采用多套抽水设备时,井点系统要分段,每段长度应大致相等。为减少总管弯头数量,提高水泵抽吸能力,分段点宜在总管拐弯处。泵应设在各段总管的中部,使泵两边水流平衡。分段处应设阀门或将总管断开,以免管内水流紊乱,影响抽水效果。

b. 高程布置

高程布置是确定井点管埋深,即滤管上口至集水总管埋设面的距离,确保滤管埋设在含水层中。进行高程布置时,井点管应露出地面的高度为 0.2~0.3 m,便于与集水总管连

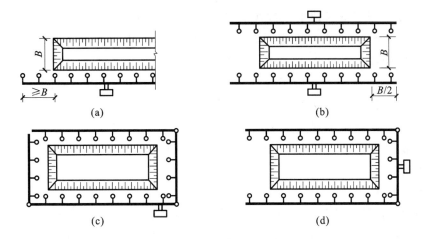

图 2.18　轻型井点的平面布置

(a)单排布置;(b)双排布置;(c)环形布置;(d)U 形布置

接,井点管的长度应大于埋深与露出地面高度之和,如图 2.19 所示。

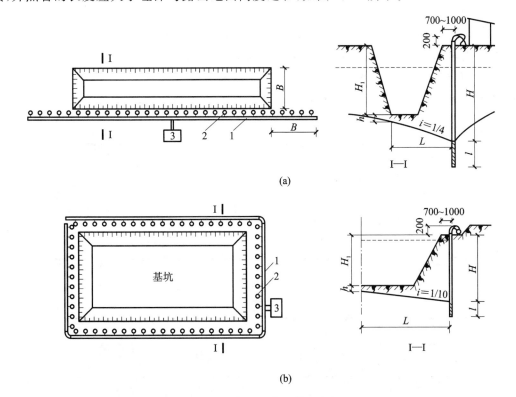

图 2.19　轻型井点的高程布置

(a)单排布置;(b)环形布置

1—集水总管;2—井点管;3—泵房

井点管的埋设深度 H 可按下式计算:

$$H \geqslant H_1 + h + iL \tag{2.17}$$

式中　H——井点管埋深(m);

　　　H_1——集水总管埋设面至基坑底的距离(m);

h——基底至降低后地下水位线的最小距离,一般为 $0.5\sim1.0$ m;

i——水力坡度(当单排布置时取 $1/5\sim1/4$,当双排布置时取 $1/7$,当环形布置时取 $1/10$);

L——井点管至地下水位降低后最高点的水平距离(m),地下水位最高点:环形、U形、双排井点,为基坑中心;单排井点,为基坑底远离井点管的一侧。

当计算出的 H 值大于井点管长度,则应降低井点系统的埋设面。通常可事先挖槽,使集水总管布置面标高接近原地下水位面。当单级轻型井点达不到降水要求深度时,可采用多级轻型井点。

③一般轻型井点计算

一般轻型井点计算的目的是在设计的降水深度条件下,估算出每天排出的地下水流量即基坑涌水量,从而确定井点管的数量、间距,选用抽水设备。轻型井点计算受水文地质及井点设备等不确定性因素的影响较大,实际降水时,应将计算结果与当地的工程经验相结合确定降水方案。

a. 水井的分类

井点系统的涌水量按水井理论进行计算。根据地下水有无压力,水井分为无压井和承压井。当水井布置在具有潜水自由面的含水层中时(即地下水面为自由水面),称为无压井;当水井布置在承压含水层中时(含水层中的地下水充满在两层不透水层间,含水层中的地下水水面具有一定水压),称为承压井。当水井底部达到不透水层时称完整井,否则称为非完整井,如图 2.20 所示。

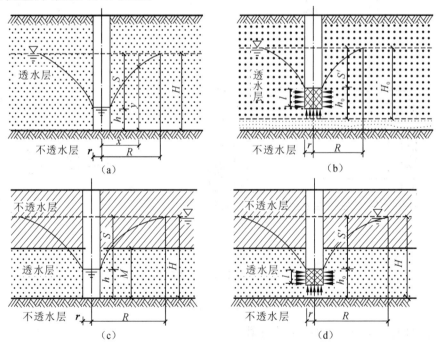

图 2.20 水井种类
(a)无压完整井;(b)无压非完整井;(c)承压完整井;(d)承压非完整井

b. 无压完整井单井涌水量计算

地下水在土层中渗流时,影响因素众多,如土层分布、周围地下水的补给条件、水流的稳定性等。根据不同的假定条件和计算模型,推导出多种计算方法,如解析法、有限差分法、有限元法、边界单元法、电模拟法、电网络法等,国内不同的规范表述也不完全相同,在具体的工程实践中,应结合当地降水工程经验,根据现场具体条件,选择计算方法进行估算。

传统的计算方法都是以法国水力学家裘布依(Dupuit)的水井理论为基础,该法计算模型地下水流为稳定流,概念清晰易理解。无压完整井,从井内开始抽水时,井内水位开始下降,经过一段时间的抽水,井周围的水面就由水平变成水位降低后的弯曲面并渐趋稳定,成为向井边倾斜的水位降落漏斗。如图 2.21 所示,在纵剖面上流线是一系列曲线,在横剖面上水流的过水断面与流线垂直。

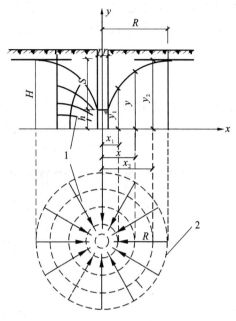

图 2.21　无压完整井水位降落曲线
1—流线;2—过水断面

通过推导得到无压完整井涌水量计算公式为

$$Q = 1.366K \frac{H^2 - h^2}{\lg \dfrac{R}{r}} \tag{2.18}$$

式中　Q——水井涌水量(m^3/d);

　　　H——含水层厚度(m);

　　　K——土的渗透系数(m/d);

　　　R——抽水影响半径(m);

　　　h——井内水深(m);

　　　r——水井半径(m)。

设水井内的水位降低值为 S,则 $S = H - h$,即 $h = H - S$,代入上式,得

$$Q = 1.366K \frac{(2H - S)S}{\lg R - \lg r} \tag{2.19}$$

式中　S——井内水位降低值(m)。

同样可得到承压完整井单井涌水量计算公式为

$$Q = 2.73 \frac{KMS}{\lg R - \lg r} \tag{2.20}$$

式中　M——含水层厚度(m)。

其余符号意义同前。

c. 环状井点系统涌水量计算

井点系统是多个井点同时抽水,各井点的水位降落漏斗互相影响,每个井的涌水量比单独抽水时小,总涌水量并不等于各单井涌水量之和,如图 2.22 所示。考虑群井的互相影响,无压完整井环状井点系统的总涌水量按下式计算

$$Q = 1.366K \frac{H^2 - y^2}{\lg R - \frac{1}{n}\lg(x_1 x_2, \cdots, x_n)} \tag{2.21}$$

式中　y——地下水位降低后群井范围内任一点处的地下水的高度(m);

　　　$x_1, x_2, \cdots, x_n$——各井轴到选定计算点(该处地下水位降低后地下水的高度为 y)的距离(m)。

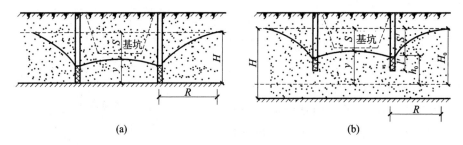

图 2.22　环状井点涌水量计算量

(a)无压完整井;(b)无压非完整井

若取基坑中心点为计算点,该处水位降低值 $S = H - h$,且全部水井假想等距离分布在基坑中心点周围,即 $x_1 = x_2 = \cdots = x_n$,则有无压完整井轻型井点总涌水量计算公式为

$$Q = 1.366K \frac{(2H - S)S}{\lg R - \lg x_0} \tag{2.22}$$

式中　x_0——环状井点系统的假想半径(m),当矩形基坑长宽比不大于 5 时,可按下式计算

$$x_0 = \sqrt{\frac{A}{\pi}} \tag{2.23}$$

　　　A——环状轻型井点系统所包围的面积(m^2);

　　　R——环状轻型井点系统的抽水影响半径(m),抽水影响半径与土的渗透系数、含水层厚度、水位降低值及抽水时间等因素有关,在抽水 2~5d 后,水位降落漏斗基本稳定,此时抽水影响半径可近似地按下式计算

$$R = 1.95S \sqrt{HK} \tag{2.24}$$

当矩形基坑的长宽比大于 5 或基坑宽度大于抽水影响半径的两倍时,需将基坑分块,使其符合计算公式的适用条件,然后按块计算涌水量,将其相加即为总涌水量。

在实际工程中常遇到无压非完整井的井点系统,如图 2.20(b)所示,地下水不仅从井的侧面进入,还从井底流入,因此其涌水量较无压完整井大,精确计算比较复杂。为了简化计算,可简单地用有效影响深度 H_0 代替含水层厚度 H 来计算涌水量,即

$$Q = 1.366K \frac{(2H_0 - S)S}{\lg R - \lg x_0} \tag{2.25}$$

式中　H_0——抽水有效影响深度(m),H_0 按表 2.4 计算确定,当 H_0 计算值大于实际含

水层厚度时,取 $H_0 = H$。

表 2.4 有效影响深度 H_0

$\dfrac{S'}{(S'+l)}$	0.2	0.3	0.5	0.8
H_0	1.3$(S'+l)$	1.5$(S'+l)$	1.7$(S'+l)$	1.85$(S'+l)$

注:S' 为井点管处水位降低深度;l 为滤管的长度。

同样可得到承压完整井环状井点涌水量计算公式为

$$Q = 2.73 \frac{KMS}{\lg R - \lg x_0} \tag{2.26}$$

d. 井点管数量及井距计算

单根井点管的最大出水量 q 与滤管构造、尺寸及土的渗透系数有关,按下式计算

$$q = 65\pi dl \sqrt[3]{K} \tag{2.27}$$

式中 q——单根井点管的最大出水量(m^3/d);

d——滤管直径(m);

l——滤管长度(m);

K——土的渗透系数(m/d)。

井点管的数量 n 取决于环状井点系统的涌水量和单根井点管的最大出水量,按下式计算

$$n = 1.1 \frac{Q}{q} \tag{2.28}$$

式中 1.1——备用系数,考虑井点管堵塞等因素。

其余符号意义同前。

井点管的间距 D 取决于集水总管的布置长度和井点管的根数,按下式计算:

$$D = \frac{L}{n} \tag{2.29}$$

式中 L——总管长度(m);

n——井点管根数(m)。

实际采用的井点管间距 D 应与集水总管上接头间距相协调,即采用 0.8 m、1.2 m、1.6 m 或 2.0 m。同时为防止井点管太密影响抽水效果,井点管的间距应大于 15 d(d 为滤管直径);在河流及总管拐弯处,井点管适当加密;在渗透系数小的土层中,水位降落的时间较长,井点管的间距宜缩小。

最后根据实际采用的井点管间距计算井点管的根数。

e. 抽水设备的选择

由真空泵和离心泵组成的抽水设备的选择,应根据所带动的总管长度、井点管数及降水深度选用。真空泵在抽水过程中所需的最低真空度 h_k,应按下式计算

$$h_k = 10 \times (h_A + \Delta h) \tag{2.30}$$

式中 h_k——真空泵在抽水过程中所需的最低真空度(kPa);

h_A——降水深度,近似取集水总管至滤管顶的深度(m);

Δh——水头损失(m),包括进入滤管的水头损失、管路阻力损失及漏气损失等,可近似取 $1\sim1.5$ m。

干式真空泵常用的型号有 W5、W6。采用 W5 型真空泵时,总管长度一般不大于 100 m;采用 W6 型真空泵时,总管长度一般不大于 120 m;对于射流泵简易井点,常用的型号有 QJD-60、QJD-90、JS-45,其排水量分别为 60 m³/h、90 m³/h、45 m³/h,能带动总管长度不大于 50 m。

水泵的流量应大于基坑涌水量的 $10\%\sim20\%$,吸水扬程应克服水气分离器内的真空吸力($h_A+\Delta h$)。一般情况下,一台真空泵可配两台离心泵,一台使用一台备用,水量大时可一起开动排水。

④一般轻型井点施工

轻型井点的施工过程为:

施工准备 ——→ 井点管埋设 ——→ 井点管使用 ——→ 井点管拆除

施工准备工作包括井点设备、动力、水源及必要材料(如砂滤料)的准备,排水沟的开挖,附近建筑物的标高观测,水位观测孔的设置以及防止附近建筑物沉降措施的实施。

井点管埋设的程序是:先挖井点沟槽、排放总管,再埋设井点管,用弯联管将井点管与总管接通,然后安装抽水设备。

井点管的埋设一般用水冲法进行,并分为冲孔与埋管两个过程,如图 2.23 所示。冲孔时,先用起重设备将冲管(直径 $50\sim70$ mm,长度比井点管长 1.5 m 左右)吊起并插在井点的位置上,然后开动高压水泵,将土冲松,冲管则边冲边沉。冲孔直径一般为 300 mm,以保证井管四周有一定厚度的砂滤层,冲孔深度宜比滤管底深 0.5 m 左右,以防冲管拔出

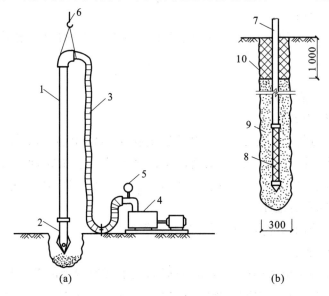

图 2.23 井点管的埋设

(a) 冲孔;(b) 埋管

1—冲管;2—冲嘴;3—胶管;4—高压水泵;5—压力表;6—起重机吊钩;

7—井点管;8—滤管;9—填砂;10—黏土封口

时,部分土颗粒沉于底部而触及滤管底部。

井孔冲成后,立即拔出冲管,插入井点管,并在井点管与孔壁之间迅速填灌砂滤层,以防孔壁塌土。砂滤层的填灌质量是保证轻型井点顺利抽水的关键。一般宜选用干净粗砂,填灌均匀,并填至滤管顶上 1.0~1.5 m,以保证水流畅通。井点填砂后,须用黏土封口,以防漏气。

井点系统全部安装完毕后,需进行试抽,以检查有无漏气现象。开始抽水后应连续抽水,时抽时停,滤网易堵塞,也容易抽出土粒,使水浑浊,并引起附近建筑物由于土粒流失而沉降开裂。

轻型井点正常的出水规律是:"先大后小,先浑后清"。在降水过程中应经常检查流量、真空度和井内水位变化,做好周围建筑沉降观测。

【例 2.2】 某工程地下室底面的平面尺寸为 40 m×13 m,底板垫层底标高为 −4.30 m(自然地面标高为 −0.30 m)。土质为细砂,土层渗透系数 $K=6$ m/d。已知地下水位面标高为 −1.30 m,不透水层顶面标高为 −12 m,基坑边坡坡度为 1:0.5。拟选用一般轻型井点降水,井点管直径为 50 mm,长 6 m;滤管直径为 50 mm,长 1.2 m;集水总管直径为 100 mm,每段长 4 m(每 0.8 m 有一弯联管接口)。

问题:

(1)计算基坑开挖尺寸;

(2)进行井点的平面布置与高程布置;

(3)轻型井点计算(涌水量、井点管数量与间距)。

【解】

(1)基坑开挖尺寸

地下室底面平面尺寸为 40 m×13 m,考虑地下室施工时模板支设及防水施工的工作面,每侧不小于 0.8 m,本工程地下室每边增加为 1.0 m,所以基坑开挖的底面尺寸为 42 m×15 m。

基坑上口地面长度为:42+2×0.5×(4.3−0.3)=46 m。

基坑上口地面宽度为:15+2×0.5×(4.3−0.3)=19 m。

基坑底面尺寸为 42 m×15 m;基坑上口地面尺寸为 46 m×19 m;基坑深 4.0 m。

(2)井点的平面布置与高程布置

井点管布置距坑壁为 1.0 m,井点露出地面 0.2 m,环形布置,井点管平面尺寸为 48 m×21 m,总管长度为 2×(48+21)=138 m。

一套真空井点集水总管长度为 100~120 m,故需两套井点。轻型井点的平面布置如图 2.24 所示。

设基坑中心的地下水位低于坑底 0.5 m,降水深度为

$$S=4.3+0.5-1.3=3.5 \text{ m}$$

井点管所需的埋设深度为

$$H=4+0.5+\frac{1}{2}\times21\times\frac{1}{10}=5.55 \text{ m}<6-0.2=5.8 \text{ m}$$

满足井点管埋深要求。

轻型井点的高程布置如图 2.25 所示。

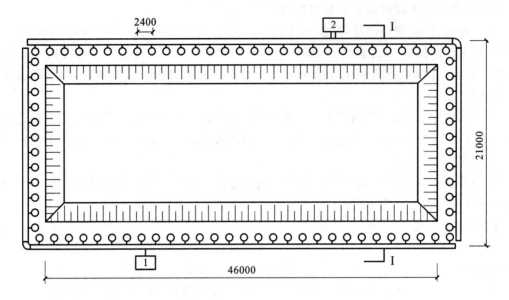

图 2.24　轻型井点平面布置

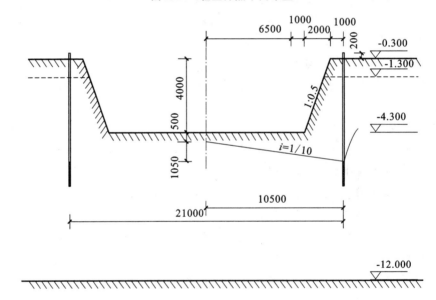

图 2.25　轻型井点高程布置(Ⅰ—Ⅰ剖面)

(3)轻型井点计算

不透水层顶面标高为 -12.00 m,滤管底标高为 $-0.3-6+0.2-1.2=-7.3$ m,按无压非完整井计算。

含水层有效厚度 H_0 按表 2.4 计算,$S'=4.3-1.3+0.5+1.05=4.55$ m。

$$\frac{S'}{S'+l}=\frac{4.55}{4.55+1.2}=0.79$$

则 $H_0=1.85\times(4.55+1.2)=10.64$ m,小于实际含水层厚度 $12-1.3=10.7$ m;取 $H_0=10.64$ m。

抽水影响半径为

$$R=1.95S\sqrt{H_0K}=1.95\times3.5\sqrt{10.64\times6}=54.53\text{ m}$$

环状井点的假想半径为

$$x_0=\sqrt{\frac{A}{\pi}}=\sqrt{\frac{48\times21}{\pi}}=17.92\text{ m}$$

基坑涌水量为

$$Q=1.366K\frac{(2H_0-S)S}{\lg R-\lg x_0}=1.366\times6\times\frac{(2\times10.64-3.5)\times3.5}{\lg54.53-\lg17.92}=1055.32\text{ m}^3/\text{d}$$

单根井点管的出水量为

$$q=65\pi dl\sqrt[3]{K}=65\times3.14\times0.05\times1.2\times\sqrt[3]{6}=22.25\text{ m}^3/\text{d}$$

井点管的数量为

$$n=1.1\frac{Q}{q}=1.1\times\frac{1055.32}{22.25}=52.17$$

取 53 根。

井点管的间距为

$$D=\frac{L}{n}=\frac{138}{53}=2.6\text{ m}$$

取 $D=2.4\text{ m}$。

则

$$n=\frac{138}{2.4}=57.5$$

取 58 根。

真空泵所需的最低真空度为

$$h_k=10\times(h_A+\Delta h)=10\times(5.8+1.5)=73\text{ kPa}$$

水泵所需的流量(两套井点)为

$$Q=1.1\frac{Q}{2}=580.426\text{ m}^3/\text{d}=24.18\text{ m}^3/\text{h}$$

水泵的吸水扬程 H_s 为

$$H_s\geqslant6+1.5=7.5\text{ m}$$

本工程出水高度低,只要吸水扬程满足要求,总扬程也满足要求。

根据计算参数选择相应的真空泵和水泵。

(2)喷射井点

当基坑降水深度超过 6 m 时,一级轻型井点就达不到降水的效果,需采用多级轻型井点降水,这会使基坑土方量增大、延长工期和增加设备用量。为此,当降水深度大时,可考虑采用喷射井点降水。这种井点降水方法深度大、效果好,其一级井点可将地下水位降低 8~20 m,适用于土层渗透系数为 0.1~20 m/d 的土层。

喷射井点设备由喷射井管、高压水泵(或空气压缩机)和管路系统组成。其工作原理如图 2.26 所示。喷射井管由内管和外管组成,在内管的下端装有喷射扬水器与滤管相连。当喷射井点工作时,由地面离心水泵供应的高压工作水经内外管之间的环行空间直达底端,在此处由特制内管的两侧进水孔至喷嘴喷出。在喷嘴处,由于断面突然收缩变小,使工作流体具有极高的流速(30～60 m/s),在喷口附近造成负压(形成真空),将地下水经过滤管吸入,吸入的地下水和工作水在混合室混合,然后进入扩散室,水流在强大的压力作用下把地下水和工作水一起扬升至地面,经排水管道进入集水池或水箱,一部分用低压泵排走,另一部分供高压水泵压入喷射井管作为工作水流。如此循环作业,抽取地下水降低水位,直至设计要求的降水深度为止。

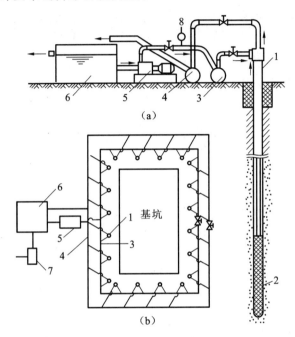

图 2.26　喷射井点

(a)喷射井点设备简图;(b)喷射井点平面布置图

1—喷射井管;2—滤管;3—供水总管;4—排水总管;5—高压离心水泵;6—水池;7—排水泵;8—压力表

（3）管井井点

管井井点降水法就是沿基坑每隔一定距离设置一个管井,或在坑内降水时每隔一定范围设置一个管井,每个管井单独用一台水泵不断抽取管井内的地下水来降低水位。管井井点具有排水量大、降水效果好、设备简单、易于维护等特点。适用于轻型井点不易解决的含水层颗粒较粗的粗砂、卵石土层,渗透系数较大、土层含水量丰富且降水较深(一般为 8～20 m)的潜水或承压水。其构造如图 2.27 所示。

（4）防止降水对邻近建筑物产生危害的措施

井点降水时,不仅把基坑内的地下水位降低,同时基坑外地下水也会形成水位降落漏斗,土体自重应力增加、压缩变形增加,且不均匀;另外土体颗粒可能随水流失,致使邻近建筑物下沉,可能会产生不均匀沉降或房屋开裂。

在基坑降水开挖中,为防止降水影响临近的建筑物,可采取以下措施:

① 减缓降水速度,勿使土粒带出。具体措施是加长井点,减缓降水速度,并根据土的粒径改换滤网,加大砂滤层厚度,防止在抽水过程中带出土粒。

②在降水区域和邻近建筑物之间的土层中设置一道固体抗渗屏幕(止水帷幕)。即在基坑周围设一道封闭的止水帷幕,使基坑外地下水的渗流路径延长,以保持水位。止水帷

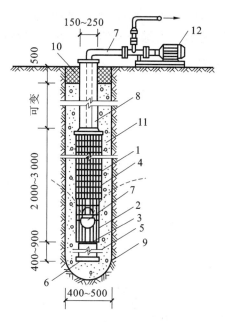

图 2.27 管井井点构造

1—滤水井管;2—钢筋焊接骨架;3—铁环;4—滤网;5—沉砂管;6—木塞;

7—吸水管;8—$\phi100\sim200$ mm 钢管;9—钻孔;10—夯填黏土;11—填充砂砾;12—抽水设备

幕的设置可结合挡土支护结构设置或单独设置。常用的方法有深层搅拌法、压密注浆法、密排灌注桩法、冻结法等。

③回灌井法。即在建筑物靠近基坑一侧,采用回灌井(沟),向土层内灌入足够量的水,使建筑物下保持原有地下水位,以求邻近建筑物的沉降达到最小。

回灌井法是防止井点降水损害周围建筑物的一种经济、简便、有效的方法,它能将井点降水对周围建筑物的影响降到最低程度。为确保基坑施工的安全和回灌的效果,回灌井点与降水井点之间应保持一定的距离,一般不宜小于 6 m,降水与回灌应同步进行。

2.4 土方边坡与基坑支护

为进行建筑物(包括构筑物)基础与地下室的施工所开挖的地面以下空间称为建筑基坑。基坑土体开挖后,坑壁土体有向坑内坍塌的趋势,为防止土壁坍塌,保证施工安全,如果基坑较浅、场地宽敞、周边环境许可,土壁可做成具有一定坡度的边坡来保持坑壁土体稳定,这种土方开挖方法称为放坡开挖。该方法既简单又经济,应优先采用。但是在城市及建筑密集地区,施工场地狭小,周边环境复杂,基坑深度大,为了保证地下结构施工及基坑周边环境的安全,常常无法采用较经济的放坡开挖,需对基坑侧壁及周边环境采取支挡、加固与保护措施,称为基坑支护。在支护体系保护下开挖称为有支护开挖。

土方回填时,在回填土体的边缘同理应做成一定的坡度或采取挡土措施。

2.4.1 土方边坡与边坡稳定

土方边坡可做成直线形、折线形和阶梯形,如图 2.28 所示。土方边坡的大小,应根据土质条件、挖方深度(或填方高度)、地下水位、排水情况、施工方法、边坡留置时间、边坡上部荷载情况及相邻建筑物情况等因素综合确定。土方边坡坡度以其挖方深度(或填方高度)h 与其边坡底宽 b 之比来表示。

$$i = \frac{h}{b} = \frac{1}{\dfrac{b}{h}} = \frac{1}{m} = 1 : m \qquad (2.31)$$

$$m = \frac{b}{h} \qquad (2.32)$$

式中　i——土方边坡坡度；

　　　b——坡底底宽；

　　　h——挖方深度(或填方高度)；

　　　m——坡度系数。

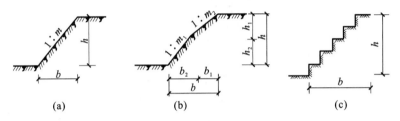

图 2.28　土方边坡形式

(a)直线形；(b)折线形；(c)阶梯形

当土质均匀且地下水位低于基坑(槽)或管沟底面标高,其挖方深度不超过表 2.5 的规定时,可留置直立壁不加支撑。

表 2.5　直立壁不加支撑挖方深度

土 的 类 别	挖方深度(m)
密实、中密的砂土和碎石类土(充填物为砂土)	1.00
硬塑、可塑的粉质黏土及粉土	1.25
硬塑、可塑的黏土和碎石类土(充填物为黏性土)	1.50
坚硬的黏土	2.00

土方边坡稳定性的分析方法很多,如摩擦圆法、条分法等。土方边坡的稳定,取决于土体的剪应力及抗剪强度。在边坡使用过程中,如果外界因素引起土体剪应力的增加或土的抗剪强度降低,边坡的稳定性就会降低,甚至坍塌破坏。引起土体剪应力增加的因素主要有:坡顶堆载、行车;雨水或地面水渗入土中,使土的含水量提高而使土的自重增加;地下水渗流产生一定的动水压力;土体竖向裂缝中的积水产生侧向静水压力等。引起土体抗剪强度降低的主要因素有:气候的影响使土质松软;土体内含水量增加产生润滑作用;饱和的细砂、粉砂受震动而液化。因此土方施工除正确留置边坡外,在使用过程中还应进行护坡,防止水体渗入、冲刷边坡,禁止坡顶荷载超载。在雨季施工中更应注意检查边坡的稳定性。

2.4.2 基坑支护

基坑支护是为保护地下主体结构施工和基坑周边环境的安全,对基坑采用的临时性支挡、加固、保护与地下水控制的措施。基坑支护工程具有临时性、技术综合性、不确定性和地域性等特点。基坑支护工程是一个系统工程,一般要经过前期技术经济资料调研→支护结构的方案讨论→设计→施工→降低地下水位→基坑土方开挖→地下结构施工等施工过程。

扫一扫

支护结构施工

2.4.2.1 基坑支护工程的主要内容

基坑支护工程的主要内容包括:基坑勘测,支护结构的设计和施工,基坑土方的开挖和运输,控制地下水位,土方开挖过程中的工程监测和环境保护等。

在基坑施工过程中,影响支护结构安全和稳定的因素众多,主要有支护结构设计计算理论、计算方法、土体物理力学性能参数取值的准确度等,它们对支护结构安全具有决定性的影响;同时地下水位变化影响基坑土方开挖的难度、支护结构荷载及周边环境;土体开挖工况的变化相应引起支护结构内力和位移的变化,所以支护结构的内力和变形随着工程的进展呈一个动态的变化过程。为了及时掌握支护结构的内力和变形情况、地下水位变化、基坑周围保护对象(邻近的地下管线、建筑物基础、运输道路等)的变形情况,根据《建筑基坑工程监测技术规范》(GB 50497)的规定,开挖深度大于或等于 5 m 或开挖深度小于 5 m 但现场地质情况和周围环境较复杂的基坑工程,以及其他需要监测的基坑工程应实施基坑监测。

2.4.2.2 支护结构的安全等级

基坑支护应保证基坑周边建(构)筑物、地下管线、道路的安全和正常使用,保证主体地下结构的施工空间。基坑支护设计时,应综合考虑基坑周边环境和地质条件的复杂程度、基坑深度等因素,将支护结构分为三个安全等级,如表 2.6 所示。

表 2.6 支护结构的安全等级

安全等级	破 坏 后 果
一级	支护结构失效、土体过大变形对基坑周边环境或主体结构施工安全的影响很严重
二级	支护结构失效、土体过大变形对基坑周边环境或主体结构施工安全的影响严重
三级	支护结构失效、土体过大变形对基坑周边环境或主体结构施工安全的影响不严重

基坑周边存在受影响的重要既有住宅、公共建筑、道路或地下管线时,或因场地的地质条件复杂、缺少同类地质条件下相近基坑深度经验时,支护结构破坏、基坑失稳或过大变形对人的生命、经济、社会或环境影响很大,安全等级应定为一级。当支护结构破坏、基坑过大变形不会危及人的生命、经济损失轻微、对社会或环境的影响不大时,安全等级可定为三级。对大多数基坑,安全等级应定为二级。对同一基坑的不同的部位,可采用不同的安全等级。

对开挖深度大于或等于5m的深基坑工程,根据地基基础设计等级,结合基坑本体安全、工程桩基与地基施工安全、基坑侧壁土层与荷载条件、环境安全等因素,划分为一级和二级两个施工安全等级。

2.4.2.3　基坑工程基本技术资料

基坑工程技术复杂、不确定因素多,为减小风险,确保安全,在基坑支护施工之前,应掌握以下的技术资料:

(1)工程地质和水文地质资料;

(2)基坑周边环境情况;

(3)拟建工程建筑、结构和基础相关要求;

(4)施工条件;

(5)相关技术规范、规程和当地管理部门的有关规定;

(6)类似工程的应用情况。

2.4.2.4　常见支护结构形式

常用的基坑支护结构有:支挡式结构、土钉墙、重力式水泥土墙、放坡等。

(1)支挡式结构

支挡式结构是由挡土构件和锚杆或支撑组成的支护体系的统称。常用的挡土构件为桩、地下连续墙,从而组合成排桩-锚杆结构、排桩-支撑结构、地下连续墙-锚杆结构、地下连续墙-支撑结构、悬臂式排桩或地下连续墙、双排桩等。

① 排桩或地下连续墙

排桩或地下连续墙支护结构就是在基坑开挖前,沿基坑四周以一定间距(或连续)打入或就地浇筑桩体(连续墙),形成桩体队列(地下连续墙)抵抗外侧土体和地下水的侧压力,形成挡土结构。常见的形式有钢板桩、灌注桩、地下连续墙等。

钢板桩就是在基坑开挖以前,在基坑四周连续打入钢板桩,钢板桩之间通过锁口连接,形成连续桩体,利用桩体强度抵抗外侧土体和地下水的侧压力,形成挡土结构。钢板桩的截面形式较多,常用的有 U 形、Z 形、H 形。

钻孔灌注桩围护墙是排桩式支护结构应用最多的一种。通常采用 $\phi 500 \sim 1000$ mm、桩长 $15 \sim 20$ m 的钢筋混凝土钻孔灌注桩,其挡墙抗弯能力强、变形相对较小、经济效益较好,常用于开挖深度 $6 \sim 10$ m 的基坑。

在基坑开挖之前,沿基坑四周,用特殊挖槽设备在泥浆护壁之下开挖一定长度的深槽,然后下钢筋笼浇筑混凝土而形成单元混凝土墙,各单元利用特制的接头连接,从而形成地下连续墙。地下连续墙具有挡土、防水抗渗和承重三种功能,能适应任何土质,特别是软土地基,且对周围环境影响小,但其造价高。当基坑深度大,周围环境复杂且要求严格时,地下连续墙是首选支护形式。

地下连续墙施工如与逆作法结合使用,基坑围护墙与主体结构外墙合一,能降低工程总体成本。

② 支撑(拉锚)

随着基坑深度的增加,如采用悬臂结构,支护结构顶部位移较大,内力分布不理想,致使围护构件截面迅速加大,增加围护造价。为使围护墙经济合理和受力后的变形控制在一定范围内,可沿围护结构竖向增设支撑点,以减少构件跨度,减小构件内力和变形,避免因构件截面的迅速加大而引起的围护结构造价的增加。如在坑内对围护墙加设支撑称为内支撑,如图 2.29(a)所示;如在坑外对围护墙加设支撑,称为锚拉式结构,如图 2.29(b)所示。

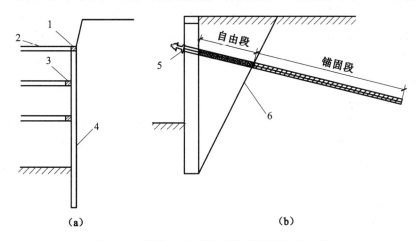

图 2.29　桩墙-内支撑和桩墙-锚杆结构示意图
1—冠梁;2—支撑;3—腰梁;4—桩墙;5—锚头;6—滑裂面

　　支撑体系的布置,应根据基坑的平面尺寸、开挖深度、水文地质条件及周边环境等进行平面布置和竖向布置。常用的平面布置形式有对撑、角撑、桁架式支撑、框架式支撑以及圆形、拱形、椭圆形等环形支撑。有时可混合使用,如对撑加角撑、环梁加边框架等,如图 2.30 所示。内支撑受力合理、安全可靠、易于控制围护墙的变形,但内支撑的设置给基坑内挖土和地下结构的支模和混凝土浇筑带来一定影响,应做好相关措施的落实。

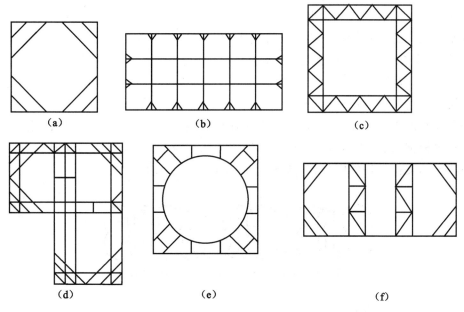

图 2.30　支撑的平面布置形式
(a)角撑;(b)对撑;(c)边桁架;(d)边框架;(e)环梁加边框架;(f)对撑加角撑

　　锚拉式支挡结构对坑内施工无任何阻挡,可以为后期主体结构施工提供很大的便利,但锚杆在基坑外必须有一定的锚固长度,坑外应有一定的空间,且锚杆施工不应造成周边环境的损害,不违反城市地下空间规划规定;也不适用于软土、高水位的碎石土和砂土。

（2）土钉墙

植入土中并注浆形成的承受拉力与剪力的杆件称为土钉,如钢筋或钢管等。土钉的特点是沿通长方向与周围土体接触,以群体起作用,与周围土体形成一个组合体。在土体发生变形的条件下,通过与土体接触面的黏结力或摩擦力,使土钉被动受拉,并主要通过受拉工作给土体以约束加固或使其稳定。

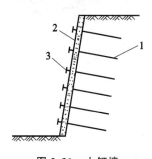

图 2.31　土钉墙

1—土钉;2—喷射的细石混凝土面层;3—垫板

土钉墙就是由随基坑开挖分层设置的、纵横向密布的土钉群,喷射混凝土面层及原位土体所组成的支护结构,如图 2.31 所示。它不仅提高了土体整体刚度,而且弥补了土体抗拉和抗剪低的弱点。通过相互作用,土体自身结构强度的潜力得到充分的发挥,还改变了边坡变形和破坏性状,显著提高了整体稳定性。土钉支护是以土钉和它周围加固了的土体一体作为挡土结构,类似于重力式挡土墙,是一种原位加固土的技术。

土钉墙是一种经济、简便、施工快速、不需要大型施工设备的基坑支护形式。

土钉墙主要用于地下水位以上或降水的非软土基坑,基坑深度不宜大于 12 m。土钉墙可与水泥土桩、微型桩及预应力锚杆等组合成复合土钉墙,适用范围有所扩大。

（3）重力式水泥土墙

重力式水泥土墙支护结构是指由水泥土桩相互搭接成格栅式或实体式的重力式支护结构。常用的水泥土桩有水泥土搅拌桩(包括加筋水泥土搅拌桩)、高压喷射注浆桩等。

水泥土抗拉、抗剪强度低,故需设计成重力式结构受力才合理。在深度不大的软土基坑,此时锚杆没有合适的锚固土层,不能提供足够的锚力,内支撑又会增加主体地下结构的施工难度,因此,重力式水泥土墙在经济、工期、技术可行等方面具有一定的优势。重力式水泥土墙适用于淤泥质土、淤泥基坑,且基坑的深度不宜大于 7 m。

为提高水泥土的抗拉能力,在水泥土搅拌桩内插入 H 型钢等(多数为 H 型钢,亦有插入拉森式钢板桩、钢管等),将承受荷载与防渗挡水结合起来,使之成为同时具有受力与抗渗两种功能的支护结构的围护桩,如图 2.32 所示,称为 SMW 工法。

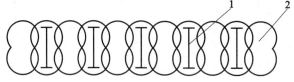

图 2.32　SMW 工法(劲性水泥土搅拌桩挡墙)

1—插在水泥土桩中的 H 型钢;2—水泥土桩

2.4.2.5　支护结构选型

支护结构选型时,应综合考虑下列因素:

（1）基坑深度;

（2）土的性状及地下水条件;

（3）基坑周边环境对基坑变形的承受能力及支护结构失效的后果;

(4)主体地下结构和基础形式及其施工方法、基坑平面尺寸及形状;

(5)支护结构施工工艺的可行性;

(6)施工场地条件及施工季节;

(7)经济指标、环保性能和施工工期。

根据《建筑基坑支护技术规程》(JGJ 120)的规定,支护结构选用条件如表 2.7 所示。

表 2.7 各类支护结构的适用条件

结构类型		适用条件		
		安全等级	基坑深度、环境条件、土类和地下水条件	
支挡式结构	锚拉式结构	一级二级三级	适用于较深的基坑	①排桩适用于可采用降水或截水帷幕的基坑;②地下连续墙宜同时用作主体地下结构外墙,可同时用于截水;③锚杆不宜用在软土层和高水位的碎石土、砂土层中;④当临近基坑有建筑物地下室、地下构筑物等,锚杆的有效锚固长度不足时,不应采用锚杆;⑤当锚杆施工会造成基坑周边建(构)筑物的损害或违反城市地下空间规划时,不应采用锚杆
	支撑式结构		适用于较深的基坑	
	悬臂式结构		适用于较浅的基坑	
	双排桩		当锚拉式、支撑式和悬臂式结构不适用时,可考虑采用双排桩	
	支护结构与主体结构结合的逆作法		适用于基坑周边环境条件很复杂的深基坑	
土钉墙	单一土钉墙	二级三级	适用于地下水位以上或降水的非软土基坑,且基坑的深度不宜大于 12 m	当基坑潜在滑动面内有建筑物、重要地下管线时,不宜采用土钉墙
	预应力锚杆复合土钉墙		适用于地下水位以上或降水的非软土基坑,且基坑的深度不宜大于 15 m	
	水泥土复合土钉墙		用于非软土基坑时,基坑深度不宜大于 12 m;用于淤泥质基坑时,基坑深度不宜大于 6m;不宜用在高水位的碎石土、砂土中	
	微型桩复合土钉墙		适用于地下水位以上或降水的基坑,用于非软土基坑时,基坑深度不宜大于 12 m;用于淤泥质土基坑时,基坑深度不宜大于 6 m	
重力式水泥土墙		二级三级	适用于淤泥质土、淤泥基坑,且基坑深度不宜大于 7 m	
放坡		二级三级	①施工场地满足放坡条件;②放坡与上述支护结构形式相结合	

注:①当基坑不同部位的周边环境条件、土层性状、基坑深度等不同时,可在不同部位分别采用不同的支护形式;
②支护结构可采用上、下部不同结构类型组合的形式。

随着基坑工程实践的不断发展,基坑工程呈现出新的特点,即"大、深、紧、近"等特点;设计与施工结合更加紧密;敏感条件下基坑工程设计正逐步走向以变形控制为导向;支护结构与主体结构相结合的设计理念得到加强和更多实践;新的围护形式、新的施工技术不断涌现,如圆筒形维护结构等。所以支护结构选型,应根据要求,结合工程的具体情况包括基坑深度、工程地质、水文地质条件、周边环境、当地工程实践等因素进行选择。

2.4.2.6 基坑监测

工程实践表明,多数基坑工程事故是有征兆的。在基坑工程施工和使用期间,及时发现异常现象和事故征兆并采取有效措施是防止事故发生的重要手段。建筑基坑工程监测即在建筑基坑施工及使用阶段,对建筑基坑及周边环境实施的检查、量测和监视工作,对基坑岩土的性状、支护结构变位和周围环境条件的变化,进行各种观测分析,并将观测结果及时反馈,以指导设计、施工,对施工过程中出现的问题及早发现以便采取措施,避免工程事故的发生。

基坑监测是一个系统工程,监测的对象应包括:支护结构、地下水状况、基坑底部及周边土体、周边建筑、周边管线及设施、周边重要的道路及其他应监测的对象。常见的事故征兆有支护结构变形过大、变形不收敛,地面下沉,基坑失稳等。不同的土质条件、支护结构形式、施工工艺和环境条件有不同的事故征兆,应根据具体情况分析确定。常见的基坑工程仪器监测项目如表2.8所示。因支护结构水平位移和基坑周边建筑物沉降能直观、快速反应支护结构的受力、变形状态及对环境的影响程度,故国家明确规定安全等级为一级、二级的支护结构,在基坑开挖与使用过程中,必须进行支护结构的水平位移监测和基坑开挖影响范围内建(构)筑物、地面的沉降监测。其他监测项目应根据具体情况选择。

表 2.8 基坑工程仪器监测项目选择

监 测 项 目	基坑设计安全等级		
	一级	二级	三级
支护结构顶部水平位移	应测	应测	应测
基坑周边建(构)筑物、地下管线、道路沉降	应测	应测	应测
坑边地面沉降	应测	应测	应测
支护结构深部水平位移	应测	应测	选测
锚杆拉力	应测	应测	选测
支撑轴力	应测	应测	选测
挡土构件内力	应测	宜测	选测
支撑立柱沉降	应测	宜测	选测
挡土构件、水泥土墙沉降	应测	宜测	选测
地下水位	应测	应测	选测
土压力	宜测	选测	选测
孔隙水压力	宜测	选测	选测

注:表内各监测项目中,仅选择实际基坑支护形式所含有的内容。

根据《建筑基坑工程监测技术标准》(GB 50497)的规定,基坑设计安全等级为一、二级的基坑,开挖深度大于或等于5 m的土质基坑,极软岩基坑,破碎的软岩基坑,极破碎的岩体基坑,上部为土体下部为极软岩、破碎的软岩、极破碎的岩体构成的土岩组合基坑或者开挖深度小于5 m但现场地质情况和周边环境较复杂的基坑工程以及其他需要监测的基坑工程应实施基坑监测。基坑监测测点布置示意如图2.33所示。

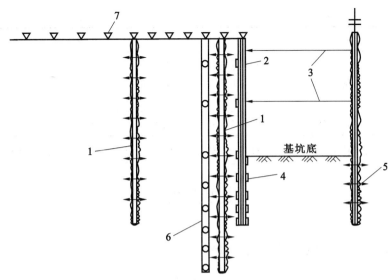

图 2.33　基坑监测测点布置示意图

1—土体测斜和分层沉降测点,埋设测斜管(兼做分层沉降导管);2—围护桩(墙)测斜;3—支撑轴力监测;
4—围护桩(墙)土压力测点;5—基坑回弹测点;6—孔隙水压力测点;7—横向地表沉降测点

影响基坑工程监测的因素很多,主要有基坑工程设计与施工方案;建筑基地的岩土工程条件;临近建(构)筑物、设施、管线、道路等的现状及使用状态;施工工期;作业条件等。建筑基坑监测方案应综合考虑以上因素,制定合理的监测方案。

基坑监测的项目多、时间长,应采用仪器监测与巡视检查相结合的方法,多种观测方法互为补充、相互验证。仪器监测可以取得定量的数据,进行定量分析;以目测为主的巡视检查,可辅以锤、钎、量尺、放大镜等简易工具,更具时效性,可以起到定性、补充的作用。加强巡视检查是预防基坑工程事故非常简便、经济而又有效的方法。所以在基坑工程施工和使用期间,每天均应安排专人进行巡视检查。巡视检查的项目详见表2.9。

表 2.9　基坑巡查项目表

序　号	巡查项目	巡　查　内　容
1	支护结构	支护结构成型质量; 冠梁、围檩、支撑有无裂缝; 支撑、立柱有无较大变形; 止水帷幕有无开裂、渗漏; 墙后土体有无裂缝、沉陷及滑移; 基坑有无涌土、流砂、管涌
2	施工工况	开挖后暴露的土质情况与岩土勘察报告有无差异; 基坑开挖分段长度、分层厚度及支锚设置是否与设计要求一致; 场地地表水、地下水排放情况是否正常,基坑降水、回灌设施是否运转正常; 基坑周边地面有无超载
3	周边环境	周边管道有无破损、泄漏情况; 周边建筑有无新增裂缝出现; 周边道路(地面)有无裂缝、沉陷; 邻近基坑及建筑的施工变化情况

续表 2.9

序 号	巡查项目	巡查内容
4	监测设施	基准点、监测点完好状况； 监测元件的完好及保护情况； 有无影响观测工作的障碍物
5	其他项目	根据设计要求及当地经验确定的其他巡视检查内容

基坑监测应采用第三方监测,但不取代施工单位自己开展必要的施工监测。

2.5 土方开挖与回填

2.5.1 主要土方机械的特点与施工方法

土方工程面广量大,若组织人工挖土,不仅劳动繁重,而且生产效率低、工期长、成本高,所以应尽可能组织土方机械化施工。常见的土方施工机械有推土机、铲运机、挖土机及运土汽车等。

（1）推土机

推土机是由拖拉机加装推土板而成的。推土板多用液压操纵,不仅可以升降推土板,还能调整推土板的角度,操纵灵活,运转方便,所需工作面较小,行驶速度快,易于转移,能爬 30°左右的缓坡,因此应用范围较广。图 2.34 为 T-180 型推土机。

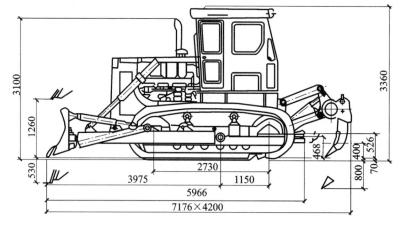

扫一扫

推土机

图 2.34 T-180 型推土机外形图

推土机可推挖一～三类土,多用于场地的清理平整、开挖深度不大的基坑、移挖作填、回填土方、堆筑堤坝以及配合挖土机集中土方、修路开道等。经济运距在 100 m 以内,30～60 m 效果最好。为提高生产率,可采用槽形推土、下坡推土以及并列推土等方法。

（2）铲运机

铲运机是一种能综合完成全部土方施工工序(挖土、装土、运土、卸土和平土)的机械。按行走方式可分为自行式铲运机和拖式铲运机(由拖拉机牵引和操纵)两种。按铲斗的操纵系统又可分为机械操纵和液压操纵两种。图 2.35 为 CL7 型自行式铲运机。

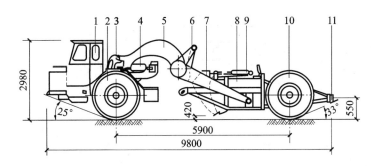

铲运机

图 2.35 CL₇型自行式铲运机

1—驾驶室;2—前轮;3—中央框架;4—转角油缸;5—辕架;6—提斗油缸;7—斗门;
8—铲斗,9—斗门油缸;10—后轮;11—尾架

铲运机操作简单,对道路要求低,能独立工作,行驶速度快,生产效率高。铲运机适于开挖一~三类土、地形起伏不大、坡度在20°以内的大面积土方挖、填、平整、压实,以及大型基坑开挖和堤坝填筑等。

铲运机的开行路线应根据填方、挖方区的分布情况并结合工地具体情况进行选择,尽量减少转弯次数和空驶的距离,提高工作效率,一般有环形路线和8字形路线,如图2.36所示。经济运距为600~1500 m,当运距为200~350 m时效率最高。

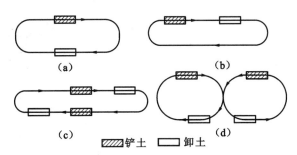

铲土 卸土

图 2.36 铲运机开行路线

(a)、(b)环形路线;(c)大环形路线;(d)8字形路线

（3）挖土机

挖土机利用土斗直接挖土,因此也称为单斗挖土机。挖土机按行走方式分为履带式和轮胎式两种。按传动方式分为机械传动和液压传动两种。按工作装置分为正铲、反铲、拉铲(机械传动)和抓铲,如图2.37所示。使用较多的是正铲和反铲。

挖土机

①正铲挖土机

正铲挖土机适用于开挖停机面以上、高不小于1.5 m、无地下水的干燥基坑及土丘等,其挖土特点是:"前进向上,强制切土"。正铲挖土机挖掘力大,适用于开挖含水量较小的一~四类土,需要汽车配合运土。

正铲挖土机的生产率主要决定于每斗的挖土量和每次作业的循环时间。为了提高其生产率,除了工作面高度必须满足装满土斗的要求之外,还要考虑开挖方式和与运土机械配合,尽量减少回转角度,缩短每个循环的持续时间。根据挖土机开行路线与运输车辆相对位置的不同分为正向挖土侧向卸土和正向挖土后方卸土,如图2.38所示。

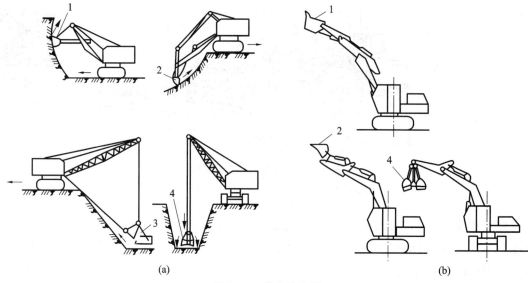

图 2.37　单斗挖土机

(a)机械式;(b)液压式

1—正铲;2—反铲;3—拉铲;4—抓铲

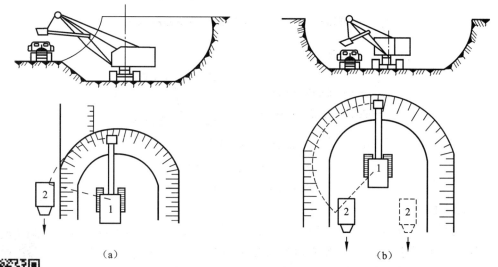

图 2.38　正铲挖土机开挖方式

(a)正向挖土侧向卸土;(b)正向挖土后方卸土

1—正铲挖土机;2—自卸汽车

扫一扫

正铲

　　　　正向挖土侧向卸土,铲臂回转角度小,运土汽车行驶方便,生产效率高,应优先采用;正向挖土后方卸土,铲臂回转角度大,运土汽车需倒车进入,生产效率低,一般仅当基坑较窄而且深度较深时采用。

　　当基坑面积大、深度深时,应合理规划挖土机的开行路线,分层开挖,同时应组织好运土汽车的开行路线。

　　②反铲挖土机

　　反铲挖土机适用于开挖停机面以下的土方,一般反铲挖土机的最大挖土深度为 4～6 m,

经济合理的挖土深度为 3~5 m。其挖土特点是："后退向下,强制切土"。挖土能力比正铲小,适用于开挖一~二类土,需要汽车配合运土。

反铲挖土机的开挖方式可以采用沟端开挖法和沟侧开挖法,如图 2.39 所示。

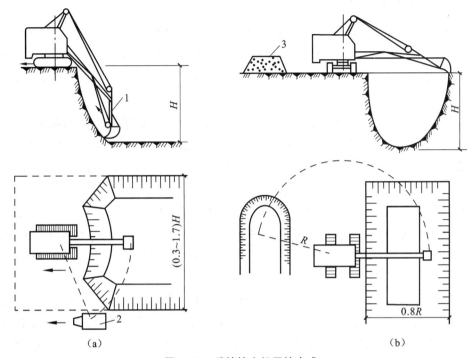

图 2.39 反铲挖土机开挖方式
(a)沟端开挖;(b)沟侧开挖
1—反铲挖土机;2—自卸汽车;3—弃土堆

沟端开挖法是反铲挖土机停于基坑或基槽的端部,后退挖土,向沟侧弃土或装车运走。其优点是挖土方便,挖掘深度和宽度较大。

沟侧开挖法是反铲挖土机停于基坑或基槽的一侧,向侧面移动挖土,能将土体弃于沟边较远的地方,挖土机的移动方向与挖土方向垂直,稳定性较差,且挖土的深度和宽度均较小,不易控制边坡坡度。因此该方法只在无法采用沟端开挖或所挖的土体不需运走时采用。

③ 拉铲挖土机

拉铲挖土机的土斗是用钢丝绳悬挂在挖土机的长臂上,挖土时在自重作用下落到地面切入土中。其工作特点是："后退向下,自重切土"。挖土深度和挖土半径均较大,能开挖停机面以下一~二类土,但没用反铲挖土机灵活准确,适用于大型基坑及水下挖土,而且其开挖的边坡及坑底平整度较差,需更多的人工修坡(底)。它的开挖方式也有沟端开挖和沟侧开挖两种。

④ 抓铲挖土机

抓铲挖土机是在挖土机臂端用钢丝绳吊装一个抓斗,其工作特点是："直上直下,自重切土"。挖掘能力小,适用于停机面以下松软的土,对施工面狭窄而深的基坑、深槽、深井可取得较好的效果,也适用于水下挖土。

抓铲挖土时,通常立于基坑一侧进行,对较宽的基坑,则在两侧或四侧抓土。抓挖淤泥时,抓斗易被淤泥"吸住",应避免起吊用力过猛,以防翻车。

2.5.2 土方机械的选择

土方机械的选择应根据现场的地形条件、工程地质条件、水文地质条件、土的类别、工程量的大小、工期要求、土方机械供应条件等因素,合理比较,经过技术经济分析后选择土方机械,充分发挥机械效能,并使各种机械在施工中相互配合,加快施工进度,提高施工质量,降低工程成本。

在场地平整施工中,当地形起伏不大(坡度小于15°),填挖平整土方的面积较大,平均运距较短(一般在1500 m以内),土的含水量适当(<27%)时,采用铲运机较为适宜;如果土质坚硬或冻土层较厚(100~150 mm)时,必须用其他机械翻松后再铲运;当含水量较大时,应疏干水后再铲运。

地形起伏较大的丘陵地带,当挖土高度在3 m以上,运输距离超过2000 m,土方工程量较大且较集中时,一般应选用正铲挖土机挖土、自卸汽车配合运土,并在弃土区配备推土机平整土堆。也可采用推土机预先把土推成一堆,再用装载机把土装到自卸汽车上运走。

建筑基坑开挖,一般选用挖土机与自卸汽车组合。当基坑底干燥且较密实时,可选用正铲挖土机挖土;如地下水位较高,又不采用降水措施,或土质松软,可能造成正铲挖土机和运土汽车陷车时,则采用反铲挖土机;基坑深度深、面积大、水下挖土时可以选择拉铲挖土机;基坑狭窄、深度深、土质松软、水下挖土时可以选择抓铲挖土机。

移挖作填以及基坑和管沟的回填土,当运距在100 m以内时,可采用推土机施工。

不同种类机械组合在一起施工时,主导机械与配合机械之间存在一定的比例关系才能保证主导机械连续施工,如挖土时挖土机与运土汽车之间存在一定的比例关系,可通过计算或经验确定。

采用机械进行土方开挖应避免超挖、扰动土层,一般挖至基坑底及边坡时应预留200~300 mm厚土层,采用人工清理、修坡、找平,以保证基底标高和边坡坡度正确。基坑开挖结束后,应尽快组织基槽验收,进行基础垫层施工,尽量减少土方暴露的时间。

2.5.3 土的填筑与压实

常见的土方回填工程有地基、基坑(基槽)、室内地坪、室外场地、管沟、散水、路基等。在实际工程中,由于回填压实质量未达到设计要求而出现的建筑物下沉、地坪沉降、路面开裂等质量事故经常发生,所以要高度重视土方回填压实施工。为保证填土的强度和稳定性,应正确选择回填土料和填筑方法,做好基层整理工作。

(1)土料的选用

填方土料应符合设计要求,保证填方的强度与稳定性,选择的填料应为强度高,压缩性小,水稳定性好,便于施工的土、石料。如设计无要求时,应符合下列规定:

①级配良好的碎石类土、砂土。

②含水量符合压实要求的黏性土,可为填土。在道路工程中,黏性土不是理想的路基填料,在使用其作为路基填料时,必须充分压实并设有良好的排水设施。

③碎块草皮和有机质含量大于8%的土,仅用于无压实要求的填方。

④淤泥、耕土、冻土、膨胀土、垃圾土及水溶性硫酸盐含量大于5%的土不能作为回填土料。

(2)填筑方法

土方填筑应从最低处开始,分层回填,分层压实。分层的厚度应根据土的种类及压实机械来确定。基坑土方回填宜对称、均衡地进行。填方尽量采用同类土填筑,当采用不同类土填筑时,应将透水性大的土层置于透水性小的土层之下,不能混杂使用。

(3)压实方法

填土的压实方法有碾压法、夯实法和振动压实法,如图2.40所示。压实方法必须根据工程特点、填料种类、设计要求的压实系数和施工条件合理选择。平整场地、大型基坑回填等大面积的回填工程用碾压法,较小面积的填土工程采用夯实法和振动压实法。

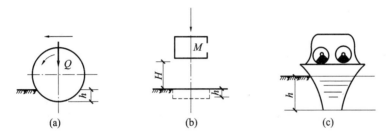

图 2.40 填土压实的方法
(a)碾压法;(b)夯实法;(c)振动压实法

①碾压法

碾压法是利用沿着土的表面滚动的鼓筒或轮子的压力来压实土壤。碾压机械有平碾(压路机)、羊足碾和汽胎碾。应用最普遍的是刚性平碾,适用于砂性土和黏性土。羊足碾需要较大的牵引力而且只能用于压实黏性土,因在砂土中碾压时,土的颗粒受到"羊足"较大的单位压力后会向四面移动,而使土的结构破坏。汽胎碾在工作时是弹性体,给土的压力较均匀,填土质量较好。

碾压机械按重量分为轻型(30~50 kN)、中型(60~90 kN)、重型(100~140 kN)。碾压时应先轻后重,先用重量小的压实机械碾压后再用重量大的碾压机械压实,松土如用重型碾压机械直接滚压,则土层有强烈起伏现象,效率不高;碾压方向应从填土区的两侧逐渐压向中心,每次碾压应有150~200 mm的重叠;碾压机开行速度不宜过快,否则影响压实效果,平碾不应超过2 km/h,羊足碾不应超过3 km/h。

②夯实法

夯实法是利用夯锤自由落下的冲击力使土体颗粒重新排列,压实填土。夯实的优点是可以压实较厚的土层,主要适用于小面积填土,可以夯实黏性土或非黏性土。夯实机械有夯锤、内燃夯土机和蛙式打夯机等。夯锤借助起重机提起并落下,其质量大于1.5 t,落距2.5~4.5 m,夯土影响深度可超过1 m。常用于夯实湿陷性黄土、杂填土以及含有石块的填土。内燃夯土机作用深度为 0.4～0.7 m。蛙式打夯机轻便灵活,适用于小型土方工程的夯实工作,应用广泛,如图 2.41 所示。

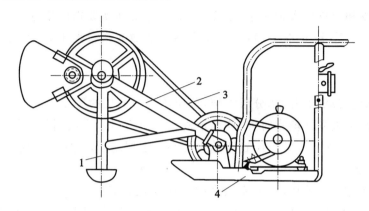

图 2.41　蛙式打夯机示意图
1—夯头;2—夯架;3—三角胶带;4—底盘

③振动压实法

振动压实法是将振动压实机械放在土层表面,借助振动设备使土粒发生相对位移而达到密实。振动压实主要用于压实非黏性土,采用的机械主要是振动压路机、平板振动器等。

(4)影响填土压实的因素

填土压实质量与许多因素有关,其中主要影响因素有:压实功、土的含水量以及每层铺土厚度。

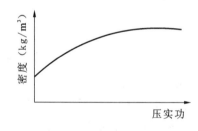

图 2.42　土的密度与压实功关系图

①压实功

填土压实后的密实度与压实机械在其上所施加的功有一定的关系,如图 2.42 所示。当土的含水量一定,开始压实时,土的密度急剧增加,待到接近土的最大密度时,压实功虽然增加许多,而土的密度则几乎没有变化。实际施工中,对不同的土,应根据选择的压实机械和密实度要求选择合理的压实遍数,参见表 2.10。

② 含水量

在同一压实功条件下,填土的含水量对压实质量有直接影响。较为干燥的土,由于土颗粒之间的摩阻力较大而不易压实;当含水量超过一定限度时,土体孔隙被水填充,也不能得到较高的密实度。当土具有适当含水量时,水起了润滑作用,土颗粒之间的摩阻力减小,从而易压实。土的密度与含水量的关系如图 2.43 所示。在使用同样压实功的条件下,填土压实获得最大密度时土的含水量,称为土的最佳含水量。各种土的最佳含水量和所能获得的最大干密度,可由击实试验取得。土的最佳含水量,一般砂性土为 8%～12%、黏性土为 19%～23%、粉质黏土为 12%～15%、粉土为 15%～22%。施工中,土的含水量与最佳含水量之差可控制在 -4%～+2% 范围内。

在实际施工中,填土应严格控制含水量,施工前应进行检验。当土的含水量过大时,应采用翻松、晾晒、风干等方法降低含水量,或采用换土回填、均匀掺入干土或其他吸水材料、打石灰桩等措施;如含水量偏低,则可预先洒水湿润,否则难以压实。

③铺土厚度

土在压实功的作用下,压应力随深度增加而逐渐减小,如图 2.44 所示。故土体压实时,表层的密实度增加最大,超过一定的深度,土体密实度增加较小直至不变。压实的影响深度与压实机械、土的性质和含水量等有关。铺土厚度应小于压实机械的有效作用深度,但也不能铺得过薄,过薄则要增加机械的总压实遍数。填土的铺土厚度及压实遍数可参考表 2.10。

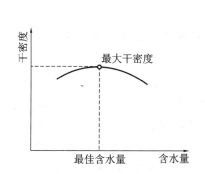

图 2.43　土的干密度与含水量关系图

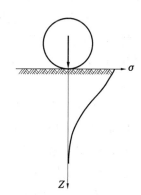

图 2.44　压实作用沿深度的变化

表 2.10　填土铺土厚度及压实遍数

压实机具	每层铺土厚度(mm)	每层压实遍数
平碾	200～300	6～8
羊足碾	200～350	8～16
振动压实机	250～350	8～16
蛙式打夯机	200～250	3～4
人工打夯	<200	3～4

2.6　土方工程质量检查与验收

土方工程的质量验收应在施工单位自检合格的基础上进行,按设计及规范要求进行验收。

土方工程施工前应了解地质勘察资料及工程附近管线、建筑物、构筑物和其他公共设施的构造情况,必要时应作施工勘察和调查以确保工程质量及周边环境的安全。同时应熟悉图纸,掌握设计要求,根据现场情况及施工条件制定经济合理的土方施工方案。

在土方施工前应采取有效的截、排水措施,施工中应经常测量和校核其平面位置、水平标高和边坡坡度。平面控制桩和水准控制点应采取可靠的保护措施,定期复测和检查。土方不应堆在基坑边缘。

2.6.1　场地平整

平整场地的表面坡度应符合设计要求,如无设计要求时,排水沟方向的坡度不应小于 2‰。平整后的场地表面应逐点检查。检查点为每 $100 \sim 400 \ m^2$ 取一点,但不应少于 10 点;长度、宽度和边坡均为每 20 m 取 1 点,每边不应少于 1 点。

2.6.2　基坑开挖

基坑土方开挖应按施工方案规定的施工顺序和开挖深度分层开挖。基坑开挖期间若周边影响范围内存在桩基、基坑支护、土方开挖、爆破等施工作业时,应根据实际情况合理确定相互之间的施工顺序和方法,必要时应采取可靠的技术措施。基坑开挖应进行全过程监测,应采用信息化施工法,根据基坑支护体系和周边环境的监测数据,适时调整基坑开挖的施工顺序和施工方法。

机械挖土时应避免超挖,场地边角土方、边坡修整等应采用人工方式挖除。基坑开挖的分层厚度宜控制在 3 m 以内,并应配合支护结构的设置和施工的要求,临近基坑边的局部深坑宜在大面积垫层完成后开挖。设有内支撑的基坑开挖应遵循“先撑后挖,限时支撑”的原则,减小基坑无支撑暴露的时间和空间。下层土方的开挖应在支撑达到设计要求后方可进行。挖土机械和车辆不得直接在支撑上行走或作业,严禁在底部已经挖空的支撑上行走或作业。面积较大的基坑可根据周边环境保护要求、支撑布置形式等因素,采用盆式开挖、岛式开挖等方式施工,并结合开挖方式及时形成支撑或基础底板。

在土方开挖过程中,应根据支护结构类型、地下水控制方法、基坑周边环境的重要性及地质条件制定基坑监测方案。在监测中如发现支护结构的内力、位移超过规定的限值,位移速率增长且不收敛,土体出现隆起、流砂、管涌现象,支护构件出现影响整体结构安全的损坏,基坑出现局部坍塌,周边环境开裂沉降达到限值时,应立即停止开挖,并根据危险产生的原因和可能进一步发展的破坏形式,采取控制或加固措施,危险消除后,方可继续开挖。必要时应对危险部位采取基坑回填、地面卸土、临时支撑等应急措施。当危险由地下水管道渗漏、坑体渗水造成时,应及时采取截断渗漏水源、疏排渗水等措施。开挖至基底后,应及时进行混凝土垫层和主体地下结构施工。在主体地下结构施工时,结构外墙与基坑侧壁之间应及时回填。

2.6.3　施工验槽

所有建(构)筑物均应进行施工验槽。基槽开挖后施工验槽应检验基坑的位置、平面尺寸、坑底标高;核对基坑土质和地下水情况;确定空穴、古墓、古井、防空掩体及地下埋设物的位置、深度、性状。检查土质、土层结构与勘察资料是否相符。基槽检验应填写验槽记录或检验报告。

2.6.4　土方回填

土方回填前应清除基底的垃圾、树根等杂物,抽除坑穴积水、淤泥,验收基底标高。如在耕植土或松土上回填,应在基底压实后回填。回填的土料应符合设计要求。重要工程填土的施工参数,如每层填筑厚度、压实遍数及压实系数应做现场试验或由设计提供,并在施工过程中进行检查。填方结束后,应检查标高、密实度、表面平整度等,如表 2.11 所示。

表 2.11 填土工程质量检验标准

检查项目		允许偏差或允许值(mm)				
		柱基基坑基槽	挖方场地平整		管沟	地(路)面基层
			人工	机械		
主控项目	(1)标高	-50	± 30	± 50	-50	-50
	(2)分层压实系数	设计要求				
一般项目	(1)回填土料	设计要求				
	(2)分层厚度及含水量	设计要求				
	(3)表面平整度	20	20	30	20	20

填土压实后应达到设计要求的密实度。填土密实度用压实系数 λ_c 表示。

$$\lambda_c = \frac{\rho_d}{\rho_{dmax}} \qquad (2.33)$$

式中 λ_c——压实系数;

   ρ_d——填土的控制干密度(kg/m³);

   ρ_{dmax}——最大干密度(kg/m³)。

压实系数一般根据工程结构性质、使用要求以及土的性质确定,例如建筑工程中的砌体承重结构和框架结构,在地基主要持力层范围内,压实系数 λ_c 应大于 0.96;在地基主要持力层范围以下,则 λ_c 为 0.93~0.96。

土的最大干密度一般在实验室用击实试验确定。土的控制干密度等于最大干密度与压实系数的乘积。现场可用环刀法或灌砂(水)法测定。取样组数:基坑回填为 20~50 m² 取样一组;基槽、管沟回填每层 20~50 m 取样一组;室内填土 100~150 m² 取样一组;场地平整每层 400~900 m² 取样一组。取样部位在每层压实后的下半部。

 习题和思考题

2.1 土方工程施工特点是什么? 根据土方施工特点如何组织土方施工?

2.2 什么是土的可松性? 土的可松性对土方施工有何影响?

2.3 什么是土的渗透性? 土的渗透性对土方施工有何影响?

2.4 什么是土的工程分类?

2.5 简述方格网法计算场地平整土方量的步骤和方法。

2.6 简述基坑土方量的计算方法。

2.7 什么是土方调配? 其原则有哪些?

2.8 什么是土方坡度系数? 土方边坡失稳的原因是什么?

2.9　常见的基坑支护形式有哪些?

2.10　基坑工程支撑布置的方式和选择要求有哪些?

2.11　基坑支护工程包括哪些内容?

2.12　基坑工程监测的内容和要求有哪些?

2.13　什么是流砂现象?流砂产生的原因是什么?如何防治?

2.14　井点有哪些类型?如何选择井点?

2.15　如何进行轻型井点系统的平面布置、高程布置?

2.16　井点降水对周围环境有何影响?如何防治?

2.17　挖土机有哪些类型?各有何特点?

2.18　填土压实方法有哪些?各有什么要求?

2.19　什么是土的最佳含水量?

2.20　影响土方回填压实质量的因素有哪些?

2.21　如何检查填土压实的质量?

2.22　某基础底平面尺寸为 18 m×48 m,基坑深 4.2 m,挖土边坡 1∶0.5,自然地面标高为±0.00,天然地面以下为 1.0 m 厚的杂填土,−1.0 m 至−10.0 m 为粉砂土,−10.0 m 往下为不透水的黏土层,地下水位在地面以下 1.5 m,渗透系数 K 为 4 m/d,基坑底每边留 1 m 宽工作面挖土。现拟采用轻型井点系统降低地下水位,井点管长 6 m,滤管长 1.0 m,滤管直径为 38 mm。试求:(1)进行井点系统平面布置和高程布置,并绘图;(2)计算基坑涌水量、井点间距。

3 桩基础工程

内容提要

本章包括概述、预制桩施工、灌注桩施工和地下连续墙施工等内容。主要介绍了预制桩、灌注桩、地下连续墙的施工方法;重点阐述了锤击沉桩、静力压桩、钻孔灌注桩的施工工艺和质量检查与验收。

3.1 概 述

天然地基上的基础,根据埋置深度和施工方法的不同,可以分为浅基础和深基础两大类。一般埋置深度小于 5 m,用一般方法即可施工的基础称为浅基础;埋置深度大于 5 m,需要用特殊方法施工的基础称为深基础。如果天然浅土层较弱,可进行人工加固,形成人工地基。如果深部土层也软弱,或建(构)筑物的上部荷载较大,或对沉降有严格要求的高层建筑、地下建筑以及桥梁基础等,则需要采用深基础。

桩基础是设置于岩土中的桩和连接于桩顶端的承台组成的基础。其作用是将上部结构较大的荷载通过桩穿过软弱土层传递到较深的坚硬土层上,以解决浅基础承载能力不足和变形较大的地基问题,如图 3.1 所示。

地下连续墙是在地面以下用于支承建筑物、截水防渗或挡土支护而构筑的连续墙体。其开挖技术起源于欧洲,是根据钻井使用泥浆和水下浇筑混凝土的方法而发展起来的,现已成为地下工程施工中有效的技术之一。

桩的种类很多,按承台位置的不同可分为高承台桩基础和低承台桩基础。高承台桩基础是由于结构设计上的需要,群桩承台底面有时设在地面或局部冲刷线之上,这种桩基础在桥梁、港口等工程中常用;低承台桩基础是承台底面埋置于地面以下,建筑工程的桩基多属于这一类。

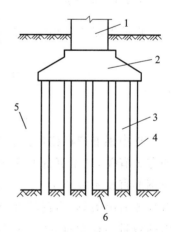

图 3.1 桩基础示意图
1—上部结构;2—承台;3—桩间土;
4—桩;5—软弱土层;6—坚硬土层

按荷载传递机理,桩可分为摩擦型桩和端承型桩。按承载性质的不同,摩擦型桩包括摩擦桩和端承摩擦桩,端承型桩包括端承桩和摩擦端承桩。摩擦桩桩顶竖向荷载由桩侧阻力承受,桩尖部分承受的荷载很小,可忽略不计,这种桩主要用于岩层埋置很深的地基,桩基的沉降较大,稳定时间也较长;端承摩擦桩桩顶荷载主要由桩侧摩擦阻力承受,如穿过软弱地层嵌入较坚实的硬黏土的桩,端承桩桩顶竖向荷载由桩端阻力承受,桩侧阻力小到可忽略不计,如通过软弱土层桩尖嵌入基岩的桩;摩擦端承桩桩顶荷载主要由桩端阻力承受的桩,如通过软弱土层桩尖嵌入基岩的桩,由于桩的细长比很大,在外部荷载作用下,桩身被压缩,使桩侧摩擦阻力得到部分发挥。

按桩身材料可分为混凝土和钢筋混凝土桩、钢桩、木桩、灰土桩和砂石桩等。其中混凝土和钢筋混凝土桩目前应用最广泛,它具有制作方便、承载力高、耐腐蚀性能好与价格较低等优点。

按施工方法的不同可分为非挤土桩(钻孔、挖孔灌注桩等)、部分挤土桩(冲孔灌注桩、预钻孔预制桩、H型桩等)和挤土桩(打入和静压预制桩、沉管灌注桩等)。按桩的制作方法可分为预制桩和灌注桩。

3.2　预制桩施工

预制桩是先制作桩构件,然后运至桩位处,利用沉桩设备将其沉入土中而成的桩基础。预制桩主要有钢筋混凝土预制桩和钢管桩两类。由于桩是预先制作的,桩身质量易保证,施工机械化程度高,施工速度快,且可不受气候条件变化等影响。但预制桩受桩径和承载力的影响,造价较高,应根据环境和工程对象进行选择。

预制桩施工流程主要是:

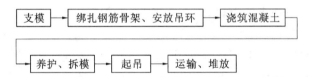

3.2.1　桩的预制

钢筋混凝土桩预制工艺为:

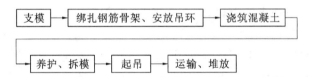

桩中钢筋应严格保证位置的正确,桩尖对准纵轴线。桩身主筋与桩断面大小及沉桩的方式有关,锤击沉桩的纵向钢筋配筋率不宜小于0.8%,压入桩不宜小于0.6%,桩的纵向钢筋直径不宜小于14 mm,纵向钢筋的数量一般为4～8根。钢筋骨架主筋连接宜采用对焊或者电弧焊,当钢筋直径大于20 mm时,宜采用机械连接接头,主筋接头在同一截面内的数量不得超过50%,相邻两根主筋接头截面的距离应大于35倍的主筋直径,且不小于500 mm。桩顶1 m范围内不应有接头。桩顶钢筋网的位置要准确,纵向钢筋顶部保护层不应过厚,钢筋网片的距离要准确,以防止锤击时桩头破碎,桩顶面和接头端面应平整。桩尖钢筋应对正钢筋纵轴线,并伸出桩尖外50～100 mm。预制桩主筋保护层厚度不应小于45 mm。

混凝土的强度等级应不小于C30,粗骨料用5～40 mm的碎石或卵石,混凝土应由桩顶向桩尖方向浇筑,浇筑过程不得中断,须一次浇筑成型,混凝土浇筑完毕应覆盖洒水养护不少于7 d。

预制桩的制作方法有并列法、间隔法和重叠法等。重叠法制作预制桩时,上层桩或邻桩的浇筑,必须在下层桩或邻桩的混凝土达到设计强度的 30% 以上方可进行,桩的重叠层数不应超过 4 层。

预应力混凝土空心桩一般在工厂制作,包括管桩和空心方桩,外径一般为 300～1000 mm,混凝土强度等级不应低于 C40。桩尖形式有闭口形和敞口形,闭口形分为平底十字形和锥形。

钢管桩直径一般为 250～1200 mm,壁厚为 8～20 mm,分段长度一般为 12～15 m。用于地下水有侵蚀性的地区或腐蚀性土层的钢管桩,应按设计要求作防腐处理。

3.2.2 桩的起吊、运输和堆放

当桩的混凝土强度达到设计强度的 70% 后方可起吊,达到 100% 方可运输。如要提前起吊,必须采用必要的措施并经验算合格后方可进行。桩在起吊和搬运的过程中,要保证其平稳、安全,不得损坏。桩的吊点也应符合设计要求,如果设计未作规定,应按吊点间的跨中弯矩与吊点处的负弯矩相等的原则确定吊点位置,一般吊点位置如图 3.2 所示。在吊索与桩间应加衬托,防止撞击和振动。

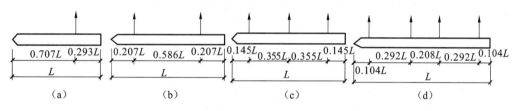

图 3.2 一般起吊位置
(a)1 个吊点;(b)2 个吊点;(c)3 个吊点;(d)4 个吊点

桩的运输应遵循随打随运的原则,避免二次搬运。短桩运输可以采用载重货车,现场较近的距离运输可采用起重机吊运,钢管桩运输过程中应防止桩体撞击而造成桩端、桩体损坏或弯曲。

桩的堆放场地应平整坚实,排水良好。桩应按规格、桩号分层叠置,支撑点应设置在吊点附近,并保持支承点垫木在同一横断面上,各层垫木上下对齐,位于同一条垂直线上,支撑平稳,无晃动。桩的堆放位置应在桩机的起重钩工作半径范围内。对预应力混凝土空心桩,当场地条件允许,宜单层堆放,当叠层堆放时,外径为 500～600 mm 的桩不宜超过4 层,外径为 300～400 mm 的桩不宜超过 5 层。对钢管桩,直径 900 mm 的不宜大于 3 层,直径 600 mm 的不宜大于 4 层,直径 400 mm 的不宜大于 5 层,H 型钢桩不宜大于 6 层。

3.2.3 沉桩前准备工作

打桩前应对打桩场地进行平整压实,事先应清除桩基范围内的各种障碍物,包括地下和地上的各种阻碍施工的设施。铺设好临时施工道路,并做好排水设施。按设计图纸定出桩基轴线,并在不影响打桩工作的地方设置适当的水准点,以控制桩的标高;架好打桩机械;接通现场的水电管线;做好桩的质量检验工作。正式打桩前,应进行不少于 2 根数量的打桩试验,以检验设备和工艺是否符合设计要求。

由于沉桩对土体的挤密作用,使先打的桩因受水平推挤而造成偏移,或被垂直挤拔造

成浮桩;而后打入的桩因土体挤密入土困难,并可能会引起桩周土体的隆起和挤压。为了保证施工顺利,沉桩时,应根据桩的规格、间距和堆放场地等合理确定沉桩顺序。

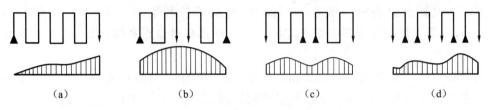

图 3.3   打桩顺序与土体挤密情况
(a)逐排打桩;(b)自边缘向中央打桩;(c)自中央向两边打桩;(d)分段打桩

当桩不太密集(桩的中心距大于或等于 4 倍桩的直径)时,可采取逐排打桩和自边缘向中央打桩的顺序。逐排打桩[图 3.3(a)]时,桩架单向移动,桩就位与起吊均很方便,故打桩的效率很高。但当桩较密集时,逐排打桩会使土体向一个方向挤压,导致土体挤压不均,后面的桩不容易打入,最终可能会使建成的建筑物发生不均匀沉降。自边缘向中央打桩[图 3.3(b)],当桩较密集时,中间部分的土体压实紧密,桩难以打入,并且可能导致外侧桩因挤压而浮起。故这两种方法适用于桩不太密集的情况下施工。

当桩较为密集时(桩中心距小于 4 倍桩的直径),一般情况下采用由中央向边缘打桩[图 3.3(c)]和分段打桩[图 3.3(d)]的顺序。按这两种打桩方式打桩时土体由中央向两侧或向四周挤压,避免了土体的过度集中密实。

当一侧毗邻建筑物时,由毗邻建筑物处向另一方向施打。打桩时,根据基础设计标高,宜先深后浅;根据桩的规格,宜先大后小,先长后短。

在实际施工过程中,不仅要考虑打桩的顺序,还要考虑桩架的移动是否方便,一般有退沉桩和顶沉桩。如果自然地面标高接近桩顶设计标高,而持力层的标高不尽相同,预制桩不可能根据持力层标高的不同而设计各种尺寸和长度的桩,这样就会导致打桩完毕后,其桩顶会高于地面。当桩顶高于桩架地面高度时,桩架就不能向前移动至下一个桩位继续打桩,只能是退后打桩,这就是退沉桩。所以,桩不能事先布置在场内,应该遵循随打随运的原则,保证场地内机械的正常运转。

3.2.4   桩的沉设

预制桩按沉桩设备和沉桩方法,可分为锤击沉桩、振动沉桩、静力压桩和射水沉桩等,钢管桩一般采用锤击沉桩。

3.2.4.1   锤击沉桩

锤击沉桩是指利用桩锤下落对桩产生冲击能量克服土体对桩的阻力,将桩沉入土中的方法。

(1)打桩设备及选用

打桩设备主要包括桩锤、桩架和动力装置三部分。桩锤是对桩施加冲击,把桩打入土中的主要机具;桩架的作用是将桩提升就位,并在打桩过程中引导桩的方向,以保证桩锤能沿着所要求的方向冲击;动力装置包括驱动桩锤及卷扬机用的动力设备、滑轮组和卷扬机等。

①桩锤

桩锤主要有落锤、蒸汽锤、柴油锤和液压锤等,其中,使用较多的是柴油锤。

落锤为一铸铁块,其质量一般为 1~2 t,用卷扬机提起桩锤,用脱钩装置或松开卷扬机刹车使其自由下落到桩顶上,利用锤重下降的冲击使桩沉入土中。落锤构造简单,使用方便,能调整落距,但锤击速度慢,贯入能力低,效率不高,且对桩的伤害大,一般在小型工程中才有使用。

蒸汽锤是利用蒸汽动力进行锤击。当选用汽锤时,需要配备蒸汽锅炉和卷扬机。根据其工作情况又分为单动汽锤(图 3.4)和双动汽锤(图 3.5)。单动汽锤的冲击体在上升时消耗动力,下降时靠自重打桩。单动汽锤锤重 1~15t,这种锤冲击力大,结构简单,落距小,锤击频率为 40~70 次/min,对设备和桩头的损伤较小。双动汽锤固定在桩头上不动,当气体从活塞上下交替进入和排出汽缸时,迫使活塞杆来回上升和压下,带动冲击部分进行打桩工作。锤重 1~6 t,锤击频率为 100~200 次/min,活塞冲程短,冲击力大,适用于打各种桩。

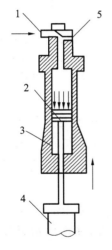

图 3.4 单动汽锤

1—进汽孔;2—活塞;3—汽缸;
4—桩;5—出汽孔

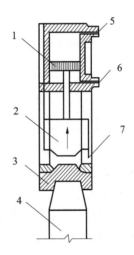

图 3.5 双动汽锤

1—活塞;2—汽锤;3—锤砧;4—桩;
5—出汽孔;6—进汽孔;7—壳体

柴油锤是利用汽缸内的燃油爆炸时的能量推动桩锤向上运动,再自由下落利用冲击力打桩,如此往返运动使桩沉入土中。根据冲击部分的不同,柴油锤可分为导杆式和筒式两种(图 3.6)。柴油锤冲击部分重 1.3~8 t,锤击频率大多为 40~60 次/min。柴油锤不需要外界能源,机架较轻、移动方便、打桩速度快,但施工噪音大、油滴飞溅、废气排出会造成环境污染等,适用于比较空旷地区打桩,不适于在过硬或过软的土层中打桩。

液压锤构造如图 3.7 所示,它是由一外壳封闭的冲击体所组成,利用液压油来提升和降落冲击缸体。当缸体为内装有活塞和冲击头的中空圆柱体时,在活塞和冲击头之间,用高压氮气形成缓冲垫。当冲击缸体下落时,先是冲击头对桩施加压力,然后是通过可压缩的氮气对桩施加压力,如此可以延长施加压力的过程,每一锤击都能使桩得到更大的贯入度。同时,形成缓冲垫的氮气,还可以使桩头受到缓冲和连续打击,从而防止了桩在高冲击力下的损坏。液压锤噪声小(距打桩点 30 m 处 75 dB,比柴油锤小 20 dB),无污染,最适合在城市等环保要求高的地区打各类预制桩。

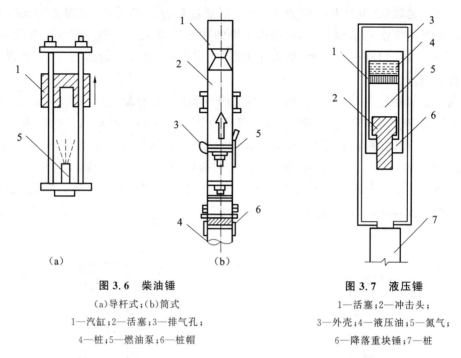

图 3.6　柴油锤
(a)导杆式;(b)筒式
1—汽缸;2—活塞;3—排气孔;
4—桩;5—燃油泵;6—桩帽

图 3.7　液压锤
1—活塞;2—冲击头;
3—外壳;4—液压油;5—氮气;
6—降落重块锤;7—桩

　　合理选用桩锤是保证桩基施工质量的重要条件,桩锤必须有足够的锤击能量,才能将桩打到设计要求的标高并满足贯入度的要求,因此,桩锤必须要有足够的质量。但质量过大,使桩受锤击时产生过大的锤击应力,易使桩头破碎,故应在采用"重锤低击"打桩的原则下,恰当地选择锤重。

　　锤重应根据工程地质条件、桩的类型与规格、桩的密集程度、锤击应力、单桩竖向承载力以及现有施工条件等因素综合考虑后进行选择,对钢管桩,在不使钢材屈服的前提下,尽量选用重锤。

　　②桩架

　　桩架的主要作用是支持桩身和落锤,固定桩的位置,在打桩的过程中引导桩的方向,并保证桩锤能沿着要求的方向冲击桩体。

　　桩架的形式有直式打桩架(图 3.8)、履带式打桩架(图 3.9)等。直式打桩架多用于蒸汽锤,也适用于柴油锤,其行走移动依靠附设在桩架底盘上的卷扬机,通过钢丝绳带动两根钢管滚筒在枕木上滚动,稳定性好,起吊能力大,可打较长桩,但占地面积大,架体笨重,装拆较麻烦。履带式打桩架是利用履带式起重机为底盘,增加导架和斜撑用于打桩,其机械化程度高,移动方便,可适应各种预制桩施工。

　　桩架的选用,首先,要满足锤型的需要。其次,选用的桩架还必须使用方便,安全可靠,移动灵活,便于装拆;锤击准确,保证桩身稳定,生产效率高,能适应各种垂直和倾斜角的需要。

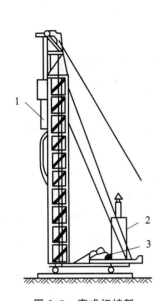

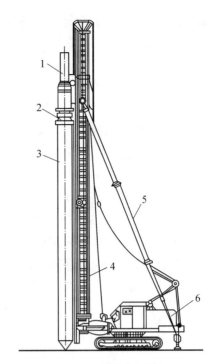

图 3.8 直式打桩架

1—蒸汽锤;2—锅炉;3—卷扬机

图 3.9 履带式打桩架

1—柴油锤;2—桩帽;3—桩;4—导架;5—斜撑;6—车体

(2)打桩工艺

桩的沉设工艺流程主要是:

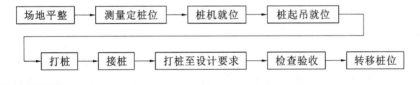

锤击桩施工

①吊桩就位

根据确定的打桩顺序,在打桩机就位后将桩运至桩架下,利用桩架上滑轮组,用卷扬机提升桩,注意桩尖准确对位,以保证打桩过程中桩不发生倾斜或移位。桩就位后,在桩顶安放弹性垫层如草袋等,放下桩帽套入桩顶,在桩锤和桩帽之间应放上硬木、麻袋等弹性衬垫作为缓冲层,即可下降桩锤压住桩帽。将桩锤和桩帽吊起,然后吊装对准桩位中心,在桩的自重和锤重的压力下,缓缓放下插入土中,桩插入时的垂直度偏差不超过0.5%。插入土后即可固定桩帽和桩锤。桩帽、桩锤和桩身中心线应在同一条垂线上,确保桩能垂直下沉。待桩下沉达到稳定状态,并经全面检查和校正合格后,便可开始打桩。

②打桩

打桩有“轻锤高击”和“重锤低击”两种方式。这两种方式,如果做相同的功,实际得到的效果却不同。轻锤高击所得的动量小,桩锤对桩头的冲击大,因而回弹也大,桩头易损坏,大部分能量消耗在桩锤的回弹上,桩难以入土。相反,重锤低击所得的动量大,桩锤对桩头的冲击小,因而回弹也小,桩头不易被打碎,大部分能量都用于克服桩身与土壤的摩阻力和桩尖的阻力,桩能很快地入土。此外,由于重锤低击的落距小,桩锤频率较高,对于较密实的土层,如砂土或黏土也能较容易地穿过(但不适用于含有砾石的杂填土),打桩效率也高。所以打桩宜采用"重锤低击"。实践经验表明:在一般情况下,若单动汽锤的落距不大于 0.6 m,落锤的落距不大于 1.0 m,以及柴油锤的落距不大于 1.50 m 时,能防止桩顶混凝土被击碎或开裂。

(3)打桩注意事项

①打桩属隐蔽工程,为确保工程质量、分析处理打桩过程中出现的质量事故,以及为工程质量验收提供必要的依据,打桩时必须对每根桩的施打进行必要的数值测定,并做好详细记录。

②打桩时严禁偏打,因偏打会使桩头某一侧产生应力集中,造成压弯联合作用,易将桩打坏。为此,必须使桩锤、桩帽和桩身轴线重合,衬垫要平整均匀,构造合适。

③桩顶衬垫弹性应适宜,如果衬垫弹性合适会使桩顶受锤击的作用时间及锤击引起的应力波波长延长,而使锤击应力值降低,从而提高打桩效率并降低桩的损坏率。

④打桩入土的速度应均匀,连续施打,锤击间歇时间不要过长。否则由于土的固结作用,使继续打桩的阻力增大,不易打入土中。钢管桩或预应力混凝土管桩施打如有困难,可在管内取土助沉。

⑤打桩过程中,如桩锤突然有较大的回弹,则表示桩尖可能遇到阻碍。此时须减小锤的落距,使桩缓慢下沉,待穿过阻碍层后,再加大落距并正常施打。如降低落距后,仍存在这种回弹现象,应停止锤击,分析原因后再行处理。

打桩过程中,如桩的下沉突然加大,则表示可能遇到软土层、洞穴,或桩尖、桩身已遭受破坏等。此时也应停止锤击,分析原因后再行处理。

若发现桩已打斜,应将桩拔出,探明原因,排除障碍,用砂石填孔后,重新插入施打。若拔桩有困难,应在原桩附近再补打。

打桩时,引起桩区及附近地区的土体隆起和水平位移的原因虽然不属打桩本身的质量问题,但由于邻桩相互挤压导致桩位偏移,会影响整个工程质量。如在已有建筑群中施工,打桩还会引起临近已有地下管线、地面道路和建筑物的损坏。因此,应采取适当的措施,如挖防震沟、预钻孔取土打桩、采取合理打桩顺序、控制打桩速度等。

⑥若桩顶需打至桩架导杆底端以下或打入土中,均需送桩。送桩时,桩身与送桩的纵轴线应在同一垂直轴线上。

(4)打桩质量要求与验收

打桩质量评定包括两个方面:一是能否满足设计规定的贯入度或标高的要求;二是桩打入后的偏差是否在施工规范允许的范围以内。

①贯入度或标高要求

当桩端位于一般土层时,应以控制桩端设计标高为主,以贯入度为辅;桩端达到坚硬、硬塑的黏性土、碎石土、中密以上的粉土和砂土或风化岩等土层时,以贯入度控制为主,以桩端进入持力层的深度或桩尖标高为辅。若贯入度已达到设计要求而桩端标高未达到时,应继续锤击 3 阵,其每阵 10 击的平均贯入度不应大于设计规定的数值(一般在 30～50 mm)。

这里贯入度是指最后贯入度,即施工中最后 10 击内桩的平均入土深度。贯入度大小应通过合格的试桩或试打数根桩后确定,它是打桩质量标准的重要控制指标。最后贯入度的测量应在下列正常条件下进行:桩顶没有破坏;锤击没有偏心;锤的落距符合规定;桩帽与弹性垫层正常。

打桩时如发现地质条件与勘察报告的数据不符,桩端到达设计标高而贯入度指标与要求相差较大,或者贯入度指标已满足,而标高与设计要求相差较大时,说明地基的实际情况与设计有较大的差异,属于异常情况,应会同设计单位研究处理。

②平面位置和垂直度要求

桩打入后,在平面上与设计位置的偏差不得大于表 3.1 规定的允许偏差,斜桩倾斜度的偏差不得大于倾斜角正切值的 15%(倾斜角系桩的纵向中心线与铅垂线间夹角)。

表 3.1 预制桩桩位的允许偏差(单位:mm)

项次	项目		允许偏差(mm)
1	盖有基础梁的桩	垂直基础梁的中心线	$100+0.01H$
		沿基础梁的中心线	$150+0.01H$
2	桩数为 1~3 根桩基中的桩		100
3	桩数为 4~16 根桩基中的桩		1/2 桩径或边长
4	桩数大于 16 根桩基中的桩	最外边的桩	1/3 桩径或边长
		中间桩	1/2 桩径或边长

注:H 为施工现场地面标高与桩顶设计标高的距离。

因此,必须使桩在提升就位时对准桩位,桩身垂直;桩在施打时,必须使桩身、桩帽和桩锤三者的中心线在同一垂直轴线上,以保证桩的垂直入土;短桩接长时,上下节桩的端面要平整,中心要对齐,如发现端面有间隙,应用铁片垫平焊牢,以防引起桩的位移和倾斜。

③打入桩桩基工程的验收

打入桩桩基工程的验收通常应按两种情况进行:当桩顶设计标高与施工场地标高相同时,应待打桩完毕后进行;当桩顶设计标高低于施工场地标高需送桩时,则在每一根桩的桩顶打至场地标高时,应进行中间验收,待全部桩打完,并开挖到设计标高后,再作全面验收。

桩基工程验收时应提交桩位测量放线图、工程地质勘察报告、材料试验记录、桩的制作与打入记录、桩位的竣工平面图、桩的静载和动载试验报告及确定桩的贯入度的记录。

3.2.4.2 振动沉桩

振动沉桩与锤击沉桩的原理基本相同,不同之处是用振动锤代替桩锤。振动桩机由桩架、振动锤、卷扬机和加压装置组成。

振动锤(图 3.10)是一个箱体,内部的偏心振动块分左、右对称两组,其旋转速度相等、方向相反。所以,工作

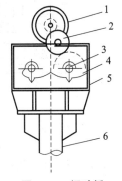

图 3.10 振动锤
1—电动机;2—传动齿轮;3—轴;
4—偏心夹;5—箱壳;6—桩

时,两组偏心块离心力的水平分力相互抵消,但垂直分力则相互叠加,形成垂直方向的振动力。由于桩与振动锤是刚性连接在一起的,故桩也在振动力和桩的自重共同作用下沿垂直方向下沉。

振动沉桩法主要适用于砂石、黄土、软土和粉质黏土,在含水砂层中的效果更为显著,但在砂砾层中采用此方法时,须配以水冲法。沉桩工作应连续进行,以防止间歇过久使桩难以下沉。

3.2.4.3 静力压桩

静力压桩是通过静力压桩机的压桩机构,将预制钢筋混凝土桩压入地基岩土中的施工方法。采用静力压桩法施工的工程桩即静压桩。一般都采取分段压入、逐段接长的方法。静力压桩广泛适用于混凝土预制桩、预应力混凝土管桩等在软弱土层的施工,具有施工无噪音、无振动、施工迅速、沉桩速度快等优点,同时在压桩过程中还可预估单桩承载力。

静力压桩的施工工艺主要是:

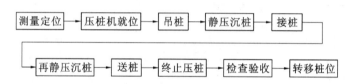

（1）静力压桩设备

静力压桩采用液压式静力压桩机(图 3.11),该设备主要由夹持机构、底盘平台、行走机构、液压系统和电气系统等部分组成,其压桩能力最大可达到 1000 t。

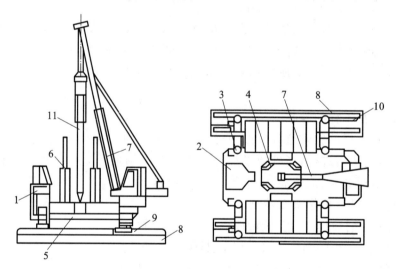

图 3.11 液压式静力压桩机
1—操纵室;2—电气操作台;3—液压系统;4—导向架;5—配重;6—夹持机构;7—吊桩吊机;
8—支腿平台;9—横向行走及回转机构;10—纵向行走机构;11—桩

选择压桩机的参数应包括压桩机型号、桩机质量(不含配重)、最大压桩力等,压桩机的外形尺寸及拖运尺寸,压桩机的最小边桩距及最大压桩力,长、短船型履靴的接地压强,夹持机构的形式,液压油缸的数量、直径,率定后的压力表读数与压桩力的对应关系,吊桩机构的性能及吊桩能力。

压桩机的每件配重必须用量具核实,并将其质量标记在该件配重的外露表面;液压式压桩机的最大压桩力应取压桩机的机架质量和配重之和乘以 0.9。当边桩空位不能满足中置式压桩机施压条件时,宜利用压边桩机构或选用前置式液压压桩机进行压桩,但此时应估计最大压桩能力减少造成的影响。

最大压桩力不得小于设计的单桩竖向极限承载力标准值,必要时可由现场试验确定。

(2)压桩施工

压桩顺序宜根据场地工程地质条件确定,当场地地层中局部含砂、碎石、卵石时,宜先对该区域进行压桩;当持力层埋深或桩的入土深度差别较大时,宜先施压长桩后施压短桩。

施工时,首先用起重机将预制桩吊运或用汽车运至桩机附近,再利用桩机自身设置的起重机将其吊入夹持器中,夹持油缸将桩从侧面夹紧,调正位置即可开动压桩油缸,先持桩压入土中 1m 左右后停止,矫正桩垂直度后,压桩油缸继续伸程动作,把桩压入土层中。伸程完后,夹持油缸回程松夹,压桩油缸回程。重复上述动作,可实现连续压桩操作,直至把桩压入预定深度土层中。

如桩顶标高低于地面,可用送桩管将桩送入土中,桩与送桩管的纵轴线应在同一条直线上,送桩管将桩送入土中,送桩结束,拔出送桩管后,桩孔应及时回填或覆盖。

(3)压桩施工注意事项

①采用静压沉桩时,场地地基承载力不应小于压桩机接地压强的 1.2 倍,且场地应平整。

②压同一根桩时应连续进行,当压力表读数达到预先规定值,便可停止压桩。压桩过程中应检查压力、桩垂直度、接桩间歇时间、桩的连接质量及压入深度。

③压桩用压力表必须标定合格方能使用,压桩时桩的入土深度和压力表数值是判断桩的质量和承载力的依据,也是指导压桩施工的一项重要参数,必须认真记录。

④当出现压力表读数显示情况与勘察报告中的土层性质明显不符、桩难以穿越具有软弱下卧层的硬夹层、实际桩长与设计桩长相差较大、出现异常响声、压桩机械工作状态出现异常、桩身出现纵向裂缝和桩头混凝土出现剥落等异常、夹持机构打滑和压桩机下陷等情况时,应暂停压桩作业,并分析原因,采取相应措施。

(4)压桩施工质量要求与验收

静力压桩过程中,第一节桩下压时垂直度偏差不应大于 0.5%;宜将每根桩一次性连续压到底,且最后一节有效桩长不宜小于 5 m;抱压力不应大于桩身允许侧向压力的 1.1 倍。

压桩过程中应测量桩身的垂直度。当桩身垂直度偏差大于 1% 时,应找出原因并设法纠正;当桩尖进入较硬土层后,严禁用移动机架等方法强行纠偏。

施工前应对桩做外观及强度检验,接桩用的焊条或半成品硫黄胶泥应有产品合格证书,或送有关部门检验。压桩过程中应检查压力、桩垂直度、接桩间歇时间、桩的连接质量及压入深度。重要工程应对电焊接桩的接头做 10% 的探伤检查。对承受压力的结构应加强观测。施工结束后,应做桩的承载力及桩体质量检验。

【例 3.1】 某工程采用静压预应力混凝土方桩,桩截面尺寸为 300 mm×300 mm,桩长20 m,采用液压静力压桩机,方桩的单桩极限承载力标准值为1243 kN,压入风化软岩层不少于1 m。

问题:(1)简述液压静力压桩的施工程序;

(2)试述静压送桩的质量控制要求;

(3)简述静压桩的施工质量检验项目。

【解】

(1)施工程序:测量定位→压桩机就位→吊桩→静压沉桩→接桩→再静压沉桩→送桩→终止压桩→检查验收→转移桩位。

(2)静压送桩的质量控制主要有:① 测量桩的垂直度并检查桩头质量,合格后方可送桩,压桩、送桩应连续进行;② 送桩应采用专制钢质送桩器,不得将工程桩用作送桩器;③ 有效桩长≤15 m或桩端持力层为风化软岩层,需要复压时,送桩深度不宜超过1.5 m;④ 送桩的最大压桩力不宜超过桩身允许抱压压桩力的1.1倍。

(3)静压桩的质量检验包括主控项目和一般项目。其中主控项目包括桩体质量检验、桩位偏差和承载力;一般项目包括成品桩质量(外观、外形尺寸、强度)、压桩压力、接桩时上下节平面偏差、接桩时节点弯曲矢高、桩顶标高、接桩质量等。

3.2.4.4 射水沉桩

射水沉桩是锤击沉桩的一种辅助方法。利用高压水流经过桩侧面或空心桩内部的射水管冲击桩尖附近土层,便于锤击。一般是边冲水边打桩,当沉桩至最后1~2 m时停止冲水,用锤击至规定标高。此方法适用于砂土和碎石土,有时对于特长的预制桩,单靠锤击有困难时,亦用此法辅助。

3.2.4.5 接桩和截桩

预制桩的长度往往很长,因而需将长桩分节逐端沉入。接桩时其接口位置离地面1 m左右为宜,以方便操作。同时,在桩承台施工时,对露出地面并影响后续施工的桩应实施截桩处理。

(1)接桩

当混凝土预制桩较长,打桩架高度有限或因预制、运输等不利因素时,需要将桩分段预制,在沉桩的过程中将桩接长。接桩可采用焊接、法兰连接或硫黄胶泥连接等,如图3.12所示。

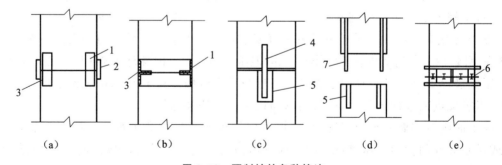

图 3.12　预制桩的各种接法

(a)、(b)焊接连接;(c)、(d)硫黄胶泥连接;(e)法兰连接

1—角钢与主筋焊接;2—钢板;3—焊缝;4、7—预埋锚筋;5—带浆锚孔;6—预埋法兰

焊接法接头有角钢绑焊接和桩顶、底钢板焊接，其连接接头的承载能力大，能适用于各种土层。接桩时必须上下节桩对准并垂直无误后，才进行焊接。焊接时要清理预埋铁件，使其保持清洁，上下节桩之间的间隙应用铁片填实焊牢。施焊时，采用对角对称焊接以减少节点不均匀焊接变形，焊缝要连续饱满。

法兰盘连接主要是在两节桩分别预埋法兰盘，用螺栓连接。上下节桩之间宜用石棉或纸板衬垫，螺栓拧紧后应锤击数次，再一次拧紧，使上下节桩端部紧密结合，并将螺帽焊牢。这种方式接桩速度快，但耗钢量大，多用于混凝土管桩。

硫黄胶泥锚接接桩时，首先将上节桩对准下节桩，使锚接钢筋插入锚筋孔内(孔径为锚筋直径的 2.5 倍)，下落上节桩身，使其紧密结合。然后将桩上提约 200 mm，安设好施工夹箍，将熔化的硫黄胶泥注满锚筋孔和接头平面，然后使上节桩下落。当硫黄胶泥冷却并拆除施工夹箍后，可继续加荷施压。硫黄胶泥锚接法，可以节约钢材，操作方便，接桩时间比焊接法的时间大为缩短，但不适合用于坚硬土层中。

钢管桩的桩接头其连接用的衬环是斜面切开的，比钢管桩内径略小，搁置于挡块上，用专用工具安装，使之与下节钢管内壁紧贴。

(2)截桩

截桩前，应先测量桩顶标高，将桩头多余的部分凿去。截桩一般可以采用人工或机械设备等方法来完成。截桩时不得把混凝土打裂，并保证桩身主筋伸入承台内。其锚固长度必须符合设计规定。一般桩身主筋伸入混凝土承台内的长度为：受拉时不少于 25 倍主筋直径；受压时不少于 15 倍主筋直径。主筋上附着的混凝土块也要清除干净。

钢管桩的切割设备有等离子体切桩机、氧乙炔切桩机等。工作时可吊挂送入钢管桩内的任意深度，靠风动顶针装置固定在钢管桩内壁，割嘴按预先调整好的间隙进行回转切割。为使钢管桩与承台共同工作，可在钢管桩上加焊一个桩盖，并在外壁加焊 8～12 根直径为 20 mm 的锚固钢筋。

3.3 灌注桩施工

混凝土灌注桩(简称灌注桩)是直接在现场桩位上使用机械或人工方法就地成孔，然后在孔中灌注混凝土(或先在孔中吊放钢筋笼)而成的桩。根据成孔工艺的不同，可分为干作业成孔灌注桩、泥浆护壁成孔灌注桩、沉管灌注桩、人工挖孔灌注桩和爆扩成孔灌注桩等，其适用条件见表 3.2。

表 3.2 部分灌注桩的适用条件

项次	项目		条件
1	钻孔灌注桩	泥浆护壁成孔灌注桩	宜用于地下水位以下的黏性土、粉土、砂土、填土、碎石土及风化岩层
2		干作业成孔灌注桩	宜用于地下水位以上的黏性土、粉土、填土、中等密实以上的砂土、风化岩层
3	人工挖孔灌注桩		在地下水位较高，有承压水的砂土层、滞水层、厚度较大的流塑状淤泥、淤泥质土层中不得选用

续表 3.2

项次	项目	条件
4	沉管灌注桩	宜用于黏性土、粉土和砂土
5	爆扩灌注桩	宜用于地下水位以下的黏性土、黄土、碎石土及风化岩层

　　灌注桩能适应地层的变化,无需接桩,施工时无振动、无挤土且噪音小,宜用于建筑物密集地区。灌注桩与预制桩相比,具有施工简便,机械化程度高,节省材料,能降低造价等优点。但灌注桩也存在施工中易产生颈缩或断裂的现象,混凝土灌注后不能及时承受上部结构荷载,冬期施工困难较多,桩端处沉渣的检测和清除较困难等缺点。

　　灌注桩按成孔设备和成孔方法不同,可分为挤土成孔和取土成孔两大类。其中挤土成孔又分为套管成孔和爆扩成孔;取土成孔又可分为钻孔成孔和挖土成孔。

　　灌注桩的施工过程主要有成孔和混凝土灌注两个阶段。其成孔前的准备工作与预制桩的准备工作基本相同,但在确定灌注桩成孔顺序时应注意以下两点:

　　①当成孔对土壤无挤密或冲击作用时,一般可按成孔设备行走最方便路线等现场条件确定成孔顺序。

　　②当成孔对土壤有挤密或冲击作用时,一般可结合现场施工条件,采用每隔 1~2 个桩位成孔;在邻桩混凝土初凝前或终凝后成孔;群桩基础中的中间桩先成孔而周围桩后成孔;同一桩基中不同深度的爆扩桩应先爆扩浅孔后爆扩深孔等方法确定成孔顺序。

3.3.1　钻孔灌注桩

　　钻孔灌注桩是指利用钻孔机械钻出桩孔的灌注桩。根据钻孔机械的钻头是否在土壤的含水层中施工,又可分为泥浆护壁成孔和干作业成孔两种施工方法。这两种成孔方法的灌注桩均具有无振动、无挤土、噪音小、对周围建筑物的影响小等特点,适宜于在硬、半硬、硬塑和软塑的黏性土中施工。

3.3.1.1　干作业成孔灌注桩

　　干作业成孔灌注桩是先利用钻孔机械(机动或人工)在桩位处进行钻孔,待钻孔深度达到设计要求时立即进行清孔,然后将钢筋笼吊入钻孔内再浇筑混凝土而成的桩。其适用于地下水位以上的干土层中桩基的成孔施工。干作业成孔灌注桩施工工艺流程如图3.13所示。

　　(1)成孔机械与成孔方法

　　干作业成孔灌注桩所用的成孔机械有螺旋钻机、钻孔扩机、机动或人工洛阳铲等。

　　目前常用螺旋钻机成孔。螺旋钻机可分为长螺旋钻机(又称全叶螺旋钻机,即整个钻杆上都有叶片)和短螺旋钻机(只是临近钻头 2~3 m 范围内有叶片)两大类。图 3.14 为液压步履式全叶螺旋钻机示意图。全叶片螺旋钻机成孔直径一般为 300~800 mm,钻孔深度为12~30 m。螺旋钻机适用于地下水位以上的黏性土、砂类土与含少量砂砾石、卵石的土。

　　螺旋钻孔机是利用动力旋转钻杆,使钻头的螺旋叶片旋转向下切削土壤,削下的土便沿着整个钻杆上升涌出孔外。在软塑土层,含水量大时,可用疏螺纹叶片钻杆,以便较快

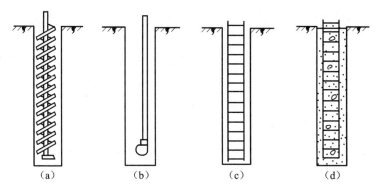

图 3.13　干作业成孔灌注桩施工工艺流程
(a)钻孔;(b)清孔;(c)放入钢筋笼;(d)浇筑混凝土

地钻进。在可塑或硬塑黏土中,或含水量较小的砂土中应用密螺纹叶片钻杆,缓慢均匀地钻进。一节钻杆钻入后,应停机接上第二节,继续钻到要求深度。操作时要求钻杆首先放置要平稳、垫实并垂直(防止因钻杆晃动引起扩大孔径及增加孔底虚土),再对准桩孔中心点。钻孔过程中要随时清理孔口积土,如发现钻杆摇晃或难钻进时,可能是遇到石块等坚硬物,应立即停车检查,待查明原因后再作处理。钻进速度应根据电流值变化及时调整。在钻进过程中,应随时清理孔口积土,遇有塌孔、缩孔等异常情况,应及时研究解决。操作过程中,要随时注意钻架上的刻度标尺,当钻杆钻至设计要求深度时,应先在原处空转清土,然后停止回转,提升钻杆出孔外。

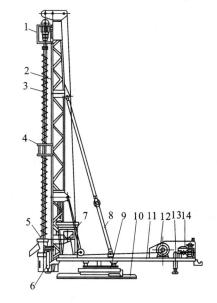

图 3.14　液压步履式全叶螺旋钻机
1—减速箱总成;2—臂架;3—钻杆;4—中间导向套;
5—出土装置;6—前支腿;7—操纵室;8—斜撑;
9—中盘;10—下盘;11—上盘;12—卷扬机;
13—后支腿;14—液压系统

　　短螺旋钻成孔方法与长螺旋钻不同之处是:短螺旋成孔,被切削的土块钻屑只能沿数量不多的螺旋叶片(一般只在临近钻头 2~3 m)的钻杆上升,积聚在短螺旋叶片上,形成土柱,然后靠提钻、反钻、甩土等将钻屑散落在孔周,一般每钻进 0.5~1.0 m 即要提钻一次。

　　钻扩机是用于钻孔扩底灌注桩中的成孔机械,它的主要部分是由两根并列的开口套管组成的钻杆和钻头。每根套管内都装有输运土的螺旋叶片传动轴。钻头和钻杆采用铰连接。钻头上装有钻孔刀和扩孔刀,用液压操纵,可使钻头并拢或张开(均能偏摆30°)。钻孔过程中,钻杆和钻头顺时针方向旋转钻进土中,切下的土由套管中的螺旋叶片送至地面。当钻孔达到设计深度时,操纵液压阀,使钻头徐徐撑开,边旋转边扩孔,切下的土也由套管内叶片输送到地面,直至达到设计要求为止。扩大头直径可达 1200 mm。

　　(2)混凝土浇筑及质量要求

　　桩孔完成并清孔后,先吊放钢筋笼,后浇筑混凝土。灌注混凝土前,应在孔口安放护孔漏斗,然后放置钢筋笼,并应先检查孔壁是否坍塌且再次测量孔内虚土厚度。如孔底虚土超过规范规定,可用匀钻清理孔底虚土,或用原钻机多次投钻。如孔底虚土是砂或砂卵石时,可灌入砂浆拌和,然后再浇筑混凝土。孔底虚土清理的好坏,不仅影响桩的端承力和虚土厚度范围内的侧摩阻力,而且还影响孔底向上相当一段桩的侧摩阻力,因此必须认真对待孔底虚土的处理。扩底桩灌注混凝土时,第一次应灌到扩底部位的顶面,随即振捣密实;浇筑桩顶以下 5 m 范围内混凝土时,应随浇筑随振捣,每次浇筑高度不得大于 1.5 m。

从成孔至混凝土浇筑的时间间隔不得超过 24 h。混凝土浇筑应适当超过桩顶设计标高,以保证在凿除浮浆层后,桩顶标高和混凝土质量能符合设计要求。

3.3.1.2　泥浆护壁成孔灌注桩

泥浆护壁成孔灌注桩适用于在地下水位以下的黏性土、粉土、砂土、填土、碎石土及风化岩层的桩基成孔施工。在钻孔过程中,为防止孔壁坍塌,孔中注入一定稠度的泥浆或注入清水直接制浆进行护壁成孔,其施工工艺流程如图 3.15 所示。

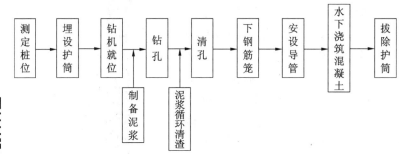

测定桩位 → 埋设护筒 → 钻机就位 → 钻孔 → 清孔 → 下钢筋笼 → 安设导管 → 水下浇筑混凝土 → 拔除护筒

钻机就位 ← 制备泥浆

清孔 ← 泥浆循环清渣

扫一扫

**泥浆护壁
沉管灌注桩**

图 3.15　泥浆护壁成孔灌注桩施工工艺流程图

(1)成孔设备

成孔机械有回转钻机、潜水钻机、冲抓钻机、冲击钻机和旋挖钻机等,其中以回转钻机应用最多。

①回转钻机(图 3.16)。回转钻机由于钻进力大,钻进深,工作较稳定。除了用于工程地质钻探、石油钻探等工程外;还作为钻孔灌注桩的施工机具,用于高层建筑和桥梁等桩基施工中。适用于地下水位较高的碎石类土、砂土、黏性土、粉土、强风化岩、软质与硬质岩层等多种地质条件。具有设备性能可靠、噪声和振动小、钻进效率高、钻孔质量好等特点。该机最大的钻孔直径可达 2500 mm,钻进深度可达 40～100 m。主机功率 22～95 kW。

回转钻机是由机械动力装置带动钻机回转装置转动,再由其带动带有钻头的

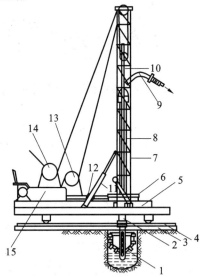

图 3.16　回转钻机示意图

1—钻头;2—钻管;3—轨枕钢板;4—轮轨;5—液压移动平台;
6—回转盘;7—钻架;8—活动钻管;9—吸泥浆弯管;
10—钻管钻进导槽;11—液压支柱;12—传力杆方向节;
13—副卷扬机;14—主卷扬机;15—变速箱

钻杆移动,由钻头切削土壤。根据泥浆循环方式的不同,分为正循环回转钻机和反循环回转钻机。正循环回转钻机成孔的工艺如图 3.17 所示。由空心钻杆内部通入泥浆或高压水,从钻杆底部喷出,携带钻下的土渣沿孔壁向上流动,由孔口将土渣带出流入泥浆池。反循环回转钻机成孔的工艺如图 3.18 所示。泥浆或清水由钻杆与孔壁间的环状间隙流入钻孔,然后由吸泥泵等在钻杆内形成真空使之携带钻下的土渣由钻杆内腔返回地面而流入泥浆池。反循环工艺的泥浆上流的速度较高,能携带较大的土渣。

正循环施工工艺

反循环排渣

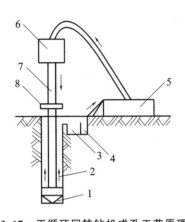

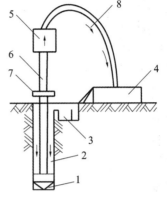

图 3.17　正循环回转钻机成孔工艺原理图　　图 3.18　反循环回转钻机成孔工艺原理图

1—钻头;2—泥浆循环方向;3—沉淀池;　　　1—钻头;2—新泥浆流向;3—沉淀池;

4—泥浆池;5—泥浆泵;6—水龙头;　　　　4—砂石泵;5—水龙头;6—钻杆;

7—钻杆;8—钻机回转装置　　　　　　　　7—钻机回转装置;8—混合液流向

②潜水钻机(图 3.19)。潜水钻机全称为潜水式电动回转工程钻机,由防水电机、减速机构和电钻头等组成。电机和减速机构装设在具有绝缘和密封装置的电钻外壳内,且与钻头紧密连接在一起,因而能共同潜入水下作业。国产的潜水钻机钻孔直径为 450~3000 mm,最大钻孔深度可达 80 m,潜水电动机功率一般为 22~111 kW,适用于黏土、粉土、淤泥、淤泥质土、砂土、强风化岩、软质岩层,特别适用于地下水位较高的土层中成孔,也可用于地下水位较低的干土层成孔,但不宜用于碎石土、卵石地基。采用潜水钻机循环排渣钻孔在灌注桩工艺中已日趋成熟。其优点是以潜水电动机作为动力,工作时动力装置潜在孔底,耗用动力小,钻孔效率高,电动机防水性能好,运转时温升较低,过载能力强,可采用正、反两种循环方式排渣。

③冲抓钻机(图 3.20)。冲抓钻机采用冲抓锥张开抓瓣冲入土石中,然后收紧锥瓣绳,抓瓣便将土抓入锥中,提升冲抓锥出井孔,开瓣卸土,钻孔时采用泥浆护壁,也有配用钢套管全长护壁的,又称贝诺特钻机。冲抓钻机适用于淤泥、腐殖土、密实黏性土、砂类土、砂砾石和卵石,孔径 1000~2000 mm。该种钻机不需钻杆,设备简单,施工方便、经济,适用范围广。

④冲击钻机(图 3.21)。用冲击式装置或卷扬机提升钻锥,上下往复冲击,将土石劈裂、劈碎,部分挤入壁内,由于泥浆的悬浮作用,钻锥每次都能冲击到孔底土层。冲击一定时间后,清孔,然后继续钻进。当采用空心钻锥时,可利用钻锥收集钻渣,不需掏渣筒清渣。冲击

钻机适用于所有土层,采用实心锥钻进时,在漂石、卵石和基岩中显得比其他钻进方法优越。其钻孔直径可达 2000 mm(实心锥)或 1500 mm(空心锥),钻孔深度一般为 50 m 以内。

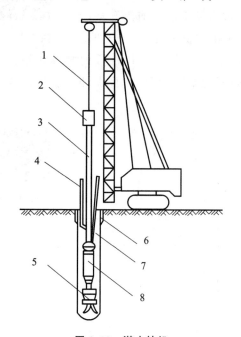

图 3.19 潜水钻机

1—钢丝绳;2—滚轮(支点);3—钻杆;
4—软水管;5—钻头;6—护筒;
7—电线;8—潜水电钻

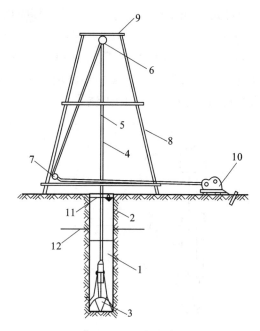

图 3.20 冲抓钻机

1—钻孔;2—护筒;3—冲抓锥;4—开合钢丝绳;
5—吊起钢丝绳;6—天滑轮;7—转向滑轮;8—钻架;9—横梁;
10—双筒卷扬机;11—水头高度;12—地下水位

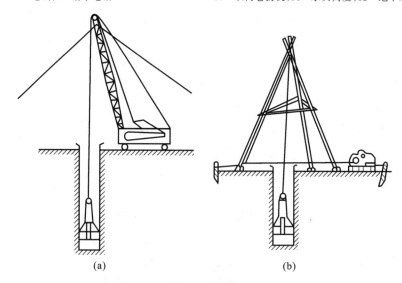

图 3.21 冲击钻机

(a)冲击式装置提升钻锥;(b)卷扬机提升钻锥

⑤旋挖钻机(图 3.22)。旋挖成孔灌注桩施工是利用钻杆和斗式钻头的旋转及重力使土屑进入钻斗,提升斗式钻头出土成孔,人工配制的泥浆在孔内仅起护壁作用。成孔直径最大可达 2 m、深度可达 60 m,是最近几年从国外引进的新工艺。

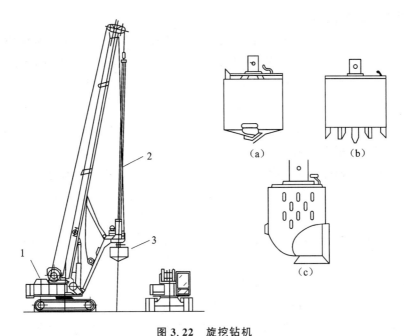

图 3.22　旋挖钻机

(a)锅底式钻头;(b)多刃切削式钻头;(c)锁定式钻头

1—主机;2—钻杆;3—钻头

旋挖钻机由主机、钻杆和钻斗(钻头)组成。其钻头可分为锅底式(用于一般土层)、多刃切削式(用于卵石或密实砂砾层或障碍物)和锁定式(用于取出孤石、大卵石等)。该钻机适用于填土、黏土、粉土、淤泥、砂土及含有部分卵石、碎石的地层。一般需采用泥浆护壁,干作业时也可不用泥浆护壁。

(2)成孔工艺

①埋设护筒。钻机钻孔前,应做好场地平整,挖设排水沟,设泥浆池制备泥浆,做试桩成孔,设置桩基轴线定位点和水准点,放线定桩位及其复核等施工准备工作。钻孔时,先安装桩架及水泵设备,桩位处挖土埋设孔口护筒,桩架就位后,钻机进行钻孔。

地表土层较好,开钻后不塌孔的场地可以不设护筒。但在杂填土或松软土层中钻孔时,应设护筒,以起定位、保护孔口、存贮泥浆和使其高出地下水位的作用。护筒用 4~8 mm 厚的钢板制作,内径应比钻头直径大 100 mm,护筒顶部应开设 1~2 个溢浆口。护筒的埋入土中深度在黏性土中不宜小于 1.0 m,在砂土中不宜小于 1.5 m。护筒与坑壁之间应用黏土填实,不允许漏水;护筒中心与桩位中心的偏差应不大于 50 mm。

②泥浆护壁钻孔。钻孔时应在孔中注入泥浆,并始终保持泥浆液面高于地下水位 1.0 m。因孔内泥浆比水重,泥浆所产生的液柱压力可平衡地下水压力,并对孔壁有一定的侧压力,成为孔壁的一种液态支撑。同时,泥浆中胶质颗粒在泥浆压力下,渗入孔壁表层孔隙中,形成一层泥皮,从而可以防止塌孔,保护孔壁。泥浆除护壁作用外,还具有携渣、润滑钻头、降低钻头温度、减少钻进阻力等作用。

如在黏土、粉质黏土层中钻孔时,可在孔中注进清水,以原土造浆护壁、排渣。当穿越砂夹层时,为防止塌孔,宜投入适量黏土以加大泥浆稠度;如砂夹层较厚或在砂土中钻孔时,则应采用制备泥浆注入孔内。

泥浆主要是膨润土或黏土和水的混合物,并根据需要掺入少量其他物质。泥浆的黏度应控制适当,黏度大,携带土屑能力强,但会影响钻进速度;黏度小,则不利于护壁和排渣。泥浆的稠度也应合适,虽稠度大,护壁作用亦大,但其流动性变差,且还会给清孔和浇筑混凝土带来困难。一般注入的泥浆相对密度宜控制在 1.15~1.20,排出的泥浆相对密度宜为 1.2~1.4。此外,泥浆的含砂率宜控制在 6% 以内,因含砂率大会降低黏度,增加沉淀,使钻头升温,磨损泥浆泵。

钻孔进入速度应根据土层类别、孔径大小、钻孔深度和供水量确定。对于淤泥和淤泥质土不宜大于 1 m/min,其他土层以钻机不超负荷为准,风化岩或其他硬土层以钻机不产生跳动为准。

③清孔。钻孔深度达到设计要求后,必须进行清孔。清孔的目的是清除钻渣和沉淀层,同时也为泥浆下浇筑混凝土创造良好条件,确保浇筑质量。以原土造浆的钻孔,可使钻机空转不进,同时射水,待排出泥浆的相对密度降到 1.1 左右,可认为清孔已合格。对注入泥浆的钻孔,可采用换浆法清孔,待换出泥浆的相对密度小于 1.15~1.25 时方可认为合格。

清孔结束时孔底泥浆沉淀物不可过厚,若孔底沉渣或淤泥过厚,则有可能在浇筑混凝土时被混入桩头混凝土中,而导致桩的沉降量增大,而承载力降低。因此,规范要求端承型桩的沉渣厚度不得大于 50 mm,摩擦型桩的沉渣厚度不得大于 150 mm,对抗拔和抗水平力桩的沉渣厚度不得大于 200 mm。

(3)混凝土浇筑

桩孔钻成并清孔完毕后,应立即吊放钢筋笼和浇筑水下混凝土,施工过程见图 3.23,水下浇筑混凝土通常采用导管法。其施工工艺如下:

①吊放钢筋笼,就位固定。当钢筋笼全长超过 12 m 时,钢筋笼宜分段制作,分段吊放,接头处用焊接连接,并使主筋接头在同一截面中数量≤50%,相邻接头错开≥500 mm。为增加钢筋笼的纵向刚度和灌注桩的整体性,每隔 2 m 焊一个 ϕ12 的加强环箍筋,并要保证有 60~80 mm 钢筋保护层的措施(如设置定位钢筋环或混凝土垫块)。吊放钢筋笼前要检查钢筋施工是否符合设计要求;吊放时要细心轻放,切不可强行下插,以免产生回击落土;吊放完毕并经检查符合设计标高后,将钢筋笼临时固定,以防移动。

②吊放导管,浇筑水下混凝土。

③混凝土浇筑完毕,拔除导管。当混凝土连续浇筑至设计标高后,拔除导管,桩基混凝土浇筑完毕。

水下浇筑的混凝土必须具有良好的和易性,坍落度一般采用 160~220 mm,细骨料尽量选用中粗砂(含砂率宜为 40%~45%),粗骨料粒径不宜大于 40 mm,并不宜大于钢筋最小净距的 1/3。钢筋笼放入桩孔后应尽快浇筑混凝土,水下浇筑混凝土应连续进行不得中断,混凝土实际灌注量不得小于计算体积。

(4)施工中常见问题及处理方法

泥浆护壁成孔灌注桩施工中,常会遇到护筒冒水、钻孔倾斜、孔壁塌陷和颈缩等问题,其原因和处理方法简述如下:

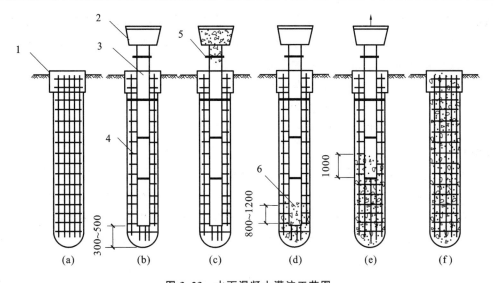

图 3.23 水下混凝土灌注工艺图

(a)吊放钢筋笼;(b)插下导管;(c)漏斗满灌混凝土;

(d)除去隔水栓,混凝土下落孔底;(e)随浇混凝土随提升导管;(f)拔除导管成桩

1—护筒;2—漏斗;3—导管;4—钢筋笼;5—隔水栓;6—混凝土

①护筒冒水。施工中发生护筒外壁冒水,如不及时采取防止措施,将会引起护筒倾斜、位移、桩孔偏斜,甚至产生地基下沉。护筒冒水的原因是由于埋设护筒时周围填土不密实,或者起落钻头时碰动护筒。处理方法是,若在成孔施工开始时就发现护筒冒水,可用黏土在护筒四周填实加固,若在护筒已严重下沉或位移时发现护筒冒水,则应返工重埋。

②孔壁缩颈。当在软土地区钻孔,尤其在地下水位高、软硬土层交界处,极易发生颈缩。施工过程中,如遇钻杆上提或钢筋笼下放受阻现象时,就表明存在局部颈缩。孔壁颈缩的原因是由于泥浆相对密度不当,桩的间距过密,成桩的施工时间相隔太短,钻头磨损过大等。处理方法是采取将泥浆相对密度控制在 1.15 左右,施工时要跳开 1~2 个桩位钻孔,成桩的施工间隔时间要超过 72 h,钻头要定时更换等措施。

③孔壁塌陷。在钻孔过程中,如发现孔内冒细密水泡,或护筒内的水位突然下降,这些都表明有孔壁塌陷的迹象。塌孔会导致孔底沉淀增加、混凝土灌注量超方和影响邻桩施工。孔壁塌陷的原因是由于土质松散,泥浆护壁不良(泥浆过稀或质量指标失控);泥浆吸出量过大,护筒内水位高度不够;钻杆刚度不足引起晃动而导致碰撞孔壁和吊放钢筋笼时碰撞孔壁等。处理方法:如在钻进中出现塌孔时,首先应保持孔内水位,并可加大泥浆相对密度,减少泥浆泵排出量,以稳定孔壁;如塌孔严重,或泥浆突然漏失时,应停钻并在判明塌孔位置和分析原因后,立即回填砂和黏土混合物到塌孔位置以上 1~2 m,待回填物沉积密实,孔壁稳定后再进行钻孔。

④钻孔倾斜。钻孔时由于钻杆不垂直或弯曲,土质松软不一,遇上孤石或旧基础等原因,都会引起钻孔倾斜。处理方法:如钻孔时发现钻杆有倾斜,应立即停钻,检查钻机是否稳定,或是否有地下障碍物,排除这些因素后,改用慢钻速,并提动钻头进行扫孔纠正,以便削去"台阶";如用上述方法纠正无效,应回填砂和黏土混合物至偏斜处以上 1~2 m,待沉积密实后,重新进行钻孔施工。

【例 3.2】 某城市桥梁工程,主墩基础为六根直径为 600 mm 的桩基础,桩长 35 m。地质条件为软岩层,采用回转钻机正循环泥浆护壁灌注桩,导管法灌注水下混凝土。

问题:(1)试述混凝土钻孔灌注桩质量检查内容。

(2)清孔过程中应注意哪些方面?

(3)如何进行水下混凝土的浇筑?

(4)分析桩身混凝土夹渣或断桩的主要原因。

【解】

(1)混凝土钻孔灌注桩质量检测包括主控项目和一般项目。主控项目有桩位、孔深、桩体质量检验、混凝土强度和承载力。一般项目有垂直度、桩径、泥浆相对密度、泥浆面标高、沉渣厚度、混凝土坍落度、钢筋笼安装深度、混凝土充盈系数和桩顶标高等。

(2)用换浆法迅速清孔;清孔时必须保持孔内水头,防止塌孔;清孔后的泥浆相对密度和孔底沉渣厚度应满足规范要求。

(3)导管法浇筑水下混凝土要点:①导管使用前要进行闭水试验(水密、承压)和接头抗拉试验,试验合格后方可使用;②导管应居中稳步沉放,不能接触到钢筋笼,导管底部距桩底的距离应符合规范要求,一般为 300~500 mm;③首次灌注量应满足混凝土的初灌量要求,导管一次埋入混凝土灌注面以下不少于 0.8 m。施工中导管内应始终充满混凝土,及时测量混凝土顶面高度和埋管深度,及时提拔拆除导管,使导管埋入混凝土中的深度保持在 2~6 m 之间。④导管的水下混凝土的浇筑应在混凝土初凝前完成,否则应掺入缓凝剂。⑤混凝土浇筑应连续进行,为保证桩的质量,应留比桩顶标高高出 0.8~1.0 m 左右的桩头。

(4)桩身混凝土夹渣或断桩的主要原因:①混凝土初灌量不够,造成初灌后埋管深度太小或导管根本就没有进入混凝土;②混凝土灌注过程拔管长度控制不准,导管拔出混凝土面;③混凝土初凝和终凝时间太短,或灌注时间太长,使混凝土上部结块,造成桩身混凝土夹渣;④清孔时孔内泥浆悬浮的砂粒太多,混凝土灌注过程中砂粒回沉在混凝土面上,形成沉积砂层,阻碍混凝土面的正常上升,当混凝土冲破沉积砂层时,部分砂粒及浮渣被包入混凝土内。严重时可能造成堵管事故,导致混凝土灌注中断。

3.3.2 人工挖孔灌注桩

扫一扫

人工挖孔桩

人工挖孔灌注桩是采用人工开挖方式进行桩基成孔,以硬土层作持力层、以端承力为主的一种基础形式,其直径一般为 800~2500 mm,桩深一般在 30 m 以内,每根桩的承载力高达 6000~10000 kN,如果桩底部再进行扩大,则称"大直径扩底灌注桩"。存在下列条件之一的区域不得使用人工挖孔灌注桩:地下水丰富、软弱土层、流沙等不良地质条件的区域;孔内空气污染物超标准的区域;机械成孔设备可以到达的区域。

3.3.2.1 施工特点

(1)结构及施工特点

人工挖孔灌注桩即人工挖孔桩,是指桩孔采用人工挖掘方法进行成孔,然后安放钢筋笼,浇筑混凝土而成的桩。特点是单桩承载力高,受力性能好,既能承受垂直荷载,又能承受水平荷载,设备简单;无噪声,无振动,对施工现场周围原有建筑物的危害影响小;施工速度快,必要时可各桩同时施工;土层情况明确,可直接观察到地质变化的情况;桩底沉渣能清理干净;施工质量可靠,造价较低。但其缺点是人工耗量大,开挖效率低,安全操作条件差等。

(2)护壁设计

人工挖孔桩施工是综合灌注桩和沉井施工特点的一种施工方法,因而人工挖孔桩是两阶段施工和两次受力设计。第一阶段为了抵抗土的侧压力及保证孔内操作安全,把它作为一个受轴侧力的筒形结构进行护壁设计;第二阶段为桩孔内浇筑混凝土施工,为了传递上部结构荷载,将其作为一个受轴向力的圆形实心端承桩进行设计。

桩身截面是根据使用阶段仅承受上部垂直荷载而不承受弯矩进行计算的。桩孔护壁则是根据施工阶段受力状态进行计算的,一般可按地下最深护壁所承受的土侧压力及地下水侧压力(图 3.24)以确定其厚度,但不考虑施工过程中地面不均匀堆土产生偏压力的影响,一般护壁的厚度不小于 100 mm,混凝土强度等级不低于桩身混凝土强度等级。

当采用现浇钢筋混凝土护壁时(图 3.25),护壁应配置不小于 φ8 的构造钢筋,竖向钢筋应上下搭接或拉接。

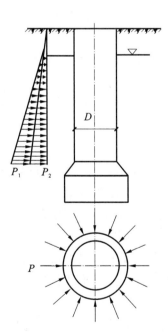

图 3.24 护壁受力状态图

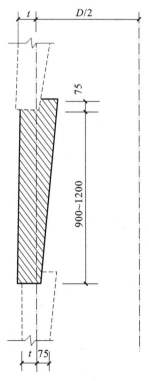

图 3.25 混凝土护壁

3.3.2.2 施工机具及工艺

(1)施工机具设备

人工挖孔桩施工机具设备可根据孔径、孔深和现场具体情况加以选用,常用的有:

①电动葫芦和提土桶。用于施工人员上下桩孔,材料和弃土的垂直运输。当孔洞小而浅(≤15 m)时,可用独脚桅杆或井架等提升土石;当孔洞大而深时,可用塔吊或汽车吊提升钢筋及混凝土。

②潜水泵。用于抽出桩孔中的积水。

③鼓风机和输风管。用于向桩孔中输送新鲜空气。

④镐、锹和土筐。用于挖土的工具,如遇坚硬土或岩石,还需另备风镐。

⑤照明灯、对讲机及电铃。用于桩孔内照明和桩孔内外联络。

(2)施工工艺

人工挖孔桩施工时,为确保挖土成孔施工安全,必须预防孔壁坍塌和流砂现象的发生。施工前应根据地质勘察资料,拟定出合理的护壁措施和降排水方案。护壁方法很多,可以采用现浇混凝土护壁、喷射混凝土护壁、混凝土沉井护壁、砖砌体护壁、钢套管护壁、型钢-木板桩工具式护壁等。

现浇混凝土护壁时,人工挖孔桩的施工工艺流程如下:

①放线定桩位。根据设计图纸测量放线,定出桩位及桩径。

②开挖桩孔土方。桩孔土方采取往下分段开挖,每段挖深高度取决于土壁保持直立状态而不塌方的深度,一般取 0.9~1.2 m 为一段。开挖面积为设计桩径加护壁的厚度。土壁必须修正修直,偏差控制在 20 mm 以内,每段土方底面必须挖平,以便支模板。

③支设护壁模板。模板高度取决于开挖土方施工段的高度,一般每步高为 0.9~1.2 m,由 4 块或 8 块活动弧形钢模板组合而成,支成有锥度的内模(有 75~100 mm 放坡)。每步支模均用十字线吊中,以保证桩位和截面尺寸准确。

④放置操作平台。内模支设后,吊放用角钢和钢板制成的两半圆形合成的操作平台入桩孔内,置于内模顶部,以放置料具和浇筑混凝土。

⑤浇筑护壁混凝土。环形混凝土护壁厚 150~300 mm(第一段护壁应高出地面 150~200 mm),因它具有护壁与防水的双重作用,故护壁混凝土浇筑时要注意捣实。上下段护壁间要错位搭接 50 mm 以上,以便连接上下段。

⑥拆除模板继续下段施工。当护壁混凝土强度达到 1 N/mm² 后,拆除模板,开挖下段的土方,再支模浇筑混凝土,如此重复循环直至挖到设计要求的标高。

⑦排出孔底积水。当桩孔挖到设计标高,检查孔底土质是否已达到设计要求,再在孔底挖成扩大头。待桩孔全部成型后,用潜水泵抽出孔底的积水。

⑧浇筑桩身混凝土。待孔底积水排除后,立即浇筑混凝土。当混凝土浇筑至钢筋笼的底面设计标高时,再吊入钢筋笼就位,并继续浇筑桩身混凝土而形成桩基。

3.3.2.3　质量要求及施工注意事项

人工挖孔桩承载力很高,一旦出现问题就很难补救,因此施工时必须注意以下几点:

(1)必须保证桩孔的挖掘质量

桩孔中心线的平面位置、桩的垂直度和桩孔直径偏差应符合规定。在挖孔过程中,每挖深 1 m,应及时校核桩孔直径、垂直度和中心线偏差,使其符合设计对施工允许偏差的规定要求。一般挖至比较完整的持力层后,再用小型钻机向下钻一深度不小于桩孔直径 3

倍的深孔取样鉴别,确认无软弱下卧层及洞隙后,才能终止挖掘。

(2)注意防止土壁坍落及流砂事故

在开挖过程中,如遇有特别松散的土层或流砂层时,为防止土壁坍落及流砂,可采用钢护套管或预制混凝土沉井等作为护壁。待穿过松软层或流砂层后,再改按一般的施工方法继续开挖桩孔。流砂现象较严重时,应在成孔、桩身混凝土浇筑及混凝土终凝前,采用井点法降水。

(3)注意清孔及防止积水

孔底浮土、积水是桩基降低甚至丧失承载力的隐患,因此混凝土浇筑前,应清除干净孔底浮土、石碴。混凝土浇筑时要防止地下水的流入,保证浇筑层表面不存在积水层。如果地下水量大,而无法抽干时,则可采用导管法进行水下浇筑混凝土。

(4)必须保证钢筋笼的保护层及混凝土的浇筑质量

钢筋笼吊入孔内后,应检查其与孔壁的间隙,保证钢筋笼有足够的保护层。桩身混凝土坍落度为 100 mm 左右。为避免浇筑时产生离析,混凝土可采用圆形漏斗帆布串筒下料,连续浇筑,分步振捣,不留施工缝,每步厚度不得超过 1 m,以保证桩身混凝土的密实性。

(5)注意防止护壁倾斜

位于松散回填土中时,应注意防止护壁倾斜。当护壁倾斜无法纠正时,必须破碎并重新浇筑混凝土。

(6)必须制订切实可行的安全措施

工人在桩孔内作业,应严格按安全操作规程施工,并有切实可靠的安全措施:孔下有人时孔口必须有监护;护口四周应设置高度为 0.8 m 的护栏;挖出的泥土应及时远离孔口,不得堆放在孔口周边 1 m 范围内;孔内设安全软梯;孔下照明采用安全电压,潜水泵必须设有防漏电装置;应设鼓风机向井下输送洁净空气;孔内遇到岩层必须爆破时,应专门设计,并经检查无有害气体后方可继续作业。

3.3.3　沉管灌注桩

沉管灌注桩也称套管成孔灌注桩,是指用锤击或振动的方法,将带有预制混凝土桩尖或钢活瓣桩尖(图 3.26)的钢套管沉入土中,待沉到规定的深度后,立即在管内浇筑混凝土或管内放入钢筋笼后再浇筑混凝土,随后拔出钢套管,并利用拔管时的冲击或振动使混凝土捣实而形成桩。

沉管灌注桩具有施工设备较简单,桩长可随实际地质条件确定,经济效果好,尤其在有地下水、流砂、淤泥的情况下,可使施工大大简化等优点。但其有单桩承载能力低,在软土中易产生颈缩,且施工过程中有挤土、振动和噪音,对邻近建筑物和居民生活造成影响等缺点。

沉管灌注桩按沉管的方法不同,分为锤击沉管灌注桩和振动沉管灌注桩两种。沉管灌注桩的施工工艺流程如图 3.27 所示。

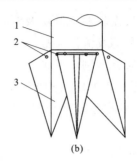

图 3.26　桩尖

(a)预制混凝土桩尖;(b)钢活瓣桩尖

1—钢套管;2—销轴;3—活瓣

图 3.27　沉管灌注桩施工工艺流程图

3.3.3.1　锤击沉管灌注桩

扫一扫

锤击沉管
灌注桩

锤击沉管灌注桩是采用落锤、蒸汽锤或柴油锤将钢套管沉入土中成孔,适用于一般黏性土、淤泥质土、砂土、人工填土及中密碎石土地基的沉桩,不得用于医院、学校、科研单位、住宅等有限定噪音或振动要求的区域(工程抢修、抢险作业等特殊情况除外)。其锤击沉管机械设备如图3.28所示。

(1)施工方法

锤击沉管灌注桩的施工工艺:先就位桩架,在桩位处用桩架吊起钢套管,对准预先设在桩位处的预制钢筋混凝土桩尖(也称桩靴)。套管与桩尖接口处垫以稻草绳或麻绳垫圈,以防地下水渗入管内。套管上端再扣上桩帽。检查与校正套管的垂直度,使套管的偏斜满足不大于 0.5% 要求后,即可起锤打套管。

锤击套管开始时先用低锤轻击,经观察无偏移后,才进入正常施打,直至把套管打入到设计要求的贯入度或标高位置时停止锤击,并用吊锤检查管内有无泥浆和渗水情况。然后用吊斗将混凝土通过漏斗灌入钢套管内,待混凝土灌满套管后,即开始拔管。套管内混凝土要灌满,第一次拔管高度应控制在能容纳第二次所需灌入的混凝土量为限,一般应使套管内保持不少于 2 m 高度的混凝土,不宜拔管过高。拔管速度要均匀,一般应以 1 m/min为宜,能使套管内混凝土保持略高于地面即可。在拔管过程中应保持对套管连续低锤密击,使套管不断受震动而振实混凝土。采用倒打拔管的打击次数,对单动汽锤不得少于 50 次/min,对自由落锤不得少于 40 次/min,在管底未拔到桩顶设计标高之前,倒打或轻击都不得中断。如此边浇筑混凝土,边拔套管,一直到套管全部拔出地面为止。

为扩大桩径,提高承载力或补救缺陷,也可采用复打法,复打法的要求同振动沉管灌注桩,但以扩大一次为宜,当作为补救措施时,常采用半复打法或局部复打法。

(2)混凝土浇筑及质量要求

锤击沉管灌注桩桩身混凝土坍落度:配筋时宜为 80～100 mm,素混凝土时宜为

$60\sim80$ mm;碎石粒径不大于 40 mm。预制钢筋混凝土桩尖应有足够的承载力,混凝土强度等级不得低于 C30;套管下端与预制钢筋混凝土桩尖接触处应垫置缓冲材料;桩尖中心应与套管中心重合。

桩身混凝土应连续浇筑,分层振捣密实,每层高度不宜超过 $1\sim1.5$ m;浇筑桩身混凝土时,同一配合比的试块每台班不得小于 1 组;单打法的混凝土从拌制到最后拔管结束,不得超过混凝土的初凝时间;复打法前后两次沉管的轴线应重合,且复打必须在第一次浇筑的混凝土初凝之前完成工作。

当桩的中心距在套管外径的 5 倍以内或小于 2 m 时,套管的施打必须在邻桩混凝土初凝时间内完成,或实行跳打施工。跳打时中间空出未打的桩,须待邻桩混凝土达到设计强度的 50%后,方可进行施打。

在沉管过程中,如果地下水或泥浆有可能进入套管内时,应在套管内先灌入高 1.5 m 左右的封底混凝土,方可开始沉管;沉管施工时,必须严格控制最后三阵 10 击的贯入度,其值可按设计要求或根据试验确定,同时应记录沉入每一根套管的总锤击次数及最后 1 m 沉入的锤击次数。

3.3.3.2 振动沉管灌注桩

(1)机械设备和施工工艺

振动沉管灌注桩是利用振动锤将钢套管沉入土中成孔,适用于一般黏性土、淤泥质土、淤泥、粉土、湿陷性黄土、松散至中密砂土以及人工填土等土层。其机械设备如图 3.29 所示。振动沉管原理与振动沉桩原理完全相同。

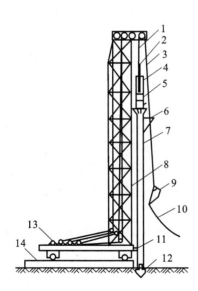

图 3.28 锤击沉管灌注桩机械设备

1—钢丝绳;2—滑轮组;3—吊斗钢丝绳;
4—桩锤;5—桩帽;6—混凝土漏斗;
7—套管;8—桩架;9—混凝土吊斗;
10—回绳;11—钢管;12—桩尖;
13—卷扬机;14—枕木

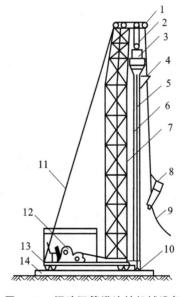

图 3.29 振动沉管灌注桩机械设备

1—导向滑轮;2—滑轮组;3—激振器;
4—混凝土漏斗;5—桩管;
6—加压钢丝绳;7—桩架;8—混凝土吊斗;
9—回绳;10—桩尖;11—缆风绳;
12—卷扬机;13—行驶用钢管;14—枕木

振动沉管灌注桩施工方法是先桩架就位，在桩位处用桩架吊起钢套管，并将钢套管下端的活瓣桩尖闭合起来，对准桩位后再缓慢地放下套管，使活瓣桩尖垂直压入土中，然后开动振动锤使套管逐渐下沉。当套管下沉达到设计要求的深度后，停止振动，立即利用吊斗向套管内灌满混凝土，并再次开动振动锤，边振动边拔管，同时在拔管过程中继续向套管内浇筑混凝土。如此反复进行，直至套管全部拔出地面后即形成混凝土桩身。

根据地基土层情况和设计要求不同，以及施工中处理所遇到问题时的需要，振动沉管灌注桩可采用单打法、复打法和反插法三种施工方法，现分述如下：

①单打法，即一次拔管成桩。当套管沉入土中至设计深度位置时，暂停振动并待混凝土灌满套管之后，再开动振动锤振动。先振动 5～10 s，再开始拔管，并边振动边拔管。每拔管 0.5～1.0 m，停拔振动 5～10 s，如此反复进行，直至把桩管全部拔出地面即形成桩身混凝土。如采用活瓣桩尖时，拔管速度不宜大于 1.5 m/min。单打法施工速度快，混凝土用量少，桩截面可比桩管扩大 30%，但桩的承载力低，适用于含水量较少的土层。

扫一扫

复打桩

②复打法。在同一桩孔内进行再次单打，或根据需要局部复打。全长复打桩的入土深度接近于原桩长，局部复打应超过断桩或颈缩区 1 m 以上。全长复打时，第一次浇筑混凝土应达到自然地坪。复打施工必须在第一次浇筑的混凝土初凝之前完成，应随拔管随清除黏在管壁上或散落在地面上的泥土，同时前后两次沉管的轴线必须重合。复打后桩截面可比桩管扩大 80%。

③反插法。当套管沉入土中至设计要求深度时，暂停振动并待混凝土灌满套管之后，先振动再开始拔管。每次拔管高度为 0.5～1.0 m，再把桩管下沉 0.3～0.5 m（反插深度不宜超过活瓣桩尖长度的 2/3）。在拔管过程中应分段添加混凝土，保持套管内混凝土表面始终不低于地坪表面，或高于地下水位 1.0～1.5 m，并应控制拔管速度不得大于 0.5 m/min。如此反复进行，直至把套管全部拔出地面即形成混凝土桩身。反插法桩的截面可比桩管扩大 50%，提高桩的承载力，但混凝土耗用量较大，一般只适用于饱和土层。

（2）质量要求

振动沉管灌注桩桩身配筋时混凝土坍落度宜为 80～100 mm，素混凝土时宜为 60～80 mm；活瓣桩尖应具有足够承载力和刚度，活瓣之间的缝隙应严密。

在浇筑混凝土和拔管时应保证混凝土的质量，当测得混凝土确已流出套管后，方能再继续拔管，并使套管内始终保持不少于 2 m 高度的混凝土，以便管内混凝土有足够的压力，防止混凝土在管内的阻塞。

为保证混凝土桩身免受破坏，若桩的中心距在 4 倍套管外径以内时，应进行跳打法施工，或者在邻桩混凝土初凝之前将该桩施工完毕。

3.3.3.3 施工中常见问题和处理方法

沉管灌注桩施工过程中常会遇到发生断桩、瓶颈桩、吊脚桩和桩尖进水进泥等问题，现就其发生原因及处理方法简述如下：

（1）断桩

断桩一般都发生在地面以下软硬土层的交接处，并多数发生在黏性土中，砂土及松土中则很少出现。断裂的裂缝贯通整个截面，呈水平或略带倾斜状态。产生断桩的主要原因有:桩距过小,打邻桩时受挤压隆起而产生水平推力和上拔力;软硬土层间传递水平变形大小不同,产生水平剪力;桩身混凝土终凝不久,其强度未达到要求时就受震动而产生破坏。处理方法是经检查发现有断桩后,应将断桩段拔去,略增大桩的截面面积或加箍筋后,再重新浇筑混凝土。

(2)瓶颈桩

瓶颈桩是指桩的某处直径缩小形似"瓶颈",其截面面积不符设计要求。多数发生在黏性大、土质软弱、含水率高,特别是饱和的淤泥或淤泥质软土层中。产生瓶颈桩的主要原因是:在含水率较大的软土层中沉管时,土受挤压便产生很高的孔隙水压力,待桩管拔出后,这种水压力便作用到新浇筑的混凝土桩身上。当某处孔隙水压力大于新浇筑混凝土侧压力时,则该处就

瓶颈桩

会发生不同程度的颈缩现象。此外,当拔管速度过快,管内混凝土量过小,混凝土出管性差时也会造成缩颈。处理方法是在施工中应经常检查混凝土的下落情况,如发现有颈缩现象,应及时进行复打。

(3)吊脚桩

吊脚桩是指桩的底部混凝土隔空或混进泥砂而形成松散层部分的桩。产生的主要原因是:预制钢筋混凝土桩尖承载力或钢活瓣桩尖刚度不够,沉管时被破坏或变形,因而水或泥砂进入套管;预制混凝土桩尖被打坏而挤入套管,拔管时桩尖未及时被混凝土挤出或钢活瓣桩尖未及时张开,待拔管至

吊脚桩

一定高度时才挤出或张开而形成吊脚桩。处理方法:如发现有吊脚桩,应将套管拔出,填砂后重打。

(4)桩尖进水进泥

桩尖进水进泥常在地下水位高或含水量大的淤泥和粉泥土土层中沉桩时出现。产生的主要原因是:钢筋混凝土桩尖与套管接合处或钢活瓣桩尖闭合处不紧密;钢筋混凝土桩尖被打破或钢活瓣桩尖变形等。处理方法是将套管拔出,清除管内泥砂,修整桩尖钢活瓣变形缝隙,用黄砂回填桩孔后再重打;若地下水位较高,待沉管至地下水位时,先从套管内灌入 0.5m 厚度的水泥砂浆作封底,再灌 1m 高度混凝土增压,然后再继续下沉套管。

3.3.4 爆扩灌注桩

爆扩灌注桩(简称爆扩桩)是由桩柱和扩大头两部分组成。爆扩灌注桩一般桩身直径 $d = 200 \sim 350$ mm,扩大头直径 $D = (2.5 \sim 3.5)d$;桩距 $l \geqslant 1.5D$,桩长 $H = 3 \sim 6$ m(最长不超过 10 m);混凝土粗骨料粒径不宜大于 25 mm;混凝土坍落度在引爆前为 $100 \sim 140$ mm,在引爆后为 $80 \sim 120$ mm。

爆扩桩的一般施工工艺过程是:用钻孔或爆破方法使桩身成孔,孔底放进有引出导线的雷管炸药包;孔内灌入适量用作压爆的混凝土;通电使雷管炸药引爆,孔底便形成圆球状空腔扩大头,瞬间孔中压爆的混凝土即落入孔底空腔内;桩孔内放入钢筋笼,浇筑桩身及扩大头混凝土而成爆扩桩(图 3.30)。

爆扩桩的特点是用爆扩方法使土壤压缩形成扩大头,既增加了地基对桩端的支承面;

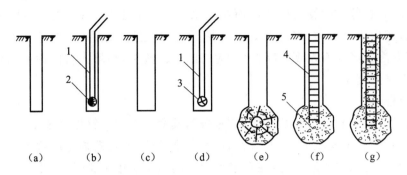

图 3.30 爆扩灌注桩施工工艺图

(a)钻导孔;(b)放炸药条;(c)爆扩桩孔;(d)放炸药包;

(e)爆扩大头;(f)放钢筋笼;(g)浇筑混凝土

1—导线;2—炸药条;3—炸药包;4—钢筋;5—混凝土

又提高了地基的承载力。这种桩具有成孔简便、节省劳力和成本低廉等优点。爆扩桩适应性广泛,除软土、砂土和新填土外,其他各种土层中均可使用,尤其适用于大孔隙的黄土地区施工。

爆扩桩成孔的方法,可根据土质情况确定,一般有人工成孔(洛阳铲或手摇钻)、机钻成孔、套管成孔和爆扩成孔等多种。其中爆扩成孔的方法是先用洛阳铲或钢钎打出一个直孔,孔的直径当土质较好时为 40～70 mm,当土质差且地下水又较高时约为 100 mm;然后在直孔内吊入玻璃管装的炸药条,管内放置 2 个串联的雷管,经引爆并清除积土后即形成桩孔。

扩大头的爆扩,宜采用硝铵炸药和电雷管进行,且同一工程中宜采用同一种类的炸药和雷管。炸药用量应根据设计所要求的扩大头直径,由现场试验确定。药包制成近似球体,用能防水的塑料薄膜等材料紧密包扎,并用防水材料封闭,以免受潮后出现瞎炮。每个药包内放 2 个并联的雷管与引爆线路相连。药包制成后,先用绳子将其吊放入孔底,然后再灌 150～200 mm 厚的砂子。如桩孔内有积水时,应在药包上绑扎重物,使其沉入孔底。随着桩孔中灌入一定量的混凝土后,即进行扩大头的引爆。

扩大头引爆前,灌入的压爆混凝土量要适当。量过少会引起压爆混凝土"飞扬"现象;量过多则又可能产生混凝土"拒落"事故。一般情况下压爆混凝土量应达 2～3 m³,或约为扩大头体积的一半为宜。为保证施工质量,必须严格遵守如下引爆顺序:当相邻桩的扩大头在同一标高时,若桩距大于爆扩影响间距,可采用单爆方式,反之宜用联爆方式;当相邻桩的扩大头不在同一标高时,必须是先浅后深,否则会造成深桩柱的变形或开裂。扩大头引爆后,压爆混凝土落入空腔底部。应检查扩大头的尺寸,并将扩大头底部混凝土捣实,再吊入钢筋笼并浇筑桩身混凝土。混凝土应分层捣实,连续浇筑,不留施工缝。

爆扩桩的平面位置和垂直度的允许偏差与钻孔灌注桩相同,桩孔底面标高允许低于设计标高 150 mm,扩大头直径允许偏差为±50 mm。

3.3.5 灌注桩成孔的质量要求

灌注桩成孔的控制深度应符合下列要求:

(1)摩擦型桩:摩擦桩应以设计桩长控制成孔深度;端承摩擦桩必须保证设计桩长及

桩端进入持力层深度。当采用锤击沉管法成孔时,桩管入土深度控制应以标高为主,以贯入度控制为辅。

(2)端承型桩:当采用钻(冲)挖掘成孔时,必须保证桩端进入持力层的设计深度;当采用锤击沉管法成孔时,桩管入土深度控制以贯入度为主,以控制标高为辅。

水下浇筑混凝土的桩身混凝土强度等级不宜高于 C40,灌注桩主筋混凝土保护层厚度不应小于 50 mm。灌注桩的桩位偏差应符合表 3.3 的规定,桩顶标高至少要比设计标高高出 0.5m,桩底清孔质量按不同的成桩工艺符合相应的要求。每浇筑 50 m³ 必须有 1 组试件,小于 50 m³ 的桩,每根桩必须有 1 组试件。

表 3.3　灌注桩的平面位置和垂直度的允许偏差

序号	成孔方法		桩径允许偏差(mm)	垂直度允许偏差(%)	桩位允许偏差(mm)	
					1～3 根、单排桩基垂直于中心线方向和群桩基础的边桩	条形桩基沿中心线方向和群桩基础的中间桩
1	泥浆护壁钻孔灌注桩	D≤1000 mm	±50	<1	D/6,且不大于 100	D/4,且不大于 150
		D>1000 mm	±50		100+0.01H	150+0.01H
2	套管成孔灌注桩	D≤500 mm	−20	<1	70	150
		D>500 mm			100	150
3	干成孔灌注桩		−20	<1	70	150
4	人工挖孔浇灌桩	混凝土护壁	±50	<0.5	50	150
		钢套管护壁	±20	<1	100	200

注:①桩径允许偏差的负值是指个别断面;
　　②采用复打法、反插法施工的桩,其桩径允许偏差不受上表限制;
　　③H 为施工现场地面标高与桩顶设计标高的距离,D 为设计桩径。

桩身质量应进行检验。桩基的抽检数量不应少于桩的总数的 20%,且不应少于 10 根;对地下水位以上且终孔后经过核验的灌注桩,检验数量不应少于总桩数的 10%,且不得少于 10 根。每个柱子承台下不得少于 1 根。

3.4　地下连续墙施工

地下连续墙是指利用专门的成槽设备,挖出一条狭长的深槽,在泥浆护壁的条件下,在槽内放入钢筋笼,然后在其内浇筑混凝土形成的一道具有防渗、挡土承重功能的连续的地下墙体,如图 3.31 所示。

地下连续墙具有如下特点:

①优点:墙体刚度大,能承载较大水平荷载和垂直荷载;防渗性能好,建造的地下连续墙几乎不透水;开挖基坑时,不需要放坡,土方量较小;施工过程中振动小、噪声低,适用于各种复杂条件施工;用途广泛,可以作为临时挡土、防水设施,又可以作为地下建筑的外墙使用,增加地下使用空间,其主要用于建筑物的地下室、地下停车场、地铁、污水处理厂、市政隧道等工程。

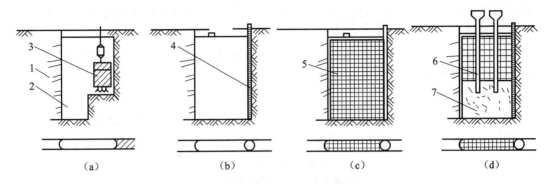

图 3.31　地下连续墙施工程序示意图

(a)成槽;(b)插入接头管;(c)放入钢筋笼;(d)浇筑混凝土

1—已完成的单元槽段;2—泥浆;3—成槽机;4—锁口管;5—钢筋笼;6—导管;7—浇筑混凝土

②缺点:在复杂的地质条件下,施工难度大,易发生坍塌事故;施工过程中产生的泥浆、渣土对地基和地下水有较大影响,需要及时处理。

地下连续墙按墙的种类,可以分为槽段式、桩排式和桩槽组合式三种。槽段式地下连续墙采用专业设备,利用泥浆护壁在地下开挖深槽,水下浇筑混凝土,形成地下连续墙。桩排式地下连续墙实际上是桩孔灌注桩并排连接形成。桩槽组合式是槽段式和桩排式的组合。

3.4.1　施工工艺与方法

地下连续墙的施工工艺主要为:

扫一扫

地下连续墙

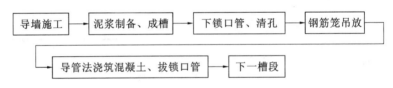

3.4.1.1　导墙的修筑

导墙是地下连续墙施工中必不可少的构筑物,是控制地下连续墙各项指标的标准,也是地下连续墙的地面标志,同时为地下连续墙起定线、标高、维护土体稳定、防止坍塌等作用。

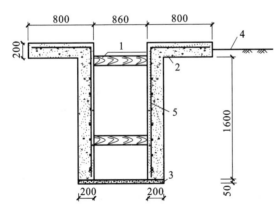

图 3.32　导墙断面示意图

1—圆木支撑;2—C20 钢筋混凝土;
3—C15 素混凝土垫层;4—原地面;5—钢筋网片

导墙有现浇钢筋混凝土(图 3.32)、预制钢筋混凝土两种,现浇导墙一般采用 C20 混凝土,形状有"L"形或倒"L"形,可根据不同土质选用。导墙厚度一般为 150～200 mm,深度一般为 1～2 m,顶面高于地面 50～100 mm,以防止地表水流入导沟。内墙面应垂直,内外导墙的净距应为地下连续墙墙厚加 40 mm。

如果场地土质较好,外侧土壁可以作为现浇导墙的侧模;如果土质较差,则在导墙开挖的基坑两面竖立模板才能浇筑混凝土。

混凝土强度达到 70% 以上可以拆模，拆模后应沿纵墙方向每隔 1 m 左右设上下两道木支撑，直至槽段开挖拆除。严禁任何重型机械和运输设备通过、停留，以防导墙开裂或变形。

3.4.1.2　泥浆护壁

槽段式地下连续墙施工时，泥浆可以维持槽壁稳定，防止槽壁塌方。泥浆具有一定的密度，在槽内对槽壁产生一定的静水压力，相当于一种液体支撑，泥浆水渗入地层形成一层弱透水的泥皮，有助于维护整个槽壁的稳定性。泥浆中的掺合物能调整泥浆性能，使其适应多种情况，提高工作效能。在地下连续墙的施工中，应对泥浆的密度、黏度、静切力、pH 值等指标按要求进行检查，以达到使用要求，一般可按表 3.4 采用。

表 3.4　不同地层泥浆性能指标

项目	性能指标		测定方法
	软弱土层	一般土层	
黏度	20～25 s	18～22 s	500～700 mL 漏斗法
密度	1.05～1.25 kg/L	1.05～1.30 kg/L	泥浆密度秤
含砂量	<4%	<4%～15%	含砂量测定器
失水量	20 mL/30min	30 mL/30min	失水量仪
胶体率	>98%	>95%	100 mL 量杯法
静切力	20～50 mg/cm	10～20 mg/cm	静切力计
泥皮厚度	1.0～1.5 mm/30min	1.5～3.0 mm/30min	失水量仪
pH 值	8～9	<10	pH 试纸

泥浆必须经过充分搅拌，常用的方法有：螺旋桨式搅拌机搅拌、压缩空气搅拌、低速卧式搅拌机搅拌。泥浆搅拌后应该在储浆池内静置 24 h 以上，使膨润土或黏土充分水化后方可使用。泥浆液面一般应高出地下水位面 1 m 以上。

在施工过程中，钻挖的渣土和灌注混凝土会不同程度地混入泥浆中，使泥浆受到污染，而被污染的泥浆经过处理后仍可重复使用。一般采用重力沉降处理，利用泥浆和土渣的密度差，使土渣沉淀，沉淀后的泥浆进入储浆池，储浆池的体积一般为一个单元槽段挖掘量的 2 倍以上。沉淀池和储浆池设置的位置可以根据现场条件和工艺要求合理配置。

3.4.1.3　槽段开挖

成槽是地下连续墙施工的主要工序，槽宽取决于设计墙厚，一般为 600 mm、800 mm 或 1000 mm。根据地下连续墙所处的地质情况，当地层不够稳定时，为防止槽壁坍塌，应尽量减少槽壁长度。

目前国内外常用的成槽机械按其工作原理分为抓斗式、冲击式和回转式三大类。

成槽前对钻机进行一次全面检查，各部件必须连接可靠，特别是钻头连接螺栓不得有松脱现象。

成槽施工在泥浆中进行，通常是分段进行，每一段称为地下连续墙的一个槽段或一个单元。槽段长度的选择由多方面因素综合决定,一般为 6～8 m。

成槽过程中要随时掌握槽孔的垂直度,应利用钻机的测斜装置经常观测偏斜情况,不断调整钻机,以达到施工要求。

施工时发生槽壁坍塌是严重的事故,当成槽过程中出现坍塌迹象时,如泥浆大量漏失、泥浆内有大量泡沫上冒或出现异常扰动、导墙附近出现裂缝沉陷、排土量超过设计断面量等。应首先将成槽机提至地面,然后迅速查清槽壁出现坍塌迹象的原因,采取抢救措施。

3.4.1.4　吊放钢筋笼与浇筑混凝土

成槽完成后,应立即清孔并安装锁口管。槽内沉渣厚度对永久结构一般不大于 100 mm,对临时结构一般不大于 200 mm。地下连续墙是由许多墙段拼接而成,为保持墙段之间连续施工,接头采用锁口管工艺,即在灌注槽段混凝土前,在槽段的端部预插一根直径和槽宽相等的锁口钢管,待混凝土初凝后将钢管徐徐拔出使端部形成半凹榫状接头。也有根据墙体结构受力需要而设置刚性接头的,以使先后两个墙段连成整体。

钢筋笼按单元槽段分段制作,纵向钢筋接头宜采用焊接,纵向钢筋底端距槽底的距离应有 100～200 mm。当采用接头管时,水平钢筋的端部至混凝土的表面应留有 50～150 mm 的间隙。钢筋笼的内径尺寸应比导管连接处的外径大 100 mm 以上。

钢筋笼制作允许偏差为:主筋间距±10 mm;箍筋间距±20 mm;钢筋笼厚度和宽度±10 mm;钢筋笼总长度±100 mm。

钢筋笼起吊过程中,钢筋笼下端不得在地面拖引或碰撞其他物体,以防造成钢筋笼的弯曲变形。安放钢筋笼时,要使钢筋笼对准槽段中心,垂直而又准确地插入槽内,起吊过程应缓慢进行。如果钢筋笼不能顺利插入槽内,应该重新吊起,查明原因后,采取相应的措施加以解决,不得强行插入,否则会引起钢筋笼变形或使槽壁坍塌,产生大量的渣土。

地下连续墙应使用预拌混凝土,坍落度一般为 180～220 mm。混凝土浇筑采用导管法进行,应连续浇筑,混凝土面上升速度一般不宜小于 2 m/h。一个单元槽段内,多根导管同时浇筑时,各导管混凝土表面高度差不宜大于 0.3m,混凝土浇筑的高度应超浇 0.5 m,待混凝土达到一定强度时凿去上层浮浆层。每 50 m² 地下墙应做 1 组试件,每幅槽段不得少于 1 组。

混凝土浇筑 2 h 以后,为防止接头管与混凝土粘结,将接头管旋转半圆周或提起 100 mm,锁口管的拔出要根据混凝土的硬化速度,依次适当的起拔,不得影响混凝土的强度和等级,起拔过早会导致混凝土坍塌,起拔过晚会因粘结力过大而难以拔出。

3.4.2　质量检查与验收

为保证地下连续墙的施工质量,地下墙施工前宜先试成槽,以检验泥浆的配比、成槽机的选型并可复核地质资料。地下墙槽段间的连接接头形式,应根据地下墙的使用要求选用,且应考虑施工单位的经验。无论选用何种接头,在浇筑混凝土前,接头处必须刷洗干净,不留任何泥砂或污物。已完工的导墙应检查其净空尺寸,墙面平整度与垂直度。检查泥浆用的仪器、泥浆循环系统应完好。永久性结构的地下墙,在钢筋笼沉放后,应做两次清孔,沉渣厚度应符合要求。

施工中应检查成槽的垂直度、槽底的淤积物厚度、泥浆相对密度、钢筋笼尺寸、浇筑导管位置、混凝土上升速度、浇筑面标高、地下墙连接面的清洗程度、混凝土的坍落度、锁口管的拔出时间及速度等。

成槽结束后应对成槽的宽度、深度及倾斜度进行检验,重要结构每段槽段都应检查,一般结构可抽查总槽段数的20%,每槽段应抽查1个段面。

 习题和思考题

3.1 桩基础的主要分类有哪些?

3.2 试述钢筋混凝土预制桩起吊、运输、堆放的要求。

3.3 如何确定预制桩的吊点位置?

3.4 试述打桩的原则与顺序。

3.5 打桩过程注意哪些问题?打桩对周围环境的影响和采取的措施有哪些?

3.6 预制桩的沉桩方法有哪些?

3.7 什么是最后贯入度?打桩的质量要求是什么?

3.8 简述静力压桩的特点、施工工艺和注意事项。

3.9 简述预制桩接桩方式和要求。

3.10 灌注桩有哪些成孔方式?

3.11 简述泥浆护壁成孔灌注桩的施工要点。

3.12 简述泥浆循环的方式和特点。

3.13 试述清孔的方法和要求。

3.14 试述泥浆护壁成孔灌注桩施工易出现的问题及其处理方法。

3.15 人工挖孔灌注桩的工艺流程有哪些?

3.16 沉管灌注桩的工艺流程是什么?

3.17 如何进行沉管灌注桩的复打法和反插法施工?

3.18 沉管灌注桩常见的问题和处理方法。

3.19 什么是地下连续墙?其特点和分类是怎样的?

3.20 简述地下连续墙的施工工艺过程。

4 模 板 工 程

 内容提要

本章包括模板工程材料、基本构件的模板构造、模板工程设计、模板工程安装与拆除及新型模板体系等内容。主要介绍了现浇混凝土施工中模板组成、搭设及拆除工艺和方法，重点阐述了不同构件的模板构造、模板工程设计、模板安装与拆除的基本要求。

模板是混凝土工程中不可缺少的工具材料，是使混凝土成形的模型板。已浇筑的混凝土需要在此模型板内进行养护，达到规定的强度要求后拆除模板，形成所要求的结构构件形状。

在现浇钢筋混凝土结构施工中，对模板工程有如下要求：保证混凝土结构和构件各部分形状、尺寸和相互位置的正确性；具有足够的承载能力、刚度和稳定性，能可靠地承受新浇筑混凝土的自重、侧压力以及在施工过程中所产生的荷载；构造简单、装拆方便，能够多次周转使用；模板接缝不漏浆。

模板系统包括模板和支架，以及适量的紧固连接件。模板是直接接触新浇混凝土的承力板，并包括拼装的板和加肋楞带板；支架是支撑面板用的楞梁、立柱、连接件、斜撑、剪刀撑和水平拉条等构件的总称；连接件是指面板与楞梁的连接、面板自身的拼接、支架结构自身的连接和其中两者相互间连接所用的零配件。模板及支架应保证工程结构和构件各部分形状、尺寸和位置准确，且应便于钢筋安装和混凝土浇筑、养护。

模板系统是现浇混凝土施工中的临时设施，对混凝土结构工程施工的质量、工期、成本和安全都有着重要的影响。一般来说，模板的费用要占混凝土结构工程费用的 30% 左右，混凝土结构工程的工期大部分被模板的搭设和拆除所占用，所以先进合理的模板系统对工程能够按计划完工有着明显的影响。

4.1 模板工程材料

模板按其所用的材料不同，可分为木模板、钢模板、胶合板模板、塑料模板、铝合金模板等。模板及支架宜选用轻质、高强、耐用的材料。连接件宜选用标准定型产品。脱模剂应能有效减少混凝土与模板间的吸附力，并应有一定的成膜强度，且不应影响脱模后混凝土表面的后期装饰。

4.1.1 木模板

木模板一般是在木工车间或木工棚加工成基本组件——拼板，然后在现场进行拼装。

拼板由板条用拼条钉成,板条厚度一般为 25～50 mm,如图 4.1 所示。宽度不宜超过 200 mm(工具式模板不超过 150 mm),以保证在干缩时缝隙均匀,浇水后易于密缝,受潮后不易翘曲,梁底的拼板由于承受较大的荷载要加厚至 40～50 mm。拼板的拼条根据受力情况可以平放也可以立放。拼条间距取决于所浇筑混凝土的侧压力和板条厚度,一般为 400～500 mm。木模板加工方便,但周转次数少,浪费木材。

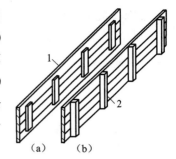

图 4.1 拼板的构造
(a)拼条平放;(b)拼条立放
1—板条;2—拼条

因我国木材匮乏,为了节约木材,应尽量少用木模板。但有些工程或工程结构的某些部位由于工艺等需要,对空间填补或安装异型板,其他模板不能满足要求时,仍要使用木模板。

4.1.2 组合钢模板

组合钢模板是组合模板的一种,属于工具式模板,是施工企业应用较多的一种钢模板。组合钢模板为具有一定形状和尺寸的定型模板,由钢板和型钢制作而成,钢模板强度和刚度较大,装拆、运输方便,周转次数多,周转率高。组合钢模板尺寸适中,轻便灵活,装拆方便,但一次性投资大,适用于作重复使用次数多的定型模板。钢模板易锈蚀,应注意保存和定期维护保养,否则,会影响模板寿命及混凝土工程质量。

钢模板通过各种连接件和支承件可组合成多种尺寸和几何形状,以适应建筑结构梁、柱、板、墙、基础等施工的需要。也可预拼成大模板、滑模、台模等,用起重设备吊运安装。

4.1.2.1 钢模板

钢模板包括平面模板、阴角模板、阳角模板和连接角模(图 4.2),此外还有一些异形模板。

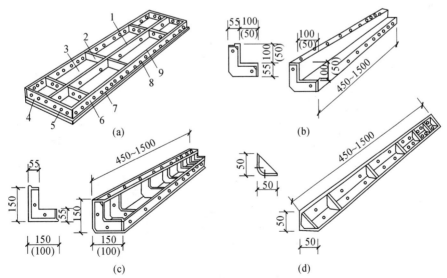

图 4.2 钢模板类型
(a)平面模板;(b)阳角模板;(c)阴角模板;(d)连接角模
1—中纵肋;2—中横肋;3—面板;4—横肋;5—插销孔;6—纵肋;7—凸棱;8—U形卡孔;9—钉子孔

钢模板采用模数制设计,宽度为 50 mm 进级,长度为 150 mm 进级,可以适应横、竖拼装,拼接成以 50 mm 进级的任何尺寸的模板。钢模板边框上有连接孔,孔距均为 150 mm,端部孔距边肋为 75 mm。如拼装时出现不足模数的空缺,则用镶嵌木条补缺,用钉子或螺栓将木条与钢模板边框上的钉子孔连接。阴、阳角模用以成型混凝土结构的阴、阳角,连接角模用作两块平模拼成 90°角的连接模板。

4.1.2.2 连接件

组合钢模板的连接件包括:U 形卡、L 形插销、钩头螺栓、紧固螺栓、对拉螺栓和扣件(图 4.3)。

(1)U 形卡　如图 4.3(a)所示,用于相邻模板的拼接。其安装的距离不大于 300 mm,即每隔一卡孔插一个,安装方向互相交错,以抵消因打紧 U 形卡可能产生的位移。

(2)L 形插销　如图 4.3(b)所示,用于插入钢模板端部横肋的插销孔内,以加强两相邻模板接头处的刚度和保证接头处板面平整。

(3)钩头螺栓　用于钢模板与内外钢楞的加固。安装间距一般不大于 600 mm,长度应与采用的钢楞尺寸相适应,如图 4.3(c)所示。

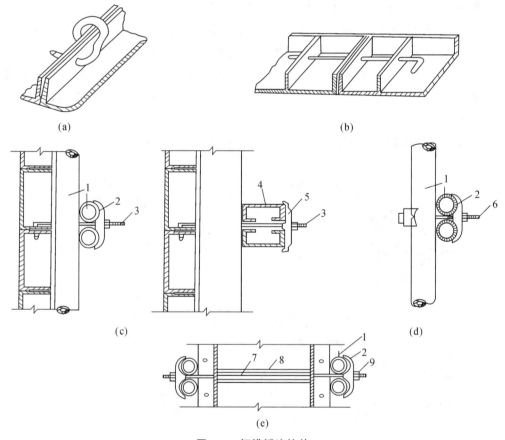

图 4.3　钢模板连接件

(a)U 形卡连接;(b)L 形插销连接;(c)钩头螺栓连接;(d)紧固螺栓连接;(e)对拉螺栓连接

1—圆钢管钢楞;2—"3"形扣件;3—钩头螺栓;4—内卷边槽钢钢楞;

5—蝶形扣件;6—紧固螺栓;7—对拉螺栓;8—塑料套管;9—螺母

（4）紧固螺栓 用于紧固内外钢楞,长度应与采用的钢楞尺寸相适应,如图 4.3(d) 所示。

（5）对拉螺栓 用于连接墙壁两侧模板,保持模板与模板之间的设计厚度,并承受混凝土侧压力及水平荷载,使模板不致变形,如图 4.3(e)所示。

（6）扣件 用于钢楞之间或钢楞与钢模板之间的扣紧。按钢楞的不同形状,分别采用蝶形扣件或"3"形扣件,如图 4.3(c)所示。

4.1.2.3 支承件

组合钢模板的支承件包括柱箍、梁托架、钢楞、桁架、斜撑、支架等。

（1）柱箍 是为保证柱模板在浇筑混凝土时,模板不变形、胀模而在柱子环向设置的水平向模板约束支撑件。可用钢木组合、角钢、槽钢等材料制作,也可采用钢管及扣件制作。

（2）梁托架 用来固定矩形梁、圈梁等构件的侧模板,也可用于侧模板上口的卡固定位(图 4-4)。

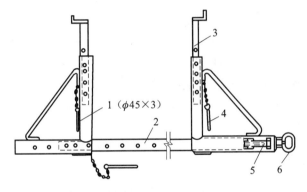

图 4.4 钢管型梁托架

1—三角架;2—底座;3—调节杆;4—插销;5—调节螺栓;6—钢筋环

（3）钢楞 即模板的横档和竖档,分内钢楞和外钢楞。内钢楞配置方向一般应与钢模板垂直,直接承受钢模板传来的荷载,其间距一般为 700～900 mm。外钢楞承受内钢楞传来的荷载或用来加强模板结构的整体刚度和调整平直度。钢楞一般用圆钢管、矩形钢管、槽钢或内卷边槽钢,而以钢管用得较多。

（4）桁架 有整体式和拼接式两种,拼接式桁架可由两个半榀桁架拼接,其跨度可调范围为 2.1～3.5 m,以适应不同跨度的需要。

（5）钢支柱 用于大梁、楼板等水平模板的垂直支撑,采用 Q235 钢管制作,有单管支柱和四管支柱等形式,如图 4.5 所示。

采用组合钢模时,同一构件的模板可用不同规格的钢模作多种方式的组合排列,因而形成不同的配板方案。配板方案对支模效率、工程质量和经济效益都有一定影响。合理的配板方案应满足:钢模块数少,木模嵌补量少或不嵌木块,并能使支承件布置简单,受力合理。配板原则如下:优先采用通用规格及大规格的钢模板,既可保证模板的整体性较好,又可以减少装拆工作;合理排列模板,宜以其长边沿梁、板、墙的长度方向或柱的高度方向排列,以利使用长度规格大的钢模,并扩大钢模的支承跨度。模板端头接缝宜错开布

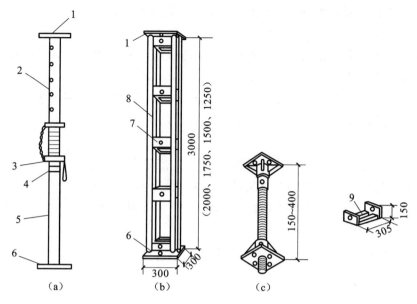

图 4.5　钢支柱

(a) 单管支柱；(b) 四管支柱；(c) 螺栓顶托

1—顶板；2—插管；3—插销；4—转盘；5—套管；6—底板；7—连接板；8—钢管；9—托盘

置，以提高模板的整体性；合理使用角模，对无特殊要求的阳角，可不用阳角模，而用连接角模代替。阴角模宜用于长度大的阴角，柱头、梁口及其他短边转角（阴角）处，可用方木嵌补；便于模板支承件的布置。

4.1.3　胶合板模板

胶合板作为定型模板的面板，不仅克服了木材的不等方向性和变异性的缺点，使之成为受力性能好的均质材料，而且克服了材料易翘曲、干裂等缺陷，提高了材料的利用率，广泛应用于建筑工程中。

胶合板模板分为木胶合板和竹胶合板两类。胶合板模板用奇数层薄板制成，相邻片间成垂直，用防水胶相互粘牢，形成多层胶合板。

胶合板模板、楞木材料现场裁装和用钢管等杆件组装模板支架工艺，是在传统木模板的构造和工艺的基础上，以胶合板模板替代木模板。

胶合板模板具有强度高、自重小、导热性能低、不翘曲、不开裂以及板幅大、接缝少等优点。既可减少安装工作量，又可节省接缝的费用；承载能力大，特别是经表面处理后耐磨性好，能多次重复使用；材质轻，模板的运输、堆放、使用和管理等都较为方便；保温性能好，冬期施工有助于混凝土的保温；切割方便，易加工成各种形状的模板；便于按工程的需要弯曲成型，可用作曲面模板；用于清水混凝土模板效果较好。

4.1.3.1　木胶合板模板

木胶合板是一组单板（薄木片）按相邻层木纹方向互相垂直组坯胶合而成的板材，其表板和内层板对称地配置在中心层或板芯的两侧。按照耐水性不同，胶合板分为四类，混凝土模板用的木胶合板属于具有高耐气候、耐水性的Ⅰ类胶合板。胶粘剂为酚醛树脂胶，主要用克隆木、阿必东、柳安、桦木、马尾松、云南松、落叶松等树种加工而成。

模板用的木胶合板通常由5、7、9、11层等奇数层单板经热压固化而胶合成型。相邻层的纹理方向相互垂直,通常最外层表板的纹理方向和胶合板面的长向平行,因此,整张胶合板的长向为强方向,短向为弱方向,使用时须加以注意。

模板用木胶合板的胶粘剂主要是酚醛树脂。此类胶粘剂胶合强度高,耐水、耐热、耐腐蚀等性能良好,尤其是耐沸水性能及耐久性优异。也有采用经化学改性的酚醛树脂胶。评定胶合性能的指标主要有两项:胶合强度、胶合耐久性,这两项指标可通过胶合强度试验、沸水浸渍试验来判定。混凝土模板用木胶合板规格尺寸见表4.1。

表4.1 混凝土模板用木胶合板规格尺寸(mm)

模数制		非模数制		厚 度
宽 度	长 度	宽 度	长 度	
600	1800	915	1830	12.0
900	1800	1220	1830	15.0
1000	2000	915	2135	18.0
1200	2400	1220	2440	21.0

未经板面处理的胶合板用作模板时,脱模时易将板面木纤维撕破,影响混凝土表面质量。这种现象随胶合板使用次数的增加而逐渐加重。

经覆膜罩面处理后的胶合板,增加了板面耐久性,脱模性能良好,外观平整光滑,最适用于有特殊要求的、混凝土外表面不加修饰处理的清水混凝土工程,如混凝土清水墙,混凝土桥墩、立交桥、筒仓、烟囱以及塔等。

4.1.3.2 竹胶合板模板

我国竹林资源丰富且竹材生长速度快,一般2~3年即可成材。因此,在我国木材资源短缺的情况下,采用竹材替代木材,竹材是一种具有发展前途的建筑材料。短竹胶合板是一组竹片组成的单板互相垂直组坯胶合而成的板材。

制作混凝土模板用竹胶合板,具有收缩率小、膨胀率和吸水率低,以及承载能力大的特点,是一种具有发展前途的新型建筑模板。

竹胶合板面板与芯板所用材料不同的是,芯板将竹子劈成竹条(称竹帘单板),宽14~17 mm,厚3~5 mm,在软化池中进行高温软化处理后,作烤青、烤黄、去竹衣及干燥等处理,竹帘可用人工编织或编织机编织。面板通常为编席单板,做法是竹子劈成篾片,由编工编成竹席。为了提高竹胶合板的耐水性、耐磨性和耐碱性,经试验证明,竹胶合板表面进行环氧树脂涂面的耐碱性较好,进行瓷釉涂料涂面的综合效果最佳。

我国建筑行业标准对竹胶合板模板的规格尺寸规定见表4.2。

胶合板模板施工工艺与传统木模很相似。施工工艺包括"配模→支架设计计算→模板裁切组装→支架(支撑系统)设置"。梁板支模需先搭设支架并校正固定后装设或铺设模板;柱、墙则先安装模板,后装设支撑系统并调整固定。

表 4.2 竹胶合板模板规格尺寸(mm)

长　度	宽　度	厚　度
1830	915	9,12,15,18
1830	1220	9,12,15,18
2000	1000	
2135	915	9,12,15,18
2440	1220	9,12,15,18
3000	1500	

墙模、柱模、梁模及其他立模,多采用先制作成块模而后安装的方式;平板底模多采用先在支架上铺设固定横梁和搁栅,后在搁栅上裁铺固定面板的方式。采用单层或者双层龙骨,要依支架的构造和支点的设置情况而定。胶合板模板背肋的间距不应超过 500 mm,按模板设计确定间距。柱、墙模板和深梁侧模板的背肋沿高度方向设置,其外楞、对穿拉杆或柱箍按"上疏下密"设置,以适应侧压力"上小下大"的要求。模板的底部须设底脚锚予以固定。梁侧模必须设置可靠支撑。采取简单有效的方式处理好板间和边角接缝,确保平整和不跑浆、漏浆。

采用脚手架杆件和配件搭设各种类型的模板支架,不仅用于胶合板裁装模板体系,也用于各种组合钢模体系,在一些专项技术和特种模板中也有应用。

4.1.4 其他模板

4.1.4.1 塑料与玻璃钢模板

我国最早的塑料模板始于 1982 年,由宝钢工程指挥部和上海跃华玻璃厂联合研制成型的"定型组合式增强塑料板"。这种模板是以聚丙烯为基材,用玻璃纤维增强的复合材料。后经几十年的发展,研制出增强塑料模板、中间空心塑料模板、低发泡多层复合结构塑料模板、工程塑料大模板、GMT(玻璃纤维连续毡增强热塑性复合材料)建筑模板、钢框塑料模板、木塑复合模板等一系列产品。

塑料模板是一种节能和绿色环保的产品,符合我国的能源政策,发展前景良好。建筑塑料制品的生产和能耗远低于其他材料,具有节约能耗、节约资源的优点,是替代木材和钢材的重要材料。随着塑料模板产品的品种规格越来越多,在建筑工程和桥梁工程中得到了大量的应用,取得了良好的效果。

玻璃钢模板以玻璃纤维布为增强材料,不饱和聚酯树脂为粘结剂粘结而成。

塑料和玻璃钢模壳可按设计尺寸和形状加工,质轻、坚固、耐冲击、不腐蚀。优点是施工简便,周转次数多,拆模后混凝土表面光滑。缺点是价格偏高,模板刚度小。一般适用于密肋楼板和曲面构件的施工。

4.1.4.2 铝合金模板

铝合金模板是指按模数设计制作,经专用设备挤压制造而成,具有完整配套使用的配件,能组合拼装成不同尺寸的外形较复杂的整体模架,装配化、工业化施工的系统模板。

铝合金模板具有质量轻、强度高、板幅面大、施工速度快、拼缝少的优点。缺点是前期投入资金较大。铝合金模板克服了传统木模板施工效率低的缺点,避免了钢模板易生锈、维护复杂的缺陷,具有较好的使用性能,正在逐步推广过程中。

4.1.5　脱模剂

脱模剂涂于模板面板上起润滑和隔离作用,拆模时使混凝土顺利脱离模板,并保持形状完整。脱模剂应具有脱模、成膜强度高,无毒等基本性能,其中脱模性能一般包括:

(1)机械润滑作用。如纯油类脱模剂涂于模板表面后,减少了混凝土与面板间的吸附力,达到脱模。

(2)隔离膜作用。含成膜剂的乳化油脱模剂涂于模板表面后,减少了混凝土与面板间的吸附力,达到脱膜。

(3)化学反应作用。如含脂肪酸等化学活性脱模剂涂于模板后,首先使模板表面产生憎水性,然后与新浇筑混凝土的游离氢氧化钙起皂化反应,生成具有物理隔离作用的非水溶性皂,既起润滑作用,又能阻碍或延缓模板接触面上很薄一层混凝土凝固。拆模时,混凝土和脱模剂之间的吸附力往往大于表面混凝土内聚力,达到脱模。

脱模剂按主要材料及性能可分为油类、蜡类、石油基类、化学活性类以及树脂类等。脱模剂的选用要综合考虑模板材质、混凝土表面质量及装饰要求、施工条件以及成本等因素,提倡使用水溶性脱模剂。

4.2　基本构件的模板构造

现浇混凝土基本构件主要有柱、墙、梁、板、基础和楼梯等,施工时应根据构件的施工特点,选用不同构造要求的模板体系。安装模板应保证工程结构和构件各部分形状、尺寸和相互位置的正确,构造应符合模板设计要求。模板应具有足够的承载能力、刚度和稳定性,应能可靠承受新浇混凝土自重和侧压力以及施工过程中所产生的荷载。

4.2.1　柱、墙模板

柱和墙均为垂直构件,模板工程应能保证自身稳定,并能承受浇筑混凝土时产生的横向压力。

4.2.1.1　柱模板

柱的特点是高度大而横断面小。图4.6所示为矩形柱模板,由两块相对的内拼板、两块相对的外拼板和柱箍组成,柱箍除使四块拼板固定保持柱的形状外,还要承受由模板传来的新浇混凝土的侧压力,因此柱箍的间距取决于侧压力大小及拼板的厚度。由于柱子底部混凝土侧压力较大,因而柱模板越靠近下部柱箍筋越密。柱模板顶部开有与梁模板连接的缺口,底部开有清理孔,必要时沿高度每隔3m开设混凝土浇筑孔,模板底部设有木框,以固定柱模的水平位置。柱模板安装要保证其垂直度,独立柱要在模板四周设斜撑。

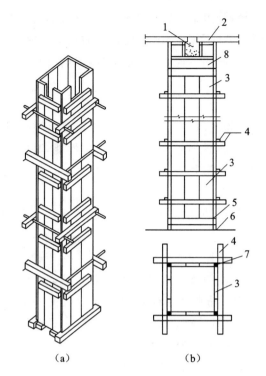

柱模板施工

（a）　　　　　　　　　　　（b）

图 4.6　矩形柱模板

（a）木模板；（b）钢模板

1—现浇梁；2—楼板；3—柱身钢模板；4—柱箍；5—柱底小方盘；6—找平层；7—连接角模；8—柱形异形钢模板

柱模板安装应符合下列规定：

（1）现场拼装柱模时，应适时地安设临时支撑进行固定，斜撑与地面的倾角宜为 60°，严禁将大片模板系在柱子钢筋上。

（2）待四片柱模就位组拼经对角线校正无误后，应立即自下而上安装柱箍。

（3）若为整体预组合柱模，吊装时应采用卡环和柱模连接，不得用钢筋钩代替。

（4）柱模校正（用四根斜支撑或用连接在柱模顶四角带花篮螺丝的缆风绳，底端与楼板钢筋拉环固定进行校正）后，应采用斜撑或水平撑进行四周支撑，以确保整体稳定。当高度超过 4 m 时，应群体或成列同时支模，并应将支撑连成一体，形成整体框架体系。当需单根支模时，柱宽大于 500 mm，应每边在同一标高上设不得少于 2 根斜撑或水平撑。斜撑与地面的夹角宜为 45°～60°，下端尚应有防滑移的措施。

（5）角柱模板的支撑，除满足上款要求外，还应在里侧设置能承受拉力和压力的斜撑。

4.2.1.2　墙模板

对墙模板的要求与柱模板相似，在浇筑混凝土时要保证墙模板的垂直度和刚度，满足新浇筑混凝土侧压力的要求。墙模板主要由 5 个部分组成：侧模（面板）——与混凝土直接接触，维持新浇筑混凝土形状直到硬化；内楞——支撑模板；外楞——支撑内楞和加强板；斜撑——保证模板的垂直度、承受施工传来的荷载和风载等；对拉螺栓及撑块——保证混凝土墙体厚度的定位工具。

墙体的侧模可采用胶合板模板、组合钢模板、钢框胶合板模板等。图4.7所采用的是胶合板模板以及组合钢模板构造。内外楞可采用方木、内卷边槽钢、圆钢管或矩形钢管等。

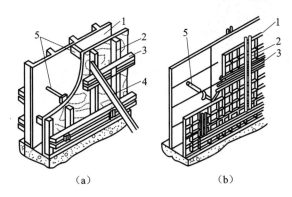

（a）　　　　　　　　　　　（b）

图 4.7　墙模板

（a）胶合板模板；（b）组合钢模板

1—侧模；2—内楞；3—外楞；4—斜撑；5—对拉螺栓及撑块

墙模板安装应符合下列规定：

（1）当用散拼定型模板支模时，应自下而上进行，必须在下一层模板全部紧固后，方可进行上一层安装。当下层不能独立安设支撑件时，应采取临时固定措施。

（2）当采用预拼装的大块墙模板进行支模安装时，严禁同时起吊2块或以上数量的模板，并应边就位、边校正、边连接，固定后方可摘钩。

（3）安装电梯井内墙模前，必须于板底200 mm处牢固地满铺一层脚手板。

（4）模板未安装对拉螺栓前，板面应向后倾一定角度。

（5）当钢楞长度需接长时，接头处应增加相同数量且不小于原规格的钢楞，其搭接长度不得小于墙模板宽或高的15%～20%。

（6）拼接时的U形卡应正反交替安装，间距不得大于300 mm；2块模板对接接缝处的U形卡应满装。

（7）对拉螺栓与墙模板应垂直，松紧应一致，墙厚尺寸应正确。

（8）墙模板内外支撑必须坚固、可靠，应确保模板的整体稳定。当墙模板外面无法设置支撑时，应于里面设置能承受拉力和压力的支撑。多排并列且间距不大的墙模板，当其与支撑互成一体时，应采取措施，防止灌筑混凝土时引起临近模板变形。

4.2.2　梁、板模板

梁和板均为水平构件，其底模主要承受竖向荷载，侧模主要承受混凝土的侧压力。因此，要求模板支撑数量足够，搭设稳固牢靠。

4.2.2.1　梁与楼板模板

梁的特点是跨度较大而宽度一般不大，梁高随跨度增加而增高，图4.8所示为T形梁的模板。现浇混凝土楼面结构多为梁板结构，梁和楼板的模板通常一起拼装，如图4.9所示。

扫一扫

楼板模板施工

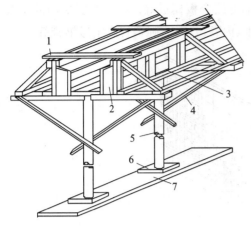

图 4.8　T 形梁模板

图 4.9　梁、楼板的胶合板模板系统

1—搭头木;2—木档;3—夹条;4—斜撑;　　　　1—楼板模板;2—梁侧模;3—梁底模;4—夹条;5—短撑木;

5—立柱;6—底座;7—垫板　　　　　　　　6—楼板模板小楞;7—楼板模板钢管排架;8—梁模钢管支架

梁模板由底模及侧模组成。底模承受竖向荷载,刚度较大,下设支撑;侧模承受混凝土侧压力,其底部用夹条夹住,顶部由支承楼板模板的小楞或斜撑顶住。对高度较大的梁侧模,也可以通过设置对拉螺栓承受混凝土的侧压力。

楼板模板多用胶合板或定型模板,它放置在小楞上,再支承在主楞上,最后通过支架传力。

梁、板模板应在复核底标高,校正轴线位置无误后进行安装。模板及其支架在安装过程中,必须设置有效防倾覆的临时固定设施。现浇钢筋混凝土梁、板,当跨度大于 4 m 时,模板应起拱;当设计无具体要求时,起拱高度宜为全跨长度的 1/1 000~3/1 000。

独立梁和整体楼盖梁结构模板应符合下列规定:

(1)安装独立梁模板时应设安全操作平台,并严禁操作人员站在独立梁底模或柱模支架上操作及上下通行。

(2)底模与横楞应拉结好,横楞与支架、立柱应连接牢固。

(3)安装梁侧模时,应边安装边与底模连接,当侧模高度多于 2 块时,应采取临时固定措施。

(4)起拱应在侧模内外楞连固前进行。

楼板或平台板模板应符合下列规定:

(1)当预组合模板采用桁架支模时,桁架与支点的连接应固定牢靠,桁架支承应采用平直通长的型钢或木方。

(2)当预组合模板板块较大时,应加钢楞后方可吊运。当组合模板为错缝拼配时,板下横楞应均匀布置,并应在模板端穿插销。

(3)单块模就位安装,必须待支架搭设稳固、板下横楞与支架连接牢固后进行。

4.2.2.2　支架系统

支架系统是指支承梁和板等水平构件的垂直支撑系统,一般采用木、钢立柱,工具式钢管立柱或梁式、桁架式支架。

现浇多层或高层房屋和构筑物,安装上层模板及其支架应符合下列规定:

(1)下层楼板应具有承受上层施工荷载的能力,否则应加设支撑支架;

(2)上层支架立柱应对准下层支架立柱,并应在立柱底铺设垫板;

(3)当采用悬臂吊模板、桁架支模方法时,其支撑结构的承载能力和刚度必须符合设计构造要求。

当层间高度大于 5 m 时,应选用桁架支模或钢管立柱支模。当层间高度小于或等于 5 m 时,可采用木立柱支模。

支撑梁、板的支架立柱安装构造应符合下列规定:

(1)梁和板的立柱,其纵横向间距应相等或成倍数。

(2)木立柱底部应设垫木,顶部应设支撑头。钢管立柱底部应设垫木和底座,顶部应设可调支托,U 形支托与楞梁两侧间如有间隙,必须揳紧,其螺杆伸出钢管顶部不得大于 200 mm,螺杆外径与立柱钢管内径的间隙不得大于 3 mm,安装时应保证上下同心。

(3)在立柱底距地面 200 mm 高处,沿纵横水平方向应按横下纵上的程序设扫地杆。可调支托底部的立柱顶端应沿纵横向设置一道水平拉杆。扫地杆与顶部水平拉杆之间的间距,在满足模板设计所确定的水平拉杆步距要求条件下,进行平均分配确定步距后,在每一步距处纵横向应各设一道水平拉杆。当层高在 8~20 m 时,在最顶步距两水平拉杆中间应加设一道水平拉杆;当层高大于 20 m 时,在最顶两步距水平拉杆中间应分别增加一道水平拉杆。所有水平拉杆的端部均应与四周建筑物顶紧顶牢。无处可顶时,应于水平拉杆端部和中部沿竖向设置连续式剪刀撑。

(4)木立柱的扫地杆、水平拉杆、剪刀撑应采用 40 mm×50 mm 木条或 25 mm×80 mm 的木板条与木立柱钉牢。钢管立柱的扫地杆、水平拉杆、剪刀撑应采用 ϕ48 mm×3.5 mm 钢管,用扣件与钢管立柱扣牢。木扫地杆、水平拉杆、剪刀撑应采用搭接,并应用铁钉钉牢。钢管扫地杆、水平拉杆应采用对接,剪刀撑应采用搭接,搭接长度不得小于 500 mm,并应采用 2 个旋转扣件分别在离杆端不小于 100 mm 处进行固定。

支柱安装时应先将其下土面夯实,放好垫板,垫板应有足够的强度和支承面积,且应中心承载。当满堂或共享空间模板立架高度超过 8 m 时,若地基土达不到承载要求,无法防止立柱下沉,则应先施工地面以下工程,在分层回填夯实基土,浇筑地面混凝土垫层,达到强度后方可支模。为保证在地基土上满堂支架的安全和稳定性,控制浇筑混凝土时支架沉降变形量,对高大模板工程可参考《钢管满堂支架预压技术规程》(JGJ/T 94)相关要求,编制相应预压方案。

4.2.3 其他模板

4.2.3.1 基础模板

基础的特点是体积大而高度较小。图 4.10 所示为独立基础模板的常用形式。如土质较好,阶梯形基础模板的最下一级可不用模板而进行原槽浇筑。安装阶梯形基础模板时,要保证上、下模板不发生相对位移,如有杯口还要在其中放入杯口模板。

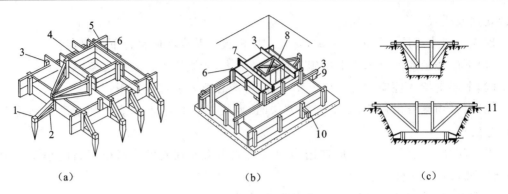

图 4.10　独立基础模板

(a)阶梯形基础模板;(b)杯形基础模板;(c)剖面示意图

1—木桩;2—斜撑;3—轿杠木;4—第二阶侧板;5—第一阶侧板;6—木档;

7—杯颈侧板;8—杯芯模板;9—托木;10—撑于土壁上;11—排水沟

在安装基础模板前,应将地基垫层的标高及基础中心线先行核对,弹出基础边线。如是独立柱基,则将模板中心线对准基础中心线;如是条形基础,则将模板对准基础边线。然后再校正模板上口的标高,使之符合设计要求。经检查无误后将模板钉(卡、栓)牢撑稳。

基础模板安装时应符合下列规定:

(1)斜支撑与侧模的夹角不应小于45°,支在土壁的斜支撑应加设垫板,底部的对角楔木应与斜支撑连牢。高大长脖基础若采用分层支模时,其下层模板应经就位校正并支撑稳固后,方可进行上一层模板的安装。

(2)在有斜支撑的位置,应于两侧模间采用水平撑连成整体。

4.2.3.1　楼梯模板

楼梯与楼板相似,但其具有底板倾斜、有踏步的特点,制作安装比较复杂。因此,楼梯模板与楼板模板既相似又有区别,如图 4.11 所示。

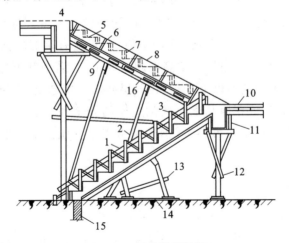

图 4.11　板式楼梯模板

1—反扶梯基;2—斜撑;3—木吊;4—楼面;5—外帮侧板;6—外帮侧板档木;7—踏步侧板;8—踏步侧板档木;

9—搁栅;10—休息平台;11—托木;12—琵琶撑;13—牵杠撑;14—垫板;15—基础;16—楼梯底板

楼梯楼板施工前应根据设计放样,先安装平台梁及基础模板,再安装楼梯斜梁或楼梯底模板,然后安装楼梯外帮侧板。外帮侧板应在其内侧弹出楼梯底板厚度线,用套板画出踏步侧板位置线,钉好固定踏步侧板的档木,在现场安装侧板。梯步高度要均匀一致,特别要注意每层楼梯最下一步及最上一步的高度,必须考虑到楼地面层厚度,防止由于面层厚度不同而形成梯步高度不协调。

4.3 模板工程设计

除了简单的工程不做施工结构计算外,一般模板及支架应根据施工过程中的各种工况进行设计,应具有足够的承载力和刚度,并应保证其整体稳固性。模板工程应编制施工方案,爬升式模板工程、工具式模板工程及高大模板支架工程的施工方案应进行技术论证。

模板及支架应根据安装、使用和拆除工况进行设计,并应满足承载力、刚度和整体稳固性要求。模板及支架设计应包括下列内容:

(1)模板及支架的选型及构造设计;

(2)模板及支架上的荷载及其效应计算;

(3)模板及支架的承载力、刚度验算;

(4)模板及支架的抗倾覆验算;

(5)绘制模板及支架施工图。

4.3.1 荷载

作用在模板系统上的荷载分为永久荷载和可变荷载。永久荷载包括模板及支架的自重、新浇筑混凝土自重、钢筋自重以及新浇筑混凝土对模板侧面的压力。可变荷载包括施工人员及施工设备荷载、混凝土下料产生的荷载、泵送混凝土或不均匀堆载等因素产生的附加水平荷载及风荷载等。各项荷载标准值按下列规定进行计算:

(1)模板及支架自重(G_1)的标准值

应根据模板施工图确定。有梁楼板及无梁楼板的模板及支架的自重标准值,可按表4.3采用。

表 4.3　模板及支架的自重标准值(kN/m^2)

项目名称	木模板	定型组合钢模板
无梁楼板的模板及小楞	0.30	0.50
有梁楼板模板(包含梁的模板)	0.50	0.75
楼板模板及支架(楼层高度为4m以下)	0.75	1.10

(2)新浇筑混凝土自重(G_2)的标准值

宜根据混凝土实际重度 γ_c 确定,普通混凝土 γ_c 可取 24 kN/m^3。

(3)钢筋自重(G_3)的标准值

应根据施工图确定。一般梁板结构,楼板的钢筋自重可取 1.1 kN/m^3,梁的钢筋自重可取 1.5 kN/m³。

（4）新浇筑混凝土对模板的侧压力（G_4）的标准值

采用插入式振动器且浇筑速度不大于 10 m/h、混凝土坍落度不大于 180 mm 时，新浇筑混凝土对模板的侧压力的标准值，可按下列公式计算，并应取其中的较小值：

$$F = 0.28\gamma_c t_0 \beta V^{1/2} \qquad (4.1)$$
$$F = \gamma_c H \qquad (4.2)$$

当浇筑速度大于 10 m/h，或混凝土坍落度大于 180 mm 时，侧压力（G_4）的标准值可按公式（4.2）计算。

式中　F——新浇筑混凝土对模板的最大侧压力标准值（kN/m²）；

γ_c——混凝土的重度（kN/m³）；

t_0——新浇混凝土的初凝时间（h），可按实测确定；当缺乏试验资料时可采用 $t_0 = 200/(T+15)$ 计算，T 为混凝土的温度（℃）；

β——混凝土坍落度影响修正系数，当坍落度大于 50 mm 且不大于 90 mm 时，β 取 0.85；坍落度大于 90 mm 且不大于 130 mm 时，β 取 0.9；坍落度大于 130 mm 且不大于 180 mm 时，β 取 1.0；

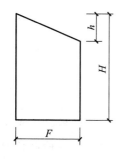

V——浇筑速度，取混凝土浇筑高度（厚度）与浇筑时间的比值（m/h）；

H——混凝土侧压力计算位置处至新浇筑混凝土顶面的总高度（m）。

混凝土侧压力的计算分布图形如图 4.12 所示，其中从模板内浇筑面到最大侧压力处的高度称为有效压头高度，$h = F/\gamma_c$。

图 4.12　混凝土侧压力分布
h—有效压头高度；
H—模板内混凝土总高度；
F—最大侧压力

（5）施工人员及施工设备产生的荷载（Q_1）的标准值

可按实际情况计算，且不应小于 2.5 kN/m²。

（6）混凝土下料产生的水平荷载（Q_2）的标准值

可按表 4.4 采用，其作用范围可取为新浇筑混凝土侧压力的有效压头高度 h 之内。

表 4.4　混凝土下料产生的水平荷载标准值（kN/m²）

下料方式	水平荷载
溜槽、串筒、导管或泵管下料	2
吊车配备斗容器下料或小车直接倾倒	4

（7）泵送混凝土或不均匀堆载等因素产生的附加水平荷载（Q_3）的标准值

可取计算工况下竖向永久荷载标准值的 2%，并应作用在模板支架上端水平方向。

（8）风荷载（Q_4）的标准值

对风压较大地区及受风荷载作用易倾倒的模板，尚须考虑风荷载作用下的抗倾覆稳定性。风荷载标准值可按现行国家标准《建筑结构荷载规范》（GB 50009）的有关规定确定，此时基本风压可按 10 年一遇的风压取值，但基本风压不应小于 0.20 kN/m²。

4.3.2 荷载分项系数

模板工程设计中,计算模板及支架时,荷载分项系数应按表4.5取值。

表 4.5 荷载分项系数

荷载类别		分项系数
永久荷载	模板及支架自重 G_1	由永久荷载效应控制的组合,应取1.35
	新浇筑混凝土自重 G_2	
	钢筋自重 G_3	
	新浇筑混凝土对模板侧面的压力 G_4	一般情况下应取1.2
可变荷载	施工人员及施工设备荷载 Q_1	一般情况下应取1.4
	混凝土下料产生的水平荷载 Q_2	
	泵送混凝土或不均匀堆载等因素产生的附加水平荷载 Q_3	
	风荷载 Q_4	

4.3.3 荷载组合及模板工程计算

模板及支架的设计应符合下列规定:

(1)模板及支架的结构设计宜采用以分项系数表达的极限状态设计方法;

(2)模板及支架的结构分析中所采用的计算假定和分析模型,应有理论或试验依据,或经工程验证可行;

(3)模板及支架应根据施工过程中各种受力工况进行结构分析,并确定其最不利的作用效应组合;

(4)承载力的计算应采用荷载基本组合,变形验算可仅采用永久荷载标准值。

模板及支架设计时,应根据实际情况计算不同工况下的各项荷载及其组合。

4.3.3.1 承载力计算

模板及支架结构构件应按短暂设计状况进行承载力计算。承载力计算应符合下式要求:

$$\gamma_0 S \leqslant \frac{R}{\gamma_R} \tag{4.3}$$

式中 γ_0 ——结构重要性系数,对重要的模板及支架宜取 $\gamma_0 \geqslant 1.0$;对于一般的模板及支架应取 $\gamma_0 \geqslant 0.9$;

S ——模板及支架按荷载基本组合计算的效应设计值;

R ——模板及支架结构构件的承载力设计值,应按国家现行有关标准计算;

γ_R ——承载力设计值调整系数,应根据模板及支架重复使用情况取用,不应小于1.0。

4.3.3.2 荷载基本组合的效应设计值计算

模板及支架的荷载基本组合的效应设计值,可按下式计算:

$$S = 1.35\alpha \sum_{i \geqslant 1} S_{G_{ik}} + 1.4\varphi_{cj} \sum_{j \geqslant 1} S_{Q_{jk}} \quad (4.4)$$

式中　$S_{G_{ik}}$——第 i 个永久荷载标准值产生的荷载效应值；

　　　$S_{Q_{jk}}$——第 j 个可变荷载标准值产生的荷载效应值；

　　　α——模板及支架的类型系数，对侧面模板，取 0.9；对底面模板及支架，取 1.0；

　　　φ_{cj}——第 j 个可变荷载的组合值系数，宜取 $\varphi_{cj} \geqslant 0.9$。

4.3.3.3　荷载组合

模板及支架承载力计算和变形验算的各项荷载可按表 4.6 确定，并应采用最不利的荷载基本组合进行设计。

表 4.6　参与模板及支架承载力计算和变形验算的各项荷载

计算内容		参与荷载项	
		承载力计算	变形验算
模板	底面模板	$G_1+G_2+G_3+Q_1$	$G_1+G_2+G_3$
	侧面模板	G_4+Q_2	G_4
支架	支架水平杆及节点	$G_1+G_2+G_3+Q_1$	$G_1+G_2+G_3$
	立杆	$G_1+G_2+G_3+Q_1+Q_4$	$G_1+G_2+G_3$
	支架结构	$G_1+G_2+G_3+Q_1+Q_3$（整体稳定） $G_1+G_2+G_3+Q_1+Q_4$（整体稳定）	$G_1+G_2+G_3$

注：表中的"+"仅表示各项荷载参与组合，而不表示代数相加。

4.3.3.4　变形验算

模板及支架的变形验算应符合下列规定：

$$a_{fG} \leqslant a_{f,lim} \quad (4.5)$$

式中　a_{fG}——按永久荷载标准值计算的构件变形值；

　　　$a_{f,lim}$——构件变形限值。

模板及支架的变形限值应符合下列规定：

(1)对结构表面外露的模板，其挠度限值宜取为模板构件计算跨度的 1/400；

(2)对结构表面隐蔽的模板，其挠度限值宜取为模板构件计算跨度的 1/250；

(3)支架的轴向压缩变形限值或侧向挠度限值，宜取为计算高度或计算跨度的 1/1000。

4.3.3.5　支架的抗倾覆验算

支架应按混凝土浇筑前和混凝土浇筑时两种工况进行抗倾覆验算。支架的抗倾覆验算应满足下式要求：

$$\gamma_0 M_0 \leqslant M_r \quad (4.6)$$

式中　M_0——支架的倾覆力矩设计值，按荷载基本组合计算，其中永久荷载的分项系数取 1.35，可变荷载的分项系数取 1.4；

　　　M_r——支架的抗倾覆力矩设计值，按荷载基本组合计算，其中永久荷载的分项系数取 0.9，可变荷载的分项系数取 0。

4.3.3.6 其他规定

在模板工程设计中,对属于梁类的模板构件,计算内容主要有:根据已知模板材料和构造尺寸,验算模板构件的承载能力及变形;或者根据所选材料的抗力,按承载能力要求决定构造尺寸。对属于竖向支撑或斜撑的模板构件,主要验算其稳定性。

支架的高宽比不宜大于 3;当高宽比大于 3 时,应加强整体稳固性措施。

支架结构中钢构件的长细比不应超过表 4.7 规定的容许值。

表 4.7 支架结构钢构件容许长细比

构件类别	容许长细比
受压构件的支架立柱及桁架	180
受压构件的斜撑、剪刀撑	200
受拉构件的钢杆件	350

多层楼板连续支模时,应分析多层楼板间荷载传递对支架和楼板结构的影响。

采用钢管和扣件搭设的支架设计时,应符合下列规定:

(1)钢管和扣件搭设的支架宜采用中心传力方式;

(2)单根立杆的轴力标准值不宜大于 12 kN,高大模板支架单根立杆的轴力标准值不宜大于 10 kN;

(3)立杆顶部承受水平杆扣件传递的竖向荷载时,立杆应按不小于 50 mm 的偏心距进行承载力验算,高大模板支架的立杆应按不小于 100 mm 的偏心距进行承载力验算;

(4)支承模板的顶部水平杆可按受弯构件进行承载力验算。

采用门式、碗扣式、盘扣式或盘销式等钢管架搭设的模板支架,应采用支架立柱杆端插入可调托座的中心传力方式,其承载力及刚度可按国家现行有关标准的规定进行验算。

【例 4.1】 某工程外墙混凝土施工,设计高度 2.8 m 的大模板,浇筑 200 mm 厚墙体混凝土,混凝土浇筑速度 2.0 m/h,浇筑温度 20℃,泵送混凝土坍落度 150 mm,采用插入式振动器振捣。模板面板采用 18 mm 厚木胶合板模板,内竖楞采用 50 mm×100 mm 木方,外横楞采用双脚手钢管。

问题:(1)计算新浇混凝土对模板的最大侧压力,绘制侧压力分布图;

(2)简述模板系统的支承结构计算要求。

【解】 对模板的最大侧压力按公式计算,由已知条件,$H=2.8$ m,$V=2.0$ m/h,混凝土温度 $T=20℃$,$\gamma_c=24$ kN/m³,坍落度影响修正系数 $\beta=1.0$,则:

$$t_0 = 200/(T+15) = 200/(20+15) = 5.71$$

由式(4.1),则:

$$F = 0.28\gamma_c t_0 \beta V^{\frac{1}{2}} = 0.28 \times 24 \times 5.71 \times 1.0 \times 2^{\frac{1}{2}} = 54.26 \text{ kN/m}^2$$

由式(4.2),则:

$$F = \gamma_c H = 24 \times 2.8 = 67.2 \text{ kN/m}^2$$

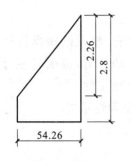

图 4.13　例 4.1 的侧压力分布图

比较两者取小值,则新浇混凝土对模板的侧压力标准值为 $F = 54.26$ kN/m²。

有效压头高度 $h = F/\gamma_c = 54.26/24 = 2.26$ m

绘出侧压力分布图如图 4.13 所示。

模板系统的支承结构计算主要分为两部分,一是支承结构承载能力计算,设计中采用荷载基本组合的效应设计值,即荷载标准值乘以荷载分项系数;二是支承结构变形验算,设计中可仅按永久荷载标准值计算。

4.4　模板工程安装与拆除

4.4.1　模板及支架安装

模板系统应按施工方案进行安装,在浇筑混凝土前应对模板工程进行验收,现浇结构模板安装的允许偏差及检验方法如表 4.8 所示。模板安装和浇筑混凝土时,应对模板及其支架进行观察和维护。发生异常情况时,应按施工技术方案及时进行处理。

表 4.8　现浇结构模板安装的允许偏差及检验方法

项　　目		允许偏差(mm)	检验方法
轴线位置		5	尺量
底模上表面标高		±5	水准仪或拉线、尺量
模板内部尺寸	基础	±10	尺量
	柱、墙、梁	±5	尺量
	楼梯相邻踏步高差	5	尺量
柱、墙垂直度	层高≤6 m	8	经纬仪或吊线、尺量
	层高>6 m	10	经纬仪或吊线、尺量
相邻模板表面高差		2	尺量
表面平整度		5	2 m 靠尺和塞尺量测

注:检查轴线位置时,应沿纵、横两个方向量测,并取其偏差的较大值。

安装模板时,应进行测量放线,并应采取保证模板位置准确的定位措施。对竖向构件的模板及支架,应根据混凝土一次浇筑高度和浇筑速度,采取竖向模板抗侧移、抗浮和抗倾覆措施。对于水平构件的模板及支架,应结合不同的支架和模板面板形式,采取支架间、模板间及模板与支架间的有效拉结措施。对可能承受较大风荷载的模板,应采取防风措施。

对跨度不小于 4 m 的梁、板,其模板起拱高度宜为梁、板跨度的 1/1000～3/1000。起拱不得减少构件的截面高度。

采用扣件式钢管作模板支架时,支架搭设应符合下列规定:

(1)模板支架搭设所采用的钢管、扣件规格,应符合设计要求;立杆纵距、立杆横距、支架步距以及构造要求,应符合专项施工方案的要求。

(2)立杆纵距、立杆横距不应大于 1.5 m,支架步距不应大于 2.0 m;立杆纵向和横向宜设置扫地杆,纵向扫地杆距立杆底部不宜大于 200 mm,横向扫地杆宜设置在纵向扫地杆的下方;立杆底部宜设置底座或垫板。

(3)立杆接长除顶层步距可采用搭接外,其余各层步距接头应采用对接扣件连接,两个相邻立杆的接头不应设置在同一步距内。

(4)立杆步距的上下两端应设置双向水平杆,水平杆与立杆的交错点应采用扣件连接,双向水平杆与立杆的连接扣件之间的距离不应大于 150 mm。

(5)支架周边应连续设置竖向剪刀撑。支架长度或宽度大于 6 m 时,应设置中部纵向或横向的竖向剪刀撑,剪刀撑的间距和单幅剪刀撑的宽度均不宜大于 8 m,剪刀撑与水平杆的夹角以 45°～60°为宜;支架高度大于 3 倍步距时,支架顶部宜设置一道水平剪刀撑,剪刀撑应延伸至周边。

(6)立杆、水平杆、剪刀撑的搭接长度,不应少于 0.8 m,且不应少于 2 个扣件连接,扣件盖板边缘至杆端应不小于 100 mm。

(7)扣件螺栓的拧紧力矩不应小于 40 N·m,且不应大于 65 N·m。

(8)支架立杆搭设的垂直偏差不宜大于 $l/200$(l 为支架立杆长度)。

采用扣件式钢管作高大模板支架时,支架搭设除应符合上述的规定外,尚应符合下列规定:

(1)宜在支架立杆顶端插入可调托座,可调托座螺杆外径不应小于 36 mm,螺杆插入钢管的长度不应小于 150 mm,螺杆伸出钢管的长度不应大于 300 mm,可调托座伸出顶层水平杆的悬臂长度不应大于 500 mm;

(2)立杆纵距、横距不应大于 1.2 m;支架步距不应大于 1.8 m;

(3)立杆顶层步距内采用搭接时,搭接长度不应小于 1 m,且不应少于 3 个扣件连接;

(4)立杆纵向和横向应设置扫地杆,纵向扫地杆距立杆底部不宜大于 200 mm;

(5)宜设置中部纵向或横向的竖向剪刀撑,剪刀撑的间距不宜大于 5 m;沿支架高度方向搭设的水平剪刀撑的间距不宜大于 6 m;

(6)立杆的搭设垂直偏差不宜大于 $l/200$,且不宜大于 100 mm;

(7)应根据周边结构的情况,采取有效的连接措施加强支架整体稳固性。

采用碗扣式、盘扣架或盘销式钢管架搭设模板支架时,应符合下列规定:

(1)碗扣架、盘扣架或盘销架的水平杆与立柱的扣接应牢靠,不应滑脱;

(2)立杆上的上、下层水平杆间距不应大于 1.8 m;

(3)插入立杆顶端可调托座伸出顶层水平杆的悬臂长度不应大于 650 mm,螺杆插入钢管的长度不应小于 150 mm,其直径应满足与钢管内径间隙不小于 6 mm 的要求,架体最顶层的水平杆步距应比标准步距缩小一个节点间距;

(4)立柱间应设置专用斜杆或扣件钢管斜杆加强模板支架。

采用门式钢管架搭设模板支架时,应符合现行行业标准《建筑施工门式钢管脚手架安全技术规范》(JGJ 128)的有关规定。当支架高度较大或荷载较大时,主立杆钢管直径不宜小于 48 mm,并应设水平加强杆。

支架的竖向斜撑和水平斜撑应与支架同步搭设,架体应与成型的混凝土结构拉结。钢管支架的竖向斜撑和水平斜撑的搭设,应符合国家现行有关钢管脚手架标准的规定。

对现浇多层、高层混凝土结构,上、下楼层模板支架的立杆宜对准,模板及支架杆件等应分散堆放。模板安装应保证混凝土结构构件各部分形状、尺寸和相对位置准确,并应防止漏浆。模板安装应与钢筋安装配合进行,梁柱节点的模板宜在钢筋安装后安装。模板与混凝土接触面应清理干净并涂刷脱模剂,脱模剂不得污染钢筋和混凝土接槎处。后浇带的模板及支架应独立设置。固定在模板上的预埋件、预留孔和预留洞,均不得遗漏,且应安装牢固、位置准确。

扫一扫

拆模

4.4.2　模板支架拆除

现浇混凝土结构模板的拆除时间,取决于混凝土的强度大小。及时拆模,可提高模板的周转率,为后续工作创造条件;但拆模过早,容易出现因混凝土强度不足而造成混凝土结构构件沉降变形或缺棱掉角、开裂等,严重时,甚至会造成重大的质量事故。

模板系统拆除的顺序和方法应按施工方案进行,可采取先支的后拆、后支的先拆,先拆非承重模板、后拆承重模板的顺序,并应从上而下进行拆除。

对于侧模,应在混凝土强度能保证其表面及棱角不因拆除模板而受损坏时,方可拆除。

对于底模及支架,应在与结构同条件养护的混凝土强度达到设计要求后再拆除;当设计无具体要求时,同条件养护试件的混凝土立方体试件抗压强度应符合表 4.9 的规定。

表 4.9　底模拆除时的混凝土强度要求

构件类型	构件跨度(m)	达到设计混凝土强度等级值的百分率(%)
板	≤2	≥50
	>2,≤8	≥75
	>8	≥100
梁、拱、壳	≤8	≥75
	>8	≥100
悬臂结构		≥100

多个楼层间连续支模的底层支架拆除时间,应根据连续支模的楼层间荷载分配和混凝土强度的增长情况确定。后张预应力混凝土结构构件、侧模宜在预应力张拉前拆除;底模及支架不应在结构构件建立预应力前拆除。

拆下的模板及支架杆件不得抛掷,应分散堆放在指定地点,并应及时清运。模板拆除后应将其表面清理干净,对变形和损伤部位应进行修复。

【例 4.2】　某门厅雨篷工程,高度 8.2 m,宽 6 m,悬挑长度 1.5 m,采用胶合板模板和扣件钢管支撑系统。混凝土浇筑接近完成时,由于雨篷模板支撑立柱失稳,造成整体倒塌,发生人员伤亡的生产安全事故。经事故调查,雨篷的浇筑没有制定施工方案,模板及支架无计算书。模板支架只设置立柱未设置剪刀撑,施工中造成的水平力使支架产生位移变形,立柱的接长做法不符合要求,有的立柱底座支撑在未经砌筑的砖块和支撑在 15 mm 厚的木胶合板上。

问题:(1)分析事故发生的主要原因。

(2)影响模板钢管支架整体稳定性的主要原因有哪些?

(3)简述现浇混凝土工程模板支撑系统安装的安全技术措施。

【解】(1)事故发生的主要原因是:施工前未编制施工方案;施工中模板支架立柱的接长未按有关规定进行;未将立柱支撑在足够强度和稳定的结构上;高大模板支撑没有设置剪刀撑。

(2)影响模板钢管支架整体稳定性的主要原因有立杆间距、水平杆间距、立杆的接长、连墙件的设置和扣件的拧紧程度等。

(3)现浇混凝土工程模板支撑系统安装的安全技术措施为:

① 支撑系统的安装应按照设计要求进行,地基土上的支撑点应牢固平整,支撑在安装过程中应考虑必要的临时固定措施,以保证其稳定性。

② 立柱底部支承结构必须具有支承上层荷载的能力。立柱安装在土层上时应设置具有足够强度和支承面积的垫板,支承在地基上时,应验算地基土的承载力。

③ 为保证立柱的整体稳定,在安装立柱的同时,应加设水平拉结和剪刀撑。

④ 立柱的间距应经计算确定,按照施工方案要求进行施工。若采用多层支模,上下层立柱要保持垂直,并应在同一垂直线上。

4.5　新型模板体系

现浇混凝土模板的用量较大,搭设模板所耗费的时间较长,装拆劳动量大。因此,为了提高混凝土的成型质量,加快施工速度,减轻工人的劳动强度,新型模板体系应运而生。新型模板体系是建筑业新技术的重要内容,包括用于垂直构件施工的大模板、滑动模板、爬升模板以及用于水平构件施工的台模、早拆模板等。

4.5.1　大模板

大模板是指模板尺寸和面积较大且有足够承载能力,整装整拆的大型模板。在高层建筑结构施工中,将混凝土内外墙体的模板制成片状的大模板,根据需要,每道墙面可制成一块或数块,模板高度与楼层高度协调,由起重机进行装拆和吊运。由于大模板可以采用机械化安装,加快模板装、拆、运的速度,减少用工量,缩短工期,所以主要用于剪力墙和筒体混凝土结构施工等。

大模板的工艺特点是:以建筑物的开间、进深、层高的标准化为基础,以大型工业化模板为主要施工手段,以预制拼装为前提,以现浇钢筋混凝土墙体为主导工序,组织有节奏的均衡施工。采用这种施工技术,有下述优点:

(1)工艺简单、施工速度快。因模板采用预制拼装工艺,墙体模板的整体装拆和吊运使操作工序减少,技术简单,适应性强。

(2)机械化施工程度高。大模板工艺和组合钢模板施工相比,其工效可提高40%左右。而且由起重机械整体吊运,现场机械化程度提高,能有效地降低工人的劳动强度。

(3)工程质量好。大模板表面平整度好,浇筑后的混凝土表面平整,结构整体性好、抗震性能强。

但是大模板工艺亦有其缺点:钢材一次性消耗量大;大模板的尺寸受到起重机械起重量的限制;大模板的面积大,易受风的影响,在超高层建筑中使用受到天气影响较大;板的通用性较差等。

4.5.1.1　大模板构造

(1)大模板的构造

大模板主要由面板系统、支撑系统、操作平台系统和连接件等组成,如图4.14所示。

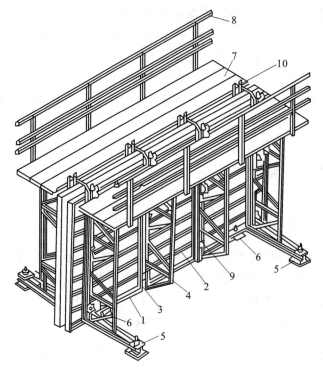

图 4.14　大模板构造示意图

1—面板;2—横肋;3—竖肋;4—支撑桁架;5—螺旋千斤顶(调整水平用);6—螺旋千斤顶(调整垂直用);
7—脚手板;8—防护栏杆;9—穿墙螺栓;10—固定卡具

面板系统包括面板、横肋、竖肋等。面板要求平整度好、刚度大,使混凝土具有平整的外观。面板可以采用钢板、胶合板、木材等制作,常用的面板材料为钢板和胶合板。横肋和竖肋的作用是固定面板,并把混凝土侧压力传递给支撑系统,可采用型钢或冷弯薄壁型钢制作,一般采用[6.5槽钢或∟8角钢。肋的间距应根据面板的大小、厚度、构造方式和墙体厚度等因素确定,一般为300~500 mm。

支撑系统包括支撑架和地脚螺栓。每块大模板采用2~4榀桁架作为支撑机构,并用螺栓或焊接将其与竖肋连接在一起,主要承受风荷载等水平力,以加强模板的刚度,防止模板倾覆,也可作为操作平台的支座,以承受施工荷载。支撑架横杆下部设有水平与垂直调节螺旋千斤顶,在施工时,它能把作用力传递给地面或楼板,以调节模板的垂直度。

操作平台包括平台架、脚手板和防护栏杆。操作平台是施工人员操作的场所和运输的通道,平台架插放在焊于竖肋上的平台套管内,脚手板铺在平台架上。每块大模板还设有爬梯,供操作人员上下使用。

连接件主要包括穿墙螺栓和上口铁卡子。穿墙螺栓主要作用是加强模板刚度,承受新浇混凝土的侧压力,控制墙板的厚度。穿墙螺栓一般采用 $\phi30$ mm 的圆钢制作,一端制成螺纹,长度约为 100 mm,用以调节墙体厚度,另一端采用钢销和键槽固定。为了能使穿墙螺栓重复使用,螺栓应套以与墙厚相同的套管,套管材料可以选用塑料管、钢管、竹管等,常用塑料管。拆模后,将穿墙螺栓拉出周转使用,套管留在墙内,抹灰前要对套管端部进行封闭处理。上口铁卡子主要用于固定模板上部,控制墙体厚度和承受部分混凝侧压力。

(2)大模板的类型

大模板按形状划分有平模、小角模、大角模等。

① 平模

平模如图 4.14 所示,是以整面墙面制作成一块模板,能较好地保证墙面的平整度。当房间四面墙体都采用平模布置时,横墙与纵墙混凝土一般分两次浇筑,即在一个流水段范围内,先支横墙模板,待拆模后再支纵墙模板。由于所有模板接缝均在纵横墙交接的阴角处,因此便于接缝处理,减少修理用工,模板加工量较少,周转次数多,适用性强,模板组装和拆卸方便。但由于纵横墙须分开浇筑,故竖向施工缝多,从而影响房屋的整体性。采用 4 mm 钢板作面板时如作竖向拼缝,须在板缝处加焊角钢加强,胶合板面板其纵横缝处都须用不等边的角钢或 T 形钢予以加固,施工较为麻烦。

上述平模是以整面墙制作一块模板,虽结构简单、装拆灵活,但模板通用性差,并需用小角模解决纵横墙角部位模板的拼接处理,仅适用于大面积标准住宅的施工。

为了解决横纵墙两次浇筑的问题,可以采用组合式平模。组合式平模是以建筑物常用的轴线尺寸作基数拼制模板,并通过固定于大模板板面的角模把纵横墙的模板组装在一起,可以同时浇筑纵横墙的混凝土。为适应不同开间、进深尺寸的需要,组合式平模可利用模数加以调整。

为了解决通用性差的缺点,可以采用拼装式平模。拼装式平模是将板面、骨架等部件之间的连接全都采用螺栓组装,比组合式大模板更便于拆改,也可减少因焊接而产生的模板变形。

② 小角模

小角模是为适应纵横墙一起浇筑而在纵横墙相交处附加的一种模板,通常用∟100×10 的角钢制成。小角模设置在平模转角处,可使内模形成封闭的支撑体系,模板整体性好,组拆方便,墙面平整。小角模可以将扁钢焊在角钢内,拆模后会在墙面形成突出的棱,如图 4.15(a)所示;另一种是将扁钢焊在角钢外面,拆模后会在墙面留下扁钢的凹印,如图 4.15(b)所示。

③ 大角模

大角模如图 4.16 所示,是由上下四个大合页连接起来的两块平模,并由三道活动支

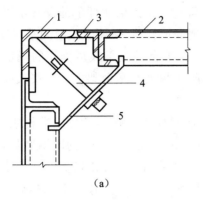 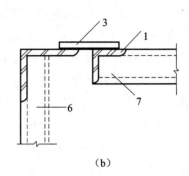

（a） （b）

图 4.15　小角模

（a）扁钢焊在角钢内侧；（b）扁钢焊在角钢外侧

1—小角模；2—平模；3—扁钢；4—转动拉杆；5—压板；6—横墙平模；7—纵墙平模

承和地脚螺栓等组成。采用大角模布置时，房间的纵横墙体混凝土可以同时浇筑，房屋的整体性好，且还具有稳定、拆装方便、墙体阴角方整、施工质量好等特点；但是，大角模也存在加工要求精细、运转麻烦、墙面平整度差、接缝在墙的中部等缺点。

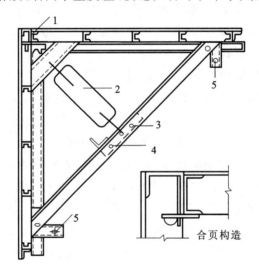

合页构造

图 4.16　大角模

1—合页；2—花篮螺栓；3—固定销子；4—活动销子；5—调整螺栓

4.5.1.2　大模板施工

（1）配板设计

大模板施工的准备工作非常重要，首先要做配板设计。配板设计应遵循下列原则：

①应根据工程结构具体情况，按照合理、经济的原则划分施工流水段；

②模板施工平面布置时，应最大限度地提高模板在各流水段的通用性；

③大模板的重量必须满足现场起重设备能力的要求。

配板设计主要包括：绘制配板平面布置图；绘制施工节点设计、构造设计和特殊部位模板支、拆设计图；绘制大模板拼板设计图、拼装节点图；编制大模板构、配件明细表；绘制构、配件设计图；编写大模板施工说明书等。

大模板操作平台应根据其结构形式对其连接件、焊缝等进行计算。大模板操作平台应按能承受 1 kN/m² 的施工活荷载设计计算,平台宽度宜小于 900 mm,护栏高度不应低于 1100 mm。

大模板结构计算可按《建筑工程大模板技术规程》(JGJ 74)的规定进行。

(2)大模板安装与拆除

大模板施工前必须制定合理的施工方案。安装必须保证工程结构各部分形状、尺寸和预留、预埋位置的正确。大模板施工应按照工期要求,并根据建筑物的工程量、平面尺寸、机械设备条件等组织均衡的流水作业。浇筑混凝土前必须对大模板的安装进行专项检查,并做检验记录,浇筑混凝土时应设专人监控大模板的使用情况,发现问题及时处理,吊装大模板时应设专人指挥,模板起吊应平稳,不得偏斜和大幅度摆动操作。

大模板的施工工艺流程如下:

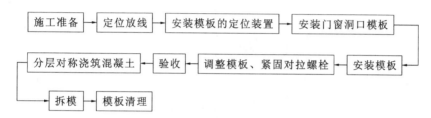

大模板安装应符合模板配板设计要求,模板安装时应按模板编号顺序遵循先内侧、后外侧,先横墙、后纵墙的原则安装就位。根部和顶部要有固定措施,门窗洞口模板的安装应按定位基准调整固定,保证混凝土浇筑时不移位。大模板支撑必须牢固、稳定,支撑点应设在坚固可靠处,不得与脚手架拉结。紧固对拉螺栓时应用力得当,不得使模板表面产生局部变形。大模板安装就位后,对缝隙及连接部位可采取堵缝措施,防止漏浆、错台现象。

对于高层全现浇剪力墙结构,大模板安装有悬挑式外模(内浇外挂)和外承式外模两种。悬挑式外模是将外模板通过内模上端的悬臂梁直接悬挂在内模板上。悬臂梁可采用一根[8 槽钢焊在外侧模板的上口横肋上,内外墙模板之间依靠对销螺栓拉紧,下部靠在下层的混凝土墙壁上。外承式外模施工时,可以先将外墙外模板安装在下层混凝土外墙面挑出的三角形支承架上,用 L 形螺栓通过下一层外墙预留口挂在外墙上,如图 4.17 所示。为了保证安全,要设好防护栏和安全网,安装好外墙外模板后,再装内墙模板和外墙内模板。

大模板安装后,应分层浇筑混凝土,已浇筑的混凝土强度未达到 1.2 N/mm² 以前不得踩踏和进行下道工序作业。使用外挂架时,墙体混凝土强度必须达到 7.5 N/mm² 以上方可安装,挂架之间的水平连接必须牢靠、稳定。

大模板的拆除应保证拆除时的混凝土结构强度达到设计要求,当设计无具体要求时,应能保证混凝土表面及棱角不受损坏。拆除顺序应遵循先支后拆、后支先拆的原则。拆除有支撑架的大模板时,应先拆除模板与混凝土结构之间的对拉螺栓及其他连接件,松动地脚螺栓,使模板后倾与墙体脱离开;拆除无固定支撑架的大模板时,应对模板采取临时固定措施。起吊大模板前应先检查模板与混凝土结构之间所有对拉螺栓、连接件是否全部拆除,必须在确认模板和混凝土结构之间无任何连接后方可起吊大模板,移动模板时不得碰撞墙体;大模板及配件拆除后,应及时清理干净,对变形和损坏的部位应及时进行维修。

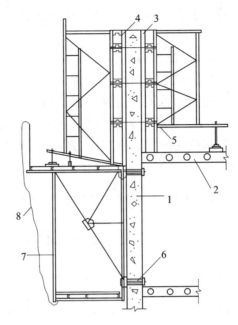

图 4.17　外承式外模

1—现浇外墙;2—楼板;3—外墙内模;4—外墙外模;

5—穿墙螺栓;6—脚手架固定螺栓;7—外挂脚手架;8—安全网

4.5.2　滑动模板

滑动模板施工(滑模施工)是以滑模千斤顶、电动提升机或手动提升机为提升动力,带动模板(或滑框)沿着混凝土或模板表面滑动而成型的现浇混凝土结构的施工方法。

滑模施工主要应用于混凝土垂直结构,如烟囱、水塔、筒仓、桥墩及高层建筑等,也可用于水平结构,如高速公路的混凝土路面等。滑模施工具有机械化程度高、速度快、施工占地面积小,混凝土的整体性好,可大量节约模板和劳动力等优点;缺点是需要专用机具设备,一次性投资费用高,施工质量控制要求高等。

4.5.2.1　滑模装置

滑模装置由模板系统,操作平台系统,提升系统,施工精度控制系统和水、电配套系统等组成,如图 4.18 所示。施工时,千斤顶沿着支承杆向上爬升,带动整个滑模装置一起上升。随着滑升模板的上升,依次在模板内绑扎钢筋和浇筑混凝土,即可逐步完成结构混凝土的浇筑工作,直至达到设计所要求的标高为止。当滑升模板不断上升时,由于混凝土出模强度已能承受自重和上部新浇筑混凝土重量,故能保证已获得的结构断面不会塌落变形。

液压滑升系统包括支承杆、液压千斤顶和操作控制装置等。这三部分通过提升架连成整体,再通过固定在提升架上的液压千斤顶支承在支承杆上。

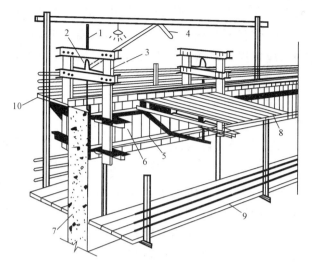

扫一扫

滑模

图 4.18　滑模装置组成示意图

1—支承杆;2—液压千斤顶;3—油管;4—提升架;5—围圈;6—模板;
7—混凝土墙体;8—操作平台桁架;9—内吊脚手架;10—外吊脚手架

（1）模板系统

模板系统包括模板、围圈、提升架、滑轨及倾斜度调节装置等,其主要作用是成型混凝土。

模板固定于围圈上,用以保证构件截面尺寸及结构的几何形状。模板随着提升架上滑且直接与新浇混凝土接触,承受新浇混凝土的侧压力和模板滑动时的摩阻力。模板可用钢模板、覆面胶合板模板等,模板应具有通用性、耐磨性、拼缝紧密、装拆方便和足够的刚度。模板高度宜采用 900～1200 mm,对筒体结构宜采用 1200～1500 mm。模板组装应上口小、下口大,单面倾斜度宜为模板高度的 0.1%～0.3%,对带坡度的筒体结构如烟囱等,其模板倾斜度应根据结构坡度情况适当调整。模板上口以下 2/3 模板高度处的净间距应与结构设计截面等宽。

围圈是模板的支承构件,又称围梁,用以保证模板的几何形状。模板的自重、模板承受的摩阻力、侧压力以及操作平台直接传来的自重和施工荷载,均通过围圈传递至提升架的立柱。围圈可用钢材或木材制作,其截面尺寸应根据计算确定。一般设置上、下两道,间距一般为 450～750 mm。围圈距模板上口不宜过大,一般不大于 250 mm。为增大围圈的刚度,当提升架间距大于 2.5 m 或操作平台的承重骨架直接支承在围圈上时,可在两道围圈间增加斜杆和竖杆,形成桁架式围圈。在使用荷载作用下,两个提升架之间围圈的垂直与水平方向的变形不应大于跨度的 1/500。

提升架是滑模装置的主要受力构件,用以固定千斤顶、围圈和保持模板的几何形状,并直接承受模板、围圈和操作平台的全部垂直荷载和混凝土对模板的侧压力。提升架宜设计成适用于多种结构施工的形式。对于结构的特殊部位,可设计专用的提升架;对多次重复使用或通用的提升架,宜设计成装配式。提升架的横梁、立柱和连接支腿应具有可调性。提升架宜用钢材制作,应具有足够的刚度。可采用单横梁"Ⅱ"形架、双横梁的"开"形架或单立柱的"Г"形架。横梁与立柱必须刚性连接,两者的轴线应在同一平面内。在施工荷载作用下,立柱下端的侧向变形应不大于 2 mm。模板上口至提升架横梁底部的净高度:采用 $\phi25$ 圆钢支承杆时宜为 400~500 mm,采用 $\phi48\times3.5$ 钢管支承杆时宜为 500~900 mm。提升架立柱上应设有调整内外模板间距和倾斜度的调节装置。当采用工具式支承杆设在结构体内时,应在提升架横梁下设置内径比支承杆直径大 2~5 mm 的套管,其长度应达到模板下缘。当采用工具式支承杆设在结构体外时,提升架横梁相应加长,支承杆中心线距模板距离应大于 50 mm。

(2)操作平台系统

操作平台系统是施工操作场所,包括操作平台、料台、吊脚手架、随升垂直运输设施的支承结构等。操作平台、料台和吊脚手架的结构形式应按所施工工程的结构类型和受力确定,操作平台由桁架或梁、三角架及铺板等主要构件组成,与提升架或围圈应连成整体。当桁架的跨度较大时,桁架间应设置水平和垂直支撑;当利用操作平台作为现浇混凝土顶盖、楼板的模板或模板支承结构时,应根据实际荷载对操作平台进行验算和加固,并应考虑与提升架脱离的措施。当操作平台的桁架或梁支承于围圈上时,必须在支承处设置支托或支架。

外挑脚手架或操作平台的外挑宽度不宜大于 800 mm,并应在其外侧设安全防护栏杆及安全网。

吊脚手架铺板的宽度宜为 500~800 mm,钢吊杆的直径不应小于 16 mm,吊杆螺栓必须采用双螺帽。吊脚手架的双侧必须设安全防护栏杆及挡脚板,并应满挂安全网。

(3)提升系统

提升系统包括液压控制台、油路、调平控制器、千斤顶、支承杆及电动提升机、手动提升器等。

液压控制台是液压系统的动力源,由电动机、油泵、油箱、控制阀及电控系统组成,用以完成液压千斤顶的给油、排油、提升或下降控制等操作。油泵的额定压力不应小于 12 MPa,其流量可根据所带动的千斤顶数量、每只千斤顶油缸容积及一次给油时间确定。大面积滑模施工时可多个控制台并联使用。

千斤顶在液压系统额定压力为 8 MPa 时的额定提升能力,分别为 30 kN、60 kN、90 kN 等,千斤顶空载启动压力不得高于 0.3 MPa,千斤顶最大工作油压为额定压力的 1.25 倍时,卡头应锁固牢靠、放松灵活,升降过程应连续平稳,同一批组装的千斤顶应调整其行程,使其行程差不大于 1 mm。

支承杆是滑模千斤顶运动的轨道,又是滑模系统的承重支杆,施工中滑模装置的自重、混凝土对模板的摩阻力及操作平台上的全部施工荷载,均由千斤顶传至支承杆承担,其承载能力、直径、表面粗糙度和材质均应与千斤顶相适应。支承杆的制作材料为 HPB300 级圆钢、HRB335 级钢筋或外径及壁厚精度较高的低硬度焊接钢管,对热轧退火的钢管,其表面不得有冷硬加工层。支承杆长度宜为 3~6 m。采用工具式支承杆时应用螺纹连接。圆钢 $\phi25$ 支承杆连接螺纹宜为 M18,螺纹长度不宜小于 20 mm;钢管 $\phi48$ 支承杆连接螺纹宜为 M30,螺纹长度不宜小于 40 mm,支承杆借助连接螺纹对接后,支承杆轴线偏斜度允许偏差为 (2/1000)L(L 为单根支承杆长度)。工具式支承杆的套管与提升架之间的连接构造,宜做成可使套管转动并能有 50 mm 以上的上下移动量的方式。

（4）施工精度控制系统

施工精度控制系统包括建筑物轴线、标高、结构垂直度等的观测与控制设施等。

千斤顶同步控制装置,可采用限位卡档、激光水平扫描仪、水杯自动控制装置、计算机同步整体提升控制装置等。垂直度观测设备可采用激光铅直仪、自动安平激光铅直仪、全站仪、经纬仪和线锤等,其精度不应低于 1/10000。测量靶标及观测站的设置必须稳定可靠,便于测量操作,并应根据结构特征和关键控制部位确定其位置。

（5）水、电配套系统

水、电配套系统包括动力、照明、信号、广播、通信、电视监控以及水泵、管路设施、地下通风等。

平台上的照明应满足夜间施工所需的照度要求,吊脚手架上及便携式的照明灯具,其电压不应高于 36 V。通信联络设施应保证声光信号准确、统一、清楚,不扰民,电视监控应能监视全面、局部和关键部位。向操作平台上供水的水泵和管路,其扬程和供水量应能满足滑模施工高度、施工用水及施工消防的需要。

4.5.2.2 滑模施工

（1）滑模装置的组装

滑模的组装是滑模施工中的重要环节,组装质量的好坏直接影响工程质量。因此,必须根据滑模组装的质量标准,严格按照技术要求和操作规程进行组装。

滑模装置组装前,应做好各组装部件编号、操作平台水平标记,弹出组装线,做好墙与柱钢筋保护层标准垫块及有关的预埋铁件等工作。

滑模装置的组装宜按下列程序进行,并根据现场实际情况及时完善滑模装置系统。

①安装提升架,应使所有提升架的标高满足操作平台水平度的要求,对带有辐射梁或辐射桁架的操作平台,应同时安装辐射梁或辐射桁架及其环梁;

②安装内、外围圈,调整其位置,使其满足模板倾斜度的要求;

③绑扎竖向钢筋和提升架横梁以下钢筋,安设预埋件及预留孔洞的胎模,对体内工具式支承杆套管下端进行包扎;

④安装模板,宜先安装角模后再安装其他模板,然后安装操作平台的桁架、支撑和平台铺板,安装外操作平台的支架、铺板和安全栏杆等;

⑤安装液压提升系统,垂直运输系统及水、电、通信、信号精度控制和观测装置,并分别进行编号、检查和试验,在液压系统试验合格后,插入支承杆;

⑥安装内外吊脚手架及挂安全网,当在地面或横向结构面上组装滑模装置时,应待模板滑至适当高度后,再安装内外吊脚手架,挂安全网。

（2）滑升

在滑模施工过程中,绑扎钢筋、浇筑混凝土、滑升模板这三个工序相互衔接、循环往复、连续进行。滑升过程是滑模施工的主导工序,其他各工序作业均应安排在限定时间内完成,不宜以停滑或减缓滑升速度来迁就其他作业。

在确定滑升程序或平均滑升速度时,除应考虑混凝土出模强度要求外,还应考虑下列相关因素:气温条件;混凝土原材料及强度等级;结构特点,包括结构形状、构件截面尺寸及配筋情况;模板条件,包括模板表面状况及清理维护情况等。

模板的滑升可分为初次滑升、正常滑升和最后滑升三个阶段。

初次滑升时,宜将混凝土分层浇筑至 500~700 mm(或模板高度的 1/2~2/3)高度,待第一层混凝土强度达到 0.2~0.4 MPa 或混凝土贯入阻力值达到 0.30~1.05 kN/cm² 时,应进行 1~2 个千斤顶行程的提升,并对滑模装置和混凝土凝结状态进行全面检查,确定正常后,方可转为正常滑升。

正常滑升时,应使所有的千斤顶充分进油、排油。当出现油压增至正常滑升工作压力值的 1.2 倍,尚不能使全部千斤顶升起时,应停止提升操作,立即检查原因,及时进行处理。在正常滑升过程中,每滑升 200~400 mm,应对各千斤顶进行一次调平,特殊结构或特殊部位应采取专门措施保持操作平台基本水平。各千斤顶的相对标高差不得大于 40 mm,相邻两个提升架上千斤顶升差不得大于 20 mm。

连续变截面结构,每滑升 200 mm 高度,至少应进行一次模板收分。模板一次收分量不宜大于 6 mm。当结构的坡度大于 3%时,应减小每次提升高度;当设计支承杆数量时,应适当降低其设计承载能力。

模板滑升速度的快慢直接影响混凝土质量和工程进度。滑升速度过快,会造成混凝土出模后坍落、变形;过慢,会增大混凝土与模板的粘结力和摩阻力,造成滑升困难,甚至使混凝土被拉裂。正常滑升过程中,混凝土出模强度应控制在 0.2~0.4 MPa 或混凝土贯入阻力值达到 0.30~1.05 kN/cm²。在正常气温条件下,滑升速度一般控制在 150~300 mm/h 范围内,相邻两次提升的时间间隔不宜超过 0.5 h。

在滑升过程中,应检查和记录结构垂直度、水平度、扭转及结构截面尺寸等偏差数值。应检查操作平台结构、支承杆的工作状态及混凝土的凝结状态,发现异常时,应及时分析原因并采取有效的处理措施。应及时清理粘结在模板上的砂浆和转角模板、收分模板与活动模板之间的灰浆,不得将已硬结的灰浆混进新浇的混凝土中。滑升过程中不得出现油污,凡被油污染的钢筋和混凝土,应及时处理干净。

因施工需要或其他原因不能连续滑升时,应有准备地采取下列停滑措施:

①混凝土应浇灌至同一标高。

②模板应每隔一定时间提升 1~2 个千斤顶行程,直至模板与混凝土不再粘结为止。对滑空部位的支承杆,应采取适当的加固措施。

③采用工具式支承杆时,在模板滑升前应先转动并适当托起套管,使之与混凝土脱离,以免将混凝土拉裂。

④继续施工时,应对模板与液压系统进行检查。

当混凝土浇筑至距设计标高 1 m 左右时,即进入最后滑升阶段。此时,混凝土浇筑及模板滑升速度应放慢,对模板应进行准确的找平校正工作,对混凝土顶面要抹平收光,然后继续滑升,直至模板下口与混凝土顶面脱离为止。

4.5.3　爬升模板

爬升模板简称爬模,是一种自行爬升、不需起重机吊运的模板,可以一次成型一个墙面,且可以自行升降,是综合大模板与滑模工艺特点形成的一种成套模板技术,同时具有大模板施工和滑模施工的优点,又避免了它们的不足。

爬升模板适用于高层建筑剪力墙、筒体等现浇混凝土竖向结构施工,特别是一些外墙立面形态复杂,采用清水混凝土、垂直偏差控制较严的高层建筑。爬模施工工艺具有以下特点:

①爬模施工时,模板的爬升依靠自身系统设备,不需塔吊或其他垂直运输机械,减少了起重机吊运工程量,避免了塔式起重机施工常受大风影响的弊端;

②爬模施工时,模板是逐层分块安装的,其垂直度和平整度易于调整和控制,施工精度较高;

③爬模施工中模板不占用施工场地,特别适用于狭小场地上高层建筑的施工;

④爬模装有操作平台,施工安全,不需搭设外脚手架;

⑤施工过程中,模板与爬架的爬升、安装、校正等工序与楼层施工的其他工序可平行作业,有利于缩短工期。但爬模无法实行分段流水施工,模板的周转率低,因此模板配制量要大于大模板施工。

爬模施工工艺有"模板爬架子、架子爬模板"、"架子爬架子"和"模板爬模板"等类型。根据工程具体情况,爬模技术可以实现墙体外爬 、外爬内吊 、内爬外吊 、内爬内吊等爬升施工 。

目前国内应用较多的是液压爬升模板,其原理是爬模装置通过承载体附着或支承在混凝土结构上,当新浇筑的混凝土脱模后,以液压油缸或液压升降千斤顶为动力,以导轨或支承杆为爬升轨道,将爬模装置向上爬升一层,反复循环作业。下面主要介绍以液压油缸为动力的爬升模板。

4.5.3.1 爬模装置

爬模装置包括模板系统、架体与操作平台系统、液压爬升系统及电气控制系统等。

模板优先采用组拼式全钢大模板及成套模板配件。也可根据工程具体情况,采用钢框(铝框)覆面胶合板模板、木工字梁槽钢背楞胶合板模板等;模板的高度为标准层层高,模板之间以对拉螺栓紧固 。模板采用水平油缸合模、脱模,也可采用吊杆滑轮合模、脱模,操作方便安全;所有模板上都应带有脱模器,确保模板顺利脱模。

架体分为上架体和下架体,架体平面垂直于建筑外立面,其下架体通过架体挂钩固定在挂钩连接座上,是承受竖向和水平荷载的承重构架。上架体坐落在下架体的上横梁上,可以水平移动,用于合模脱模。操作平台用以完成钢筋绑扎、合模脱模、混凝土浇筑等操作及堆放部分施工工具和材料,分为上操作平台、下操作平台和吊平台。

液压油缸是以液压推动缸体内活塞往复运动,通过上、下防坠爬升器带动爬模装置爬升的一种动力设备。

液压控制台是由电动机、油泵、油箱、控制阀及电气控制系统组成,用以控制油缸的进油、排油,完成爬升或下降操作的设备。

4.5.3.2 爬模施工

采用液压爬升模板施工的工程,必须编制爬模专项施工方案,进行爬模装置设计与工作荷载计算;且必须对承载螺栓、支承杆和导轨主要受力部件分别按施工、爬升和停工三种工况进行承载力、刚度及稳定性计算。在爬模装置爬升时,承载体受力处的混凝土强度必须大于 10 MPa,且必须满足设计要求。

　　爬模组装需从已施工 2 层以上的结构开始。楼板需要滞后 4～5 层施工。液压系统安装完成后应进行系统调试和加压试验,确保施工过程中所有接头和密封处无渗漏。混凝土浇筑宜采用布料机均匀布料,分层浇筑,分层振捣;在混凝土养护期间绑扎上层钢筋;当混凝土脱模后,将爬模装置向上爬升一层。

　　油缸和架体爬模装置施工程序如图 4.19 所示。

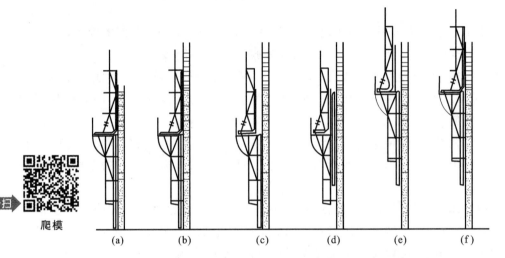

扫一扫

爬模

　　　　(a)　　　　　(b)　　　　　(c)　　　　　(d)　　　　　(e)　　　　　(f)

图 4.19　油缸和架体爬模装置施工程序示意图
(a)浇筑墙体混凝土;(b)混凝土养护、绑扎上层钢筋,预埋承载螺栓套管或锥形承载接头;
(c)脱模、安装挂钩连接座;(d)导轨爬升;(e)架体爬升;(f)合模、紧固对拉螺栓,待浇筑墙体混凝土

　　导轨爬升前,其爬升接触面应清除粘结物和涂刷润滑剂,检查防坠爬升器棘爪是否处于提升导轨状态,确认架体固定在承载体和结构上,确认导轨锁定销键和底端支撑已松开。导轨爬升由油缸和上、下防坠爬升器自动完成,爬升过程中,应设专人看护,确保导轨准确插入上层挂钩连接座。导轨进入挂钩连接座后,挂钩连接座上的翻转挡板必须及时挂住导轨上端挡块,同时调定导轨底部支撑,然后转换防坠爬升器棘爪爬升功能,使架体支承在导轨梯挡上。

　　架体爬升前,必须拆除模板上的全部对拉螺栓及妨碍爬升的障碍物;清除架体上剩余材料,翻起所有安全盖板,解除相邻分段架体之间、架体与构筑物之间的连接,确认防坠爬升器处于爬升工作状态;确认下层挂钩连接座、锥体螺母或承载螺栓已拆除;检查液压设备均处于正常工作状态,承载体受力处的混凝土强度满足架体爬升要求,确认架体防倾调节支腿已退出,挂钩锁定销已拔出;架体爬升前要组织安全检查,做好记录,检查合格后方可爬升。

　　架体可分段和整体同步爬升,同步爬升控制参数的设定:每段相邻机位间的升差值宜在 $l/200$ 以内,整体升差值宜在 50 mm 以内。架体爬升过程中,应设专人检查防坠爬升器,确保棘爪处于正常工作状态。当架体爬升进入最后 2～3 个爬升行程时,应转入独立分段爬升状态。架体爬升到达挂钩连接座时,应及时插入承力销,并旋出架体防倾调节支腿,顶撑在混凝土结构上,使架体从爬升状态转入施工固定状态。

4.5.4 台模

台模是一种大型工具模板,用于浇筑楼板。台模是由面板、纵梁、横梁和台架等组成的一个空间组合体。台架下装有轮子,以便移动。有的台模没有轮子,用专用运模车移动。台模尺寸应与房间开间相适应,一般是一个房间一个台模。施工时,先施工内墙墙体,然后吊入台模,浇筑楼板混凝土。脱模时,只要将台架下降,将台模推出房间放在临时挑台上,用起重机吊至下一单元(房间)使用。楼板施工后再安装预制外墙板。

目前国内常用台模有用多层板作面板,铝合金型材加工制成的桁架式台模;用组合钢模板、扣件式钢管脚手架、滚轮组装成的移动式台模。

利用台模浇筑楼板可省去模板的装拆时间,能节约模板材料和降低劳动消耗,但一次性投资较大,且需大型起重机械配合施工,同时需搭设临时挑台。

台模按支承形式不同分类如下:

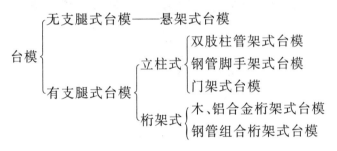

桁架式台模的滚出及起飞过程如图 4.20 所示。

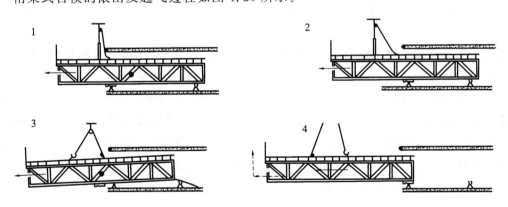

图 4.20 台模滚出及起飞过程

4.5.5 早拆模板

按照常规的支模方法,现浇楼板施工的模板配置量,一般需 3～4 个层段的支柱和模板,一次投入量大。采用早拆模板体系,就是根据现行拆模要求,对于跨度小于等于 2 m 的现浇楼盖,其混凝土拆模强度可比跨度在 2～8 m 之间的现浇楼盖拆模强度减少 25%,即达到设计强度的 50% 即可拆模。早拆模板体系就是通过合理的支设模板，将较大跨度的楼盖，通过增加支承点（支柱），缩小楼盖的跨度（≤2 m），从而达到"早拆模板，后拆支柱"的目的。这样，可使模板的周转加快，模板一次配置量可减少 1/3～1/2；可以缩短施工工期 50% 左右，加快施工速度，提高工效 30% 以上；可以延长模板使用寿命，节省施工费用 20% 以上。

早拆模板由模板块、托梁（主次梁）、带升降头的钢支柱等组成（图 4.21）。

早拆模板可以采用覆面竹（木）胶合板模板、钢（铝）框胶合板模板、塑料模板和塑料（玻璃钢）模壳等。支撑系统由早拆支撑头、钢支撑或钢支架、主次梁和可调底座等组成。早拆柱头有螺杆式升降头、滑动式升降头和螺杆与滑动相结合的升降头三种形式，宜推广螺杆与滑动相结合的升降头。主次梁可以选用木工字梁、工字形钢木组合梁、矩形钢木组合梁、几字形钢木组合梁、矩形钢管和冷弯型钢等。支撑系统可以采用独立式钢支撑、插接式支架、盘销式支架、门式支架等。

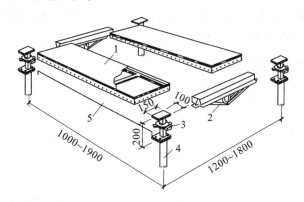

图 4.21　早拆模板体系

1—模板块；2—托梁；3—升降柱头；4—可调支柱；5—跨度定位杆

楼板模板的早拆是利用支柱顶端的升降柱头来实现的。柱头的滑动板上开有"凸"形洞口，方形管位于洞口内。支模时使方形管位于滑动板"凸"形洞口的小洞口位置，并使方形管上的承重钢销托住滑动板，滑动板则托住梁托板，而托梁（用以支承模板块）则支承在梁托板上。浇完楼板混凝土后，拆模时，用铁锤敲击滑动板，使它滑动，当它的"凸"形洞口的大洞口滑移至承重钢销位置处时，滑动板便可越过承重钢销沿方形管自动下落至下面的底板上，此下落的落距一般为 100 mm 左右，与此同时，梁托板、托梁与模板块也随滑动板下落，随后便可将托梁和模板块拆除，移作他用。但支柱仍保留不拆，它柱头上的顶板仍顶托住楼板底面，对楼板起着支承作用，使大跨度楼板拆除模板后仍处于短跨度支承的受力状态，实现了早拆模板的目的。

 习题和思考题

4.1　模板工程有哪些基本要求？

4.2　模板工程由哪些部分组成？各部分的作用是什么？

4.3　试述木模板、钢模板和胶合板模板的特点。

4.4 试述不同构件模板构造的特点。试绘制柱、墙、梁和板的模板安装图。

4.5 模板工程设计包括哪些内容?

4.6 模板设计时考虑的荷载有哪些? 荷载如何进行组合?

4.7 影响新浇混凝土侧压力的因素是什么? 如何进行计算?

4.8 采用扣件式钢管作模板支架时,搭设有哪些要求?

4.9 试述模板拆除的顺序和时间要求。

4.10 简述大模板、滑动模板和爬升模板的组成和工艺原理。

4.11 简述早拆模板体系的原理和构造组成。

4.12 某混凝土墙模板采用大模板施工,模板高度为 3.0 m,浇筑 200 mm 厚的墙体混凝土。采用坍落度 150 mm 混凝土,泵送混凝土浇筑速度为 2.5 m/h,采用插入式振动器振捣,混凝土温度为 20℃。试计算作用于模板的最大侧压力和有效压头高度,画出侧压力分布图,并简述该大模板设计的主要内容。

5 钢筋工程

 内容提要

  本章包括钢筋检验、钢筋翻样与配料计算、钢筋加工、钢筋连接、钢筋工程安装与验收等内容，主要介绍了钢筋工程施工流程和方法，重点阐述了钢筋配料、钢筋连接、安装与验收要求。

  钢筋混凝土结构是指配置受力钢筋的混凝土结构，钢筋作为结构的骨架材料，通过混凝土的握裹与之共同工作。钢筋工程施工时，钢筋的规格和位置必须与结构施工图一致，钢筋工程的质量，必须满足隐蔽工程验收的要求。

  钢筋工程施工流程主要是：阅读结构施工图——钢筋翻样、填写配料单——材料检验——钢筋加工——钢筋连接与安装——隐蔽工程检查验收。

5.1　钢　筋　检　验

5.1.1　钢筋的种类

  混凝土结构用钢筋主要包括热轧钢筋、余热处理钢筋、冷轧带肋钢筋、冷轧扭钢筋等。

  热轧钢筋是经热轧成型并自然冷却的成品钢筋，有热轧光圆钢筋（HPB）和热轧带肋钢筋（HRB）两种，是混凝土结构常用的钢筋品种。在热轧过程中，通过控轧和冷控工艺形成细晶粒热轧钢筋（HRBF）。热轧钢筋按屈服强度特征值（MPa）分为 300、335、400、500四个等级。部分热轧钢筋的机械性能见表 5.1。

表 5.1　部分热轧钢筋的机械性能

品种		符号	公称直径 d （mm）	屈服强度 f_{yk} （N/mm²）	抗拉强度 f_{stk} （N/mm²）	断后伸长率 A （%）	弯曲试验 弯心直径	
外形	牌号			不小于			弯曲角度	弯心直径
光圆钢筋	HPB300	Φ	6～22	300	420	25	180°	d
带肋钢筋	HRB335	Φ	6～50	335	455	17	180°	$4d$
	HRBF335	Φ^F	6～50				180°	$5d\sim6d$
	HRB400	Φ	6～50	400	540	16	180°	$6d$
	HRBF400	Φ^F	6～50				180°	$7d\sim8d$
	HRB500	Φ	6～50	500	630	15	180°	$6d\sim7d$

余热处理钢筋(RRB)由轧制钢筋经高温淬水,余热处理后提高强度。其延性、可焊性、机械连接性能及施工适应性降低,一般可用于对变形性能及加工性能要求不高的构件中,如基础、大体积混凝土、楼板、墙体以及次要的中小结构构件等。

5.1.2　钢筋检验与验收

施工现场钢筋应有产品合格证和出厂检验报告单,进场时,应按批号、牌号及直径分批验收。验收的内容包括核查标牌、外观检查、力学性能和重量偏差检验,合格后方可使用。

(1)外观检查

钢筋进场时和使用前全数检查外观。钢筋应平直、无损伤、表面不得有裂纹、油污、颗粒状或片状老锈。

(2)力学性能和重量偏差检验

钢筋进场时,应按国家现行相关标准的规定抽取试件作力学性能和重量偏差检验,检验结果必须符合有关标准的规定。

①力学性能检验主要是屈服强度、抗拉强度、伸长率、弯曲性能等。钢筋应按批进行检查和验收,对热轧钢筋,每批以同牌号、同规格、同炉罐的钢筋组成,每批重量不大于60 t,从每批钢筋中任选两根钢筋,每根钢筋取两个试件,两个做拉伸试验,两个做弯曲试验。超过60 t的部分,每增加40 t增加一个拉伸试验试样和一个弯曲试验试样。

力学性能试验如有一项试验结果不符合要求,则从同一批中另取双倍数量的试样进行试验,如仍有一个试件不合格,则该批钢筋为不合格。在同一工程中,同一厂家、同一牌号、同一规格的钢筋连续三次进场检验均一次检验合格时,其后的检验批量可扩大一倍。

对有抗震设防要求的结构,其纵向受力钢筋的强度应满足设计要求;当设计无具体要求时,对一、二、三级抗震等级设计的框架和斜撑构件(含梯级)中的纵向受力钢筋应采用HRB335E、HRB400E、HRB500E、HRBF335E、HRBF400E 或 HRBF500E 钢筋,其强度和最大拉力下的总伸长率实测值应符合的规定为:钢筋的抗拉强度实测值与屈服强度实测值的比值不应小于 1.25;钢筋的屈服强度实测值与强度标准值的比值不应大于 1.30;钢筋的最大拉力下总伸长率不应小于 9%。

②重量偏差检验应从不同钢筋取试样且不少于 5 个,每个试样长度不小于 500 mm。钢筋实际重量与理论重量的允许偏差应符合表 5.2 的规定。

表 5.2　钢筋实际重量与理论重量的允许偏差

公称直径(mm)	实际重量与理论重量的偏差(%)
6～12	±7
14～20	±5
22～50	±4

当发现钢筋脆断、焊接性能不良或力学性能明显不正常等现象时,应对该批钢筋进行化学成分检验或其他专项检验。

钢筋在运输和存放时,不得损坏包装和标志,并应按牌号、规格、炉批分别堆放。钢筋加工后用于施工的过程中,要能够区分不同强度等级和牌号的钢筋,避免混用。钢筋除防锈外,还应注意焊接、撞击等原因造成的钢筋损伤。后浇带等部位的外露钢筋在混凝土施工时也应避免锈蚀、损伤。

5.2 钢筋翻样与配料

为了确保钢筋配料与加工的准确性,施工前应根据结构施工图绘制钢筋翻样图、计算下料长度并填写配料单。钢筋翻样图既是编制配料单、进行配料加工的依据,也是钢筋工绑扎和安装钢筋的依据,同时也是现场检查钢筋工程施工质量的依据。

5.2.1 钢筋下料长度

构件中的钢筋,因弯曲会使长度发生变化,所以配料时不能根据配筋图尺寸直接下料,必须根据各种构件的混凝土保护层及钢筋弯曲、搭接、弯钩等规定,结合计算方法,再根据图中钢筋尺寸计算出下料长度。

5.2.1.1 弯曲调整值

钢筋在结构施工图中注明的尺寸是其外轮廓尺寸,量度尺寸即外包尺寸(图 5.1)。弯曲钢筋时,里侧缩短,外侧伸长,轴线长度不变。因此,钢筋外包尺寸与轴线长度之间存在一个差值,即弯曲调整值,又称量度差值,其大小与钢筋直径和弯心直径以及弯曲的角度等因素有关。

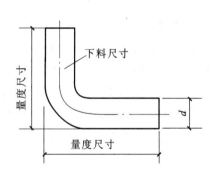

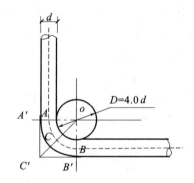

图 5.1　钢筋弯曲时的量度示意图　　图 5.2　90°弯钩弯曲调整值计算简图

按照结构配筋图,在钢筋加工中,钢筋弯折角度一般有 45°、60°、90°和 135°等。
HRB400 钢筋弯折 90°,当弯心直径为 $4d$ 时,其弯曲调整值计算如下(图 5.2):
弯曲段外包尺寸 $= A'C' + B'C' = 3d + 3d = 6d$;
弯曲段中心线长度 $= ACB$ 弧长 $= 5d\pi/4 = 3.93d$;
弯曲调整值 $= 6d - 3.93d = 2.07d$,实际工程中为计算简便,取 $2d$。
同理,对不同弯折角度的钢筋进行计算,弯曲调整值见表 5.3。

表 5.3　不同弯折角度的钢筋弯曲调整值

钢筋弯折角度(°)	45	60	90	135
钢筋弯曲调整值	$0.5d$	$1d$	$2d$	$3d$

5.2.1.2 弯钩增加长度

HPB300 钢筋为光圆钢筋,末端一般要求作 180°弯钩,为计算简便,对其弯曲调整值和端头平直部分长度合并为弯钩增加长度。

以光圆钢筋 180°弯钩进行计算,弯心直径为 2.5d、平直部分长度为 3d(图 5.3)。

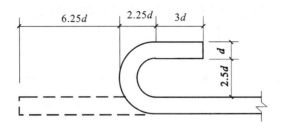

图 5.3 180°钢筋弯钩增加长度计算示意图

每个弯钩增加长度:$3d+3.5d\pi/2-2.25d=6.25d$。

对箍筋,其下料长度可用外包或内皮尺寸两种计算方法,为简化计算,一般先按外包或内皮尺寸计算出周长,加上调整值即可(表 5.4)。

表 5.4 箍筋下料长度调整值(mm)

箍筋量度方法	箍筋直径(mm)			
	4~5	6	8	10~12
量外包尺寸	40	50	60	70
量内皮尺寸	80	100	120	150~170

在生产实践中,由于箍筋直径不大,种类较多,因此在实际配料计算时,也可根据相关规定进行。

5.2.1.3 下料长度计算

钢筋的种类一般有直线钢筋、弯起钢筋和箍筋等,其计算公式如下:

直线钢筋下料长度=构件长度-保护层厚度+弯钩增加长度

弯起钢筋下料长度=直段长度+斜段长度+弯钩增加长度-弯曲调整值

曲线钢筋下料长度=钢筋长度计算值+弯钩增加长度

箍筋下料长度=周长+调整值

5.2.2 钢筋配料单的编制

钢筋配料单是根据结构施工图、图集及规范要求,对构件各钢筋按品种、规格、外形尺寸及数量进行编号,并计算各钢筋的直线下料长度及重量,将计算结果汇总所得的表格。编制钢筋配料单是钢筋施工前准备工作。配料单是钢筋备料加工、签发任务单、提出材料计划和限额领料的依据。

5.2.2.1 配料单形式

钢筋配料单的内容包括工程及构件名称、钢筋编号、钢筋翻样图、钢筋规格、加工根数、下料长度、重量等。表 5.5 是某工程钢筋混凝土简支梁 L1 的钢筋配料单。

钢筋翻样图要与设计一致,几何形状和尺寸正确无误,钢筋简图应清晰表示构件内钢筋排列分布和形状,翻样不能缺位,应在熟悉施工图纸基础上进行,以保证配料的准确。通过钢筋翻样及时发现设计的缺陷,进一步优化和完善设计。

5.2.2.2　配料单编制步骤

(1)阅读结构设计说明

①了解工程的抗震等级。不同地区、不同结构的抗震等级有所差异,应了解设计说明中具体的抗震等级,查找对应的抗震构造要求。

②确定工程设计遵循的标准和图集。

③确定混凝土强度等级。有些工程不同的构件类型、不同的层次采用不同的混凝土强度等级,而不同混凝土强度等级构件之间的钢筋锚固值应按钢筋锚固区所在构件的混凝土强度等级来确定。

(2)阅读施工图,了解结构构件形式和要求。

(3)逐一计算构件钢筋

计算顺序可以按施工次序、楼层、构件依次计算,也可以先计算标准层后计算基础和其他非标准层等,具体可根据工程的实际情况而定。

(4)编制钢筋配料单

不论是钢筋下料还是钢筋预算,钢筋清单中一定要有钢筋简图和计算过程,钢筋下料还可能需要钢筋排列图、下料组合表等。

【例 5.1】　某建筑物简支梁 L1 共 8 根,配筋情况如图 5.4 所示,试计算钢筋下料长度,编制配料单。混凝土保护层厚取 25 mm。

【解】

(1)绘出各种钢筋简图(表 5.5)。

(2)计算钢筋下料长度

①号钢筋下料长度:

$L_1 = (6240 + 2 \times 200 - 2 \times 25) - 2 \times 2 \times 20 + 2 \times 6.25 \times 20 = 6760$ mm

②号钢筋下料长度:

$L_2 = 6240 - 2 \times 25 + 2 \times 6.25 \times 12 = 6340$ mm

③号弯起钢筋下料长度:

上直段钢筋长度 $= 240 + 50 + 500 - 25 = 765$ mm

斜段钢筋长度 $= (500 - 2 \times 25 - 2 \times 6) \times 1.414 = 619$ mm

中间直段长度 $= 6240 - 2 \times (240 + 50 + 500 + 500 - 2 \times 25 - 2 \times 6) = 3736$ mm

$L_3 = (765 + 619) \times 2 + 3736 - 4 \times 0.5 \times 20 + 2 \times 6.25 \times 20 = 6714$ mm

④号钢筋下料长度:

$L_4 = L_3 = 6714$ mm

⑤号箍筋下料长度:

宽度 $= 200 - 2 \times 25 = 150$ mm

高度 $= 500 - 2 \times 25 = 450$ mm

$L_5 = (150 + 450) \times 2 + 50 = 1250$ mm

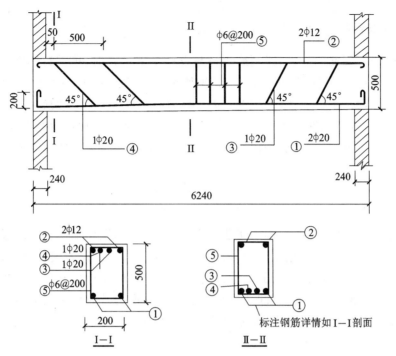

图 5.4 简支梁 L1 配筋图

箍筋数量 $n = (6240 - 2 \times 25 - 100)/200 + 1 = 31.45$

取 $n = 32$ 根。

(3)编制配料单(表 5.5)。

表 5.5 L1 梁钢筋配料单

构件 名称	钢筋 编号	简图	钢筋 符号	直径 (mm)	下料长度 (mm)	单位 根数	合计 根数	重量 (kg)
L1 梁 (共 8 根)	①	200 6190	φ	20	6760	2	16	267.16
	②	6190	φ	12	6340	2	16	90.08
	③	765 619 3736	φ	20	6714	1	8	132.69
	④	265 619 4736	φ	20	6714	1	8	132.69
	⑤	150 450	φ	6	1250	32	256	71.04
合计		φ6:71.04 kg; φ12:90.08 kg; φ20:532.54 kg						

5.2.3 钢筋代换

当施工中遇有钢筋的品种、级别或规格与设计要求不符时,可进行钢筋代换。钢筋代换可按钢筋等承载力代换、等面积代换等原则进行。钢筋代换应确保结构设计的要求。钢筋代换后应经设计单位确认,并按规定办理设计变更文件,钢筋代换应按国家现行相关标准的有关规定,考虑构件承载力、正常使用(包括裂缝宽度和挠度控制以及配筋构造)等方面的要求,必要时可采用并筋的代换形式,不宜用光圆钢筋代换带肋钢筋。

5.3 钢 筋 加 工

钢筋加工主要是钢筋调直、钢筋切断和钢筋弯曲成型,钢筋加工分为现场加工和工厂加工。工厂加工可实现专业化生产,其产品为可直接应用于工程的成型钢筋。

钢筋工程宜采用专业化生产的成型钢筋。成型钢筋的应用可减少钢筋损耗且有利于质量控制,同时缩短钢筋现场存放时间,有利于钢筋的保护。成型钢筋的专业化生产应采用自动化机械设备进行钢筋调直、切割和弯折,其性能应符合现行行业标准《混凝土结构用成型钢筋》(JG/T 226)的有关规定。

5.3.1 一般要求

钢筋加工前应将表面清理干净。表面有颗粒状、片状老锈或有损伤的钢筋不得使用。钢筋加工宜在常温状态下进行,加工过程中不应加热钢筋。钢筋应一次弯折到位。

(1)调直

当采用冷拉方法调直时,HPB300 光圆钢筋的冷拉率不宜大于 4%;HRB335、HRB400、HRB500、HRBF335、HRBF400、HRBF500 及 RRB400 带肋钢筋的冷拉率,不宜大于 1%。钢筋调直过程中不应损伤带肋钢筋的横肋。调直后的钢筋应平直,不应有局部弯折。

钢筋调直后应进行力学性能和重量偏差的检验,其强度应符合有关标准的规定。盘卷钢筋和直条钢筋调直后的断后伸长率、重量偏差应符合表 5.6 的规定。

表 5.6　盘卷钢筋调直后的断后伸长率、重量偏差要求

钢筋牌号	断后伸长率 A(%)	重量偏差(%)	
		直径 6~12 mm	直径 14~20 mm
HPB300	≥21	>−10	—
HRB335、HRBF335	≥16	≥−8	≥−6
HRB400、HRBF400	≥15		
RRB400	≥13		
HRB500、HRBF500	≥14		

注:采用无延伸功能的机械设备调直的钢筋,可不进行本规定的检验。

①应对 3 个试件先进行重量偏差检验,再取 2 个试件进行力学性能检验。

②重量偏差按下式计算:

$$\Delta = \frac{W_d - W_0}{W_0} \times 100 \tag{5.1}$$

式中　Δ——重量偏差(%);

　　　W_d——3 个调直钢筋试件的实际重量之和(kg);

　　　W_0——钢筋理论重量(kg),取每米理论重量与 3 个调直钢筋试件长度之和的乘积。

③检验重量偏差时,试件切口应平滑并与长度方向垂直,其长度不应小于 500 mm;长度和重量的量测精度分别不应低于 1 mm 和 1 g。

(2)弯折

钢筋弯折的弯弧内直径应符合下列规定:

①光圆钢筋,不应小于钢筋直径的 2.5 倍;

②335 级、400 级带肋钢筋,不应小于钢筋直径的 4 倍;

③500 级带肋钢筋,当直径为 28 mm 以下时不应小于钢筋直径的 6 倍;当直径为 28 mm 及以上时不应小于钢筋直径的 7 倍;

④ 位于框架结构顶层端节点处的梁上部纵向钢筋和柱外侧纵向钢筋,在节点角部弯折处,当钢筋直径为 28 mm 以下时不宜小于钢筋直径的 12 倍;当钢筋直径为 28 mm 及以上时不宜小于钢筋直径的 16 倍;

⑤ 箍筋弯折处尚不应小于纵向受力钢筋直径;箍筋弯折处纵向受力钢筋为搭接钢筋或并筋时,应按钢筋实际排布情况确定箍筋弯弧内直径。

纵向受力钢筋弯折后平直段长度应符合设计要求及现行国家标准《混凝土结构工程施工规范》(GB 50666)的有关规定。光圆钢筋末端作 180°弯钩时,弯钩弯折后平直段长度不应小于钢筋直径的 3 倍。

箍筋、拉筋的末端应按设计要求作弯钩,并应符合下列规定:

①对一般结构构件,箍筋弯钩的弯折角度不应小于 90°,弯折后平直部分长度不应小于箍筋直径的 5 倍;对有抗震设防要求或设计有专门要求的结构构件,箍筋弯钩的弯折角度不应小于 135°,弯折后平直段长度不应小于箍筋直径的 10 倍和 75 mm 两者之中的较大值;

②圆形箍筋的搭接长度不应小于其受拉锚固长度,且两末端均应作不小于 135°的弯钩,弯折后平直段长度对一般结构构件不应小于箍筋直径的 5 倍,对有抗震设防要求的结构构件不应小于箍筋直径的 10 倍和 75 mm 两者之中的较大值;

③拉筋用作梁、柱复合箍筋中单肢箍筋或梁腰筋间拉结筋时,两端弯钩的弯折角度均不应小于 135°,弯折后平直段长度应符合①项中对箍筋的有关规定;拉筋用作剪力墙、楼板等构件中拉结筋时,两端弯钩可采用一端 135°另一端 90°,弯折后平直段长度不应小于拉筋直径的 5 倍。

(3)封闭箍筋焊接

焊接封闭箍筋宜采用闪光对焊,也可采用气压焊或单面搭接焊,并宜采用专用设备进行焊接。焊接封闭箍筋下料长度和端头加工应按不同焊接工艺确定。焊接封闭箍筋的焊点设置,应符合下列规定:

①每个箍筋的焊点数量应为 1 个,焊点宜位于多边形箍筋中的某边中部,且距箍筋弯折处的位置不宜小于 100 mm;

②矩形柱箍筋焊点宜设在柱短边,等边多边形柱箍筋焊点可设在任意边;不等边多边形柱箍筋焊点应位于不同边上;

③梁箍筋焊点应设置在顶边或底边。

5.3.2 加工方法

扫一扫

钢筋弯曲

钢筋调直方法主要用于小直径钢筋,钢筋宜采用机械设备进行调直,一般采用钢筋调直机,也可采用冷拉方法调直。机械设备调直时,调直设备不应具有延伸功能。

钢筋切断一般采用钢筋切断机,有电动和液压钢筋切断机两类。先断长料,后断短料,以减少损耗。

钢筋的弯曲成型一般采用钢筋弯曲机,施工现场对于少量细箍筋有时也采用手工扳弯成型。

5.4 钢 筋 连 接

钢筋的连接方式主要有三种:绑扎连接、焊接连接和机械连接。

钢筋的接头宜设置在受力较小处;有抗震设防要求的结构中,梁端、柱端箍筋加密区范围内不宜设置钢筋接头,且不应进行钢筋搭接。同一纵向受力钢筋不宜设置两个或两个以上接头。接头末端至钢筋弯起点的距离,不应小于钢筋直径的 10 倍。

5.4.1 绑扎连接

绑扎连接是传统的钢筋连接方式,是将两根钢筋搭接一定长度,通过细铁丝将搭接部分多道绑扎牢固。其优点是不需要电源和设备,对工人的劳动技能要求低,但对接头应用部位的限制比较多,浪费钢材,接头质量不易保证。

(1)同一构件中相邻纵向受力钢筋的绑扎搭接接头宜相互错开。绑扎搭接接头中钢筋的横向净距不应小于钢筋直径,且不应小于 25 mm。

钢筋绑扎搭接接头连接区段的长度为 $1.3l_a$(l_a 为搭接长度),凡搭接接头中点位于该连接区段长度内的搭接接头均属于同一连接区段(图 5.5),搭接长度可取相互连接的两根钢筋中较小直径来计算。

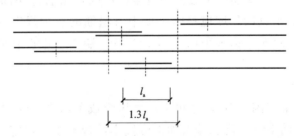

l_a

$1.3l_a$

图 5.5 钢筋绑扎搭接接头连接区段及接头面积百分率

同一连接区段内,纵向钢筋搭接接头面积百分率为该区段内有搭接接头的纵向受力钢筋截面面积与全部纵向受力钢筋截面面积的比值。同一连接区段内,纵向受拉钢筋搭

接接头面积百分率应符合设计要求,当设计无具体要求时,应符合下列规定:

①对梁类、板类及墙类构件不宜大于25%;

②对柱类构件不宜大于50%;

③当工程中确有必要增大接头面积百分率时,对梁类构件不应大于50%,对其他构件可根据实际情况放宽。

(2)当纵向受拉钢筋的绑扎搭接接头面积百分率不大于25%时,其最小搭接长度应符合表5.7的规定。

表5.7　纵向受拉钢筋的最小搭接长度

钢筋类型		混凝土强度等级								
		C20	C25	C30	C35	C40	C45	C50	C55	≥C60
光圆钢筋	300级	48d	41d	37d	34d	31d	29d	28d	—	—
带肋钢筋	335级	46d	40d	36d	33d	30d	29d	27d	26d	25d
	400级	—	48d	43d	39d	36d	34d	33d	31d	30d
	500级	—	58d	52d	47d	43d	41d	39d	38d	36d

当纵向受拉钢筋搭接接头面积百分率为50%时,其最小搭接长度应按表5.7中的数值乘以系数1.15取用;当接头面积百分率为100%时,应按表5.7中的数值乘以系数1.35取用;当接头面积百分率为25%~100%的其他中间值时,修正系数可按内插取值。

(3)纵向受拉钢筋的最小搭接长度根据第(2)条确定后,可按下列规定进行修正。但在任何情况下,受拉钢筋的搭接长度不应小于300mm:

①当带肋钢筋的直径大于25mm时,其最小搭接长度应按相应数值乘以系数1.1取用;

②环氧树脂涂层的带肋钢筋,其最小搭接长度应按相应数值乘以系数1.25取用;

③当施工过程中受力钢筋易受扰动时,其最小搭接长度应按相应数值乘以系数1.1取用;

④末端采用弯钩或机械锚固措施的带肋钢筋,其最小搭接长度可按相应数值乘以系数0.6取用;

⑤当带肋钢筋的混凝土保护层厚度为搭接钢筋直径的3倍,且配有箍筋时,其最小搭接长度可按相应数值乘以系数0.8取用;当带肋钢筋的混凝土保护层厚度为搭接钢筋直径的5倍,且配有箍筋时,其最小搭接长度可按相应数值乘以系数0.7取用;当带肋钢筋的混凝土保护层厚度大于搭接钢筋直径的3倍、小于5倍,且配有箍筋时,修正系数可按内插取值。

⑥有抗震要求的受力钢筋的最小搭接长度,一、二级抗震等级应按相应数值乘以系数1.15取用;三级抗震等级应按相应数值乘以系数1.05取用。

(4)纵向受压钢筋绑扎搭接时,其最小搭接长度应根据第(2)、(3)条的规定确定相应数值后,乘以系数0.7取用。在任何情况下,受压钢筋的搭接长度不应小于200mm。

(5)在梁、柱类构件的纵向受力钢筋搭接长度范围内,应按设计要求配置箍筋。当设计无具体要求时,应符合下列规定:

①箍筋直径不应小于搭接钢筋较大直径的 0.25 倍;

②受拉搭接区段的箍筋间距不应大于搭接钢筋较小直径的 5 倍,且不应大于 100 mm;

③受压搭接区段的箍筋间距不应大于搭接钢筋较小直径的 10 倍,且不应大于 200 mm;

④当柱中纵向受力钢筋直径大于 25 mm 时,应在搭接接头两个端面外 100 mm 范围内各设置两个箍筋,其间距宜为 50 mm。

5.4.2　焊接连接

焊接连接是利用电阻、电弧或气体加热法使钢筋表面或端部熔化后施加一定压力或添加部分金属材料使之连为一体。它的优点是节省钢材、接头成本较低,但焊接质量稳定性一般,接头质量受人为、环境因素影响大,《混凝土结构工程施工质量验收规范》(GB 50204)中规定在直接承受动力荷载结构构件中不宜使用。焊接接头的设置应符合下列规定:

(1)同一构件内的接头宜分批错开。

(2)接头连接区段的长度应为 $35d$,且不应小于 500 mm,凡接头中点位于该连接区段长度内的接头均应属于同一连接区段;其中 d 为相互连接的两根钢筋中较小直径。

(3)同一连接区段内,纵向受力钢筋的接头面积百分率,受拉接头不宜大于 50%,受压接头可不受限制。

常用的钢筋焊接方法有:闪光对焊、钢筋电弧焊、电渣压力焊、气压焊等。

5.4.2.1　闪光对焊

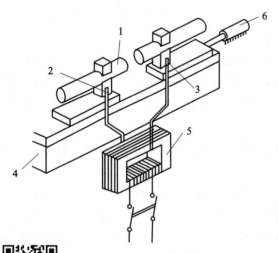

图5.6　闪光对焊原理图
1—焊接的钢筋;2—固定电极;
3—可动电极;4—机座;
5—变压器;6—手动定压机构

闪光对焊是人工操作闪光对焊机进行钢筋焊接,操时将两根钢筋以对接形式水平安放在对焊机上,利用电阻热使接触点金属熔化,产生强烈闪光和飞溅,迅速施加顶锻力完成的一种压焊方法(图5.6)。近年来,在箍筋加工中也引入了闪光对焊。

闪光对焊具有生产效率高、操作方便、节约能源、节约钢材、接头受力性能好、焊接质量高等优点,加工厂钢筋制作时的对接焊接优先采用闪光对焊。在非固定的专业预制场或钢筋加工场内,对直径大于或等于 22 mm 的钢筋进行连接作业时,不得使用钢筋闪光对焊工艺。

(1)闪光对焊工艺

钢筋闪光对焊工艺常用的有三种工艺方法:连续闪光焊、预热闪光焊和闪光-预热闪光焊(图5.7)。对焊接性差的 HRB500 牌号钢筋,还可焊后再进行通电热处理。

①连续闪光焊。连续闪光焊是自闪光一开始就徐徐移动钢筋,工件端面的接触点在高电流密度作用下迅速融化、蒸发、连续爆破,形成连续闪光,接头处逐步被加热。连续闪

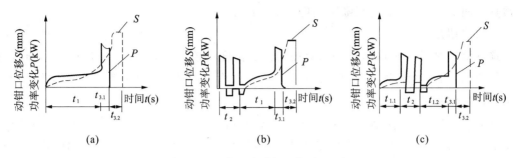

图 5.7　钢筋闪光对焊工艺过程图解

(a)连续闪光焊;(b)预热闪光焊;(c)闪光-预热闪光焊

S—动钳口位移;P—功率变化;t—时间;t_1—烧化时间;$t_{1.1}$—一次烧化时间;$t_{1.2}$—二次烧化时间;

t_2—预热时间;$t_{3.1}$—有电顶锻时间;$t_{3.2}$—无电顶锻时间

光焊工艺简单,一般用于焊接直径较小和强度级别较低的钢筋。连续闪光焊所能焊接钢筋的上限直径与焊机容量、钢筋牌号有关,一般钢筋直径在 22 mm 以下。

连续闪光焊的工艺参数有调伸长度、烧化留量、顶锻留量及变压器级数等。

②预热闪光焊。预热闪光焊是首先连续闪光,使钢筋端面闪平,然后使接头处做周期性的闭合拉开,每一次都激起短暂的闪光,使钢筋预热,接着再连续闪光,最后顶锻。预热闪光焊适用于直径较粗、端面比较平整的钢筋。

③闪光-预热闪光焊。在钢筋采用切断机断料加工中,钢筋的端面有压伤痕迹,端面不够平整,此时宜采用闪光-预热闪光焊。其方法为在预热闪光焊之前,预加闪光阶段,烧去钢筋端部的压伤部分,使其端面比较平整,以保证端面上加热温度比较均匀,提高焊接接头质量。

闪光-预热闪光焊的工艺参数有调伸长度、一次烧化留量、预热留量和预热时间、二次烧化留量、顶锻留量及变压器级数等。

(2)闪光对焊工艺参数

闪光对焊时,应选择合适的调伸长度、烧化留量与预热留量、顶锻留量以及变压器级数等焊接参数。

①调伸长度

调伸长度是指焊接前钢筋从电极钳口伸出的长度。其数值取决于钢筋的品种和直径,应能使接头加热均匀,且顶锻时钢筋不致弯曲。调伸长度应随着钢筋牌号的提高和钢筋直径的加大而增长,主要是减缓接头的温度梯度,防止在热影响区产生淬硬组织。当焊接 HRB400、HRBF400 等级别钢筋时,调伸长度宜在 40～60 mm 内选用。

②烧化留量与预热留量

烧化留量与预热留量是指在闪光和预热过程中烧化的钢筋长度。

烧化留量应根据焊接工艺方法确定。当连续闪光焊时,闪光过程应较长,烧化留量应等于两根钢筋在断料时切断机刀口严重压伤部分(包括端面的不平整度)再加 8 mm。闪光-预热闪光焊时,应区分一次烧化留量和二次烧化留量。一次烧化留量应不小于 10 mm。预热闪光焊时的烧化留量应不小于 10 mm。

需要预热时,宜采用电阻预热法。预热留量应为 1～2 mm,预热次数应为 1～4 次;每次预热时间应为 1.5～2 s,间歇时间应为 3～4 s。

③顶锻留量

顶锻留量是指接头顶压挤出而消耗的钢筋长度。顶锻时,先在有电流作用下顶锻,使接头加热均匀、紧密结合,然后在断电情况下顶锻而后结束,所以分为有电顶锻留量与无电顶锻留量两部分。

顶锻留量应为 3～7 mm,并应随钢筋直径的增大和钢筋牌号的提高而增加。其中,有电顶锻留量约占 1/3,无电顶锻留量约占 2/3,焊接时必须控制得当。焊接 HRB500 钢筋时,顶锻留量宜稍微增大,以确保焊接质量。

④变压器级数

变压器级数是用来调节焊接电流的大小,根据钢筋牌号、直径、焊机容量以及焊接工艺方法等情况确定。

当 HRBF335 钢筋、HRBF400 钢筋、HRBF500 钢筋或 RRB400W 钢筋进行闪光对焊时,与热轧钢筋比较,应减少调伸长度,提高焊接变压器级数,缩短加热时间,快速顶锻。HRB500、HRBF500 钢筋焊接时,应采用预热闪光焊或闪光-预热闪光焊工艺。当接头拉伸试验结果发生脆性断裂或弯曲试验不能达到规定要求时,尚应在焊机上进行焊后热处理。

不同牌号的钢筋可以进行闪光对焊。不同直径的钢筋对焊时,工艺参数按大直径钢筋选用,两根钢筋的轴线应在同一直线上,轴线偏移的允许值按较小直径钢筋计算,对接头强度的要求,应按较小直径钢筋计算。

5.4.2.2　电弧焊

电弧焊是以焊条作为一极,钢筋为另一极,利用送出的低压强电流,使焊条与焊件之间产生高温电弧,将焊条与焊件金属熔化,凝固后形成焊缝连接的一种熔焊方法,可采用焊条电弧焊或二氧化碳气体保护电弧焊两种工艺方法。电弧焊广泛用于钢筋接头、钢筋骨架焊接、装配式结构节点的焊接、钢筋与钢板的焊接及各种钢结构焊接。

钢筋电弧焊的接头形式有:搭接焊、帮条焊、坡口焊、窄间隙焊和熔槽帮条焊等。

焊接时,应根据钢筋牌号、直径、接头形式和焊接位置,选择焊接材料,确定焊接工艺和焊接参数;焊接时,引弧应在垫板、帮条或形成焊缝的部位进行,不得烧伤主筋;焊接地线与钢筋接触良好;焊接过程中应及时清渣,焊缝表面应光滑,焊缝余高应平稳过渡,弧坑应填满。

(1)搭接焊与帮条焊

搭接焊[图 5.8(a)]时,焊接端钢筋应预弯,并应使两钢筋的轴线在同一直线上;帮条焊[图 5.8(b)]时,两主筋端面的间隙应为 2～5 mm,帮条与主筋之间应用四点定位焊固定;搭接焊时,应用两点固定;定位焊缝与帮条端部或搭接端部的距离宜大于或等于 20 mm;焊接时,应在帮条焊或搭接焊形成焊缝中引弧;在端头收弧前应填满弧坑,并应使主焊缝与定位焊缝的始端和终端熔合。

搭接焊与帮条焊宜采用双面焊,当不能采用双面焊时,也可采用单面焊,其焊缝长度应加长一倍。帮条焊接头或搭接焊接头的焊缝有效厚度不应小于主筋直径的 0.3 倍;焊缝宽度不应小于主筋直径的 0.8 倍。

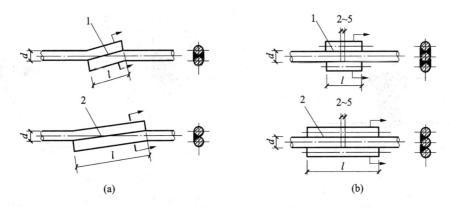

图 5.8 钢筋搭接焊与帮条焊接头

(a)搭接焊接头;(b)帮条焊接头

1—双面焊;2—单面焊

(2)坡口焊

坡口焊分为平焊和立焊两种(图 5.9)。适用于直径 18～40 mm 的钢筋和装配式框架结构节点的焊接。

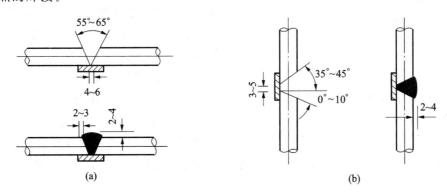

图 5.9 钢筋坡口焊接头

(a)平焊;(b)立焊

焊接时,坡口角度应在规定范围内选用。焊缝的宽度应大于 V 形坡口的边缘 2～3 mm,焊缝余高应为 2～4 mm,并平缓过渡至钢筋表面。

(3)窄间隙焊

窄间隙焊适用于直径 16 mm 及以上钢筋的现场水平连接。焊接时,钢筋端部应置于铜模中,并应留出一定间隙,连续焊接,熔化钢筋端面和使熔敷金属填充间隙而形成接头(图 5.10)。

(4)熔槽帮条焊

熔槽帮条焊适用于直径 20 mm 及以上钢筋的现场安装焊接。焊接时应加角钢作垫板模(图 5.11)。

焊接时,角钢边长宜为 40～60 mm,焊接过程中应及时停焊清渣,焊平后,再进行焊缝余高的焊接,其高度为 2～4 mm,钢筋与角钢垫板之间,应加焊侧面焊缝 1～3 层,焊缝应饱满,表面应平整。

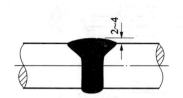

图 5.10 钢筋窄间隙焊接头

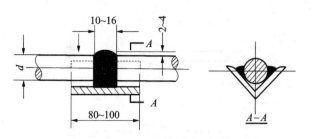

图 5.11 钢筋熔槽帮条焊接头

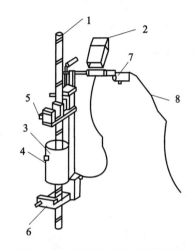

图 5.12 电渣压力焊构造原理图

1—钢筋；2—监控仪表；3—焊剂盒；4—焊剂盒扣环；
5—活动夹具；6—固定夹具；7—操作手柄；8—控制电缆

5.4.2.3 电渣压力焊

钢筋电渣压力焊是人工操作电渣压力焊机，利用电流通过液体熔渣所产生的电阻热进行焊接的一种熔焊方法。连接时将钢筋安放成竖向对接形式，通过直接引弧法或间接引弧法，利用焊接电流通过两钢筋端面间隙，在焊剂层下形成电弧过程和电渣过程，产生电弧热和电阻热，熔化钢筋，加压完成钢筋连接（图 5.12）。电渣压力焊适用于现浇钢筋混凝土结构中直径小于 22 mm 竖向或斜向（倾斜度不大于 10°）钢筋的连接。

电渣压力焊施工分为引弧、稳弧、顶锻三个过程，三个过程应连续进行。

电渣压力焊工艺过程应符合下列规定：

（1）施工中焊接夹具的上下钳口应夹紧上下钢筋，钢筋一经夹紧，不得晃动，且两根钢筋应同心。

（2）引弧宜采用直接引弧法或铁丝圈、焊条芯间接引弧法。

（3）引燃电弧后，应先进行电弧过程（稳弧）；然后，加快上钢筋下送速度，使上钢筋端面插入液态渣池约 2 mm，转变为电渣过程；最后在断电的同时，迅速下压上钢筋（顶锻），挤出熔化金属和熔渣。

（4）接头焊毕，应停歇后方可回收焊剂和卸下焊接夹具，并敲去渣壳。四周焊包应均匀，四周焊包凸出钢筋表面的高度，当钢筋直径为 25 mm 及以下时，不得小于 4 mm；当钢筋直径为 28 mm 及以上时，不得小于 6 mm。

电渣压力焊焊接参数应包括焊接电流、焊接电压和通电时间。采用专用焊剂或自动电渣压力焊机时，应根据焊剂或焊机使用说明书中推荐数据，通过试验确定。

5.4.2.4 钢筋气压焊

钢筋气压焊是利用氧乙炔火焰或氧液化石油气火焰等，对两钢筋对接处加热，使其达到热塑性状态（固态）或熔化状态（熔态）后，加压完成的一种压焊方法。这种焊接工艺具有设备简单、操作方便、成本较低，适用于直径 12～40 mm 的各种位置钢筋对接焊接。

气压焊按加热温度和工艺方法的不同,可分为固态气压焊和熔态气压焊两种。

(1)固态气压焊

采用固态气压焊时,其焊接工艺应符合下列要求:

①焊前钢筋端面应切平、打磨,使其露出金属光泽,钢筋安装夹牢,预压顶紧后,两钢筋端面局部间隙不得大于 3 mm。

②气压焊加热开始至钢筋端面密合前,应采用碳化焰集中加热;钢筋端面密合后可采用中性焰宽幅加热,使钢筋端部加热至 1150～1250℃;钢筋镦粗区表面的加热温度应稍高,并随钢筋直径增大而适当提高。

③气压焊顶压时,对钢筋施加的顶压力应为 30～40 MPa。

④常用的三次加压法工艺过程,包括预压、密合和成型 3 个阶段。

⑤当采用半自动钢筋固态气压焊时,应使用钢筋常温直角切断机断料,两钢筋端面间隙控制在 1～2 mm,钢筋端面平滑,可直接焊接。

(2)熔态气压焊

采用熔态气压焊时,其焊接工艺应符合下列要求:

①安装时,两钢筋端面之间应预留 3～5 mm 间隙。

②当采用氧液化石油气熔态气压焊时,应调整好火焰,适当增大氧气用量。

③气压焊开始时,首先使用中性焰加热,待钢筋端头至熔化状态,附着物随熔滴流走,端部呈凸状时,即加压,挤出熔化金属,并密合牢固。

5.4.3 机械连接

钢筋机械连接是通过钢筋与连接件或其他介入材料的机械咬合作用或钢筋端面的承压作用,将一根钢筋中的力传递至另一根钢筋的连接方法。机械连接具有施工简便、工艺性能好,接头质量可靠、不受钢筋可焊性制约、可全天候施工、施工安全等特点,一般用于大直径钢筋的连接。

接头应根据极限抗拉强度、残余变形、最大力下总伸长率以及高应力和大变形条件下反复拉压性能,分为Ⅰ级、Ⅱ级、Ⅲ级三个性能等级:

Ⅰ级:接头抗拉强度等于被连接钢筋实际抗拉强度或不小于 1.10 倍钢筋抗拉强度标准值,残余变形小并具有高延性及反复拉压性能。

Ⅱ级:接头抗拉强度不小于被连接钢筋抗拉强度标准值,残余变形较小并具有高延性及反复拉压性能。

Ⅲ级:接头抗拉强度不小于被连接钢筋屈服强度标准值的 1.25 倍,残余变形较小并具有延性及反复拉压性能。

混凝土结构中要求充分发挥钢筋强度或对延性要求高的部位,应优先选用Ⅱ级或Ⅰ级接头;当在同一连接区段内钢筋接头面积百分率为 100% 时,应选用Ⅰ级接头。混凝土结构中钢筋应力较高但对接头延性要求不高的部位,可选用Ⅲ级接头。

结构构件中纵向受力钢筋的接头宜相互错开。钢筋机械连接的连接区段长度应按 $35d$ 计算,当直径不同的钢筋连接时,按直径较小的钢筋计算。同一连接区段内,纵向受力钢筋的接头面积百分率应符合下列规定：

①接头宜设置在结构构件受拉钢筋应力较小部位,高应力部位设置接头时,在同一连接区段内Ⅲ级接头的接头面积百分率不应大于25%;Ⅱ级接头的接头面积百分率不应大于50%;Ⅰ级接头的接头面积百分率除第②条和第④条所列情况外可不受限制。

②接头宜避开有抗震设防要求的框架的梁端、柱端箍筋加密区;当无法避开时,应采用Ⅱ级接头或Ⅰ级接头,且接头面积百分率不应大于50%。

③受拉钢筋应力较小部位或纵向受压钢筋的接头面积百分率可不受限制。

④对直接承受重复荷载的结构构件,接头面积百分率不应大于50%。

（1）套筒挤压接头

套筒挤压接头是通过挤压力使连接件钢筋套筒塑性变形与带肋钢筋紧密咬合形成的接头（图5.13）。

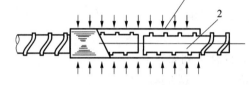

扫一扫

套筒挤压连接   **图5.13 钢筋套筒挤压接头**
1—钢套筒;2—带肋钢筋

钢筋套筒挤压接头有轴向挤压和径向挤压两种方式,常用的是径向挤压。主要设备有钢筋液压压接钳和高压油泵。

套筒挤压接头的安装质量应符合下列要求：

①钢筋端部不得有局部弯曲,不得有严重锈蚀和附着物;

②钢筋端部应有检查插入套筒深度的明显标记,钢筋端头离套筒长度中心点不宜超过10 mm;

③挤压应从套筒中央开始,依次向两端挤压,挤压后的压痕直径或套筒长度的波动范围应用专用量规检验;压痕处套筒外径应为原套筒外径的0.80～0.90倍,挤压后套筒长度应为原套筒长度的1.10～1.15倍;

④挤压后的套筒不应有可见裂纹。

（2）锥螺纹接头

锥螺纹接头是通过钢筋端头特制的锥形螺纹和连接件锥螺纹咬合形成的接头（图5.14）。

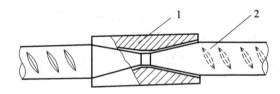

图5.14 钢筋锥螺纹接头
1—连接套筒;2—带肋钢筋

锥螺纹接头的现场加工应符合下列规定：

①钢筋端部不得有影响螺纹加工局部弯曲;

②钢筋丝头长度应满足设计要求,使拧紧后的钢筋丝头不得相互接触,丝头加工长度公差应为$-0.5p$～$-1.5p$（p为螺距）;

③钢筋丝头的锥度和螺距应使用专用锥螺纹量规检验,抽检数量为10%,检验合格率

不应小于 95%。

锥螺纹接头的安装质量应符合下列要求：

①接头安装时应严格保证钢筋与连接套筒的规格相一致；

②接头安装时应用扭力扳手拧紧，拧紧扭矩值应符合表 5.8 的规定；

表 5.8 锥螺纹接头安装时的拧紧扭矩值

钢筋直径(mm)	≤16	18～20	22～25	28～32	36～40	50
拧紧扭矩(N·m)	100	180	240	300	360	460

③校核用扭力扳手与安装用扭力扳手应区分使用，校核用扭力扳手应每年校核 1 次，准确度级别应选用 5 级。

(3)直螺纹连接

钢筋直螺纹连接分为镦粗直螺纹和滚轧直螺纹两类。镦粗直螺纹接头是通过钢筋端头镦粗后制作的直螺纹和连接件螺纹咬合形成的接头；滚轧直螺纹接头是通过钢筋端头直接滚轧或剥肋后滚轧制作的直螺纹和连接件螺纹咬合形成的接头。滚轧直螺纹接头是目前大直径钢筋机械连接的主要形式。

直螺纹接头的现场加工应符合下列规定：

①钢筋端部应切平或镦平后再加工螺纹；

②镦粗头不得有与钢筋轴线相垂直的横向裂纹；

③钢筋丝头长度应满足企业标准中产品设计要求，公差应为 $0\sim2.0p$；

扫一扫

剥肋直螺纹
加工

④钢筋丝头宜满足精度要求，应用专用直螺纹量规检验，通规能顺利旋入并达到要求的拧入长度，止规旋入不得超过 $3p$。抽检数量为 10%，检验合格率不应小于 95%。

直螺纹接头的安装质量应符合下列要求：

①安装接头时可用管钳扳手拧紧，应使钢筋丝头在套筒中央位置相互顶紧，标准型接头安装后的外露螺纹不宜超过 $2p$；

②安装后应用扭力扳手校核拧紧扭矩，拧紧扭矩值应符合表 5.9 的规定；

③校核用扭力扳手的准确度级别可选用 10 级。

表 5.9 直螺纹接头安装时的最小拧紧扭矩值

钢筋直径(mm)	≤16	18～20	22～25	28～32	36～40	50
拧紧扭矩(N·m)	100	200	260	320	360	460

5.4.4 接头质量检验与验收

为确保钢筋连接质量，钢筋接头应按有关标准进行质量检查和验收。

5.4.4.1 焊接连接接头

焊接连接的钢筋接头除检查外观质量外，还必须进行拉伸或弯曲试验。

(1)检验批的规定

对钢筋闪光对焊接头的检验批，由在同一台班内且由同一个焊工完成的 300 个同牌号、同直径钢筋焊接接头应作为一批。当同一台班内焊接的接头数量较少,可在一周之内累计计算;累计仍不足 300 个接头时,应按一批计算。力学性能检验时,应从每批接头中随机取 6 个接头,其中 3 个做拉伸试验,3 个做弯曲试验。异径钢筋接头可只做拉伸试验。

对钢筋电弧焊接头的检验批,在现浇混凝土结构中,应以 300 个同牌号钢筋、同形式接头作为一批;在房屋结构中,应在不超过连续两楼层中以 300 个同牌号钢筋、同形式接头作为一批。每批随机取 3 个接头做拉伸试验。

对钢筋电渣压力焊接头的检验批,在现浇混凝土结构中,应以 300 个同牌号钢筋接头作为一批;在房屋结构中,应在不超过连续两楼层中以 300 个同牌号钢筋接头作为一批;不足 300 个接头时,仍应作为一批。每批随机取 3 个接头试件做拉伸试验。

对钢筋气压焊接头的检验批,在现浇钢筋混凝土结构中,应以 300 个同牌号钢筋接头作为一批;在房屋结构中,应在不超过连续两楼层中以 300 个同牌号钢筋接头作为一批;当不足 300 个接头时,仍应作为一批。在柱、墙的竖向钢筋连接中,应从每批接头中随机取 3 个接头做拉伸试验;在梁、板的水平钢筋连接中,应另取 3 个接头做弯曲试验。在同一批中,异径钢筋气压焊接头可只做拉伸试验。

(2)拉伸试验要求

焊接接头拉伸合格规定:

3 个试件均断于钢筋母材、呈延性断裂,其抗拉强度大于或等于钢筋母材抗拉强度标准值。或 2 个试件断于钢筋母材、呈延性断裂,其抗拉强度大于或等于钢筋母材抗拉强度标准值;另一试件断于焊缝、呈脆性断裂,其抗拉强度大于或等于钢筋母材抗拉强度标准值。

符合下列条件之一时,应进行拉伸复验:

① 2 个试件断于钢筋母材、呈延性断裂,其抗拉强度大于或等于钢筋母材抗拉强度标准值;另一试件断于焊缝或热影响区、呈脆性断裂,其抗拉强度小于钢筋母材抗拉强度标准值。

②1 个试件断于钢筋母材、呈延性断裂,其抗拉强度大于或等于钢筋母材抗拉强度标准值;另 2 个试件断于焊缝或热影响区、呈脆性断裂。

③3 个试件均断于焊缝、呈脆性断裂,其抗拉强度均大于或等于钢筋母材抗拉强度标准值。

拉伸复验时,取 6 个试件进行试验。若有 4 个或 4 个以上试件断于钢筋母材、呈延性断裂,其抗拉强度大于或等于钢筋母材抗拉强度标准值,另 2 个或 2 个以下试件断于焊缝、呈脆性断裂,其抗拉强度大于或等于钢筋母材抗拉强度标准值,应评定该批接头拉伸试验复验合格。

(3)弯曲试验要求

对钢筋闪光对焊接头、气压焊接头进行弯曲试验时,弯曲试验结果应按下列规定进行:

①当试验结果弯曲至 $90°$,有 2 个或 3 个试件外侧(含焊缝和热影响区)未发生宽度达到 $0.5\ mm$ 的裂纹,应评定该检验批接头弯曲试验合格。

②当有 2 个试件发生宽度达到 $0.5\ mm$ 的裂纹,应进行弯曲复验。

③当有 3 个试件发生宽度达到 $0.5\ mm$ 的裂纹,该检验批接头弯曲试验不合格。

④复验时,取 6 个试件进行复验。复验结果,若不超过 2 个试件发生宽度达到 $0.5\ mm$

的裂纹时,应评定该批接头弯曲试验复验合格。

5.4.4.2 机械连接接头

按照《钢筋机械连接技术规程》(JGJ 107)的规定,机械连接接头质量检验包括接头型式检验、工艺检验以及现场检验。

(1)接头型式检验

工程中应用钢筋机械接头时,应由该技术提供单位提交有效的型式检验报告。在下列情况时应进行型式检验:

①确定接头性能等级时;

②套筒材料、规格、接头加工工艺改动时;

③型式检验报告超过 4 年时。

(2)工艺检验

接头工艺检验应针对不同钢筋生产厂的钢筋进行,施工过程中,更换钢筋生产厂或接头技术提供单位时,应再次进行工艺检验。工艺检验应符合下列规定:

①各种类型和型式接头都应进行工艺检验,检验项目包括单向拉伸极限抗拉强度和残余变形;

②每种规格钢筋接头试件不应少于 3 根;

③接头试件测量残余变形后可再进行极限抗拉强度试验,并宜按单向拉伸加载制度进行试验;

④每根试件极限抗拉强度和 3 根接头试件的残余变形平均值均应符合表 5.10 和《钢筋机械连接技术规程》(JGJ107)的规定;

⑤工艺检验不合格时,应进行工艺参数调整,合格后方可按最终确认的工艺参数进行接头批量加工。

表 5.10　接头的抗拉强度

接头等级	Ⅰ级	Ⅱ级	Ⅲ级
抗拉强度	$f_{mst}^0 \geq f_{stk}$　断于钢筋 或 $f_{mst}^0 \geq 1.10 f_{stk}$　断于接头	$f_{mst}^0 \geq f_{stk}$	$f_{mst}^0 \geq 1.25 f_{yk}$

注:f_{mst}^0——接头试件实测抗拉强度;

f_{stk}——接头试件中钢筋抗拉强度标准值。

(3)现场检验

现场检验抽检项目应包括极限抗拉强度试验、加工和安装质量检验。

对接头的现场检验应按验收批进行,同钢筋生产厂、同强度等级、同规格、同类型和同型式接头,应以 500 个为一个验收批进行检验与验收,不足 500 个也应作为一个验收批。

螺纹接头安装后应按验收批,抽取其中 10%的接头进行拧紧扭矩校核,拧紧扭矩值不合格数超过被校核接头数的 5%时,应重新拧紧全部接头,直到合格为止。

套筒挤压接头应按验收批抽取 10%接头,压痕直径或挤压后套筒长度应满足《钢筋机械连接技术规程》(JGJ107)要求;钢筋插入套筒深度应满足产品设计要求,检查不合格数超过 10％时，可在本批外观检验不合格的接头中抽取 3 个试件做极限抗拉强度试验，按《钢筋机械连接技术规程》（JGJ107）要求进行评定。

对接头的每一验收批，必须在工程结构中随机截取 3 个接头试件做极限抗拉强度试验，按设计要求的接头等级进行评定。当 3 个接头试件的抗拉强度均符合表 5.10 中相应等级的强度要求时，该验收批应评为合格。如有 1 个试件的抗拉强度不符合要求，应再取 6 个试件进行复检。复检中如仍有 1 个试件的抗拉强度不符合要求，则该验收批应评为不合格。

现场检验连续 10 个验收批抽样试件抗拉强度试验一次合格率为 100％时，验收批接头数量可扩大为 1000 个。当验收批接头数量少于 200 个时，可按抽样要求随机抽取 2 个试件做极限抗拉强度试验，当 2 个接头试件的抗拉强度均符合相应等级的强度要求时，该验收批应评为合格。如有 1 个试件的抗拉强度不符合要求，应再取 4 个试件进行复检。复检中如仍有 1 个试件的抗拉强度不符合要求，则该验收批应评为不合格。

现场截取抽样试件后，原接头位置的钢筋可采用同等规格的钢筋进行绑扎搭接连接，或采用焊接及机械连接方法补接。

5.5 钢筋工程安装与验收

5.5.1 钢筋工程安装

钢筋安装总要求为：受力钢筋的牌号、规格和数量必须符合设计要求。此外，钢筋应安装牢固，受力钢筋的安装位置、锚固方式应符合设计要求。

5.5.1.1 基本要求

（1）构件交接处的钢筋位置应符合设计要求。当设计无具体要求时，应保证主要受力构件和构件中主要受力方向的钢筋位置。框架节点处梁纵向受力钢筋宜放在柱纵向钢筋内侧；当主、次梁底部标高相同时，次梁下部钢筋应放在主梁下部钢筋之上；剪力墙中水平分布钢筋宜放在外侧，并宜在墙端弯折处锚固。

（2）钢筋安装应采用定位件固定钢筋的位置，并宜采用专用定位件。定位件应具有足够的承载力、刚度、稳定性和耐久性。定位件的数量、间距和固定方式，应能保证钢筋的位置偏差符合国家现行有关标准的规定。混凝土框架梁、柱保护层内，不宜采用金属定位件。

（3）钢筋安装过程中，因施工操作需要而对钢筋进行焊接时，应符合现行行业标准《钢筋焊接及验收规程》（JGJ 18）的有关规定。

（4）采用复合箍筋时，箍筋外围应封闭。梁类构件复合箍筋内部，宜选用封闭箍筋，奇数肢也可采用单肢箍筋；柱类构件复合箍筋内部可部分采用单肢箍筋。

（5）钢筋安装应采取防止钢筋受模板、模具内表面的脱模剂污染的措施。

5.5.1.2 安装工艺

（1）混凝土保护层厚度控制

钢筋的安装除满足绑扎和焊接连接的各项要求外，尚应注意保证受力钢筋的混凝土保护层厚度，当设计无具体要求时应满足基本要求。

钢筋间隔件是混凝土结构中用于控制钢筋保护层厚度或钢筋间距的物件,按材料分为水泥类钢筋间隔件、塑料类钢筋间隔件、金属类钢筋间隔件;按安放部位分为表层间隔件和内部间隔件;按安放方向分为水平间隔件和竖向间隔件。钢筋安装应确保钢筋安装位置的固定性,在必要的情况下应安放钢筋间隔件。

(2)钢筋的现场绑扎安装

钢筋绑扎前应熟悉施工图纸,核对成品钢筋的品种和数量。对形状复杂的结构部位,应研究好钢筋穿插就位的顺序及与模板等其他专业的配合先后次序。

扫一扫
柱筋绑扎

基础底板、楼板和墙的钢筋网绑扎,除靠近外围两行钢筋的相交点全部绑扎外,中间部分交叉点可间隔交错扎牢;双向受力的钢筋则需全部扎牢。相邻绑扎点的铁丝扣要成八字形,以免网片歪斜变形。

结构采用双排钢筋网时,上下两排钢筋网之间应设置钢筋撑脚或混凝土撑脚,每隔1 m放置一个,墙壁钢筋网之间应绑扎6～10 mm钢筋制成的撑脚,间距约为1.0 m,相互错开排列;大型基础底板或设备基础,应用16～25 mm钢筋或型钢焊成的支架来支承上层钢筋,支架间距为0.8～1.5 m;梁、板纵向受力钢筋采取双层排列时,两排钢筋之间应垫以直径25 mm以上短钢筋,以保证间距正确。

扫一扫
板筋绑扎

梁、柱箍筋应与受力筋垂直设置,箍筋弯钩叠合处应沿受力钢筋方向错开设置,箍筋转角与受力钢筋的交叉点均应扎牢;箍筋平直部分与纵向钢筋交叉点可间隔扎牢,以防止骨架歪斜。

板、次梁与主筋交叉处,板的钢筋在上,次梁的钢筋居中,主梁的钢筋在下;当有圈梁或垫梁时,主梁的钢筋应放在圈梁上。受力筋两端的搁置长度应保持均匀一致。框架梁牛腿及柱帽等钢筋,应放在柱的纵向受力钢筋内侧,同时要注意梁顶面受力筋间的净距达到30 mm,以利于浇筑混凝土。

预制柱、梁、屋架等构件常采取底模上就地绑扎,应先排好箍筋,再穿入受力筋,然后绑扎牛腿和节点部位钢筋,以减少绑扎困难和复杂性。

(3)焊接钢筋骨架和焊接网安装

焊接钢筋骨架和焊接网的搭接接头,不宜位于构件最大弯矩处,焊接网在非受力方向的搭接长度宜为100 mm;受拉焊接骨架和焊接网在受力钢筋方向的搭接长度应符合设计规定;受压焊接骨架和焊接网在受力钢筋方向的搭接长度,可取受拉焊接骨架和焊接网在受力钢筋方向的搭接长度的0.7倍。

在梁中,焊接骨架的搭接长度内应配置箍筋或短的槽形焊接网。箍筋或网中的横向钢筋间距不得大于5d。对轴心受压或偏心受压构件中的搭接长度内,箍筋或横向钢筋的间距不得大于10d。

在构件宽度内有若干焊接网或焊接骨架时,其接头位置应错开。在同一截面内搭接的受力钢筋的总截面面积不得超过受力钢筋总截面面积的50%;在轴心受拉及小偏心受拉构件(板和墙除外)中,不得采用搭接接头。

当受力钢筋直径不小于 16 mm 时,焊接网沿分布钢筋方向的接头宜辅以附加钢筋网,其每边的搭接长度为 15d,且不小于 100 mm。

5.5.2　钢筋工程验收

浇筑混凝土之前,应进行钢筋隐蔽工程验收。隐蔽工程验收应包括下列主要内容:

①纵向受力钢筋的牌号、规格、数量、位置;

②钢筋的连接方式、接头位置、接头质量、接头面积百分率、搭接长度、锚固方式及锚固长度;

③箍筋、横向钢筋的牌号、规格、数量、间距、位置,箍筋弯钩的弯折角度及平直段长度;

④预埋件的规格、数量和位置。

验收完成后,及时做好隐蔽工程验收记录,准备浇筑混凝土。

钢筋安装偏差及检验方法应符合表 5.11 的规定。检查中心线位置时,沿纵、横两个方向量测,并取其中偏差的较大值;表中受力钢筋保护层厚度的合格点率应达到 90% 及以上,且不得有超过表中数值 1.5 倍的尺寸偏差。

表 5.11　钢筋安装位置的允许偏差和检验方法

项　目		允许偏差(mm)	检验方法
绑扎钢筋网	长、宽	±10	尺量
	网眼尺寸	±20	尺量连续三档,取最大偏差值
绑扎钢筋骨架	长	±10	尺量
	宽、高	±5	尺量
纵向受力钢筋	锚固长度	−20	尺量
	间距	±10	尺量两端、中间各一点,取最大偏差值
	排距	±5	
纵向受力钢筋、箍筋的混凝土保护层厚度	基础	±10	尺量
	柱、梁	±5	尺量
	板、墙、壳	±3	尺量
绑扎箍筋、横向钢筋间距		±20	尺量连续三档,取最大偏差值
钢筋弯起点位置		20	尺量
预埋件	中心线位置	5	尺量
	水平高差	+3,0	塞尺量测

【例 5.2】　某高层建筑,地上 22 层,地下 2 层,现浇剪力墙结构,采用商品混凝土,主体结构混凝土强度等级主要是 C40,钢筋采用 HRB335、HRB400 级。试述该工程主体结构钢筋分项工程验收要点。

【解】

依据《混凝土结构工程施工质量验收规范》(GB 50204)进行验收,检验项目包括主控项目和一般项目,具体验收内容及验收要求如下:

(1)按施工图核查纵向受力钢筋,检查钢筋牌号、规格、数量、位置。

(2)检查混凝土保护层厚度,构造钢筋和预埋件是否符合要求。

(3)检查钢筋接头及锚固要求。如绑扎连接,要检查搭接长度、接头位置和数量;焊接连接或机械连接,要检查外观质量、取样试件力学性能试验是否达到要求、接头位置、数量等。

(4)做好隐蔽工程验收记录。

 习题和思考题

5.1 如何进行钢筋的进场检验?

5.2 钢筋的连接方法有哪些?各有什么特点?

5.3 如何进行钢筋的翻样和配料计算?

5.4 钢筋焊接连接有哪些方式?分别适用哪些情况?

5.5 闪光对焊有哪几种工艺?其适用对象是什么?

5.6 钢筋电弧焊有哪些接头形式?

5.7 钢筋电渣压力焊的原理是什么?其工艺过程有哪些?

5.8 钢筋机械连接有哪些方式?其特点是什么?

5.9 钢筋连接接头如何进行质量验收评定?

5.10 钢筋安装有什么要求?

5.11 钢筋工程质量验收的主要内容有哪些?

5.12 图 5.15 所示为一钢筋混凝土梁配筋图,混凝土保护层厚度为 20 mm,试编制 10 根该梁的钢筋配料单。

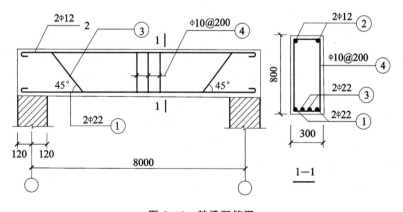

图 5.15 某梁配筋图

6　混凝土工程

 内容提要

本章包括混凝土制备、混凝土运输、混凝土浇筑、混凝土养护、混凝土质量检查、混凝土缺陷修整、混凝土冬期与高温施工等内容,主要介绍了现浇混凝土各个施工过程工艺和方法,重点阐述了混凝土浇筑要求、质量检查内容和缺陷处理办法。

混凝土工程是混凝土结构工程的分项工程,包括混凝土制备、运输、浇筑捣实和养护等施工过程,各个施工过程相互联系和影响,任意施工过程处理不当都会影响混凝土工程的最终质量。

混凝土工程在混凝土结构工程中占有重要地位,混凝土工程质量的好坏直接影响到混凝土结构的承载力、耐久性与整体性。由于高层现浇混凝土结构和高耸构筑物的增多,促进了混凝土工程施工技术的发展。混凝土的制备在施工现场通过小型搅拌站实现了机械化;在工厂大型搅拌站已实现了微机控制自动化。混凝土外加剂技术也不断发展和推广应用,混凝土拌合物通过搅拌输送车和混凝土泵实现了长距离、超高度运输。此外,自动化、机械化的发展和新的施工机械和施工工艺的应用,也大大改变了混凝土工程的施工技术。

混凝土结构按施工方法可分为现浇混凝土结构和装配式混凝土结构。现浇混凝土结构是指在现场原位支模并整体浇筑而成的混凝土结构,这种施工方法劳动强度大、作业条件差,但现浇结构整体性好、抗震能力强、钢材耗用少,且不需大型起重机械。装配式混凝土结构是由预制混凝土构件或部件装配、连接而成的混凝土结构,这种施工方法特点与现浇结构相反,生产以工厂为核心,大量的建筑构件在工厂完成批量生产,工艺条件得到改善,生产效率较高,构件质量水平稳定,现场作业以装配为主,安装过程以机械化为主,减少了现场的湿作业和人工用量,施工速度快。采用预制装配式混凝土结构,可以有效节约资源和能源,提高材料在建筑节能和结构性能方面的效率,减少现场施工对场地等环境条件的要求,减少建筑垃圾对环境的不良影响,提高建筑功能和结构性能,有效实现节能、节地、节水、节材和环境保护的绿色发展要求,是我国建筑产业现代化发展的内容之一。

6.1　混凝土制备

混凝土制备是将各种组成材料拌制成质地均匀、颜色一致、具有一定工作性的混凝土拌合物。混凝土工作性是指混凝土拌合物满足施工操作要求及保证混凝土均匀密实应具备的特性,主要包括流动性、黏聚性和保水性。混凝土结构施工宜采用预拌混凝土,即水泥、集料、水以及根据需要掺入的外加剂、矿物掺合料等组分按一定比例,在搅拌站经计量、拌制后出售的,并采用运输车在规定时间内运至使用地点的混凝土拌合物。

6.1.1　混凝土配制

混凝土在配合比设计时,必须满足结构设计的混凝土强度等级要求,还应满足施工性能、其他力学性能、长期性能和耐久性能要求,并有较好的经济性。混凝土的实际施工强度随现场生产条件的不同而上下波动。因此,混凝土制备前,应在强度和含水量方面进行调整试配,试配合格后才能进行生产。

(1)混凝土配制强度

为了保证混凝土的实际施工强度不低于设计强度标准值,混凝土的施工试配强度应比设计强度标准值提高一个数值,并有 95% 的强度保证率。

①当设计强度等级小于 C60 时,配制强度按下式确定:

$$f_{cu,0} \geqslant f_{cu,k} + 1.645\sigma \tag{6.1}$$

式中　$f_{cu,0}$——混凝土的施工配制强度(MPa);

$f_{cu,k}$——设计的混凝土立方体抗压强度标准值(MPa);

σ——混凝土强度标准差(MPa)。

②当设计强度等级不小于 C60 时,配制强度按下式确定:

$$f_{cu,0} \geqslant 1.15 f_{cu,k} \tag{6.2}$$

对混凝土强度标准差,当具有近 1～3 个月的同一品种、同一强度等级混凝土的强度资料,且试件组数不小于 30 时,其混凝土强度标准差 σ 应按下式计算:

$$\sigma = \sqrt{\frac{\sum_{i=1}^{n} f_{cu,i}^2 - n m_{fcu}^2}{n-1}} \tag{6.3}$$

式中　$f_{cu,i}$——第 i 组试件的强度值(MPa);

m_{fcu}——n 组试件的强度平均值(MPa);

n——试件组数。

对于强度等级不大于 C30 的混凝土,当混凝土强度标准差计算值不小于 3.0 MPa 时,应按式(6.3)计算结果取值;当混凝土强度标准差计算值小于 3.0 MPa 时,应取 3.0 MPa。

对于强度等级大于 C30 且小于 C60 的混凝土,当混凝土强度标准差计算值不小于 4.0 MPa 时,应按式(6.3)计算结果取值;当混凝土强度标准差计算值小于 4.0 MPa 时,应取 4.0 MPa。

当不具有近期的同一品种、同一强度等级混凝土强度资料时,其强度标准差 σ 可按表 6.1取值。

表 6.1　混凝土强度标准差 σ(MPa)

混凝土强度标准差	C20	C25～C45	C50～C55
σ	4.0	5.0	6.0

(2)混凝土施工配料计量

混凝土所用原材料的计量必须准确,才能保证所拌制的混凝土满足设计和施工提出的要求。原材料的计量应按质量计,水和外加剂溶液可按体积计,其允许偏差应符合表 6.2的规定。

表 6.2　混凝土原材料计量允许偏差(%)

原材料品种	水泥	细骨料	粗骨料	水	矿物掺合料	外加剂
每盘计量允许偏差	±2	±3	±3	±1	±2	±1
累计计量允许偏差	±1	±2	±2	±1	±1	±1

(3)含水量的调整

混凝土强度值对水灰比(水胶比)的变化十分敏感,配制混凝土的用水量必须准确。由于试验室在试配混凝土时的砂、石是干燥的,而施工现场的砂、石均有一定的含水率,其含水量的大小因当时、当地气候而异。当粗、细骨料的实际含水量发生变化时,应及时调整粗、细骨料和拌合用水的用量。

设试验室的配合比为:水泥:砂:石子 $=1:X:Y$,水灰比为 W/C;

现场测得的砂、石含水率分别为:W_x,W_y;

则施工配合比为:水泥:砂:石子 $=1:X(1+W_x):Y(1+W_y)$;

水灰比保持不变,则必须扣除砂、石中的含水量,即实际用水量为:W(原用水量)$-XW_x-YW_y$。

首次使用的混凝土配合比应进行开盘鉴定,其原材料、强度、凝结时间、稠度等应满足设计配合比的要求。当混凝土性能指标有变化或有其他特殊要求时,原材料品质发生显著改变时以及同一配合比的混凝土生产间断 3 个月以上时,应重新进行配合比设计。

(4)主要原材料的质量控制

水泥应符合现行国家标准,并附有制造厂的水泥品质试验报告等合格文件;对所用水泥应进行复查试验。如受潮或存放时间超过 3 个月应重新取样检验,并按复验结果使用。水泥品种与强度等级应根据设计、施工要求,以及工程所处环境条件确定。水泥进场时,应对其品种、代号、强度等级、包装或散装编号、日期等进行检查,并应对水泥的强度、安定性和凝结时间进行检验,检验结果应符合现行国家标准的相关规定。

骨料的各项性能指标将直接影响到混凝土的施工和使用性能,其颗粒级配与粗细程度、颗粒形态和表面特征、强度、坚固性、含泥量、泥块含量、有害物质及碱集料反应等指标应符合现行国家标准和有关规程。

粗骨料宜选用粒形良好、质地坚硬的洁净碎石或卵石,并应符合下列规定:

①粗骨料最大粒径不应超过构件截面最小尺寸的 1/4,且不应超过钢筋最小净间距的 3/4;对实心混凝土板,粗骨料的最大粒径不宜超过板厚的 1/3,且不应超过 40 mm;

②粗骨料宜采用连续粒级,也可用单粒级组合成满足要求的连续粒级;

③含泥量、泥块含量指标应符合相关规范的规定。

细骨料宜选用级配良好、质地坚硬、颗粒洁净的天然砂或机制砂,并应符合下列规定:

①细骨料宜选用Ⅱ区中砂。当选用Ⅰ区砂时,应提高砂率,并应保持足够的胶凝材料用量,同时应满足混凝土的工作性要求;当采用Ⅲ区砂时,宜适当降低砂率;

②混凝土细骨料中氯离子含量,对钢筋混凝土,按干砂的质量百分率计算不得大于

0.06%;对预应力混凝土,按干砂的质量百分率计算不得大于 0.02%;

③含泥量、泥块含量指标应符合相关规范的规定;

④海砂应符合现行行业标准《海砂混凝土应用技术规范》(JGJ 206)的有关规定。

强度等级为 C60 及以上的混凝土所用骨料,应符合相关规范的规定。

对于有抗渗、抗冻融或其他特殊要求的混凝土,宜选用连续级配的粗骨料,最大粒径不宜大于 40 mm,含泥量不应大于 1.0%,泥块含量不应大于 0.5%;所用细骨料含泥量不应大于 3.0%,泥块含量不应大于 1.0%。

矿物掺合料的品种和等级应根据设计、施工要求,以及工程所处环境条件确定,其掺量应通过试验确定。

外加剂的选用应根据设计、施工要求,混凝土原材料性能以及工程所处环境条件等因素通过试验确定。外加剂进场时,应对其品种、性能、出厂日期等进行检查,并应对外加剂的相关性能指标进行检验,检验结果应符合现行国家标准《混凝土外加剂》(GB 8076)等规定。不同品种外加剂首次复合使用时,应检验混凝土外加剂的相容性,使用前应进行试验,满足要求后,方可拌和使用。

混凝土拌和及养护用水,应符合现行行业标准《混凝土拌合用水标准》(JGJ 63)的有关规定。未经处理的海水严禁用于钢筋混凝土结构和预应力混凝土结构中混凝土的拌制和养护。

6.1.2　混凝土搅拌

要获得均匀一致的混凝土,必须对其原材料充分搅拌,使原材料彻底混合。

混凝土的搅拌分为人工和机械两种。由于人工搅拌的劳动强度大,均匀性差,水泥用量偏多,因此,只在混凝土用量较少或没有搅拌机的特殊情况下采用。

(1)混凝土搅拌机理及搅拌机选择

采用机械搅拌,使混凝土中各物料颗粒均匀分散,其搅拌机理有以下两种:

①重力扩散机理。它是将物料提升到一定高度后,利用重力的作用,自由落下,由于物料下落的时间、速度、落点及滚动距离不同,物料颗粒就相互穿插、翻拌、混合而扩散均匀。自落式搅拌机就是根据这种机理设计的,在搅拌筒内壁焊有弧形叶片,当搅拌筒绕水平轴旋转时,弧形叶片不断地将物料提升到一定高度,然后自由落下而相互混合(图 6.1)。

双锥反转出料式搅拌机(图 6.2)是自落式搅拌机的一种,该搅拌机的搅拌筒由两个截头圆锥组成,搅拌筒转动一周,物料在筒中的循环次数多,效率较高而且叶片布置较好,物料一方面被提升后靠自落进行拌和,另一方面又迫使物料沿轴向左右窜动,搅拌作用强烈。它正转搅拌,反转出料,构造简单,制造容易。

②剪切扩散机理。它是利用转动着的叶片强迫物料相互间产生剪切滑移而达到混合和扩散均匀的目的。强制式搅拌机就是根据这种机理设计的,这种搅拌机在搅拌筒中装有风车状的叶片,这些不同角度和位置的叶片转动时,强制物料翻越叶片,产生环向、径向和竖向运动,填充叶片通过后留下的空间,使物料均匀混合(图 6.3)。

强制式搅拌机有立轴式与卧轴式,其中卧轴式又有单轴、双轴之分。

立轴式搅拌机(图 6.4)是通过盘底部的出料口卸料,卸料迅速,但若卸料口密封不好,水泥浆易滴漏,所以不宜搅拌流动性大的混凝土。卧轴式搅拌机具有适用范围广、搅拌时间短、搅拌质量好等优点,是目前搅拌站主要使用的机型。

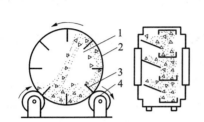

图 6.1 自落式搅拌机拌和原理

1—自由坠落物料;2—滚筒;3—叶片;4—托轮

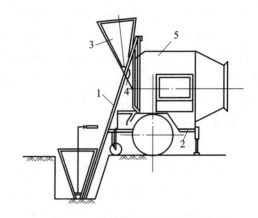

图 6.2 双锥反转出料式搅拌机

1—上料架;2—底盘;3—料斗;4—下料口;5—锥形搅拌筒

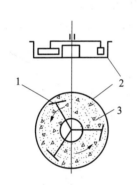

图 6.3 强制式搅拌机拌和原理

1—搅拌叶片;2—盘式搅拌筒;3—拌合物

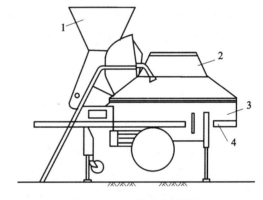

图 6.4 立轴强制式搅拌机

1—进料口;2—搅拌罩;3—搅拌筒;4—出料口

选择混凝土搅拌机时,应综合考虑所需拌制混凝土的数量、混凝土的品种、坍落度及骨料粒径等各种因素。施工现场除少量零星的塑性混凝土或低流动性混凝土仍可选用自落式搅拌机外,由于此类搅拌机对混凝土骨料的棱角有较大的磨损,影响混凝土的质量,现已逐步被强制式搅拌机取代。对于干硬性混凝土和轻骨料混凝土也选用强制式搅拌机。在混凝土集中预拌生产的搅拌站(图 6.5),多采用强制式搅拌机,以缩短搅拌时间,还能用微机控制配料和称量,拌制出具有较高工作性的混合料。

我国规定混凝土搅拌机容量一般以出料容量(m^3)×1000 标定规格,常用规格有 250、350、500、750、1000 等。

(2)搅拌制度

为了获得质量优良的混凝土拌合物,除正确选择搅拌机外,还需正确确定搅拌制度,包括搅拌时间、投料顺序和进料容量等。

①搅拌时间

搅拌时间是指从原材料全部投入搅拌筒中起,到开始卸料时为止所经历的时间。

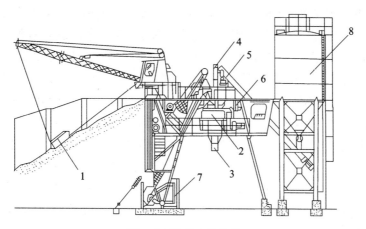

图 6.5　混凝土搅拌站

1—拉铲;2—搅拌机;3—出料口;4—水泥计量;5—螺旋运输机;6—外加剂计量;7—砂石计量;8—水泥仓

　　搅拌时间是影响混凝土质量及搅拌机生产率的重要因素之一,它随搅拌机类型和混凝土和易性的不同而变化。搅拌时间过短,则混凝土不均匀,强度及工作性均降低;如适当延长搅拌时间,混凝土强度也会增长,但搅拌时间过长,会使不坚硬的骨料发生破碎或掉角,反而降低了混凝土的强度,还会引起混凝土工作性的降低,影响混凝土质量。

　　混凝土的最短搅拌时间可按表 6.3 采用,当能保证搅拌均匀时可适当缩短搅拌时间。搅拌强度等级 C60 及以上的混凝土、轻骨料混凝土及掺有外加剂与矿物掺合料时,搅拌时间应适当延长。

表 6.3　混凝土搅拌的最短时间(s)

混凝土坍落度 (mm)	搅拌机机型	搅拌机出料量(L)		
		<250	250~500	>500
≤40	强制式	60	90	120
	自落式	90	120	150
40~100	强制式	60	60	90
	自落式	90	90	120
≥100	强制式	60		

②投料顺序

　　采用分次投料搅拌方法时,应通过试验确定投料顺序、数量及分段搅拌的时间等工艺参数。矿物掺合料宜与水泥同步投料,液体外加剂宜滞后于水和水泥投料;粉状外加剂宜溶解后再投料。

　　投料顺序应从提高搅拌质量、减少叶片和衬板的磨损、减少拌合物与搅拌筒的粘结、减少水泥飞扬、改善工作环境等方面综合考虑。常用的投料方法有一次投料法和二次投料法两种,一次投料法采用最普遍。一次投料法是在上料斗中先装石子,再加水泥和砂,然后一次投入搅拌筒。对自落式搅拌机应先在筒内加部分水,投料时砂子压住水泥,使水泥粉尘不致飞扬,并且水泥和砂子先进入搅拌筒形成水泥砂浆,缩短包裹石子的时间。对于强制式搅拌机,其出料口在下面,不能先加水,应在投入原料的同时,缓慢、均匀、分散地加水。

二次投料法又分为先拌水泥净浆法、先拌砂浆法、水泥裹砂法和水泥裹砂石法等。国内外试验资料表明,二次投料法搅拌的混凝土与一次投料法相比较,混凝土强度可提高约15%,在强度相同情况下,可节约水泥15%～20%。先拌水泥净浆法是指先将水泥和水充分搅拌成均匀的水泥净浆后,再加入砂和石搅拌成混凝土。先拌砂浆法是指先将水泥、砂和水投入搅拌筒内进行搅拌,成为均匀的水泥砂浆后,再加入石子搅拌成均匀的混凝土。水泥裹砂法是指先将全部砂子投入搅拌机中,并加入总拌合水量70%左右的水(包括砂子的含水量),搅拌10～15 s,再投入水泥搅拌30～50 s,最后投入全部石子、剩余水及外加剂,再搅拌50～70 s后出罐。水泥裹砂石法称为造壳混凝土,是指先将全部的石子、砂和70%拌合水投入搅拌机,拌和15 s,使骨料湿润,再投入全部水泥造壳搅拌30 s左右,然后加入30%拌合水再搅拌60 s左右即可。二次投料法能提高强度是因为改变投料和搅拌顺序后,使水泥和砂石的接触面增大,水泥的潜力得到充分发挥。

③进料容量

进料容量是将搅拌前各种材料的体积累积起来的容量,又称干料容量;搅拌机每次(盘)可搅拌出的混凝土体积称为搅拌机的出料容量;搅拌筒内部体积称为搅拌机的几何容量。

进料容量与搅拌机搅拌筒的几何容量有一定比例关系,为使搅拌筒内装料后仍有足够的搅拌空间,一般进料容量与几何容量的比值即搅拌筒的利用系数为0.22～0.40;进料容量与出料容量的比值即出料系数为1∶0.55～1∶0.72,一般可取1∶0.66。选用搅拌机容量时不宜超载,如超过额定容量的10%,就会使材料在搅拌筒内无充分的空间进行拌和,影响混凝土的均匀性;反之装料过少,则影响搅拌机的生产效益。

混凝土应搅拌均匀,宜采用强制式搅拌机搅拌。为保证混凝土的质量,节约材料,减少施工临时用地,实现文明施工,采用预拌混凝土是我国混凝土供应的主要形式。

6.2　混凝土运输

混凝土由拌制地点运往浇筑地点有多种运输方法。选用时,应根据结构物的类型和大小、混凝土的总运输量与每日或每小时所需的混凝土浇筑量、运输的距离、现有设备情况,以及地形、道路与气候条件等因素综合考虑。混凝土输送是指对运输至现场的混凝土,采用输送泵、溜槽、吊车配备斗容器、升降设备配备小车等方式送至浇筑点的过程。为提高机械化施工水平,提高生产效率,保证施工质量,应优先选用预拌混凝土泵送方式。

6.2.1　基本要求

混凝土在运输过程中,应符合下列规定:

(1)混凝土应保持原有的均匀性,不离析、不分层,组成成分不发生变化;

(2)混凝土运至浇筑点开始浇筑时,应保证混凝土拌合物的工作性;

(3)混凝土从搅拌机卸出运至浇筑点必须在混凝土初凝前浇筑完毕,从运输到输送入模的延续时间不宜超过表 6.4 的规定。

表 6.4　混凝土从搅拌机中卸出到输送入模的延续时间(min)

条　件	气　温	
	≤25℃	>25℃
不掺外加剂	90	60
掺外加剂	150	120

为了避免混凝土在运输过程中发生离析,其运输线路应尽量缩短,道路应平坦。

为了避免混凝土在运输过程中坍落度损失太大,运输容器应严密不漏浆、不吸水。容器在使用前应先用水湿润,在运输过程中采取措施防止混凝土水分蒸发太快或防止混凝土受冻。

6.2.2　运输设备

混凝土的运输可分为水平运输和垂直运输。水平运输又可分地面运输和结构层面运输。

常用的水平运输设备有手推车、机动翻斗车、混凝土搅拌运输车和自卸汽车等。常用的垂直运输设备有井架、塔式起重机和混凝土泵等。

(1)手推车及机动翻斗车运输

一般常用的双轮手推车容积为 0.07～0.1 m³,载重约 200 kg,主要用于工地内的特殊情况下少量的水平运输。当用于结构层面水平运输混凝土时,由于层面上已立模板并完成钢筋安装,因此需铺设手推车行走用的走道、临时坡道或支架,铺设应牢固,铺板接头应平顺。

机动翻斗车也主要用于工地内的短距离运输,容量约 0.45 m³,载重约 1t。

(2)混凝土搅拌车运输

施工现场使用的混凝土,现以商品混凝土形式供应为主。当运输距离超过一定限度时,混凝土在运输过程中将发生较严重的离析或初凝等现象,混凝土搅拌运输车是适应较长距离混凝土水平运输的一种专用机械,该机械由汽车底盘和混凝土搅拌运输专用装置组成(图 6.6),搅拌筒的容量有 3 m³、4 m³、6 m³、8 m³、10 m³、12 m³ 等。

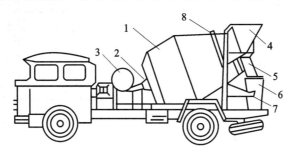

图 6.6　混凝土搅拌运输车示意图

1—搅拌筒;2—轴承座;3—水箱;4—进料斗;5—卸料槽;6—引料槽;7—托轮;8—轮圈

混凝土搅拌运输车兼输送和搅拌混凝土的双重功能,可以根据运输距离、混凝土的质量要求等不同情况,采用不同的工作方式。

①混凝土的扰动运输。这种工作方式是在运送已拌和好的混凝土途中不停地以缓慢转速(2～4 r/min)旋转,对混凝土不停进行扰动,以防止发生离析,从而保证混凝土的均匀性。但这种运送方式的运距受到混凝土初凝时间的限制。

②混凝土的搅拌运输。这种工作方式是混凝土搅拌运输车在配料站按规定的混凝土配合比装入未经搅拌的砂、石、水泥和水开往现场,在现场以较高转速(8～12 r/min)搅拌混凝土,该方式称为湿料搅拌运输。另一种方式是混凝土搅拌运输车在配料站只装入砂、石和水泥等干料,在运输的途中或到达现场后再注水搅拌,该方式称为干料注水搅拌运输,它不受混凝土初凝时间的限制,运输距离更远。

采用混凝土搅拌运输车运输混凝土时,接料前,搅拌运输车应排净罐内积水。在运输途中及等候卸料时,应保持搅拌运输车罐体正常转速,不得停转,当坍落度损失较大不能满足施工要求时,可在运输车罐内加入适量的与原配合比相同成分的减水剂。卸料前,搅拌运输车罐体宜快速旋转搅拌 20 s 以上后再卸料。

(3)井架和龙门架物料提升机运输

井架(图 6.7)和龙门架(图 6.8)是施工多层建筑使用的混凝土垂直运输设备。它由架身、动力设备和升降平台等组成,结构简单、装拆方便;与高速卷扬机配用后,升降速度快,输送能力强。井架和龙门架物料提升机不得用于 25 m 及以上的建筑工程。

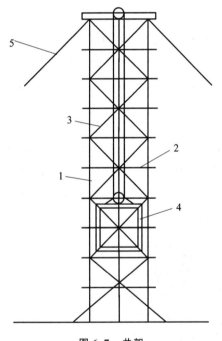

图 6.7 井架
1—立杆;2—横杆;3—剪刀撑;
4—吊盘;5—缆风绳

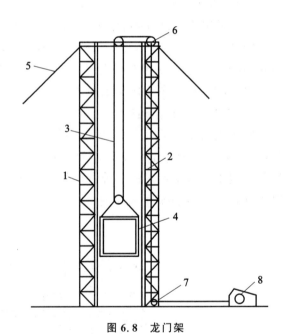

图 6.8 龙门架
1—立柱;2—导轨;3—钢丝绳;4—吊盘;
5—缆风绳;6—天轮;7—地轮;8—卷扬机

工作时,将装有混凝土拌合物的手推车推至提升平台提升到结构层面上,手推车沿临时铺设的走道将混凝土送至浇筑地点。运输至施工现场的混凝土宜直接装入小车进行输送,小车宜在靠近升降设备的位置进行装料;小车的配备数量、小车行走路线及卸料点位置应能满足混凝土浇筑需要。

（4）塔式起重机运输

塔式起重机既能完成混凝土的垂直运输，又能完成混凝土的水平运输，是一种高效灵活的混凝土运输方法。但由于提升速度较慢，随着建筑物高度的增加，每班次的起吊数将减少而影响输送能力。

用塔式起重机运输混凝土应与吊罐或吊斗配合使用。应根据不同结构类型以及混凝土浇筑方法选择不同的斗容器，斗容器的容量应根据吊车吊运能力确定，常用的斗容量为 0.4 m^3、0.8 m^3、1.2 m^3、1.6 m^3 等。斗容器宜在浇筑点直接布料。

6.2.3　混凝土泵运输

混凝土用混凝土泵运输，通常称为泵送混凝土，它是利用泵压作用沿输送管道强制流动到达目的地并进行浇筑的混凝土。泵送混凝土可以一次完成水平运输和垂直运输，具有输送能力大、速度快、效率高、节省人力、连续作业等特点。因此，从 20 世纪 20 年代德国制造出第一台混凝土泵开始，发展至今，它已成为施工现场输送混凝土的一种主要方式。

应根据混凝土输送管理系统布置方案及浇筑工程量、浇筑进度和混凝土坍落度、设备状况等施工技术条件，确定混凝土泵的类型。混凝土泵有气压泵、活塞泵和挤压泵等几种类型，目前应用较多的是活塞泵。

（1）活塞式混凝土泵的应用

活塞泵多采用液压驱动，图 6.9 所示为液压活塞式混凝土泵工作原理图。泵工作时，搅拌好的混凝土装入料斗 6，吸入端水平片阀 7 移开，排出端竖直片阀 8 关闭，液压活塞 4 在液压作用下通过活塞杆 5 带动混凝土活塞 2 后移，混凝土在自重及真空吸力作用下，进入混凝土缸 1 内。然后，液压系统中压力油的进出反向，混凝土活塞 2 往相反方向移动，同时吸入端水平片阀关闭，排出端竖直片阀移开，混凝土被压入 Y 形输送管 9 中，输送到浇筑地点。由于有两个缸体交替进料和出料，因而能连续稳定地排料。

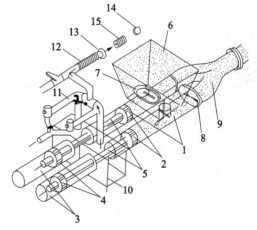

图 6.9　液压活塞式混凝土泵工作原理
1—混凝土缸；2—混凝土活塞；3—液压缸；4—液压活塞；
5—活塞杆；6—料斗；7—吸入端水平片阀；
8—排出端竖直片阀；9—Y 形输送管；10—水箱；
11—水洗装置换向阀；12—水洗用高压软管；
13—水洗用法兰；14—海绵球；15—清洗活塞

不同型号的混凝土泵的排量为 $30 \sim 100 \text{ m}^3/\text{h}$（最大可达 $200 \text{ m}^3/\text{h}$），水平运距 $200 \sim 500 \text{ m}$（最大可达 1000 m），垂直运距 $50 \sim 300 \text{ m}$（最大可达 400 m）。近年来，随着经济和社会发展，泵送高度超过 300 m 的建筑工程越来越多，泵送高度超过 200 m 的超高泵送混凝土技术已成为超高层建筑施工中的关键技术之一。在超高层建筑或高耸构筑物施工中，可以在适当高度处设立接力泵，将混凝土接力向上输送。

现场泵送混凝土设备一般有拖式混凝土输送泵和混凝土泵车。拖式混凝土输送泵是不能自行移动,需要另外用机动车拖动的混凝土输送泵,通过布置输送管将混凝土送到浇筑点。混凝土输送泵管应根据输送泵的型号、拌合物性能、总输出量、单位输出量、输送距离以及粗骨料粒径等进行选择。混凝土输送管常用钢管的常用直径有 100 mm、125 mm、150 mm 三种规格,每段长约 3 m,还配有 45°、90°等弯管和锥形管。弯管、锥形管的流动阻力大,计算输送距离时要考虑其水平换算长度。输送泵管安装接头应严密,输送泵管道转向宜平缓;垂直运送时,在立管的底部要增设逆流防止阀。

混凝土泵车是将混凝土泵的泵送机构、用于布料的液压卷折式布料臂架(布料杆)和支撑机构集成在汽车底盘上,是集行驶、泵送和布料功能于一体的高效混凝土输送设备,可将混凝土直接送到浇筑点(图 6.10),使用十分方便。混凝土输送泵布料设备的数量及位置应根据布料设备工作半径、施工作业面大小以及施工要求确定。

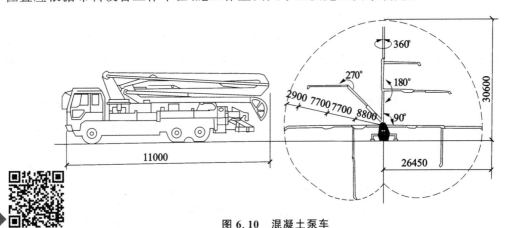

图 6.10 混凝土泵车
(a)混凝土泵车行驶状况;(b)混凝土泵车布料杆的作业范围

扫一扫

混凝土泵车
工作全过程

(2)泵送混凝土要求

泵送混凝土应注重混凝土可泵性,即混凝土在泵压下沿输送管道流动的难易程度以及稳定程度的特性。泵送混凝土的输送能力除与输送泵的性能有密切关系外,还受到混凝土配合比的影响,应注意以下几个问题:

①水泥用量。因水泥在管内起润滑作用,因此为了保证混凝土泵送的质量,泵送混凝土中最小水泥用量不宜小于 300 kg/m³。

②坍落度。坍落度低,即混凝土中单位含水量少,泵送阻力就增大,泵送能力下降。但坍落度过大易漏浆,增加混凝土的收缩,还可能引起粗骨料的离析,导致润滑作用损失而堵管。泵送混凝土的入泵坍落度不宜小于 100 mm,对强度等级超过 C60 的混凝土,其入泵坍落度不宜小于 180 mm。

泵送混凝土当泵送高度为 50 m 以下时,坍落度为 100~140 mm;当泵送高度为 50~100 m 时,坍落度为 150~180 mm;当泵送高度为 100~200 m 时,坍落度为 190~220 mm;当泵送高度在 200 m 以上时,坍落度为 230~260 mm。

③骨料种类。泵送混凝土骨料以卵石和河砂最为合适。碎石由于表面积大,棱角多,在水泥浆数量相同情况下,使用碎石的混凝土,其泵送能力差,管内阻力也大。一般规定,

泵送混凝土中粗骨料最大粒径与输送管径之比:泵送高度在 50 m 以下时,碎石不宜大于 1:3,卵石不宜大于 1:2.5;当泵送高度在 50~100 m 时,碎石不宜大于 1:4,卵石不宜大于 1:3;泵送高度在 100 m 以上时,碎石不宜大于 1:5,卵石不宜大于 1:4。

④骨料级配和砂率。为了把堵管的可能性降至最低,骨料级配的均匀性很重要,粗骨料宜采用连续级配,其针片状颗粒含量不宜大于 10%,对直径为 150 mm 的输送管,可采用 5~40 mm 连续级配的石子;对直径为 125 mm 的输送管,可采用 5~25 mm 连续级配的石子。流态水泥砂浆是粗骨料悬浮其间的泵送介质。因此,泵送混凝土砂率比一般混凝土高,为 35%~45%,其中通过 315 μm 筛孔的中砂含量应不少于 15%。

⑤水灰比(水胶比)与外加剂。水灰比的大小对混凝土的流动阻力有较大影响。因此,泵送混凝土的水灰比宜为 0.4~0.6。为了提高混凝土的流动性,减少输送阻力,防止混凝土离析,延缓混凝土凝结时间,宜在混凝土中掺适量的外加剂,泵送混凝土应掺用泵送剂或减水剂。

⑥掺合料。适量的掺合料能减少对管壁的摩擦力,改善可泵性,泵送混凝土宜掺用矿物掺合料。

组织泵送混凝土施工时,必须保证混凝土泵连续工作。输送泵输送混凝土应先进行泵水检查,并应湿润输送泵的料斗、活塞等直接与混凝土接触的部位;泵水检查后,应清除输送泵内积水;输送混凝土前,应先输送水泥砂浆并对输送泵和输送管进行润滑,然后开始输送混凝土;输送混凝土速度应先慢后快、逐步加速,应在系统运转顺利后再按正常速度输送;输送混凝土过程中,应设置输送泵集料斗网罩,并应保证集料斗有足够的混凝土余量。输送混凝土的管道、容器、溜槽不应吸水、漏浆,并应保证输送通畅。输送混凝土时,应根据工程所处环境条件采取保温、隔热、防雨等措施。

泵送结束,应及时用水及海绵球将残存的混凝土挤出并将混凝土泵和输送管清洗干净。

泵送混凝土浇筑的结构,要加强养护,防止因水泥用量较大而引起收缩裂缝。

6.3　混凝土浇筑

混凝土浇筑必须使所浇筑的混凝土密实,强度符合设计要求,保证结构的整体性和耐久性,尺寸准确,拆模后混凝土表面平整光洁。

混凝土浇筑前,应做好隐蔽工程验收和技术复核,检查模板尺寸、轴线以及支架承载力和稳定性,检查钢筋和预埋件的位置和数量等;根据施工方案中的技术要求,检查并确认施工现场具备实施条件;应填报浇筑申请单。

扫一扫

混凝土现场
浇筑

混凝土拌合物入模温度不应低于 5℃,且不应高于 35℃。混凝土运输、输送、浇筑过程中严禁加水;混凝土运输、输送、浇筑过程中散落的混凝土严禁用于混凝土结构构件的浇筑。混凝土应布料均衡。应对模板及支架进行观察和维护,发生异常情况应及时进行处理。混凝土浇筑和振捣应采取防止模板、钢筋、钢构件、预埋件及其定位件移位的措施。

6.3.1 基本要求

（1）防止离析

混凝土在运输、浇筑入模过程中，如操作不当容易发生离析现象，影响混凝土的均质性。

均质的混凝土拌合物是介于固体和液体之间的弹塑性物体，其中骨料因作用于其上的内摩阻力、粘结力和重力而处于平衡状态，使骨料能在混凝土拌合物内均匀分布并相对稳定于某一位置。在运输过程中由于运输工具的颠簸振动，卸料时重力加速度等动力作用，粘结力和摩阻力将明显削弱，由此骨料失去平衡状态，在自重作用下向下沉落，质量大的就聚集在下面，由于粗、细骨料和水泥浆的质量差异，形成分层离析现象。因此，在混凝土运输中应防止剧烈颠簸；浇筑时混凝土从料斗内卸出，其自由倾落高度不应超过 2 m；在浇筑竖向结构混凝土时，其浇筑高度不应超过 3～6 m，当粗骨料粒径大于 25 mm 时，浇筑高度不大于 3 m，反之则不大于 6 m，当不能满足要求时，应采用串筒、溜管或溜槽等下料（图 6.11），并保证混凝土出口时的下落方向垂直。

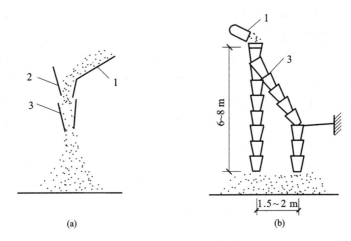

图 6.11 防止混凝土离析的措施

（a）溜槽；（b）串筒

1—溜槽；2—挡板；3—串筒

（2）正确留置施工缝和后浇带

施工缝是一种特殊的工艺缝，是按设计要求或施工需要分段浇筑，先浇筑混凝土达到一定强度后继续浇筑混凝土所形成的接缝。浇筑时由于施工技术（安装上部钢筋、重新安装模板和脚手架、需限制支撑结构上的荷载等）或施工组织（工人换班、设备损坏待料等）上的原因，不能连续将结构整体浇筑完成，且停歇时间可能超过混凝土的初凝时间时，则应预先确定在适当的部位留置施工缝。

后浇带是指为适应环境温度变化、混凝土收缩、结构不均匀沉降等因素影响，在梁、板（包括基础底板）、墙等结构中预留的具有一定宽度且经过一定时间后再浇筑的混凝土带。

由于施工缝和后浇带处新老混凝土连接的强度比整体混凝土强度低，所以施工缝和后浇带的留设位置应在混凝土浇筑前确定。施工缝和后浇带宜留设在结构受剪力较小且便于施工的位置。受力复杂的结构构件或有防水抗渗要求的结构构件,施工缝留设位置应经设计单位确认。

①水平施工缝的留设位置应符合下列规定:

a. 柱、墙施工缝可留设在基础、楼层结构顶面,柱施工缝与结构上表面的距离宜为0~100 mm(图6.12),墙施工缝与结构上表面的距离宜为0~300 mm;

b. 柱、墙施工缝也可留设在楼层结构底面,施工缝与结构下表面的距离宜为0~50 mm;当板下有梁托时,可留设在梁托下0~20 mm;

c. 高度较大的柱、墙、梁以及厚度较大的基础,可根据施工需要在其中部留设水平施工缝;当因施工缝留设改变受力状态而需要调整构件配筋时,应经设计单位确认。

②竖向施工缝和后浇带的留设位置应符合下列规定:

a. 有主、次梁的楼板施工缝应留设在次梁跨度中间1/3范围内(图6.13);

b. 单向板施工缝应留设在与跨度方向平行的任何位置;

c. 楼梯梯段施工缝宜设置在梯段板跨度端部1/3范围内;

d. 墙的施工缝宜设置在门洞口过梁跨中1/3范围内,也可留设在纵横墙交接处;

e. 特殊部位竖向施工缝和后浇带留设位置应符合设计要求。

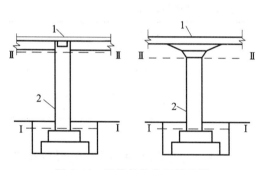

图6.12　浇筑柱的施工缝位置
Ⅰ—Ⅰ、Ⅱ—Ⅱ—施工缝位置
1—肋形板;2—柱

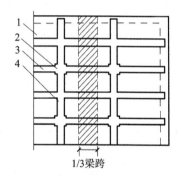

图6.13　浇筑有主、次梁楼板的施工缝位置图
1—楼板;2—柱;3—次梁;4—主梁

施工缝、后浇带留设界面,应垂直于结构构件和纵向受力钢筋。结构构件厚度或高度较大时,施工缝或后浇带界面宜采用专用材料封挡。混凝土浇筑过程中,因特殊原因需临时设置施工缝时,施工缝留设应规整,并宜垂直于构件表面,必要时可采取增加插筋、事后修凿等技术措施。施工缝和后浇带应采取钢筋防锈或阻锈等保护措施。

在施工缝处继续浇筑混凝土时,先前已浇筑混凝土的抗压强度不应小于1.2 MPa。继续浇筑前,应清除已硬化混凝土表面上的垃圾、水泥薄膜、松动石子以及软弱混凝土层,并加以充分湿润和冲洗干净,且不得积水。在浇筑混凝土前,水平施工缝宜先铺一层厚度不大于30 mm且与混凝土内成分相同的水泥砂浆,然后再细致捣实浇筑混凝土。

后浇带宽度一般为700~1000 mm,保留时间一般不少于28 d,处理按施工缝要求进行。后浇带混凝土强度等级及性能应符合设计要求,当设计无具体要求时,后浇带强度等级宜比两侧混凝土提高一级,并应采用微膨胀或低收缩混凝土等减少收缩的技术措施。

6.3.2　浇筑方法

(1)分层浇筑

为了使混凝土能振捣密实,应分层浇筑、分层振捣,每层浇筑厚度宜控制在300~350 mm,上层混凝土应在下层混凝土初凝之前浇筑完毕。混凝土分层振捣的最大厚度应符合表6.5的规定。

表6.5　混凝土分层振捣的最大厚度

振捣方法	混凝土分层振捣最大厚度
振动棒	振动棒作用部分长度的1.25倍
平板振动器	200 mm
附着振动器	根据设置方法,通过试验确定

(2)连续浇筑

同一施工段的混凝土宜一次连续浇筑,如必须间歇,其间歇时间应尽量缩短。混凝土运输、浇筑及间歇的全部时间不应超过表6.6的规定。掺早强型减水剂、早强剂的混凝土,以及有特殊要求的混凝土,应根据设计及施工要求,通过试验确定允许时间。

表6.6　运输、浇筑及其间歇总的时间限值(min)

条　　件	气　　温	
	≤25℃	>25℃
不掺外加剂	180	150
掺外加剂	240	210

(3)基本构件的浇筑

建筑结构一般各层梁、板、柱、墙等构件的断面尺寸、形状基本相同,故可以按结构层划分施工层,按层施工。如果平面尺寸较大,还应考虑工序数量、技术要求和结构特点划分施工段,以便模板、钢筋、混凝土等工程能相互配合,做到流水施工。

混凝土浇筑的布料点宜接近浇筑位置,应采取减少混凝土下料冲击的措施,防止对模板支架产生较大的附加荷载。浇筑顺序一般先浇筑竖向构件,后浇筑水平构件,同时对柱考虑对称浇筑;浇筑区域结构平面有高差时,宜先浇筑低区部分,再浇筑高区部分。

梁和板宜同时浇筑混凝土,以便结合成整体。当不能同时浇筑时,结合面应按施工缝要求进行处理。

柱、墙混凝土设计强度等级高于梁、板混凝土设计强度等级时,宜先浇筑高强度等级混凝土,后浇筑低强度等级混凝土。柱、墙混凝土设计强度比梁、板混凝土设计强度高一个等级时,柱、墙位置梁、板高度范围内的混凝土经设计单位同意,可采用与梁、板混凝土设计强度等级相同的混凝土进行浇筑;柱、墙混凝土设计强度比梁、板混凝土设计强度高两个等级及以上时,应在交界区域采取分隔措施。分隔位置应在低强度等级的构件中,且距高强度等级构件边缘不应小于500 mm。

在混凝土浇筑及静置过程中,应在混凝土终凝前对浇筑面进行抹面处理。

【例 6.1】 某 11 层框架-剪力墙结构住宅楼,层高 2900 mm,混凝土强度等级为 C40,楼板厚度 150 mm,剪力墙厚度 200 mm,结构中部设后浇带一道,宽度 800 mm,试拟定主体结构标准层混凝土工程施工工艺和方法。

【解】

主体结构按层施工,一般先竖向构件,后水平构件。在每一个施工层中,对竖向构件完成后停歇 1~1.5 h,使混凝土获得初步沉实后,再浇筑梁、板混凝土。

① 柱宜在梁、板模板安装后钢筋未绑扎前浇筑,以便利用梁板模板作为横向支撑和柱浇筑操作平台用。

柱的施工顺序:钢筋绑扎→模板包括柱箍或对拉螺栓安装→混凝土浇筑→混凝土养护。柱的浇筑顺序,应从两端同时向中间推进,以防柱模板在横向推力作用下倾斜;柱与其基础的接触面用与混凝土相同成分的水泥砂浆铺底,以免底部产生蜂窝现象。

② 剪力墙浇筑应采取长条流水作业,分段浇筑,均匀上升。

剪力墙的施工顺序:钢筋绑扎→模板包括对拉螺栓安装→混凝土浇筑→混凝土养护。整体浇筑混凝土前或上下层混凝土结合处,应在底板上均匀浇筑 50~100 mm 厚的与浇筑混凝土同配比的水泥砂浆。混凝土应分层浇筑振捣,每层浇筑厚度控制在 400 mm 左右。

③ 浇筑与柱或墙连成整体的梁和板,肋形楼板的梁板应同时浇筑。

梁板的施工顺序:模板支架的搭设→铺设梁底模板→梁钢筋绑扎→梁侧模板包括支撑或对拉螺栓安装→铺设板模板→板钢筋绑扎→浇筑梁板混凝土→混凝土养护。

梁板浇筑顺序是先根据梁高分层浇筑成阶梯形,当达到板底位置时再与板的混凝土一起浇筑;当梁高大于 1 m 时,可单独先浇筑梁的混凝土,并在板底以外留设施工缝;无梁楼板中,板和柱帽应同时浇筑混凝土。

④ 混凝土施工缝按规范要求留置,接槎处混凝土要细致振捣,保证接槎严密。后浇带施工方法按施工缝要求进行。

(4)大体积混凝土的浇筑

大体积混凝土是指混凝土结构物实体最小几何尺寸不小于 1 m 的大体量混凝土,或预计会因混凝土中胶凝材料水化引起的温度变化和收缩而导致有害裂缝产生的混凝土。

在土木工程中经常会遇到大体积混凝土施工,如工业建筑中的大型设备基础,高层建筑中的厚大基础底板、结构转换层,桥梁中的墩台等,这类结构由于承受的荷载大,整体性要求高,往往不允许留置施工缝,要求一次连续浇筑完毕。由于混凝土量大,大体积混凝土浇筑后,水泥水化热聚积在内部不易散发,混凝土内部温度显著升高,而表面散热较快,形成内外温差大,在体内产生压应力,而表面产生拉应力。如温差过大(大于 25℃),混凝土表面可能会产生温差裂缝;而当混凝土内部逐渐散热冷却而收缩时,由于受到基底或已浇筑的混凝土或体内各质点间的约束,将产生很大拉应力,当拉应力超过混凝土极限抗拉强度时,便产生收缩裂缝,严重者会贯穿整个混凝土块体,由此带来严重危害。大体积混凝土的浇筑,应采取措施防止产生上述两种裂缝。

要减少浇筑后混凝土内外的温差,可选用水化热较低的矿渣水泥、火山灰水泥或粉煤灰水泥,掺入适当的具有缓凝作用的外加剂;选择适宜的砂石级配,尽量选用低热水泥,减少水泥用量,减缓水化放热速度;降低浇筑速度和减少浇筑层厚度;采用覆盖法进行保温或采取人工降温措施,尽量避开炎热季节施工。

为控制混凝土内外温差,应定期测试浇筑后混凝土的表面和内部温度,根据测试结果采取相应的措施,以避免和减少大体积混凝土的温差裂缝。

大体积混凝土工程的施工宜采用整体分层连续浇筑施工或推移式连续浇筑施工(图 6.14)。

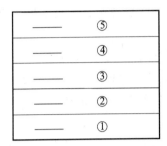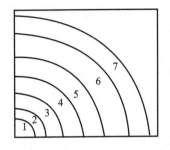

图 6.14　大体积混凝土浇筑工艺
(a)整体分层连续浇筑施工;(b)推移式连续浇筑施工

大体积混凝土的浇筑层厚度应根据所用振捣器的作用深度及混凝土的和易性确定,整体连续浇筑时宜为 300～500 mm。整体分层连续浇筑或推移式连续浇筑,应缩短间隔时间,并应在前层混凝土初凝之前将次层混凝土浇筑完毕。层间最长的时间间隔不应大于混凝土的初凝时间,当层间间隔时间超过混凝土的初凝时间时,层面应按施工缝处理。混凝土浇筑宜从低处开始,沿长边方向自一端向另一端进行。当混凝土供应量有保证时,亦可多点同时浇筑。混凝土浇筑宜采用二次振捣工艺。

保湿养护的持续时间不得少于 14 d,并应经常检查塑料薄膜或养护剂的完整情况,保持混凝土表面湿润。养护过程应进行温度控制,混凝土内部和表面的温差不宜超过 25℃。保温覆盖层的拆除应分层逐步进行,当混凝土的表面温度与环境最大温差小于 20℃时,可全部拆除。高层建筑转换层的大体积混凝土施工,应加强养护,其侧模、底模的保温构造应在支模设计时确定。

大体积混凝土施工设置水平施工缝时,除应符合设计要求外,尚应根据混凝土浇筑过程中温度裂缝控制的要求、混凝土的供应能力、钢筋工程的施工、预埋管件安装等因素确定其位置及间歇时间。

对超长大体积混凝土施工,为控制结构不出现有害裂缝,可以结合设计要求按留置变形缝、后浇带或跳仓法分段施工,将超长的混凝土块体分为若干小块体间隔施工,经过短期的应力释放,再将若干小块体连成整体,依靠混凝土抗拉强度抵抗下一段的温度收缩应力。跳仓的最大分块长度不宜大于 40 m,跳仓间隔施工的时间不宜小于 7 d,跳仓接缝处按施工缝的要求设置和处理。

6.3.3　混凝土振捣

混凝土入模后,呈松散状态,其中含有占混凝土体积 5%～20% 的空洞和气泡。只有通过有效地振捣,才能使混凝土充满模板的各个空间,并把混凝土内部的气泡和部分游离水排挤出来,使混凝土密实,从而保证强度等各种性能符合设计要求。

混凝土振捣应能使模板内各个部位混凝土密实、均匀,不应漏振、欠振和过振。捣实混凝土有人工和机械两种方式。人工捣实是用人为的冲击使混凝土密实成型,这种方式一般在缺少机械等特殊情况下才采用,且只能将坍落度较大的塑性混凝土捣实,因此使用最多的是机械捣实成型方法。

(1)混凝土振动密实原理

振捣混凝土是利用振动机械产生的振动能量通过某种方式传递给浇入模板内的混凝土拌合物,使之密实成型的方法。

混凝土振动密实的原理是混凝土受到振动机械振动力作用后,混凝土中的颗粒不断受到冲击力的作用而引起强迫振动,这种振动使混凝土拌合物的性质发生了变化。一是因混凝土的触变作用所生成的胶体由凝胶转化为溶胶;二是由于振动力的作用使颗粒间的接触点松开,破坏了颗粒间的粘结力和内摩擦力。由于这种变化使混凝土由原来塑性状态变换成"重质液体状态",骨料犹如悬浮于液体之中,在其重力作用下向新的稳定位置沉落,并排除存在于混凝土中的气体,消除空隙,使骨料和水泥浆在模板中得到致密的排列和有效的填充。

应该指出,混凝土的触变过程是可逆的,颗粒间松开的触点和溶胶在停振后能恢复接触回到凝聚状态。而混凝土经振动捣实后也存在着不可逆的部分,即原始的比较疏松的结构,由于振动液化过程中固相颗粒纷纷下沉到最稳定的位置,水泥砂浆填满石子的空隙,水泥浆则填充砂子的空隙并排出空气而变成密实结构。停振后,混凝土固相颗粒之间仍能保持原来位置。

(2)振动参数

振动密实的效果和生产率,与振捣机械的结构形式和工作方式(插入振动或表面振动),振动参数(频率 ω、振幅 A、加速度 a、振动烈度 L),混凝土性质(骨料粒径、坍落度)有密切的关系。混凝土拌合物的性质影响着混凝土的自然频率,它对各种参数的振动在其中的传播呈现出不同的阻尼和衰减,如果强迫振动接近于某种混凝土的自然频率则会产生共振,这种振动力衰减最少,振幅可达最大。但混凝土颗粒粒径很多,不可能施加如此多种的频率,因此在实用上只能以平均粒径或最大粒径为指标(表 6.7)列出合适的振动机械的振动频率。而当功率一定时,振幅与频率又有一定的协调关系。一般说来,频率高振幅就小,频率低振幅就大。但振幅过小,则混凝土中颗粒不能被振动;振幅过大则形成跳跃振击,不再是谐振运动,这时混凝土内部产生涡流,分层离析,颗粒在跳跃中吸入大量空气,反而使混凝土密实度降低。一般振捣塑性混凝土时振幅取 0.1~0.4 mm,干硬性混凝土取 0.5~0.6 mm。

表 6.7　振动频率与混凝土骨料粒径的关系

频率(次/min)	骨料最大粒径(mm)	骨料平均粒径(mm)
6000	10	5
3000	20	15
1500	30	20

　　振动器是通过轴带偏心块的旋转产生谐振的。频率与振幅形成振动加速度作用于混凝土拌合物上,若能选择最佳振动加速度,则在这种加速度作用下,混凝土颗粒之间的粘结力和内摩擦力趋近于零,因而混凝土拌合物被充分液化,就能得到最好的密实度。

　　振动时间与混凝土拌合物的坍落度、振动烈度有关,由试验确定,可从几秒到几分钟不等。

　　要确定混凝土拌合物是否已被振实,可在现场观察其表面气泡是否已停止排出,若已停止排出,且拌合物不再下沉并在表面泛出灰浆,则表示已被充分振实。

　　(3)振动机械的选择

　　用于振实混凝土拌合物的振动机械按其工作方式可分为:内部振动器、表面振动器、外部振动器和振动台四种(图 6.15)

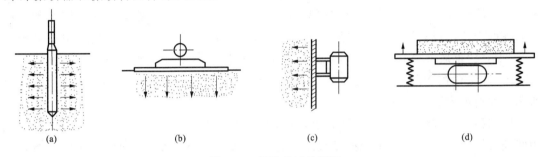

(a)　　　　　　　(b)　　　　　　　(c)　　　　　　　(d)

图 6.15　振动机械示意图

(a)内部振动器;(b)表面振动器;(c)外部振动器;(d)振动台

扫一扫

**混凝土的
振捣方式**

　　内部振动器又称插入式振动棒(图 6.16),其工作部分是一棒状空心圆柱体,内部装有偏心振子,在电动机带动下高速旋转而产生高频微幅的振动,多用于振实梁、柱、墙、厚板和大体积混凝土结构等。

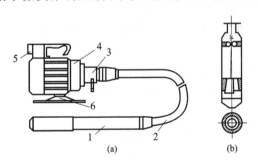

(a)　　　　　　　　　　(b)

图 6.16　行星滚锥式内部振动器

(a)振动器外形;(b)振动棒激振原理示意图

1—振动棒;2—软轴;3—防逆装置;4—电动机;5—电器开关;6—支座

　　使用内部振动器时,应垂直插入,并插到下层尚未初凝的混凝土层中不应小于 50 mm,以促使上下层相互结合。振捣时要"快插慢拔"。快插是为了防止将表面混凝土振实而造成分层离析;慢拔是为了使混凝土来得及填满振动棒拔出时所形成的空洞。振动棒各插点的间距应该均匀,不应大于振动棒作用半径的 1.4 倍。移动方式有方格形和三角形两种(图 6.17),三角形的重叠、搭接较多,比较合理。每个插点的振捣时间宜按拌合物稠度和振捣部位等不同情况,控制在 10~30 s 内,一般为 20~30 s。使用高频振动器时,最短不应少于 10 s。过短不易捣实,过长可能引起混凝土离析现象。当混凝土拌合物表面出现泛浆,基本无气泡逸出,可视为捣实。振动棒与模板的距离不应大于其作用半径的 50%,并应避免碰撞钢筋、模板、芯管、吊环和预埋件等。

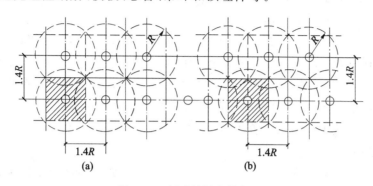

图 6.17　振动棒插点的布置

(a)方格形;(b)三角形

R—有效半径,一般为 8～10 倍振动棒半径

扫一扫

混凝土振捣
作业要点

表面振动器又称平板振动器,它由带偏心块的电动机和平板(木板或钢板)等组成(图 6.18)。与内部振动器不同,振捣混凝土时必须保持振动器与混凝土表面粘结,不能脱开,才能把振动波传入混凝土。表面振动器的有效作用范围也有一定的限度,其作用深度较小,一般不超过 200 mm,多用于混凝土表面进行振捣,适用于楼板、地面、道路、桥面等薄型水平构件。

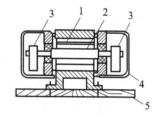

图 6.18　表面振动器

1—电动机;2—电机轴;3—偏心块;
4—保护罩;5—平板

使用表面振动器时,振捣应覆盖振捣平面边角,振动器移动间距应覆盖已振实部分混凝土边缘,一般相互搭接 30～50 mm,最好振捣两遍,两遍方向互相垂直。第一遍主要使混凝土密实,第二遍主要使其表面平整。每一位置的延续时间一般为 25～40 s,以混凝土表面均匀出现浮浆为准。振捣倾斜表面时,应由低处向高处进行振捣。

外部振动器又称附着式振动器,它通过螺栓或夹钳等固定在模板外部,通过模板将振动力传递给混凝土拌合物,因而模板应有足够的刚度。它宜用于振捣断面小且钢筋密集的构件,如薄型梁等,以及无法采用插入式振动棒的场合。

使用外部振动器时,应考虑其有效作用范围为 1～1.5 m,作用深度约 250 mm。当钢筋较密和构件断面较深较窄时,亦可采取边浇筑边振动的方法。附着式振动器应根据混凝土浇筑高度和浇筑速度,依次从下往上振捣,模板上同时使用多台附着式振动器时,应使各振动器的频率一致,并应交错设置在相对面的模板上。

6.4　混凝土养护

混凝土浇捣后,之所以能逐渐凝结硬化,主要是因为水泥水化作用的结果,而水化作用则需要适当的温度和湿度条件,使其强度不断增长。温度的高低主要影响水泥的水化速度,而湿度条件则严重影响水泥水化能力。如混凝土浇筑后水分过早、过快蒸发,出现脱水现象,使已形成的凝胶状态的水泥颗粒不能充分水化,不能转化为稳定的结晶而失去粘结力,混凝土表面就出现片状或粉状脱落,降低了混凝土强度,同时混凝土还会出现干缩裂缝,影响其整体性和耐久性。

混凝土早期塑性收缩和干燥收缩较大,易于造成混凝土开裂。混凝土养护是补充水分或降低失水速率,防止混凝土产生裂缝,确保达到混凝土各项力学性能指标的重要措施。在混凝土初凝、终凝抹面处理后,应及时进行养护工作。混凝土终凝后至养护开始的时间间隔应尽可能缩短,以保证混凝土养护所需的湿度以及对混凝土进行温度控制。

混凝土养护一般可分为标准养护、自然养护和加热养护。

(1)标准养护

标准养护是指混凝土在温度为(20 ± 3)℃和相对湿度为90%以上的潮湿环境或水中的条件下进行的养护,该方法用于对混凝土立方体试件进行养护。施工现场应具备混凝土标准试件制作条件,并应设置标准试件养护室或养护箱。

(2)自然养护

混凝土在平均气温高于5℃的条件下,相应地采取保湿措施所进行的养护称为自然养护。规范规定,应在浇筑完毕后的12 h以内对混凝土加以覆盖并保湿养护。混凝土强度达到1.2 MPa前,不得在其上踩踏、堆放物料、安装模板及支架。

自然养护可采用洒水、覆盖、喷涂养护剂等方式。养护方式应根据现场条件、环境温度和湿度、构件特点、技术要求、施工操作方法等因素确定。

对养护环境温度没有特殊要求的结构构件,可采用洒水养护方式。洒水养护宜在混凝土裸露表面覆盖麻袋或草帘后进行,也可采用直接洒水、蓄水等养护方式,混凝土洒水养护应根据温度、湿度、风力情况及阳光直射条件等,通过观察不同结构混凝土表面,确定洒水次数,确保混凝土处于饱和湿润状态。浇水养护简便易行、费用少,是现场普遍采用的养护方法。

对养护环境温度有特殊要求或洒水养护有困难的结构构件,可采用覆盖养护方式。覆盖养护的原理是通过混凝土的自然温升在塑料薄膜内产生凝结水,从而达到湿润养护的目的。覆盖养护宜在混凝土裸露表面覆盖塑料薄膜、塑料薄膜加麻袋、塑料薄膜加草帘进行,对结构构件养护过程有温差要求时,通常采用覆盖养护方式。覆盖养护应及时,应尽量减少混凝土裸露时间,防止水分蒸发。在覆盖养护过程中,应经常检查塑料薄膜内的凝结水,确保混凝土裸露表面处于湿润状态。每层覆盖物都应严密,要求覆盖物相互搭接不小于100 mm。覆盖物层数应综合考虑环境因素和混凝土温差控制要求,按施工方案确定。

混凝土养护用水应与拌制用水相同。采用硅酸盐水泥、普通硅酸盐水泥或矿渣水泥拌制混凝土时,养护时间不得少于7 d。当采用火山灰水泥、粉煤灰水泥、掺有缓凝型外加剂、有抗渗要求的或C60及以上混凝土,养护时间不得少于14 d,后浇带混凝土养护时间不应少于14 d。地下室底层墙、柱和上部结构首层墙、柱宜适当增加养护时间,大体积混凝土养护时间应根据施工方案确定。

喷涂养护剂养护适用于对养护环境没有特殊要求或不易浇水养护的结构构件。喷涂养护剂养护的原理是通过喷涂养护剂,使混凝土裸露表面形成致密的薄膜层,薄膜层能封住混凝土表面,阻止混凝土表面水分蒸发,达到混凝土养护的目的。养护剂后期应能自行分解挥发,而不影响装修工程施工。养护剂应均匀喷涂在结构构件表面,不得漏喷,养护剂应具有可靠的保湿效果,必要时可通过试验检验养护剂的保湿效果。

地下室底层和上部结构首层柱、墙混凝土一般采用带模养护,时间不应少于 3 d;带模养护结束后,可拆除模板采用洒水养护方式继续养护,也可采用覆盖养护或喷涂养护剂养护方式继续养护。

同条件养护试件的养护条件应与实体结构部位养护条件相同,并应妥善保管。

(3)加热养护

加热养护主要有蒸汽养护,一般宜用 65℃左右的温度蒸养。在混凝土构件预制厂内,将蒸汽通入封闭窑内,使混凝土构件在较高的温度和湿度环境下迅速凝结、硬化,一般 12 h 左右可养护完毕。在施工现场,可将蒸汽通入墙模板内,进行热模养护,以缩短养护时间。

6.5　混凝土质量检查

6.5.1　质量检查内容

混凝土的质量检查可分为过程控制检查和拆模后的实体质量检查,包括施工前、施工中和施工后三阶段。施工前主要是检查原材料的质量是否合格,在制备过程中应检查原材料实际称量误差是否满足要求,每一工作班应至少检查 2 次;检查砂石材料的含水率、配合比及施工配合比是否正确。

施工中应检查配合比执行情况、拌合物坍落度等,混凝土拌合物的工作性检查每 100 m³ 不应少于 1 次,且每一工作班不应少于 2 次,必要时可增加检查次数。采用预拌混凝土时,混凝土供应方应提供配合比通知单、混凝土抗压强度报告、混凝土质量合格证和混凝土运输单;当需要其他资料时,供需双方应在合同中明确约定。预拌混凝土的坍落度应在交货地点进行检查,坍落度与坍落度设计值之间的允许偏差应符合表 6.8 的规定。

表 6.8　混凝土坍落度与坍落度设计值的允许偏差(mm)

坍落度设计值	≤40	50～90	≥100
允许偏差	±10	±20	±30

养护后主要检查结构构件轴线、标高和混凝土抗压强度,如有特殊要求还应检查混凝土的抗冻性、抗渗性等耐久性指标。已成型的混凝土结构构件,其形状、截面尺寸、轴线位置及标高等都应符合设计的要求,其偏差不得超过规范所规定的允许偏差值。

6.5.2　混凝土强度评定

混凝土的强度等级必须符合设计要求。评定混凝土强度的试件,应在浇筑地点随机取样制作,试件为边长 150 mm 的立方体试块。每批混凝土试样制作的试件总组数,应满足规定的混凝土强度评定必需的组数,同时应留置为检验结构或构件施工阶段混凝土强度所必需的试件。

对同一配合比混凝土,取样与试件留置应符合下列规定:

①每拌制 100 盘且不超过 100 m³ 时,取样不得少于 1 次;

②每工作班拌制不足 100 盘时,取样不得少于 1 次;

③连续浇筑超过 1000 m³ 时,每 200 m³ 取样不得少于 1 次;

④每一楼层取样不得少于 1 次;

⑤每次取样应至少留置一组试件。

每次取样至少留置一组标准养护试件,每组试件由三个试块组成,取自同一盘或同一车混凝土。每组混凝土试件强度代表值以三个试块试压结果的算术平均值为准;但当三个试块中的最大或最小的强度值与中间值相比超过中间值的 15% 时,取中间值作为该组试件的强度代表值;当与中间值相比均超过 15% 时,该组试件的强度不作为评定的依据。

混凝土强度应分批进行检验评定。评定一批混凝土强度是否合格时,只有强度等级相同、生产工艺和配合比基本相同的混凝土才能组成同一验收批。对同一验收批的混凝土强度,应以同批内标准试件的全部强度代表值来评定。

混凝土强度的合格性评定是根据一定规则对混凝土强度合格与否所作的判定,评定方法主要有两种:一种是统计法,另一种是非统计法。统计法又分为方差已知统计法和方差未知统计法。构件厂及商品混凝土站的混凝土强度评定可按方差已知统计法评定。施工现场搅拌的混凝土,应根据施工现场混凝土生产的条件,作混凝土强度等级评定。

(1)方差已知统计法评定

该方法是当连续生产的混凝土,生产条件在较长时间内保持一致,且按同一品种、同一强度等级混凝土的强度变异性保持稳定时进行的评定方法。

一个检验批的试件组数应为连续的 3 组试件,其强度应同时符合下列要求:

$$m_{f_{cu}} \geqslant f_{cu,k} + 0.7\sigma_0 \tag{6.4}$$

$$f_{cu,min} \geqslant f_{cu,k} - 0.7\sigma_0 \tag{6.5}$$

检验批混凝土的立方体抗压强度标准差应按下式计算:

$$\sigma_0 = \sqrt{\frac{\sum_{i=1}^{n} f_{cu,i}^2 - nm_{f_{cu}}^2}{n-1}} \tag{6.6}$$

当混凝土强度等级不高于 C20 时,其强度的最小值尚应满足下式要求:

$$f_{cu,min} \geqslant 0.85 f_{cu,k} \tag{6.7}$$

当混凝土强度等级高于 C20 时,其强度的最小值尚应满足下式要求:

$$f_{cu,min} \geqslant 0.90 f_{cu,k} \tag{6.8}$$

式中 $m_{f_{cu}}$——同一检验批混凝土立方体抗压强度的平均值(N/ mm²);

$f_{cu,k}$——混凝土立方体抗压强度标准值(N/ mm²);

σ_0——检验批混凝土立方体抗压强度的标准差(N/ mm²),当其计算值小于 2.5 N/ mm² 时,应取 2.5 N/ mm²;

$f_{cu,i}$——前一检验期内同一品种、同一强度等级的第 i 组混凝土试件的立方体抗压

强度代表值(N/mm^2),该检验期不应少于 60 d,也不得大于 90 d;

n——前一检验期内的试件组数,在该期间内试件组数不应少于 45;

$f_{cu,min}$——同一检验批混凝土立方体抗压强度的最小值(N/mm^2)。

(2)方差未知统计法评定

当试件组数不少于 10 组时,其强度应同时满足下列要求:

$$m_{f_{cu}} \geqslant f_{cu,k} + \lambda_1 S_{f_{cu}} \tag{6.9}$$

$$f_{cu,min} \geqslant \lambda_2 f_{cu,k} \tag{6.10}$$

同一检验批混凝土立方体抗压强度的标准差应按下式计算:

$$S_{f_{cu}} = \sqrt{\dfrac{\sum\limits_{i=1}^{n} f_{cu,i}^2 - n m_{f_{cu}}^2}{n-1}} \tag{6.11}$$

式中　$S_{f_{cu}}$——同一检验批混凝土立方体抗压强度的标准差(N/mm^2),当其计算值小于 2.5 N/mm^2 时,应取 2.5 N/mm^2;

　　　λ_1、λ_2——合格判定系数,按表 6.9 取用;

　　　n——本检验期内的试件组数。

表 6.9　混凝土强度的合格判定系数

试件组数	10~14	15~19	≥20
λ_1	1.15	1.05	0.95
λ_2	0.90	0.85	

(3)非统计法评定

当用于评定的试件组数小于 10 组时,应采用非统计方法评定混凝土强度。其强度应同时符合下列规定:

$$m_{f_{cu}} \geqslant \lambda_3 f_{cu,k} \tag{6.12}$$

$$f_{cu,min} \geqslant \lambda_4 f_{cu,k} \tag{6.13}$$

式中　λ_3、λ_4——合格判定系数,按表 6.10 取用。

表 6.10　混凝土强度的非统计法合格判定系数

混凝土强度等级	<C60	≥C60
λ_3	1.15	1.10
λ_4	0.95	

当检验结果满足上述要求时,混凝土强度评定为合格,不能满足则相反。由于抽样检验存在一定的局限性,混凝土的质量评定可能出现误判,因此,如混凝土试件强度不符合上述要求时,允许从结构中钻芯进行试压检查,也可用回弹仪等直接在结构上进行非破损检验。

6.5.3　混凝土结构实体检验

结构实体检验是混凝土结构子分部工程验收的主要内容之一,结构实体检验采用由各方参与的见证抽样形式,以保证检验结果的公正性。对结构实体进行检验,并不是在子分部工程验收前的重新检验,而是在相应分项工程验收合格、过程控制使质量得到保证的基础上,对重要项目进行验证性检查,其目的是为了加强混凝土结构的施工质量验收,真实地反映混凝土强度及受力钢筋位置等质量指标,确保结构安全。

规范规定,对涉及混凝土结构安全的有代表性的部位应进行结构实体检验。结构实体检验应包括混凝土强度、钢筋保护层厚度、结构位置与尺寸偏差以及合同约定的项目,必要时可检验其他项目。

结构实体检验应由监理单位组织施工单位实施,并见证实施过程。施工单位应制定结构实体检验专项方案,并经监理单位审核批准后实施。除结构位置与尺寸偏差外的结构实体检验项目,应由具有相应资质的检测机构完成。

结构实体混凝土强度应按不同强度等级分别检验,检验方法宜采用同条件养护试件方法;当未取得同条件养护试件强度或同条件养护试件强度不符合要求时,可采用回弹-取芯法进行检验。

(1)结构实体混凝土同条件养护试件强度检验

结构实体混凝土强度同条件养护试件的取样和留置应符合下列规定:

①同条件养护试件所对应的结构构件或结构部位,应由施工、监理等各方共同选定,且同条件养护试件的取样宜均匀分布于工程施工周期内;

②同条件养护试件应在混凝土浇筑入模处见证取样;

③同条件养护试件应留置在靠近相应结构的适当位置,并应采取相同的养护方法;

④同一强度等级的同条件养护试件不宜少于 10 组,且不应少于 3 组。每连续两层楼取样不应少于 1 组;每 2000 m³ 取样不得少于 1 组。

每组同条件养护试件的强度值应根据强度试验结果按现行国家标准《普通混凝土力学性能试验方法标准》(GB/T 50081)的规定确定。对同一强度等级的同条件养护试件,其强度值应除以 0.88 后按现行国家标准《混凝土强度检验评定标准》(GB/T 50107)的有关规定进行评定,评定结果符合要求时可判结构实体混凝土强度合格。

对混凝土强度的检验,也可根据合同的约定,采用非破损或局部破损的检测方法,按国家现行有关标准的规定进行。

工程实体检验属于验收方法中的一种,即属于质量合格控制的范畴。标准养护条件混凝土强度实际上只是一种材料混凝土强度,反映了混凝土的组成成分和搅拌质量,难以反映施工工艺和养护条件对真正强度的影响。实体强度不属于分项工程,而是作为子分部工程验收的前提,在各分项工程验收完成后进行。其不按检验批检查验收,而按强度等级检查验收。因此,也有人将工程质量验收中的实体检验称为工程的"二次验收"。标准养护强度与实体强度是属于不同检验层次的两种检验,其从不同角度控制混凝土结构的施工质量,保证强度和安全性,它们的作用是难以互相替代的。因此在实际工程验收时,两者均应先后通过验收。两者其中任何一种强度未能通过验收,均应按相应的范围进行处理。

根据被检验结构的标准养护试件强度与实体检验强度两者的关系,存在以下四种判定处理情况:

①标准养护试件强度合格,同时结构实体强度也合格,则被检验结构混凝土强度验收

合格。

②标准养护试件强度合格,而实体强度检验不合格,此时认为该强度等级的结构实体混凝土强度出现异常,应委托具有相应资质的检测机构按国家有关标准进行检测,并作为处理依据。

③标准养护试件强度不合格,对结构实体采用非破损或局部破损检测,按国家现行有关标准,对混凝土强度进行推定,并作为处理依据,按规范规定进行处理和验收。

④标准养护试件不合格,同时结构实体检验也不合格,应委托具有相应资质等级的检测机构,按国家规定进行检测,并根据检测结果按规范要求进行处理和验收。

(2)结构实体钢筋保护层厚度检验

结构实体钢筋保护层厚度检验构件的选取应均匀分布,并应符合下列规定:

①对非悬挑梁板类构件,应各抽取构件数量的 2% 且不少于 5 个构件进行检验;

②对悬挑梁,应抽取构件数量的 5% 且不少于 10 个构件进行检验;当悬挑梁数量少于 10 个时,应全数检验;

③对悬挑板,应抽取构件数量的 10% 且不少于 20 个构件进行检验;当悬挑板数量少于 20 个时,应全数检验。

对选定的梁类构件,应对全部纵向受力钢筋的保护层厚度进行检验;对选定的板类构件,应抽取不少于 6 根纵向受力钢筋的保护层厚度进行检验。对每根钢筋,应选择有代表性的不同部位量测 3 点取平均值。

钢筋保护层厚度的检验,可采用非破损或局部破损的方法,也可采用非破损方法并用局部破损方法进行校准。当采用非破损方法检验时,所使用的检测仪器应经过计量检验,检测操作应符合相应规程的规定。钢筋保护层厚度检验的检测误差不应大于 1 mm。

钢筋保护层厚度检验时,纵向受力钢筋保护层厚度的允许偏差应符合表 6.11 的规定。

表 6.11 结构实体纵向受力钢筋保护层厚度的允许偏差

构件类型	允许偏差(mm)	构件类型	允许偏差(mm)
梁	+10,−7	板	+8,−5

梁类、板类构件纵向受力钢筋的保护层厚度应分别进行验收,并应符合下列规定:

①当全部钢筋保护层厚度检验的合格率为 90% 及以上时,可判为合格;

②当全部钢筋保护层厚度检验的合格率小于 90% 但不小于 80% 时,可再抽取相同数量的构件进行检验;当按两次抽样总和计算的合格率为 90% 及以上时,仍可判为合格;

③每次抽样检验结果中不合格点的最大偏差均不应大于表 6.11 规定允许偏差的 1.5 倍。

(3)结构实体位置与尺寸偏差检验

结构实体位置与尺寸偏差检验构件的选取应均匀分布,并应符合下列规定:

①梁、柱应抽取构件数量的 1%,且不应少于 3 个构件;

②墙、板应按有代表性的自然间抽取 1%,且不应少于 3 间;

③层高应按有代表性的自然间抽查 1%,且不应少于 3 间。

对选定的构件,检验项目及检验方法应符合表 6.12 的规定,允许偏差及检验方法应符合表 6.13 的规定。

表 6.12 结构实体位置与尺寸偏差检验项目及检验方法

项目	检验方法
柱截面尺寸	选取柱的一边量测柱中部、下部及其他部位,取 3 点平均值
柱垂直度	沿两个方向分别量测,取较大值
墙厚	墙身中部量测 3 点,取平均值,测点间距不应小于 1 m
梁高	量测一侧边跨中及距离支座 0.1 m 处,取 3 点平均值;量测值可取腹板高度加上此处楼板的实测厚度
板厚	悬挑板取距离支座 0.1 m 处,沿宽度方向取包括中心位置在内的随机 3 点取平均值;其他楼板,在同一对角线上量测中间及距离两端各 0.1 m 处,取 3 点平均值
层高	与板厚测点相同,量测板顶至上层楼板板底净高,层高量测值为净高与板厚之和,取 3 点平均值

表 6.13 现浇结构位置和尺寸允许偏差及检验方法

项 目		允许偏差(mm)	检验方法
轴线位置	整体基础	15	经纬仪及尺量
	独立基础	10	经纬仪及尺量
	柱、墙、梁	8	尺量
垂直度	层高 ≤6m	10	经纬仪或吊线、尺量
	层高 >6m	12	经纬仪或吊线、尺量
	全高(H)≤300 m	$H/30000+20$	经纬仪、尺量
	全高(H)>300 m	$H/10000$ 且≤80	经纬仪、尺量
标高	层高	±10	水准仪或拉线、尺量
	全高	±30	水准仪或拉线、尺量
截面尺寸	基础	+15,-10	尺量
	柱、梁、板、墙	+10,-5	尺量
	楼梯相邻踏步高差	6	尺量
电梯井	中心位置	10	尺量
	长、宽尺寸	+25,0	尺量
表面平整度		8	2 m 靠尺和塞尺量测
预埋件中心位置	预埋板	10	尺量
	预埋螺栓	5	尺量
	预埋管	5	尺量
	其他	10	尺量
预留洞、孔中心线位置		15	尺量

注:检查柱轴线、中心线的位置时,沿纵、横两个方向测量,并取其中偏差的较大值。

墙厚、板厚、层高的检验可采用非破损或局部破损的方法,也可采用非破损方法并用局部破损方法进行校准。当采用非破损方法检验时,所使用的检测仪器应经过计量检验,检测操作应符合相应标准的规定。

结构实体位置与尺寸偏差项目应分别进行验收,并应符合下列规定:

①当检验项目的合格率为 80% 及以上时,可判为合格;

②当检验项目的合格率小于 80% 但不小于 70% 时,可再抽取相同数量的构件进行检验;当按两次抽样总和计算的合格率为 80% 及以上时,仍可判为合格。

6.6 混凝土缺陷及处理

6.6.1 混凝土缺陷

混凝土缺陷
检查

混凝土结构缺陷可分为尺寸偏差缺陷和外观缺陷。尺寸偏差缺陷和外观缺陷可分为一般缺陷和严重缺陷。混凝土结构尺寸偏差超出规范规定,但尺寸偏差对结构性能和使用功能未构成影响时,应属于一般缺陷;而尺寸偏差对结构性能和使用功能构成影响时,应属于严重缺陷。外观缺陷分类应符合表 6.14 的规定。

表 6.14 混凝土结构外观缺陷分类

名称	现象	严重缺陷	一般缺陷
露筋	构件内钢筋未被混凝土包裹而外露	纵向受力钢筋有露筋	其他钢筋有少量露筋
蜂窝	混凝土表面缺少水泥砂浆而形成石子外露	构件主要受力部位有蜂窝	其他部位有少量蜂窝
孔洞	混凝土中孔穴深度和长度均超过保护层厚度	构件主要受力部位有孔洞	其他部位有少量孔洞
夹渣	混凝土中夹有杂物且深度超过保护层厚度	构件主要受力部位有夹渣	其他部位有少量夹渣
疏松	混凝土中局部不密实	构件主要受力部位有疏松	其他部位有少量疏松
裂缝	缝隙从混凝土表面延伸至混凝土内部	构件主要受力部位有影响结构性能或使用功能的裂缝	其他部位有少量不影响结构性能或使用功能的裂缝
连接部位缺陷	构件连接处混凝土有缺陷及连接钢筋、连接件松动	连接部位有影响结构传力性能的缺陷	连接部位有基本不影响结构传力性能的缺陷
外形缺陷	缺棱掉角、棱角不直、翘曲不平、飞边凸肋等	清水混凝土构件有影响使用功能或装饰效果的外形缺陷	其他混凝土构件有不影响使用功能的外形缺陷
外表缺陷	构件表面麻面、掉皮、起砂、沾污等	具有重要装饰效果的清水混凝土构件有外表缺陷	其他混凝土构件有不影响使用功能的外表缺陷

6.6.2　混凝土缺陷处理

现浇结构的外观质量不应有一般缺陷和严重缺陷,不应有影响结构性能和使用功能的尺寸偏差。施工过程中发现混凝土结构缺陷时,应认真分析缺陷产生的原因。对已经出现的一般缺陷,应由施工单位按技术处理方案进行处理。对已经出现的严重缺陷,应由施工单位提出技术处理方案,并经监理单位认可后进行处理;对裂缝或连接部位的严重缺陷及其他影响结构安全的严重缺陷,技术处理方案尚应经设计单位认可。对经处理的部位应重新验收。

对混凝土结构外观一般缺陷包括露筋、蜂窝、孔洞、夹渣、疏松和外表缺陷的修整,应凿除胶结不牢固部分的混凝土,清理表面,洒水湿润后应用1:2～1:2.5水泥砂浆抹平;裂缝应封闭;连接部位缺陷、外形缺陷可与面层装饰施工一并处理。

混凝土结构外观严重缺陷可能对结构安全性、耐久性产生影响,对露筋、蜂窝、孔洞、夹渣、疏松和外形缺陷的修整,应凿除胶结不牢固部分的混凝土至密实部位,用钢丝刷或压力水清理表面,支设模板,洒水湿润,涂抹混凝土界面剂,采用比原混凝土强度等级高一级的细石混凝土浇筑密实,养护时间不应少于7d;开裂缺陷修整,接触水介质以及有腐蚀介质的构件,均应注浆封闭处理;不接触水介质的构件,可采用注浆封闭、聚合物砂浆粉刷或其他表面封闭材料进行封闭。

混凝土结构尺寸偏差一般缺陷,不影响结构安全以及正常使用时,可结合装饰工程进行修整。混凝土结构尺寸偏差严重缺陷,应会同设计单位共同制定专项修整方案,结构修整后进行检查验收。

【例6.2】　某办公楼工程为框架结构,地下一层,地上五层,建筑面积12000 m²。土建施工包括地基与基础工程、主体结构工程、屋面工程、装饰装修工程和建筑节能工程等。主体结构为现浇混凝土结构,加气混凝土砌块填充墙砌体,混凝土强度等级为C30。在该工程施工过程中,发现二层部分梁表面出现蜂窝和孔洞;三层混凝土部分试块强度达不到设计要求,但实际强度经实测仍然达不到要求,后经设计单位验算,能够满足结构安全性能。

问题:

(1)本工程结构哪些部位需要进行实体检验,包含的内容有哪些?

(2)分析梁混凝土产生质量缺陷的原因和处理办法。

(3)三层混凝土施工过程中的质量问题是否需要处理?

(4)混凝土分项工程质量验收内容有哪些?

【解】

(1)按照混凝土施工质量验收规范的要求,对涉及混凝土结构安全的重要部位应进行结构实体检验,结构实体检验包括混凝土强度、钢筋保护层厚度和结构位置与尺寸偏差以及合同约定的检验项目。

(2)梁产生蜂窝、孔洞主要是由模板质量不高、模板接缝不严、混凝土离析或浇筑不当、拆模过早等原因造成。对蜂窝用水冲洗干净,采用1:2或1:2.5水泥砂浆修补;孔洞一般是剔除浮浆及疏松石子后用水冲洗干净,采用高一级细石混凝土仔细浇筑,做好养护。如孔洞较大则需与设计单位共同研究制定补强方案,按批准后的方案进行处理并验收。

(3)对三层出现的混凝土试块强度问题,因为经设计单位核算能够满足结构安全要求。因此,可以不进行处理。

(4)混凝土工程按检验批组织验收,内容包括主控项目和一般项目。主控项目有混凝土强度等级、试块留置要求、浇筑要求等;一般项目有施工缝、后浇带的留置和处理,养护要求等。

6.7　混凝土冬期与高温施工

混凝土强度的增长是水泥和水进行水化作用的结果。新浇混凝土中的水可分为两部分:一是吸附在组成材料颗粒表面和毛细管中的水,这部分水能满足水泥颗粒起水化作用的要求,称为"水化水";二是存在于组成材料颗粒空隙之间的水,称"游离水",它只对混凝土浇筑时的工作性起作用。因此,在湿度一定时,混凝土强度的增长速度就取决于温度的变化。组织施工时,应注意气温对混凝土质量的影响。

根据当地多年气象资料统计,当室外日平均气温连续 5d 稳定低于 5℃时,应采取冬期施工措施;当室外日平均气温连续 5d 稳定高于 5℃时,可解除冬期施工措施。当混凝土未达到受冻临界强度而气温骤降至 0℃以下时,应按冬期施工的要求采取应急防护措施。工程越冬期间,应采取保温措施。混凝土冬期施工,应按《建筑工程冬期施工规程》(JGJ/T 104)的有关规定进行热工计算。

当日平均气温达到 30℃及以上时,应按高温施工要求采取措施。

6.7.1　混凝土冬期施工

根据水泥水化作用原理,温度愈高,强度增长愈快,反之则愈慢。例如混凝土温度在 5℃时,强度增长速度仅为 15℃时的一半。当温度降至 0℃以下时,水化作用基本停止,温度继续降至 $-4 \sim -2$℃时,游离水开始结冰,水化作用停止,混凝土的强度也停止增长。

水结冰后体积膨胀约 9%,使混凝土内部产生很大的冰胀应力,足以使强度很低的混凝土裂开。同时由于混凝土与钢筋的导热性能不同,在钢筋周围将形成冰膜,减弱了两者之间的粘结力。

受冻后的混凝土在解冻以后,其强度虽能继续增长,但已不可能达到原设计的强度等级。研究表明,塑性混凝土终凝前遭受冻结,解冻后其后期抗压强度要损失 50%以上。硬化后 $2 \sim 3$ d 遭冻,强度损失 15%~20%。而干硬性混凝土在同样条件下强度损失要少得多。为了使混凝土不致因冻结而引起强度损失,就要求混凝土在遭受冻结前具有足够的抵抗冰胀应力的强度。混凝土的受冻临界强度是指冬期浇筑的混凝土在受冻以前必须达到的最低强度,一般为遭受冻结其后期抗压强度损失在 5%以内的预养强度值。通过试验得知,临界强度与水泥品种、混凝土强度等级有关。冬期浇筑的混凝土,其受冻临界强度应符合下列规定:

①当采用蓄热法、暖棚法、加热法施工时,采用硅酸盐水泥、普通硅酸盐水泥配制的混凝土,不应低于设计混凝土强度等级值的 30%;采用矿渣硅酸盐水泥、粉煤灰硅酸盐水泥、火山灰质硅酸盐水泥、复合硅酸盐水泥配制的混凝土时,不应低于设计混凝土强度等级值的 40%;

②当室外最低气温不低于−15℃时,采用综合蓄热法、负温养护法施工的混凝土受冻临界强度不应低于 4.0 MPa;当室外最低气温不低于−30℃时,采用负温养护法施工的混凝土受冻临界强度不应低于 5.0 MPa;

③强度等级等于或高于 C50 的混凝土,不宜低于设计混凝土强度等级值的 30%;

④有抗渗要求的混凝土,不宜小于设计混凝土强度等级值的 50%;

⑤有抗冻耐久性要求的混凝土,不宜低于设计混凝土强度等级值的 70%;

⑥当采用暖棚法施工的混凝土中掺入早强剂时,可按综合蓄热法规定的受冻临界强度取值。

混凝土冬期施工可采取下列措施:

①改善混凝土的配合比,冬期施工混凝土配合比,应根据施工期间环境气温、原材料、养护方法、混凝土性能要求等经试验确定,并宜选择较小的水灰比和坍落度。配制冬期施工的混凝土,宜选用硅酸盐水泥或普通硅酸盐水泥,最小水泥用量不宜少于 280 kg/m³,水灰比不应大于 0.55。

②对原材料加热,提高混凝土的入模温度,并进行蓄热保温养护,防止混凝土早期受冻。

③对混凝土进行加热养护,使混凝土在正温条件下硬化。

④搅拌时加入一定的外加剂,加速混凝土硬化以提早达到临界强度;降低水的冰点,使混凝土在负温下不致冻结。还可选用含引气成分的外加剂,使混凝土内含气量控制在 3%～5%。

6.7.1.1　混凝土的搅拌

冬期施工时,由于混凝土各种原材料的起始温度不同,必须通过充分的搅拌使混凝土内温度均匀一致。混凝土搅拌时应先投入骨料与拌合水,预拌后再投入胶凝材料与外加剂。胶凝材料、引气剂或含引气成分外加剂不得与 60℃ 以上热水直接接触。搅拌时间应比常温搅拌时间延长 30～60 s。

用于冬期施工混凝土的粗、细骨料中,不得含有冰、雪冻块及其他易冻裂物质,否则会影响混凝土中用水量的正确性,破坏水泥与骨料之间的粘结,同时还会消耗大量的热量,降低混凝土的温度。混凝土工程冬期施工应加强对骨料含水率、防冻剂掺量的检查,以及原材料、入模温度、实体温度和强度的监测;应依据气温的变化,检查防冻剂掺量是否符合配合比与防冻剂说明书的规定,并应根据需要调整配合比。

当需要对原材料加热以提高混凝土温度时,应优先采用加热拌合水的方法。因为加热水既简单且热容量大。只有当混凝土仅对水加热仍达不到所需温度时,才可依次对砂、石加热。拌合水与骨料的加热温度可通过热工计算确定,加热温度不应超过表 6.15 的规定。水泥、外加剂、矿物掺合料不得直接加热,应事先贮于暖棚内预热。

表 6.15　拌合水及骨料最高加热温度(℃)

水泥强度等级	拌合水	骨料
42.5 以下	80	60
42.5、42.5R 及以上	60	40

在冬期施工中,混凝土拌合物的出机温度不宜低于 10℃,入模温度不应低于 5℃。对预拌混凝土或需远距离输送的混凝土,混凝土拌合物的出机温度可根据运输和输送距离经热工计算确定,但不宜低于 15℃。大体积混凝土的入模温度可根据实际情况适当降低。

6.7.1.2　混凝土的运输与浇筑

冬期施工混凝土运输、输送机具及泵管应采取保温措施。为使混凝土在运输过程中的热损失最小,宜选用大容量的容器,尽量缩短运输距离,减少转运次数。运到施工地点应立即浇筑。当采用泵送工艺浇筑时,应采用水泥浆或水泥砂浆对泵和泵管进行润滑、预热。混凝土运输、输送与浇筑过程中应进行测温,温度应满足热工计算的要求。

混凝土分层浇筑时,分层厚度不应小于 400 mm。在被上一层混凝土覆盖前,已浇筑层的温度应满足热工计算要求,且不得低于 2℃。采用加热方法养护现浇混凝土时,应根据加热产生的温度应力对结构的影响采取措施,并应合理安排混凝土浇筑顺序与施工缝留置位置。

6.7.1.3　混凝土养护

混凝土结构工程冬期施工养护,应符合下列规定:

①当室外最低气温不低于 $-15℃$ 时,对地面以下的工程或表面系数不大于 5 m^{-1} 的结构,宜采用蓄热法养护,并应对结构易受冻部位加强保温措施;对表面系数为 5～15 m^{-1} 的结构,宜采用综合蓄热法养护。采用综合蓄热法养护时,混凝土中应掺加具有减水、引气性能的早强剂或早强型外加剂。

②不易保温养护且对强度增长无具体要求的一般混凝土结构,可采用掺防冻剂的负温养护法进行养护。

③当上述措施不能满足施工要求时,可采用暖棚法、蒸汽加热法、电加热法等方法进行养护,但应采取降低能耗的措施。

混凝土浇筑后,对裸露表面应采取防风、保湿、保温措施,对边、棱角及易受冻部位应加强保温。在混凝土养护和越冬期间,不得直接对负温混凝土表面浇水养护。

混凝土强度未达到受冻临界强度和设计要求时,应继续进行养护。工程越冬期间,应编制越冬维护方案并进行保温维护。当混凝土表面温度与环境温度之差大于 20℃ 时,拆模后的混凝土表面应立即进行保温覆盖。

冬期施工混凝土的养护方法可分为三大类,即蓄热法、加热法和掺外加剂法。

(1)蓄热法

蓄热法是混凝土浇筑后,利用原材料加热以及水泥水化放热,并采取适当保温措施延缓混凝土冷却,在混凝土温度降到 0℃ 以前达到受冻临界强度的施工方法。蓄热法只需对原材料加热,混凝土结构不需加热,故施工简便,易于控制,施工费用低,是最简单、最经济的冬期施工养护方法。

综合蓄热法是掺早强剂或早强型复合外加剂的混凝土浇筑后,利用原材料加热以及水泥水化放热,并采取适当保温措施延缓混凝土冷却,在混凝土温度降到0℃以前达到受冻临界强度的施工方法。这种方法将蓄热法与其他方法结合使用,效果更好,扩大了蓄热法的应用范围。

(2)加热法

加热法是用外部热源加热浇筑后的混凝土,保证混凝土在0℃以上的正常条件下硬化。

常用的加热法有蒸汽加热法、电加热法、暖棚法等。蒸汽加热法是利用低压饱和蒸汽对新浇混凝土构件进行加热养护。由于蒸汽在冷凝时放热量大,具有较高的放热系数,它既能加热,使混凝土在较高的温度下硬化,又供给一定的水分,避免混凝土表面水分过量蒸发而脱水。但蒸汽加热法需锅炉等设备,费用较高,有必要时可采用。电加热法是利用电能变为热能对混凝土表面加热养护;也可利用电磁感应、红外线以及电热毯等对混凝土加热养护。电加热法要消耗电能,并要特别注意安全。暖棚法是将混凝土构件或结构置于搭设的棚中,内部设置装置加热棚内空气,使混凝土处于正温环境下养护的施工方法。暖棚法需要搭设专门的养护棚,一般适用于地下结构工程和混凝土构件比较集中的工程。

(3)掺外加剂法

这种方法不需采用加热措施,就可使混凝土的水化作用在负温环境中正常进行。掺外加剂的作用是使之产生抗冻、早强、减水等效果,降低混凝土的冰点使之在负温下加速硬化以达到要求的强度。所掺的外加剂主要有氯盐、早强剂、防冻剂等。

氯化钠和氯化钙具有抗冻、早强作用,且价廉易得,从20世纪50年代开始就得到应用。氯盐掺入所配制的混凝土中,在工艺上只需对拌合水进行加热,浇筑后仅采用适当的保温覆盖措施,即可在严寒条件下施工。但是,氯盐中的氯离子是很活泼的,它可以加速铁的离子化,促使钢筋电化锈蚀。因此,要严格控制氯盐的掺量。规范规定,钢筋混凝土掺用氯盐类防冻剂时,氯盐掺量不得大于水泥质量的1%,掺用氯盐的混凝土应振捣密实,且不宜采用蒸汽养护。

6.7.1.4 混凝土质量控制

混凝土冬期施工期间,应按国家现行有关标准的规定对混凝土拌合水温度、外加剂溶液温度、骨料温度、混凝土出机温度、浇筑温度、入模温度,以及养护期间混凝土内部和大气温度进行测量。

混凝土养护期间的温度测量应符合下列规定:

(1)采用蓄热法或综合蓄热法时,在达到受冻临界强度之前应每隔4~6 h测量一次;

(2)采用负温养护法时,在达到受冻临界强度之前应每隔1 h测量一次;

(3)采用加热法时,升温和降温阶段应每隔1 h测量一次,恒温阶段每隔2 h测量一次;

(4)混凝土在达到受冻临界强度后,可停止测温。

冬期施工混凝土强度试件的留置,除应符合现行国家标准《混凝土结构工程施工质量验收规范》(GB 50204)的有关规定外,尚应增加不少于2组同条件的养护试件。同条件养护试件应在解冻后进行试验。

6.7.2　混凝土高温施工

混凝土高温施工时,对露天堆放的粗、细骨料应采取遮阳防晒等措施。必要时,可对粗骨料进行喷水雾降温。

高温施工混凝土配合比设计还应考虑原材料温度、环境温度、混凝土运输方式与时间对混凝土初凝时间、坍落度损失等性能指标的影响,根据环境温度、湿度、风力和采取温控措施的实际情况,对混凝土配合比进行调整;宜在近似现场运输条件、时间和预计混凝土浇筑作业最高气温的天气条件下,通过混凝土试拌、试运输的工况试验后,确定适合高温天气条件下施工的混凝土配合比;宜降低水泥用量,并可采用矿物掺合料替代部分水泥;宜选用水化热较低的水泥;混凝土坍落度不宜小于70 mm,以保证混凝土浇筑工作效率。

混凝土的搅拌应对搅拌站料斗、储水器、皮带运输机、搅拌楼采取遮阳防晒措施。对原材料进行直接降温时,宜采用对水、粗骨料进行降温的方法。对水直接降温时,可采用冷却装置冷却拌合用水,并应对水管及水箱加设遮阳和隔热设施,也可在水中加碎冰作为拌合用水的一部分。混凝土拌和时掺加的固体冰应确保在搅拌结束前融化,且在拌合用水中应扣除其质量;原材料入机温度不宜超过表6.16的规定。

表6.16　原材料最高入机温度(℃)

原材料	最高入机温度
水泥	60
骨料	30
水	25
粉煤灰等矿物掺合料	60

混凝土拌合物出机温度不宜大于30℃。当需要时,可采取掺入干冰等附加控温措施。

混凝土宜采用白色涂装的混凝土搅拌运输车运输;混凝土输送管应进行遮阳覆盖,并应洒水降温。

混凝土浇筑应尽可能避开高温时段,宜在早间或晚间进行,且宜连续浇筑。同时,应对混凝土可能出现的早期干缩裂缝进行预测,并做好预防措施计划。当混凝土水分蒸发较快时,应在施工作业面采取挡风、遮阳、喷雾等措施改善作业面环境条件,有利于预防混凝土可能产生的干缩、塑性裂缝。混凝土浇筑前,施工作业面宜采取遮阳措施,并应对模板、钢筋和施工机具采用洒水等降温措施,但浇筑时模板内不得有积水。混凝土浇筑完成后,应及时进行保湿养护。侧模拆除前宜采用带模湿润养护。

6.8　混凝土特殊施工

6.8.1　真空密实法

混凝土真空密实法(真空吸水技术)是在浇筑、振捣、抹平后的混凝土表面铺上吸垫,启动真空设备,从混凝土中吸出游离水,以降低混凝土水灰比、加快凝结、提高强度和密实度的一种方法。这项吸水工艺可解决干硬性混凝土施工操作的困难,并可提高混凝土在未凝结硬化前的表层结构强度,能有效地防治表面缩裂,具有防冻等性能,缩短整平、抹面、拉毛、拆模工序的间隔时间,为混凝土施工机械化连续作业创造条件。该项施工工艺现在已经广泛用于道路、机场、水工、港口、大面积工业厂房地坪等工程。

(1)真空吸水密实工作原理

真空吸水密实工作原理(过滤吸水原理)为:混凝土拌合物是一个滤水器,在内外压力差的作用下,游离水通过介质而脱出。真空吸水工艺,就是将流动性较大的混凝土浇筑入模,然后用真空吸水设备,借助于大气压力与真空腔之间的压力差,将混凝土拌合物中多余的水分和气体吸出。

采用真空吸水的混凝土拌合物,按设计配合比适当增大用水量,水灰比可为 0.48～0.55 之间,其他材料用量维持不变。混凝土拌合物经振实整平后进行真空吸水。真空作业时间为 10～15 min,并应以剩余水灰比来检验真空吸水效果。真空吸水的作用深度不宜超过 300 mm。开机后真空度应逐渐增加,当达到要求的真空度(500～600 mm 汞柱)开始正常出水后,真空度宜保持均匀;结束吸水工作前,真空度应逐渐减弱,防止混凝土内部留下出水通路,影响混凝土的密实度。混凝土板完成真空吸水作用后,用抹光机抹面,并进行拉毛或压槽等工序。

(2)真空处理设备

混凝土真空处理设备一般是由专用真空泵、电动机、真空表、集水箱、软管、滤网及手推小车等部分组成,其工作原理如图 6.19 所示。

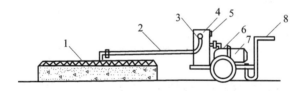

图 6.19　真空处理设备工作示意图

1—真空吸水装置;2—软管;3—吸水进口;4—集水箱;5—真空表;6—真空泵;7—电动机;8—手推小车

真空处理设备准备工作:①在真空泵启动前,应将真空室和集水箱中注满清水,检查软管、吸垫及接头有无损伤,吸水通道是否通畅,铺设的盖垫应伸出混凝土四周 10 cm;②启动时,应先检查动力箭头方向是否正确,确保吸垫紧附在混凝土表面,控制真空吸水操作时间,若出现"气蚀"现象,应停止吸水并进行处理以免影响机械性能及混凝土质量;③操作结束后要及时清洗水箱及吸垫,并确保吸水管不被堵塞,严禁使用机械直接抽水。

(3)真空吸水工艺参数

真空吸水工艺参数主要包括真空度、真空处理延续时间和真空处理时的振动制度等三个参数。

真空度表示真空吸垫中气压数值的大小,由真空压力表测量。真空度愈高,吸水力愈大,真空延续时间愈久,混凝土愈密实。在实际施工中最大真空度不宜超过 0.085 MPa。真空处理延续时间与真空度、混凝土厚度、水泥品种及用量、混凝土坍落度和温度等因素有关,它又直接影响真空吸水的效率和能耗,因而它是真空吸水工艺的重要参数。当真空度和混凝土的配合比一定时,构件厚度越大,真空延续时间需要越长。如果采用保水性较好的火山灰水泥,需用的真空时间和真空处理时间应适当提高和延长。真空处理时的振动制度是指用插入式振捣棒对混凝土进行振捣或用平板振捣器对混凝土进行振捣后对混凝土进行真空处理。

6.8.2 水下浇筑混凝土

在桥墩深基础、沉井、沉箱、钻孔灌注桩及地下连续墙等的施工中,当地下水渗透量较大时,大量抽水又会影响地基,这时可直接在水下浇筑混凝土。目前水下浇筑混凝土主要使用导管法,导管法浇筑混凝土过程如图 6.20 所示。

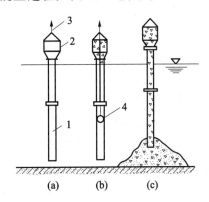

图 6.20 导管法浇筑混凝土示意图
(a)组装设备;(b)导管内悬吊球塞,注入混凝土;(c)不断注入混凝土,提升导管
1—导管;2—承料器;3—提升机具;4—球塞

导管的壁厚不宜小于 3 mm,直径宜为 200~250 mm;直径制作偏差不应超过 2 mm,导管的分节长度可视工艺要求确定,底管长度不宜小于 4 m,接头宜用双螺纹方扣快速接头,底部应装设自动开关阀门,顶部设有承料漏斗。导管使用前应试拼装、试压,试水压力可取 0.6~1.0 MPa。一般来说,其作用半径不应超过 3 m。在浇筑过程中,导管只允许上下升降,不得左右移动。

浇筑时,导管底部至孔底的距离宜为 300~500 mm,而且导管内应有足够的混凝土储备量,导管一次埋入混凝土灌注面以下不应少于 0.8 m,导管埋入混凝土深度宜为 2~6 m。严禁将导管提出混凝土灌注面,并应严格控制提升导管速度,应设专人监控导管埋深及导管内外混凝土的高差,填写水下混凝土灌注记录。另外,水下混凝土的灌注必须连续施工,每根桩的灌注时间应按初盘混凝土的初凝时间控制。随着混凝土的浇筑,徐徐提升漏斗和导管。每提到一个管节高度后,即拆除一个管节,要控制最后一次灌注量,超灌高度宜为 0.8~1.0 m,凿出返浆后必须保证暴露的桩顶混凝土强度达到设计等级。

水下混凝土浇筑是一项隐蔽施工过程,必须加强质量检验才能保证工程质量。特别是在浇筑过程中应随时检查是否按工艺规程进行,必要时还要进行钻芯检查等试验。

6.8.3 喷射混凝土

喷射混凝土是以压力喷枪的压缩空气作为动力,将速凝细石混凝土喷射到受喷面上而形成具有一定密实度的混凝土,其喷射原理如图 6.21 所示。喷射混凝土与普通混凝土相比,具有强度高,耐久性、抗冻性和抗渗性好,粘结力高,自撑能力好等优点。一般大量用于地下工程的衬砌、坡面的护坡、大型构筑物的补强、矿山及一些特殊工程。

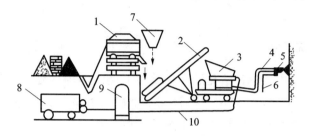

图 6.21　喷射混凝土施工工艺示意图

1—搅拌机;2—输送机;3—喷射机;4—软管;5—喷嘴;6—高压管;7—速凝剂容器;
8—空气压缩机;9—储气罐;10—压缩空气软管

(1)施工工艺

根据施工方法的不同,喷射混凝土可分为喷射混凝土干拌法和喷射混凝土湿拌法。

喷射混凝土干拌法就是将水泥、砂、石在干燥状态下经过强制拌和均匀后,用压缩空气将其和速凝剂送至喷嘴并与压力水混合后进行喷灌的方法。此法须由熟练人员操作,水灰比宜小,石子须用连续级配,粒径不得过大,水泥用量不宜太小,一般可获得较好的混凝土强度和良好的粘结力。该法具有施工方便、输送距离长等优点,但水灰比准确性差,喷射时粉尘大,材料回弹量大,因而在使用上受到一定限制。

喷射混凝土湿拌法是先在搅拌机中按一定配合比搅拌成混凝土混合料后,再由喷射机通过压浆泵送至喷嘴,在喷嘴处不再加水,用压缩空气进行喷灌的方法。施工时宜用随拌随喷的办法,以减少稠度变化。此法与干拌法相比,混凝土强度增长速度可提高约100%,粉尘浓度减少 50%～80%,材料回弹减少约 50%,节约压缩空气 30%～60%。但湿拌法的施工设备比较复杂,水泥用量较大,也不宜用于基面渗水量大的地方。

混凝土喷射施工前首先检查锚杆安装是否符合设计要求,发现问题及时处理。喷射混凝土中由于水泥颗粒与粗骨料相互撞击,连续挤压,因而可将水灰比控制在 0.4～0.6,使混凝土具有足够的密实性、较高的强度和较好的耐久性。为了改善喷射混凝土的性能,常掺入占水泥质量 2.5%～4.0% 的高效速凝剂,一般可使水泥在 3 min 内初凝,10 min 达到终凝,有利于提高早期强度,增大混凝土喷射层的厚度,减少回弹损失。喷射混凝土 2～4 h 后即可进行洒水养护,养护时间不得少于 7 d。

喷射混凝土中加入少量(一般为混凝土质量 3%～4%)的钢纤维(直径为 0.3～0.5 mm,长度为 20～30 mm),能够明显提高混凝土的抗拉、抗剪、抗冲击和抗疲劳强度。

(2)设备选择

喷射机是实现喷射混凝土工艺全过程的主要设备。目前国内已有多种定型产品,不同型号的喷射机各有其特点,可根据施工需要,选择使用。对喷射机选用的要求有:①减少喷射混凝土施工中的回弹率;②降低喷射作用面空气中粉尘浓度;③提高喷射混凝土施工作业效率;④提高喷射混凝土工程质量,降低工程造价。

（3）对原材料的要求

① 水泥：喷射混凝土施工应优先选用普通硅酸盐水泥。当地下水或环境水中含有硫酸盐腐蚀介质或工程的设计有其他特殊要求时，可采用特种水泥。

② 砂：采用细度模数大于 2.5 的中粗砂，不仅为了保证混凝土的质量，也是为了减少施工中的粉尘和喷射混凝土的硬化收缩；砂子的含水率控制在 5%～7%，主要是为了减少材料搅拌时水泥的飞扬，降低粉尘，也有利于在喷嘴加水时能与材料均匀混合，提高喷射混凝土的施工质量。

③ 骨料：喷射混凝土均可使用最大粒径为 25 mm 的粗骨料，但是为了减少回弹和避免管路堵塞，采用粒径较小的粗骨料更为有利，骨料的最大粒径不宜大于 15 mm。

④ 速凝剂：喷射混凝土所用的速凝剂应具有使混凝土凝结速度快，早期强度高，后期强度损失小，收缩量较小，对金属腐蚀小等性能。

⑤ 配合比：混凝土水灰比宜控制在 0.4～0.5；水泥用量一般均在 450 kg/m³ 以上，灰砂比宜为 1∶1.5～1∶2.5。

6.8.4　钢管混凝土

（1）钢管混凝土概述

钢管混凝土是一种具有承载力高、塑性和韧性好、节省材料、方便施工等特点的新型组合结构材料。钢管混凝土作为一种新型组合结构，主要以轴心受压和小偏心受压构件为主，被广泛应用于工业厂房、高层建筑中。

钢管混凝土一般采用无配筋或少配筋的混凝土，由于混凝土材料与钢材的特性不同，钢管内浇筑的混凝土由于收缩而与钢管内壁产生的间隙难以避免。所以钢管混凝土应采取切实有效的技术措施来控制混凝土收缩，减少管壁与混凝土的间隙。

钢管混凝土结构浇筑应符合下列规定：

① 宜采用自密实混凝土浇筑。

② 混凝土应采取减少收缩的措施。

③ 钢管截面较小时，应在钢管壁适当位置留有足够的排气孔，排气孔孔径不应小于 20 mm；浇筑混凝土应加强排气孔观察，并应在确认浆体流出和浇筑密实后再封堵排气孔。

④ 当采用粗骨料粒径不大于 25 mm 的高流态混凝土或粗骨料粒径不大于 20 mm 的自密实混凝土时，混凝土最大倾落高度不宜大于 9 m；倾落高度大于 9 m 时，应采用串筒、溜槽、溜管等辅助装置进行浇筑。

⑤管内混凝土可采用泵送顶升浇筑法、立式手工浇灌法、高位抛落无振捣法。管内混凝土浇筑宜连续进行，需留施工缝时，应将管口封闭，以免水、油、杂物等落入。

（2）泵送顶升法

泵送顶升法是在钢管底部位置安装一个带止流闸门的进料支管，直接与泵车的输送管相连，由泵车的压力将混凝土连续不断地自下而上顶升灌入钢管，对自密实混凝土无需振捣。钢管直径宜大于或等于泵径的两倍。

混凝土从管底顶升浇筑时应符合下列规定：

① 止流阀门可在顶升浇筑的混凝土达到终凝后拆除。

② 应合理选择混凝土顶升浇筑设备；应配备上、下方通信联络工具，并应采取可有效控制混凝土顶升或停止的措施。

③ 应控制混凝土顶升速度，并均衡浇筑至设计标高。

（3）立式手工浇灌法

立式手工浇灌法是指混凝土自钢管上口浇入，用振动器振捣。当钢管管径大于350 mm时，用内部振动器，每次振捣时间不少于 30 s，一次浇筑高度不宜超过 2 m。当钢管管径小于 350 mm 时，可用附着式振动器捣实。外部振动器的位置应随混凝土浇灌的进展加以调正。外部振动器的工作范围以钢管横向振幅不小于 0.3 mm 为宜。振捣时间不小于 1 min。一次浇筑的高度不应大于振动器有效工作范围和 2～3 m 柱长。此法所用混凝土的坍落度宜为 20～40 mm，水灰比不大于 0.4，粗骨料粒径可为 10～40 mm。

（4）高位抛落无振捣法

高位抛落无振捣法是利用混凝土下落时的动能达到振实混凝土的目的。适用于管径大于 350 mm、高度不小于 4 m 的情况。对于抛落高度不足 4 m 的区段，应用内部振动器振实。一次抛落的混凝土量宜为 0.7 m³ 左右，用料斗装料，料斗的下口尺寸应比钢管内径小 200 mm 以上，以便混凝土下落时，管内空气能够排出。此法所用混凝土的坍落度不小于 150 mm，水灰比不大于 0.45，粗骨料粒径可为 5～25 mm。

混凝土从管顶向下浇筑时应符合下列规定：

①浇筑应有足够的下料空间，并应使混凝土充盈整个钢管。

②输送管端内径或斗容器下料口内径应小于钢管内径，且每边应留有不小于 100 mm 的间隙。

③应控制浇筑速度和单次下料量，并应分层浇筑至设计标高。

④混凝土浇筑完毕后应对管口进行临时封闭。

每次浇筑混凝土前，应先浇筑一层与混凝土成分相同的水泥砂浆，以免自由下落的混凝土粗骨料产生弹跳现象。当浇筑至钢管顶端时，可使混凝土稍微溢出，再将留有排气孔的层间横隔板或封顶板紧压在管端，随即进行点焊。待混凝土达到 50％设计强度时，再将层间横隔板或封顶板按设计要求进行补焊。管内混凝土的浇筑质量，可用敲击钢管的方法进行初步检查，如有异常，可用超声脉冲技术检测。对不密实的部位，可用钻孔压浆法进行补强，然后将钻孔补焊封固。

 习题和思考题

6.1 混凝土配置强度如何确定？施工配料计量有何要求？

6.2 混凝土搅拌制度包括哪些内容？

6.3 试述自落式和强制式混凝土搅拌机的工作机理和适用范围。

6.4 试述混凝土运输的基本要求。

6.5 什么是混凝土的可泵性？泵送混凝土的要求有哪些？

6.6 试述混凝土施工缝留置原则和处理办法。

6.7 试述混凝土后浇带留设要求和处理办法。

6.8 混凝土振实原理是什么？试述采用内部振动器和表面式振动器振捣的基本要求。

6.9 混凝土浇筑要点有哪些？

6.10 什么是大体积混凝土？防止大体积混凝土产生裂缝有哪些要求？

6.11 试述混凝土质量检查的要求。

6.12 简述混凝土强度评定的基本方法。

6.13 试述混凝土实体检验的基本要求。

6.14 什么是混凝土的自然养护？有哪些要求？

6.15 试述混凝土施工缺陷的处理方法。

6.16 什么是混凝土的冬期施工？冬期施工应注意哪些问题？

6.17 试述导管法灌注水下混凝土的质量控制要求。

6.18 某高层住宅工程，建筑面积 14800 m²，地下一层，地上二十层。六层以下柱、墙混凝土强度等级为 C40，梁、板混凝土强度等级为 C35，七层以上混凝土强度等级均为 C30，采用预拌混凝土。混凝土运输均由商品混凝土供应站负责，采用混凝土泵车和输送管输送到浇筑现场。

(1)根据混凝土施工工艺阐述保证混凝土施工质量的内容。

(2)制定不同强度等级混凝土施工的处理办法。

(3)试述该现浇结构混凝土分项工程质量验收的主要内容。

6.19 某项目混凝土工程施工，设计强度等级为 C30。在施工过程中抽样 12 组试块，试块为边长 150 mm 的立方体，标准养护。试压后实际强度数据(N/ mm²)为：

26.0,30.5,33.3;30.0,34.0,37.5;25.0,33.0,36.0;27.0,28.5,30.5;

29.0,33.5,40.0;32.5,37.5,37.8;25.0,28.0,29.5;34.0,35.5,37.0;

32.0,36.5,37.0;31.5,32.5,36.5;34.5,38.0,39.0;28.0,32.0,32.5;

试用数理统计方法评定该工程混凝土强度质量是否符合要求。

7 预应力混凝土工程

  内容提要

本章包括预应力筋与锚（夹）具、预应力张拉设备和预应力混凝土施工等内容；主要介绍了预应力筋、锚（夹）具、张拉设备的种类和特点，预应力筋-锚具组装件的性能要求，预应力混凝土施工工艺；重点阐述了后张法预应力混凝土施工中孔道留设、预应力筋制作、预应力筋的张拉、孔道灌浆与锚具封闭防护的基本要求。

为避免钢筋混凝土结构的裂缝过早出现，充分利用高强钢筋及高强混凝土的性能，使钢筋混凝土结构构件在承受外荷载之前，受拉区混凝土预先受到一定压应力的混凝土称为预应力混凝土。对混凝土施加预应力可以提高结构构件的抗裂性、刚度和耐久性。在大跨度与抗裂性能要求高的结构中，采用预应力混凝土结构，可减少材料用量，增加使用空间。预应力混凝土除广泛应用于屋架、吊车梁、楼板等传统的结构构件中，还应用于高层建筑、大型桥梁、水池、筒仓、电视塔、安全壳等结构中，此外，预应力技术在房屋加固与改造中也得到广泛应用。

预应力混凝土按施工方式不同可分为：预制预应力混凝土、现浇预应力混凝土和叠合预应力混凝土等。按预应力度的大小可分为：全预应力混凝土和部分预应力混凝土。全预应力混凝土是在全部使用荷载下受拉边缘不允许出现拉应力的预应力混凝土，适用于要求混凝土不开裂的结构。部分预应力混凝土是在全部使用荷载下受拉边缘允许出现一定的拉应力或裂缝的混凝土，其综合性能较好，费用较低，适用面广。按施加预应力的方法不同可分为：先张法预应力混凝土和后张法预应力混凝土。按预应力筋粘结状态又可分为：有粘结预应力混凝土和无粘结预应力混凝土。有粘结预应力混凝土是通过灌浆或与混凝土直接接触使预应力筋与混凝土之间相互粘结而建立预应力的混凝土结构；无粘结预应力混凝土是配置与混凝土之间可保持相对滑动的无粘结预应力筋的后张法预应力混凝土结构。

按照预应力施加的结构种类不同分为预应力混凝土结构、预应力钢结构。本章主要介绍预应力混凝土结构。

预应力施工是一项专业性强、技术含量高、操作要求严的作业，应由具有相应资质等级的预应力专业施工单位承担。施工前应编制专项施工方案，当设计图纸深度不具备施工条件时，预应力施工单位应予以完善，并经设计单位审核后实施。

7.1 预应力筋与锚(夹)具

预应力筋是指用于建立预加应力的单根或成束的钢丝、钢绞线和钢筋(精轧螺纹钢筋、钢棒等)等。与预应力筋相关的国家标准有《预应力混凝土用钢丝》(GB/T 5223)、《中强度预应力混凝土用钢丝》(YB/T 156)、《预应力混凝土用钢绞线》(GB/T 5224)、《无粘结预应力钢绞线》(YG 161)、《预应力混凝土用螺纹钢筋》(GB/T 20065)、《预应力混凝土用钢棒》(GB/T 5223.3)等。预应力筋应根据结构受力特点、环境条件和施工方法等选用(表 7.1),预应力筋的发展趋势为高强度、低松弛、大直径和耐腐蚀。

表 7.1　锚具和连接器的选用

预应力筋品种	张拉端	固定端	
		安装在结构外部	安装在结构内部
钢绞线	夹片锚具 压接锚具	夹片锚具 挤压锚具 压接锚具	压花锚具 挤压锚具
单根钢丝	夹片锚具 镦头锚具	夹片锚具 镦头锚具	镦头锚具
钢丝束	镦头锚具 冷(热)铸锚	冷(热)铸锚	镦头锚具
预应力螺纹钢筋	螺母锚具	螺母锚具	螺母锚具

锚具是指在后张法预应力混凝土结构或构件中,为保持预应力筋的拉力并将其传递到混凝土上所用的永久性锚固装置。夹具是指在先张法预应力混凝土构件施工时,为保持预应力筋的拉力并将其固定在生产台座(或设备)上的临时性锚固装置;在后张法预应力混凝土结构或构件施工时,在张拉千斤顶或设备上夹持预应力筋的临时性锚固装置。连接器是用于连接预应力筋的装置。预应力筋用锚具、夹具和连接器的性能,应符合现行国家标准《预应力筋用锚具、夹具和连接器》(GB/T 14370)的有关规定,是生产厂家生产、质量检验的主要依据。其工程应用应符合现行行业标准《预应力筋用锚具、夹具和连接器应用技术规程》(JGJ 85)的有关规定,作为锚(夹)具产品工程应用的依据,包括设计选用、进场检验、工程施工等内容。

预应力筋,预应力筋用锚具、夹具和连接器等工程材料基本都是金属材料,因此在运输、存放过程中,应采取防止其损伤、锈蚀或污染的保护措施,并在使用前进行外观检查。

预应力混凝土锚具、夹具和连接器按锚固方式不同,可分为夹片式(单孔和多孔夹片锚具)、支承式(镦头锚具、螺母锚具等)、锥锚式(钢质锥形锚具)和握裹式(挤压锚具、压花锚具等)等类型。锚(夹)具应具有可靠的锚固性能,并不超过预期的内缩值;应具有使用安全、构造简单、加工方便、价格低、全部零件互换性好等特点。

7.1.1 钢丝体系

7.1.1.1 预应力钢丝

预应力筋用钢丝按加工状态不同分为冷拉钢丝和消除应力钢丝两大类。消除应力钢丝按松弛性能又分为低松弛级钢丝和普通松弛级钢丝。钢丝在塑性变形下(轴应变)进行的短时热处理,得到的是低松弛级钢丝。钢丝经过矫直工序处理后,在适当温度下进行短时热处理,得到的是普通松弛级钢丝。

钢丝公称直径一般为 4～14 mm。按照强度等级不同,钢丝分为中强度预应力钢丝(800～1370 N/ mm²)、高强度预应力钢丝(1470～1860 N/ mm²),中强度钢丝主要用于先张法中小型预应力混凝土构件。目前常用的是公称直径为 5 mm、抗拉强度为 1860 N/ mm² 的预应力光圆钢丝。

7.1.1.2 锚具

钢丝束一般由几根到几十根直径为 3～5 mm 的平行的碳素钢丝组成。目前常用的锚具有钢质锥形锚具和镦头锚具等。

(1)钢质锥形锚具

钢质锥形锚具由锚环和锚塞组成,如图 7.1 所示。锚环为带有圆锥形孔洞的圆环,锚塞为周围带齿的圆锥体,中间有一个直径为 10 mm 的小孔作为锚固后灌浆之用。钢质锥形锚具适用于锚固 12～24 根 φ5 的钢丝束。

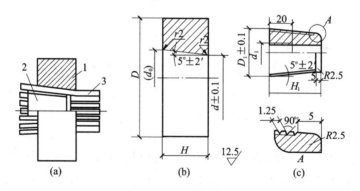

图 7.1 钢质锥形锚具

(a)组装图;(b)锚环;(c)锚塞
1—锚环;2—锚塞;3—钢丝束

钢质锥形锚具的设计应满足自锁和自锚的条件。自锁就是使锚塞在顶压后不致弹回脱出,如图 7.2(a)所示。

取锚塞为脱离体,自锁条件是:$N\sin\alpha < \mu_1 \cdot N\cos\alpha$,即

$$\tan\alpha \leqslant \mu_1 \tag{7.1}$$

一般情况下,α 值较小,锚塞的自锁易满足。

自锚就是使钢丝在拉力作用下带着锚塞揳紧而又不发生滑动,如图 7.2(b)所示。取钢丝为脱离体,略去钢丝在锚环口处角度变化,平衡条件为 $P = \mu_2 N + N\tan\alpha$。

阻止钢丝滑动的最大阻力 $F_{\max} = \mu_1 N + \mu_2 N$,自锚系数 K 为:

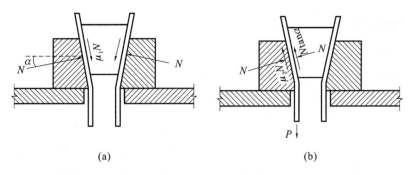

图 7.2 钢质锥形锚具受力分析示意

(a)锚具自锁;(b)锚具自锚

P—钢丝拉力;N—正压力;α—锥角;μ_1—锚塞与钢丝间的摩擦系数;μ_2—钢丝与锚环间的摩擦系数

$$K = \frac{F_{\max}}{P} = \frac{\mu_1 N + \mu_2 N}{\mu_2 N + N\tan\alpha} = \frac{\mu_1 + \mu_2}{\mu_2 + \tan\alpha} \geqslant 1 \qquad (7.2)$$

从式(7.2)可知,当 α、μ_2 值减小,μ_1 值越大时,则 K 值越大,自锚性能越好。但 α 值也不宜过小,否则锚环承受的环向张力过大,易导致锚具失效。

钢质锥形锚具使用时,应保证锚环孔中心、预留孔道中心和千斤顶轴线三者同心,以防止压伤钢丝或造成断丝。锚塞的预压力宜为张拉力的 $50\%\sim60\%$。

(2)镦头锚具

镦头锚具是利用钢丝两端的镦粗头来锚固预应力钢丝的一种锚具。镦头锚具加工简单,张拉方便,锚固可靠,成本较低,但对钢丝束的等长要求较严。这种锚具可根据张拉力大小和使用条件设计成多种形式和规格,能锚固任意根数的钢丝。

常用的镦头锚具有张拉端使用的 A 型,由锚杯与螺母组成;固定端使用的 B 型,即锚板。镦头锚具 DM5A 型和 DM5B 型如图 7.3 所示。

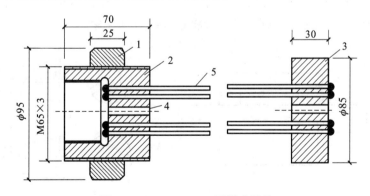

图 7.3 DM5A、DM5B 型镦头锚具

(a)张拉端锚杯与螺母;(b)固定端锚板

1—锚环;2—螺母;3—锚板;4—排气孔;5—钢丝

钢丝镦头采用液压冷镦器。对镦头的要求是:镦头的头形直径不宜小于钢丝直径的 1.5 倍,高度不宜小于钢丝直径;头形圆整,不偏歪,头部不应出现横向裂纹,颈部母材不受损伤。钢丝镦头的强度不得低于钢丝强度标准值的 98%。

7.1.2 钢绞线体系

7.1.2.1 钢绞线

钢绞线的整根破断力大,柔性好,施工方便,是预应力工程的主要材料。预应力钢绞线一般是由 2、3、7 根高强度钢丝捻制而成,并经消除应力处理,如图 7.4 所示。

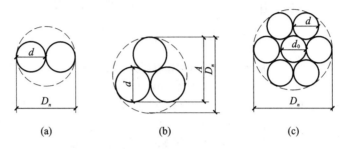

图 7.4 钢绞线外形示意图

(a)1×2 结构钢绞线;(b)1×3 结构钢绞线;(c)1×7 结构钢绞线

直径为 15.20 mm、抗拉强度 1860 N/ mm² 的 1×7 钢绞线,是后张法预应力工程中最常用的钢绞线。

7.1.2.2 锚具

钢绞线常用的锚(夹)具分为单孔和多孔两种。

(1)单孔夹片锚(夹)具

单孔夹片锚(夹)具由锚环和夹片组成,如图 7.5 所示。这类锚具外侧为锚环,锚环内部为锥形孔。内侧与预应力钢绞线接触部位为夹片,夹片的齿形为锯齿形细齿,用于与钢绞线和锚环的机械咬合,夹片按片数不同分为二片和三片两种,三片式夹片按 120°铣分,二片式夹片的背面上有一条弹性槽,以提高锚固性能。当钢绞线受力时,夹片产生与钢绞线相同方向的移动,由于楔形原理,夹片会将钢绞线自动夹紧。

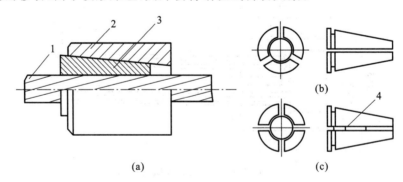

图 7.5 单孔夹片式锚具

(a)组装图;(b)三夹片;(c)二夹片

1—钢绞线;2—锚环;3—夹片;4—弹性槽

夹片式锚具应具有自锚性能,并具有连续反复张拉的功能,利用行程不大的千斤顶经多次张拉锚固后,可张拉任意长度的预应力筋。

单孔夹片锚(夹)具应采用限位器张拉锚固或采用带顶压器的千斤顶张拉后顶压锚

固。为使混凝土构件能承受预应力筋张拉锚固时的局部承载力,单孔锚具应与锚垫板和螺旋筋配套使用。

单孔夹片式锚具主要用于无粘结预应力混凝土结构中的单根钢绞线的锚固,也可用作先张法构件中锚固单根钢绞线的夹具。

(2)多孔夹片锚具

多孔夹片锚具又称群锚,由多孔的锚板、夹片等组成,如图7.6所示。

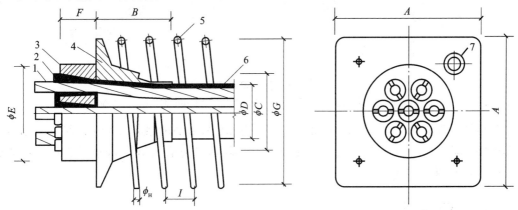

图7.6 多孔夹片锚具

1—钢绞线;2—夹片;3—锚板;4—锚垫板;5—螺旋筋;6—波纹管;7—灌浆孔

在多孔锚板上的每一个锥形孔内装一组夹片,夹持一根钢绞线。分组安装的优点是任何一根钢绞线锚固失效,都不会引起整体锚固失效,每束钢绞线的根数不受限制。多孔夹片锚具在后张法有粘结预应力混凝土结构中应用较为广泛。

(3)固定端锚固体系

固定端锚有挤压锚具和压花锚具等类型。其中,挤压锚具既可埋在混凝土结构内,也可安装在结构之外,对有粘结预应力钢绞线、无粘结预应力钢绞线都适用,应用范围最广。压花锚具仅用于固定端空间较大且有足够的粘结长度的情况,但成本较低。

挤压锚具(图7.7)是在钢绞线端部安装异形钢丝衬圈和挤压套,利用专用挤压机挤过模孔后,使其产生塑性变形而握紧钢绞线,形成可靠的锚固。压花锚具(图7.8)是利用专用压花机将钢绞线端头压成梨形散花头的一种握裹工作锚具。

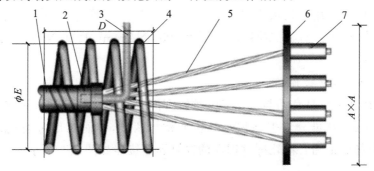

图7.7 挤压锚具构造

1—波纹管;2—约束圈;3—出浆管;4—螺旋筋;5—钢绞线;6—固定锚板;7—挤压套挤压簧

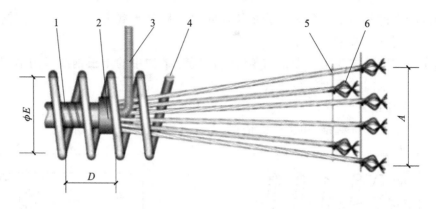

图 7.8　压花锚具构造

1—波纹管;2—约束圈;3—排气管;4—螺旋筋;5—支架;6—钢绞线梨形自锚头

挤压锚具制作时压力表测得的油压应符合操作说明书的规定,挤压后预应力筋外端应露出挤套筒 1～5 mm;钢绞线压花锚成形时,表面应清洁、无油污,梨形头尺寸和直线段长度应符合设计要求。

7.1.3　钢筋体系

7.1.3.1　预应力用钢筋

预应力用钢筋包括精轧螺纹钢筋和钢棒等,主要用作直线预应力筋或拉杆。

(1)精轧螺纹钢筋

预应力混凝土用精轧螺纹钢筋是一种用热轧方法在整根钢筋表面上轧出不带纵肋而横肋为不连续的梯形螺纹的直条钢筋,该钢筋在任意截面处都能拧上带内螺纹的连接器进行接长或拧上特制的螺母进行锚固,无需冷拉与焊接,施工方便。

精轧螺纹钢筋直径有 18 mm、25 mm、32 mm、40 mm 和 50 mm 等,常用直径为 25 mm 和 32 mm;屈服强度分别为 785 N/mm²、930 N/mm² 和 1080 N/mm²;抗拉强度分别为 980 N/mm²、1080 N/mm² 和 1230 N/mm²。

(2)钢棒

预应力混凝土用钢棒是由低合金钢盘条热轧而成,其截面形式有光圆、螺旋槽、螺旋肋和带肋等几种,主要用于先张法构件。

钢棒直径为 $\phi 6 \sim \phi 16$,其抗拉强度分别为 1080 N/mm²、1230 N/mm²、1420 N/mm² 和 1570 N/mm² 等。

7.1.3.2　锚具和连接器

精轧螺纹钢筋锚具是利用与该钢筋螺纹匹配的特制螺母锚固的一种支承式锚具。锚具包括螺母与垫板;螺母分为平面螺母和锥面螺母两种,锥面螺母可通过锥体与孔的配合,保证预应力筋的正确。精轧螺纹钢筋的锚具和连接器如图 7.9 所示。

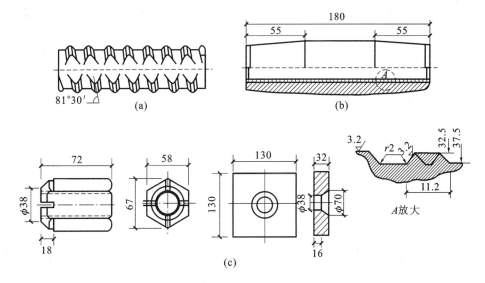

图 7.9 精轧螺纹钢筋锚具与连接器

(a)精轧螺纹钢筋;(b)连接器;(c)锥形螺母与垫板

7.1.4 预应力筋-锚具组装件的锚固性能检验

预应力筋与安装在端部的锚具(夹具)组合装配而成的受力单元,简称锚具(夹具)组装件。预应力筋与连接器装配而成的受力单元称为连接器组装件。

为保证预应力筋组装件的工作可靠性能,需要对预应力筋组装件进行一系列的检验,主要包括锚固区传力性能试验、静载锚固区性能试验、锚具内缩值测试、锚口摩擦损失测试、锚板性能检验、锚具低温性能试验等。

预应力筋用锚具、夹具和连接器的基本性能应符合现行国家标准《预应力筋用锚具、夹具和连接器》(GB/T 14370)的规定,锚具的静载锚固性能,应由预应力筋-锚具组装件静载试验测定的锚具效率系数(η_a)和达到极限拉应力的组装件中预应力筋的总应变(ε_{apu})确定。锚具效率系数(η_a)不应小于 0.95,预应力筋总应变(ε_{apu})不应小于 2.0%。

锚具效率系数应根据试验并按下式计算确定:

$$\eta_a = \frac{F_{apu}}{\eta_p F_{pm}} \tag{7.3}$$

式中 η_a——锚具效率系数;

F_{apu}——预应力筋-锚具组装件的实测极限拉力(kN);

F_{pm}——预应力筋的实际平均极限拉力(kN);

η_p——预应力筋的效率系数,预应力筋-锚具组装件中预应力筋为 1~5 根时,$\eta_p=1$;6~12 根时,$\eta_p=0.99$;13~19 根时,$\eta_p=0.98$;20 根及以上时,$\eta_p=0.97$。

预应力筋-锚具组装件的破坏形式应是预应力筋破断,锚具零件不应破碎。夹片式锚具的夹片在预应力筋应力未超过 $0.8f_{ptk}$ 时不应出现裂纹。

夹片式锚具的锚板应具有足够的刚度和承载力,锚板性能由锚板的加载试验确定,加载至 0.95 倍预应力筋抗拉力标准值(f_{ptk})后卸载,测得锚板中心的残余挠度不应大于相应锚垫板上口直径的 1/600,加载至 1.2 倍预应力筋抗拉力标准值时,锚板不应出现裂纹破坏。有抗震要求的结构采用的锚具,应满足低周反复荷载的性能要求。需作疲劳验收的结构所采用的锚具,应满足疲劳性能要求。当锚具使用环境温度低于 -50℃ 时,锚具应满足低温锚固性能要求。

7.2　预应力张拉设备

　　施工预应力的张拉设备有用于先张法张拉的电动张拉机和各类预应力筋张拉的液压张拉机两类。预应力筋张拉机具设备及仪表,应定期维护和校验。张拉设备应配套标定,并配套使用。

　　选择张拉设备时,为了保证设备、人员的安全和张拉力准确,张拉设备的张拉力不应小于预应力筋所需张拉力的 1.5 倍,张拉行程不小于预应力筋伸长值的 1.1~1.3 倍。

7.2.1　电动张拉机

　　目前,在台座上生产先张法预应力构件时,预应力筋大多采用单根张拉式,即预应力筋是逐根进行张拉和锚固的,常用的张拉机有电动螺杆张拉机和电动卷筒张拉机。

　　(1)电动螺杆张拉机

　　电动螺杆张拉机是根据螺旋推动原理制成的(图 7.10)。拉力控制一般采用弹簧测力计,上面设有行程开关,当张拉到规定的拉力时能自行停机。电动螺杆张拉机用于张拉钢丝。电动螺杆张拉机操作时,按张拉力数值调整测力计标尺,钢丝插入夹具中夹住,开动电动机,螺杆向后运动,钢丝被张拉。当达到张拉力数值时,电动机自动停止转动。锚固好钢丝,电动机反向旋转,此时,螺杆向前运动,放松钢丝,完成张拉操作。

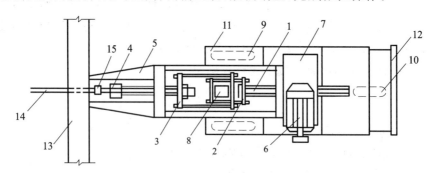

图 7.10　电动螺杆张拉机

1—螺杆;2、3—拉力架;4—张拉夹具;5—顶杆;6—电动机;7—减速箱;8—测力计;
9、10—胶轮;11—底盘;12—手柄;13—横梁;14—预应力筋;15—锚固夹具

　　(2)电动卷筒张拉机

　　电动卷筒张拉机由电动机通过减速箱带动一个卷筒,将钢丝绳卷起进行张拉。钢丝绳绕过张拉夹具尾部的滑轮,与弹簧测力计连接。张拉行程与额定张拉力同电动螺杆张拉机。

7.2.2　液压张拉机

液压张拉机包括液压千斤顶、油泵与压力表、限位板、工具锚(夹具)等。液压千斤顶常用的有穿心式千斤顶、锥锚式千斤顶和前置内卡式千斤顶等。选用千斤顶型号和吨位时,应根据预应力筋的张拉力和所用的锚具形式确定。

(1)穿心式千斤顶

穿心式千斤顶是一种具有穿心孔,利用双液压油缸张拉预应力筋和顶压锚具的双作用千斤顶,主要是由张拉油缸1、顶压油缸2、顶压活塞3和弹簧4等组成(图7.11)。用千斤顶张拉预应力筋时,张拉力的大小是通过油泵上的油压表的读数来控制的。穿心式千斤顶适应性强,既适用于张拉需要顶压的夹片式锚具锚固的钢绞线束,配上撑脚与拉杆后,也可用于张拉钢质锥形锚具锚固的钢丝束。常用的是 YC-60 型千斤顶,这种千斤顶最大拉力为 600 kN,可以与施工现场各种油泵配套使用。

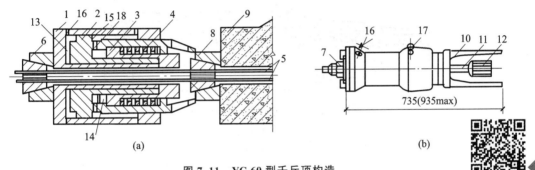

图 7.11　YC-60 型千斤顶构造

(a)剖面图;(b)外形图

1—张拉油缸;2—顶压油缸;3—顶压活塞;4—弹簧;5—预应力筋;6—工具式锚具;

7—螺母;8—工作锚具;9—混凝土构件;10—顶杆;11—拉杆;12—连接器;13—张拉工作油室;

14—顶压工作油室;15—张拉回程油室;16—张拉钢油嘴;17—顶压油缸油嘴;18—油孔

YC-60 型千斤顶
工作过程

(2)锥锚式千斤顶

锥锚式千斤顶如图 7.12 所示。由于它能完成张拉、顶锚和退楔功能三个动作,故又称三作用千斤顶,一般用于张拉用钢质锥形锚具锚固的钢丝束。

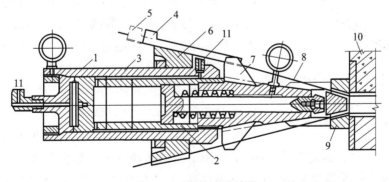

图 7.12　锥锚式千斤顶

1—张拉缸;2—顶压缸;3—退楔缸;4—楔块(张拉时位置);5—楔块(退出时位置);

6—锥形卡环;7—退楔翼片;8—钢丝;9—锥形锚具;10—构件;11—油嘴

锥锚式千斤顶
工作过程

锥锚式千斤顶工作原理是当张拉油缸进油时,张拉缸被压移,使固定在其上的钢筋被张拉;钢筋张拉后,改由顶压油缸进油,随即由活塞将锚塞顶入锚圈中,张拉缸、顶压缸同时回油,则在弹簧力的作用下复位。

(3)前置内卡式千斤顶

前置内卡式(前卡式)千斤顶是一种小型千斤顶,由外缸、内缸、活塞、前后端盖、顶压器、工具锚组成,如图 7.13 所示。在高压油作用下,顶压器、活塞杆不动,油缸后退,从而工具锚夹片自动夹紧钢绞线。随着高压油不断作用,油缸继续后退,完成钢绞线张拉工作。千斤顶张拉后,油缸回油复位时,顶压器中的顶楔环将工具锚夹片打开放松钢绞线,千斤顶退出。这种千斤顶的张拉力为 $180\sim250$ kN,张拉行程为 $160\sim200$ mm,预应力筋的工作长度短(约 250 mm),千斤顶轻巧,适用于张拉单根钢绞线。

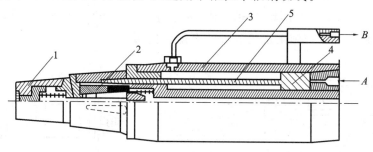

图 7.13　YDCQ 型前置内卡式千斤顶

A—进油;B—回油

1—顶压器;2—工具锚;3—外缸;4—活塞;5—拉杆

7.2.3　液压千斤顶的标定

采用千斤顶张拉预应力筋时,预应力筋的张拉力由压力表读数反映,压力表的读数表示千斤顶油缸活塞单位面积上的油压力,理论上等于张拉力除以活塞面积。但实际张拉力往往比理论计算值小。其原因是一部分张拉力被油缸与活塞之间的摩阻力所抵消,而摩阻力的大小受多种因素的影响又难以计算确定。

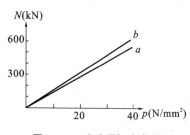

图 7.14　千斤顶标定曲线

a—主动状态;b—被动状态

为保证预应力筋张拉应力的准确性,应定期校验千斤顶,确定实际张拉力(N)与压力表读数(p)的关系。绘制出 N 与 p 的关系曲线(图 7.14),供施工时使用。千斤顶标定期限不应超过半年。当使用过程中出现异常情况或设备维修以后应重新标定。

张拉设备应配套标定,压力表的量程应大于张拉工作压力读数值,压力表的精确度等级不应低于 1.6 级;标定张拉设备用的试验机或测力计的测力示值不确定度,不应大于 1.0%。标定千斤顶时,千斤顶活塞的运动方向应与实际张拉工作状态一致,即张拉时应采用千斤顶顶试验机(主动状态)的方法标定千斤顶;而在测定预应力筋孔道摩擦损失时用于固定端的千斤顶,其工作状态正好与张拉状态相反,应采用试验机压千斤顶(被动状态)的方法标定千斤顶。一般采用立放标定卧放使用。

当用试验机标定千斤顶时,将千斤顶放置于试验机上、下压板之间,千斤顶进油,顶紧试验机压板,千斤顶缸体的运行方向与实际张拉时的方向一致(图7.15)。力的平衡关系为

$$N = p \cdot A - f \tag{7.4}$$

式中　N——试验机被动工作时的表盘读数(kN);

　　　p——千斤顶主动出力时压力表的读数(N/mm²);

　　　f——千斤顶主动出力时缸体与活塞之间的摩阻力(kN);

　　　A——千斤顶张拉活塞面积(mm²)。

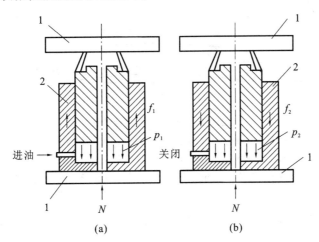

图7.15　试验机标定穿心式千斤顶示意图

(a)千斤顶顶试验机(主动);(b)试验机压千斤顶(被动)

1—试验机的上、下压板;2—穿心式千斤顶

7.3　预应力混凝土施工

7.3.1　后张法

后张法是先制作构件或先浇筑结构混凝土,并在预应力筋的部位预先留出孔道,待混凝土达到设计规定的强度等级以后,在预留孔道内穿入预应力筋,并按设计要求的张拉控制应力进行张拉,利用锚具把预应力筋锚固在构件端部,最后进行孔道灌浆。张拉后的钢筋通过锚具传递预应力,使构件或结构混凝土得到预压(图7.16)。

后张法的特点是直接在构件上张拉预应力筋,构件在张拉过程中受到预压力而完成混凝土的弹性压缩。因此,混凝土的弹性压缩,不直接影响预应力筋有效预应力值的建立。后张法适宜于制作大型预制预应力混凝土构件和现浇预应力混凝土结构工程。

后张法除作为一种预加应力的工艺方法外,还可以作为一种预制构件的拼装手段。大型构件(如拼装式大跨度屋架)可以预制成小型块体,运至施工现场后,通过预加应力的手段拼装成整体;或各种构件安装就位后,通过预加应力的手段,拼装成整体预应力结构。但后张法预应力传递主要依靠预应力筋两端的锚具,锚具作为预应力筋的组成部分,永远留置在构件上,不能重复使用。这样,不仅耗用钢材多,而且锚具加工要求高,费用昂贵,

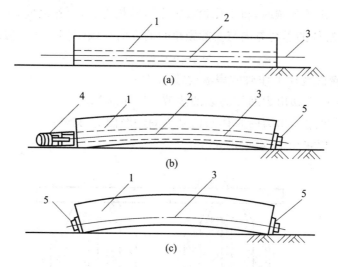

图 7.16　后张法施工示意图

(a)制作混凝土构件;(b)预应力筋张拉;(c)锚固和孔道灌浆

1—混凝土构件;2—预留孔道;3—预应力筋;4—千斤顶;5—锚具

加上后张法工艺本身要预留孔道、穿筋、张拉、灌浆等因素,故施工工艺比较复杂,成本也比较高。

　　预应力后张法施工分为两个阶段。第一阶段为构件的生产,第二阶段为施加预应力,第二阶段包括预应力筋的制作、预应力筋的张拉和孔道灌浆等工艺。

　　7.3.1.1　有粘结预应力混凝土施工

后张有粘结预应力混凝土施工的工艺流程如图 7.17 所示。

(1)孔道留设

预应力筋孔道的形状有直线、曲线和折线三种。在有粘结预应力混凝土构件中,需要按照预应力筋设计的位置和形状预留孔道。

预留孔道的规格、数量、位置和形状应符合设计要求。预应力筋孔道应平顺,并与定位钢筋绑扎牢固。定位钢筋直径不宜小于 10 mm,间距不宜大于 1.2 m,扁形管道、塑料波纹管或预应力筋曲线曲率较大处的定位间距,宜适当缩小。

凡施工时需要预先起拱的构件,预应力筋孔道宜随构件同时起拱。其控制点竖向位置允许偏差应符合表 7.2 的规定。

流程图:
安装钢筋 → 预留孔道 → 浇筑混凝土 → 养护到规定强度 → 预应力筋穿束 → 张拉预应力筋 → 孔道灌浆 → 切割封锚

图 7.17　有粘结预应力
混凝土施工工艺流程

表 7.2　预应力筋控制点竖向位置允许偏差

构件截面高(厚)度 h(mm)	$h\leqslant300$	$300<h\leqslant1500$	>1500
允许偏差(mm)	±5	±10	±15

　　对后张法预制构件,孔道之间的水平净间距不宜小于 50 mm,且不宜小于粗骨料最大粒径的 1.25 倍;孔道至构件边缘的净间距不宜小于 30 mm,且不宜小于孔道外径的 50%。

　　在现浇混凝土梁中,曲线孔道在竖直方向的净间距不应小于孔道外径,水平方向的净间距不应小于孔道外径的 1.5 倍,且不应小于粗骨料最大粒径的 1.25 倍;从孔道外壁至构件边缘的净间距,梁底不宜小于 50 mm,梁侧不宜小于 40 mm;裂缝控制等级为三级的梁,从孔道外壁至构件边缘的净间距,梁底不宜小于 60 mm,梁侧不宜小于 50 mm。

预留孔道的内径宜比预应力束外径及需穿过孔道的连接器外径大 6~15 mm,且孔道的截面积宜为穿入预应力束截面积的 3~4 倍。

预应力筋孔道应根据工程特点设置排气孔、泌水孔及灌浆孔,排气孔可兼作泌水孔或灌浆孔。曲线孔道波峰和波谷的高差大于 300 mm 时,应在孔道波峰设置排气孔,排气孔间距不宜大于 30 m;当排气孔兼作泌水孔时,其外接管道伸出构件顶面长度不宜小于 300 mm。

孔道端部的锚垫板的承压面应与预应力筋或孔道曲线末端的切线垂直。预应力筋曲线起始点与张拉锚固点之间的直线段最小长度应符合表 7.3 的规定,内埋式固定端锚垫板不应重叠,锚具与锚垫板应贴紧。

表 7.3 预应力筋曲线起始点与张拉锚固点之间直线段最小长度

预应力筋张拉力 N(kN)	$N \leqslant 1500$	$1500 < h \leqslant 6000$	>6000
直线段最小长度(mm)	400	500	600

常用的孔道留设方法有钢管抽芯法、胶管抽芯法和预埋管法。

①钢管抽芯法。它是指制作后张法预应力混凝土构件时,在预应力筋位置预先埋设钢管,然后浇捣混凝土,待混凝土初凝后再将钢管旋转抽出的留孔方法。为避免钢管产生挠曲和浇捣混凝土时位置发生偏移,每隔 1.0 m 用钢筋井字架固定牢靠。钢管接头处可用长度为 300~400 mm 的铁皮套管连接。在混凝土浇筑后,每隔一定时间慢慢转动钢管,避免钢管与混凝土粘结在一起;待混凝土初凝后、终凝前抽出钢管,即形成孔道。钢管抽芯法仅适用于留设直线孔道。

抽管顺序宜先上后下,若先下后上,则在抽拔上层孔道时,下层孔道有塌陷的可能。抽管要边抽边转,速度均匀,与孔道成一直线。

②胶管抽芯法。胶管由于具有弹性好和便于弯曲的特点,故预留一般曲线孔道时可采用胶管抽芯法。常用的胶管有 5~7 层夹布胶皮管和专供预应力混凝土留孔用的钢丝网橡胶管(或厚橡胶管)两种。

夹布胶管质软、弹性好,使用时为增加胶管的刚度,需在管中充入 0.6~0.8 N/mm² 的压力水或空气(无充水或充气设备时,可在管内插入细钢筋或钢丝代替),此时胶管外径增大 3~4 mm,然后浇筑混凝土。待混凝土初凝后,将胶管中的压力水(或空气)放出,抽出胶管,孔道即形成。采用夹布胶管留孔,由于胶管充水或充气后管径膨胀,放水或放气后管径缩小,自行与混凝土脱离,很容易抽拔。

采用胶管抽芯法预留孔道的优点是:浇筑混凝土后不需转动,胶管很容易抽拔,对抽管时间要求也不严,稍迟仍可抽出。另外,采用胶管留孔,孔壁混凝土不易开裂,胶管也不易损坏。缺点是需要一些加压设备(采用夹布胶管时)和较多固定位置用的井字架(间距≤50 mm)。

③预埋管法。预埋管法就是利用与孔道直径相同的金属波纹管(螺旋管)或塑料波纹管等埋在构件中,无需抽出。预埋管法是目前现浇预应力混凝土结构施工主要的留孔

方法。

　　波纹管的安装,应事先按设计图中预应力筋的曲线坐标在箍筋上定出曲线位置。波纹管的固定,应采用钢筋支架(图7.18),钢筋支架应焊在箍筋上,箍筋底部应垫实。波纹管固定后,必须用铁丝扎牢,以防浇筑混凝土时螺旋管上浮而引起严重的质量事故。螺旋管安装就位过程中,应尽量避免反复弯曲,以防管壁开裂。同时,还应防止电焊火花烧伤管壁。

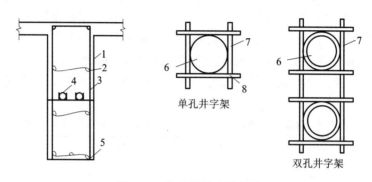

单孔井字架

双孔井字架

图 7.18　波纹管固定示意图

1—梁侧模;2—箍筋;3、7—钢筋支架;4、6—波纹管;5—垫块;8—焊接

　　波纹管有圆形管和扁形管两类。波纹管要求在外荷载作用下,有抵抗变形的能力;同时在浇筑混凝土的过程中,水泥浆不得渗入管内。金属波纹管和塑料波纹管的规格和性能应符合现行行业标准《预应力混凝土用金属波纹管》(JG 225)和《预应力混凝土桥梁用塑料波纹管》(JT/T 529)的规定。

　　金属波纹管接长时,可采用大一规格的同波型波纹管作为接头管,接头管长度可取其直径的3倍,且不宜小于200 mm,两端旋入长度宜相等,且两端应采用防水胶带密封(图7.19);塑料波纹管接长时,可采用塑料焊接机热熔焊接或采用专用连接管。

　　预应力筋孔道两端,应设置灌浆孔和排气孔。灌浆孔可设置在锚垫板上或利用灌浆管引至构件外,孔径应能保证浆液畅通,一般不宜小于20 mm。曲线预应力筋孔道的每个波峰处,应设置泌水管。其做法是在螺旋管上开口,用带嘴的塑料弧形压板与海绵片覆盖并用铁丝扎牢,再接增强塑料管(图7.20)。

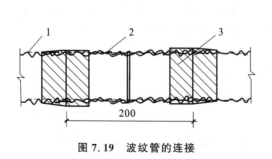

图 7.19　波纹管的连接

1—波纹管;2—接头管;3—密封胶带

图 7.20　灌浆孔留设

1—波纹管;2—海绵垫片;3—塑料弧形压板;

4—增强塑料管;5—铁丝绑扎

（2）混凝土浇筑

浇筑混凝土之前，应进行预应力隐蔽工程验收，其内容包括：预应力筋的品种、规格、数量、位置等；预应力筋锚具和连接器的品种、规格、数量、位置等；预留孔道的规格、数量、位置、形状及灌浆孔、排气兼泌水管等；锚固区局部加强构造等。隐蔽工程验收合格方可进行混凝土浇筑。

预应力筋张拉前，应提供构件混凝土的强度试压报告。混凝土的强度满足设计要求后，方可施加预应力。如设计无要求时，不应低于设计立方体抗压强度标准值的75%。后张法预应力梁和板，现浇结构混凝土的龄期分别不宜小于7 d和5 d。

混凝土构件为拼装构件，立缝处混凝土或砂浆强度若设计无要求时，不应低于块体混凝土设计强度的40%，且不得低于15 N/mm²。以上要求主要是防止在张拉过程中，由于混凝土强度不够，引起构件开裂；减少拼装构件在拼缝处的压缩变形，以确保预应力构件的制作质量。

（3）预应力筋制作与穿束

预应力筋的制作对精轧螺纹钢筋包括下料和接长等工序；对钢丝束包括下料、镦头、编束等工序；对钢绞线束主要是下料和编束工序。

①预应力筋的下料长度计算

预应力筋的下料长度应根据锚具形式和施工工艺确定。

后张法预应力混凝土构件采用钢绞线束夹片锚具时，钢绞线的下料长度 L 可按下列公式计算（图7.21）：

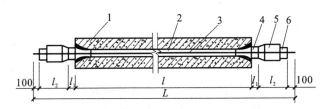

图7.21　采用夹片锚具时钢绞线的下料长度

1—混凝土构件；2—预应力筋孔道；3—钢绞线；4—夹片式工作锚；
5—张拉用千斤顶；6—夹片式工具墙

两端张拉

$$L = l + 2(l_1 + l_2 + 100) \tag{7.5}$$

一端张拉

$$L = l + 2(l_1 + 100) + l_2 \tag{7.6}$$

式中　l——构件的孔道长度（mm）；

　　　　l_1——夹片式工作锚厚度（mm）；

　　　　l_2——张拉用千斤顶长度（含工具锚，mm），采用前卡式千斤顶时仅算至千斤顶体内工具锚处。

后张法混凝土构件中采用钢丝束镦头锚具时，钢丝的下料长度 L 可按预应力筋张拉后螺母位于锚杯中部计算（图7.22）：

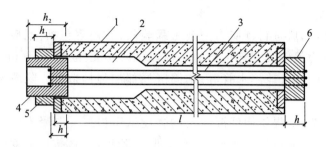

图 7.22　采用镦头锚具时钢丝的下料长度
1—混凝土构件;2—孔道;3—钢丝束;4—锚杯;5—螺母;6—锚板

$$L = l + 2(h + s) - K(h_2 - h_1) - \Delta L - c \tag{7.7}$$

式中　l——构件的孔道长度(mm),按实际尺寸;

　　　h——锚杯底部厚度或锚板厚度(mm);

　　　s——钢丝镦头留量,对$\phi^P 5$取 10 mm;

　　　K——系数,一端张拉时取 0.5,两端张拉时取 1.0;

　　　h_2——锚杯高度(mm);

　　　h_1——螺母高度(mm);

　　　ΔL——钢丝束张拉伸长值(mm);

　　　c——张拉时构件的弹性压缩值(mm)。

当钢丝束采用镦头锚具时,同一束中各根钢丝应等长下料,其长度的极差不应大于钢丝长度的 1/5000,且不应大于 5 mm。当成组张拉长度不大于 10 m 的钢丝时,同组钢丝长度的极差不得大于 2 mm。

如多根钢绞线同时穿一个孔道时,应对钢绞线进行编束,钢绞线编束宜用 20 号铁丝绑扎,间距 2～3 m。编束时应先将钢绞线理顺,并尽量使各根钢绞线松紧一致。

为保证钢丝束两端钢丝的排列顺序一致,穿束与张拉时不至于产生紊乱,每束钢丝都必须先进行编束。根据锚具形式,可以采用不同的编束方法。

②预应力筋穿束

根据穿束与浇筑混凝土之间的先后关系分为先穿束和后穿束两种。

先穿束法即在浇筑混凝土之前穿束。此法穿束省力,但穿束占用工期,束的自重引起的波纹管摆动会增大摩擦损失,束端保护不当易生锈。按穿束与预埋波纹管之间的配合,又可分为以下三种情况:先穿束后装管,即将预应力筋先穿入钢筋骨架内,然后将螺旋管逐节从两端套入并连接;先装管后穿束,即将螺旋管先安装就位,然后将预应力筋穿入;将波纹管和预应力筋组装后放入,即在梁外侧的脚手架上将预应力筋与波纹管从钢筋骨架顶部放入就位,箍筋应先做成开口箍,再封闭。

后穿束法即在浇筑混凝土之后穿束。此法可在混凝土养护期内进行,不占工期,便于用通孔器或高压水通孔,穿束后进行张拉,易于防锈,但穿束较为费力。

根据一次穿入预应力筋的数量,穿束方法可分为整束穿和单根穿。钢丝束应整束穿;钢绞线束宜采用整束穿,也可用单根穿。穿束工作可由人工、卷扬机和穿束机进行。卷扬机宜采用慢速。用穿束机穿束适用于大型桥梁与构筑物单根穿钢绞线的情况。穿束机有两种类型:一是由油泵驱动链板夹持钢绞线传送,速度可任意调节,穿束可进可退,使用方便。二是由电动机经减速箱减速后由两对滚轮夹持钢绞线传送,进退由电动机正反转控制。

在预应力筋穿束时应注意以下几个方面的问题:应注意预应力筋的保护,避免预应力筋扭曲;在穿束前应对孔道进行通孔,穿束困难时,不得强行穿过,待查明原因进行处理后方可继续施工;在穿束时应注意与锚具的连接顺序和方法。

(4)预应力筋张拉

为保证预应力筋张拉后能够建立起有效的预应力值,应根据预应力混凝土构件的特点制订相应的张拉方案,主要包括预应力筋的张拉设备选择、张拉方式、张拉顺序、张拉程序、预应力损失及校核等。

①张拉力

预应力筋的张拉力 P_j,可按下式计算:

$$P_j = \sigma_{con} \cdot A_p \tag{7.8}$$

式中　σ_{con}——张拉控制应力(N/ mm²),应符合设计及专项施工方案的要求,当施工中需要超张拉时,调整后的张拉控制应力 σ_{con},对消除应力,钢丝、钢绞线:$\sigma_{con} \leqslant 0.80 f_{ptk}$,中强度预应力钢丝:$\sigma_{con} \leqslant 0.75 f_{ptk}$,预应力螺纹钢筋:$\sigma_{con} \leqslant 0.90 f_{pyk}$;

　　f_{ptk}——预应力筋极限强度标准值(N/ mm²);

　　f_{pyk}——预应力筋屈服强度标准值(N/ mm²);

　　A_p—预应力筋的截面面积(mm²)。

在预应力筋张拉时应控制好预应力筋的张拉应力,确定应力时还应考虑施工方法的影响。张拉工艺应能保证同一束中各根预应力筋的应力均匀一致;后张法施工中,当预应力筋是逐根或逐束张拉时,应保证各阶段不出现对结构不利的应力状态;同时宜考虑后批张拉预应力筋所产生的结构构件的弹性压缩对先批张拉预应力筋的影响,确定张拉力。当采用应力控制方法张拉时,应校核预应力筋的伸长值,实际伸长值与设计计算理论伸长值的相对允许偏差为±6%。预应力筋张拉锚固后实际建立的预应力值与工程设计规定检验值的相对允许偏差为±5%。

②张拉程序

后张法预应力筋的张拉程序根据构件类型、锚固体系、预应力筋的松弛等因素来确定。

当采用低松弛钢丝和钢绞线时,张拉程序为:

$$0 \rightarrow \sigma_{con}(\text{锚固})$$

当采用普通松弛预应力筋时,可以按照以下程序进行:

对于镦头锚具等支承式锚具

$$0 \rightarrow 1.05\sigma_{con} \xrightarrow{\text{持荷 2 min}} \sigma_{con}(\text{锚固})$$

对于夹片锚具等揳紧式锚具

$$0 \rightarrow 1.03\sigma_{con}(\text{锚固})$$

超张拉的目的是减少松弛预应力损失。所谓"松弛",即钢材在常温、高应力状态下具有不断产生塑性变形的现象。松弛的数值与控制应力和延续时间有关,控制应力高,松弛亦大;松弛损失还随着时间的延续而增加,在 1 min 内可完成损失总值的 50% 左右,24 h 内则可完成 80%。如先超张拉 5%,再持荷 2 min,则可减少 50% 以上的松弛损失。

预应力筋张拉时,应从零拉力加载至初拉力后,量测伸长值初读数,再以均匀速率加载至张拉控制力。塑料波纹管内的预应力筋,张拉达到张拉控制力后宜持荷 2~5 min。

③张拉顺序

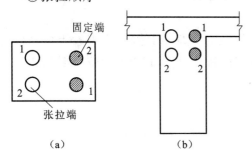

图 7.23　预应力筋的张拉顺序

(a)屋架下弦杆;(b)框架梁

预应力筋的张拉顺序应符合设计要求,应根据结构受力特点、施工方便及操作安全等因素确定张拉顺序。预应力筋宜按均匀、对称的原则张拉(图 7.23)。

对配有多束预应力筋的构件或结构分批进行张拉的方式,后批预应力筋张拉所产生的混凝土弹性压缩会对先批张拉的预应力筋造成预应力损失,所以先批张拉的预应力筋张拉力应加上该弹性压缩损失值或将弹性压缩损失平均值统一增加到每根预应力筋的张拉力内。

现浇预应力混凝土楼盖,宜先张拉楼板、次梁的预应力筋,后张拉主梁的预应力筋;对预制屋架等平卧叠浇构件,应从上而下逐榀张拉。

④张拉方法

后张预应力筋应根据设计和专项施工方案的要求采用一端或两端张拉。采用两端张拉时,宜两端同时张拉;也可一端先张拉,另一端补张拉。一般情况下,有粘结预应力筋长度不大于 20 m 时,可一端张拉,大于 20 m 时,宜两端张拉;预应力筋为直线形时,一端张拉的长度可延长至 35 m。后张有粘结预应力筋应整束张拉;对直线形或平行编排的有粘结预应力钢绞线束,当能确保各根钢绞线不受叠压影响时,也可逐根张拉。

预应力筋张拉中应避免预应力筋断裂或滑脱。对后张法预应力结构构件,断裂或滑脱的数量严禁超过同一截面预应力筋总根数的 3%,且每束钢丝不得超过一根;对多跨双向连续板,其同一截面应按每跨计算。

锚固阶段张拉端预应力筋的内缩量会产生预应力损失,影响预应力值的建立。其限值应符合设计要求。当设计无具体要求时,应符合表 7.4 的规定。

表 7.4　张拉端预应力筋的内缩量限值

锚具类别		内缩量限值(mm)
支承式锚具 (螺母锚具、镦头锚具等)	螺母缝隙	1
	每块后加垫板的缝隙	1
夹片式锚具	有顶压	5
	无顶压	6~8

平卧叠浇构件制作时,构件自重作用产生的摩阻损失,其大小与构件形式、隔离层材料和张拉方式等有关,目前尚无精确的测定数据。现大多采用逐层加大张拉力的方法依

次张拉,即最上层(第一层)构件可按设计要求的控制应力张拉,不予提高,下面几层构件的张拉控制应力适当加大。根据隔离效果,一般采用逐层加大约 1.0% 的张拉力,但底层超张拉值不得比顶层张拉力大 5%,且不得超过最大超张拉的限值。

【例 7.1】 某 24 m 预应力折线形屋架,混凝土强度等级为 C40,$E_c = 3.25 \times 10^4$ MPa;下弦净截面面积 $A_n = 45600$ mm²,下弦配置 4 ϕ^T 25 预应力筋,单根预应力筋截面面积为 $A_p = 491$ mm²,$f_{pyk} = 785$ N/mm²,钢筋弹性模量 $E_s = 2.0 \times 10^5$ MPa;采用两批张拉,按设计规范计算的第一批预应力损失为 $\sigma_{l1} = 31.2$ MPa。

问题:(1)确定张拉程序和张拉方法;(2)计算张拉力。

【解】 (1)屋架预应力筋采用支承式锚具锚固,预应力筋的张拉程序采用

$$0 \rightarrow 1.05\sigma_{con} \xrightarrow{\text{持荷 2 min}} \sigma_{con}(\text{锚固})$$

张拉方法采用对角线对称分两批张拉。

(2)第二批两根预应力筋的张拉控制应力

$$\sigma_{con} = 0.85 f_{pyk} = 0.85 \times 785 = 667.3 \text{ MPa}$$

单根预应力筋的张拉力

$$P_j = \sigma_{con} \cdot A_p = 667.3 \times 491 \times 10^{-3} = 327.6 \text{ kN}$$

采用超张拉后的张拉力为 $327.6 \times 1.05 = 344$ kN。

第一批两根预应力筋的张拉控制应力和张拉力为

$$\alpha_E = E_s / E_c = 2 \times 10^5 / 3.25 \times 10^4 = 6.15$$

$$\sigma_{pc} = (\sigma_{con} - \sigma_{l1}) \cdot A_p / A_n = (667.3 - 31.2) \times 2 \times 491 / 45600 = 13.7 \text{ N/mm}^2$$

$$\sigma'_{con} = \sigma_{con} + \alpha_E \cdot \sigma_{pc} = 667.3 + 6.15 \times 13.7 = 751.6 \text{ N/mm}^2$$

$$P_j' = \sigma'_{con} \cdot A_p = 751.6 \times 491 \times 10^{-3} = 369 \text{ kN}$$

扫一扫

预应力
张拉与灌浆

(5)孔道灌浆与锚具封闭防护

预应力筋张拉验收合格后应尽快进行灌浆,孔道内水泥浆应饱满、密实。孔道灌浆的目的是防止钢筋锈蚀,增加结构的耐久性,并使预应力筋与构件之间有良好的粘结力,有利于增加构件的整体性。

预应力筋穿入孔道后至灌浆的时间间隔不宜过长,当环境相对湿度大于 60% 或近海环境时,不宜超过 14 d;当环境相对湿度不大于 60% 时,不宜超过 28 d,如不能满足以上规定时,宜对预应力筋采取防锈措施。

灌浆前应确认孔道、排气兼泌水管及灌浆孔畅通;对预埋管成型孔道,可采用压缩空气清孔;应采用水泥浆、水泥砂浆等材料封闭端部锚具缝隙,也可采用封锚罩封闭外露锚具;采用真空灌浆工艺时,应确认孔道的密封性。

灌浆水泥浆由水泥、水及外加剂组成,应符合国家现行有关标准的规定,宜采用普通硅酸盐水泥或硅酸盐水泥。由于纯水泥浆收缩性大,凝结后往往留有月牙形空隙,因此可在灰浆中掺入膨胀剂,以增加孔道的密实性。但严禁掺入对预应力筋具有腐蚀作用的外加剂。对单根钢筋预应力筋及孔隙较大的孔道,水泥浆中可掺入适量的细砂。外加剂应与水泥做配合比试验并确定掺量。

灌浆用的水泥浆应能与钢筋及孔壁很好地粘结,因此水泥浆应有较高的强度、足够的

流动度、较好的保水性和较小的干缩性。由于水灰比对灰浆的干缩性、泌水性及流动性有直接影响，所以它是保证灰浆质量的关键因素之一，故必须严格控制。要求灰浆应采用强度等级不低于 42.5 的普通硅酸盐水泥调制，采用普通灌浆工艺时，稠度宜控制在 12～20 s，采用真空灌浆工艺时，稠度宜控制在 18～25 s；水灰比不应大于 0.45；3 h 自由泌水率宜为 0，且不应大于 1％；泌水应在 24 h 内全部被水泥浆吸收；24 h 自由膨胀率，采用普通灌浆工艺时不应大于 6％，采用真空灌浆工艺时不应大于 3％；水泥浆中氯离子含量不应超过水泥质量的 0.06％；28 d 标准养护的边长 70.7 mm 的立方体水泥浆试块抗压强度不应低于 30 MPa。

灌浆用水泥浆宜采用高速搅拌机进行搅拌，搅拌时间不应超过 5 min；水泥浆使用前应经筛孔尺寸不大于 1.2 mm×1.2 mm 的筛网过滤；搅拌后不能在短时间内灌入孔道的水泥浆，应保持缓慢搅动；水泥浆应在初凝前灌入孔道，搅拌后至灌浆完毕的时间不宜超过 30 min。

灌浆施工宜先灌注下层孔道，后灌注上层孔道；灌浆应连续进行，直至排气管排除的浆体稠度与注浆孔处相同且没有出现气泡后，再顺浆体流动方向依次封闭排气孔；全部出浆口封闭后，宜继续加压 0.5～0.7 MPa，并应稳压 1～2 min 后封闭灌浆口；当泌水较大时，宜进行二次灌浆和对泌水孔进行重力补浆；因故中途停止灌浆时，应用压力水将未灌注完孔道内已注入的水泥浆冲洗干净。真空辅助灌浆时，孔道抽真空负压宜稳定保持为 0.08～0.10 MPa。在曲线孔道上由侧向灌浆时，应从孔道最低处开始向两端进行，直至最高点排气孔溢出浓浆为止。灌浆人员应穿戴保护用具，防止水泥浆射出伤人。孔道灌浆应填写灌浆记录。

后张预应力筋的锚具多配置在结构的端面，所以常处于易受外力冲击和雨水浸入的状态，此外，预应力筋张拉锚固后，锚具及预应力筋处于高应力状态，为确保暴露于结构外的锚具能够永久性地正常工作，不致受外力冲击和雨水浸入而破损或腐蚀，应采取防止锚具锈蚀和遭受机械损伤的有效措施。锚具的封闭保护应符合设计要求，后张法预应力筋锚固后的外露部分宜采用机械方法切割，也可采用氧乙炔焰切割，其外露长度不宜小于预应力筋直径的 1.5 倍，且不宜小于 30 mm。

灌浆用水泥浆及灌浆应进行配合比设计阶段检查，检查内容包括稠度、泌水率、自由膨胀率、氯离子含量和试块强度；现场搅拌后检查稠度、泌水率，并根据验收规定检查试块强度；灌浆质量检查，应进行灌浆记录等的检查。

【例 7.2】 某跨度为 20 m 的预应力混凝土框架结构梁施工，预应力筋采用钢绞线，曲线布置，锚具为夹片式锚具，张拉完成后及时进行了孔道灌浆，采用凸出式锚固端。

试述：(1)锚具的封闭保护要求；(2)封锚的质量检查内容。

【解】 (1)锚具的封闭保护应符合设计要求；当设计无具体要求时，应采取防止锚具腐蚀和遭受机械损伤的有效措施；凸出式锚固端锚具的保护层厚度不应小于 50 mm；外露预应力筋的保护层厚度处于正常环境时，不应小于 20 mm；处于易受腐蚀的环境时，不应小于 50 mm。

(2)封锚的质量检查主要包括锚具外的预应力筋长度；凸出式封锚端尺寸；封锚的表

面质量等内容。

7.3.1.2 无粘结预应力混凝土施工

后张无粘结预应力混凝土施工是将无粘结预应力筋按照设计的位置和形状铺设在安装好的模板内，然后浇筑混凝土，待混凝土达到设计要求后，进行预应力筋的张拉锚固。该工艺无需留孔与灌浆，施工方便，摩擦损失小，但对锚具要求高，适用于为适应大开间、大柱网建筑结构分散配筋的楼板，配筋不多的小梁与密肋梁以及扁梁等。至于在大梁等重要结构中是否采用无粘结预应力体系，要看梁的负荷状况、施工习惯及经济分析确定。

无粘结预应力混凝土施工工艺流程如图 7.24 所示。

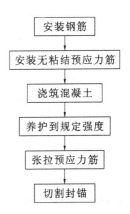

图 7.24　无粘结预应力
混凝土施工工艺流程

（1）无粘结预应力筋

制作单根无粘结预应力筋时，宜优先选用防腐油脂作涂料层。使用防腐沥青时，用密缠塑料带作外包层，缠绕层数不少于两层。用防腐油脂作涂料层的无粘结预应力筋的张拉摩擦系数不大于 0.12，用防腐沥青作涂料层的无粘结预应力筋的张拉摩擦系数不大于 0.25。由于无粘结预应力筋长度大，有时又呈曲线形，正确确定其摩阻损失十分重要。事实证明，塑料外包层和预应力筋截面形式是造成摩阻损失的主要因素。

（2）锚具

钢丝束无粘结预应力筋的张拉端和埋固端均可采用镦头锚具或夹片式锚具；钢绞线的张拉端可用夹片式锚具，埋固端宜用压花式埋固锚具。无粘结预应力筋的锚具性能应符合相关规定。

（3）预应力筋铺设

无粘结预应力筋铺设前，应逐根检查外包层，对轻微破坏者，可包塑料带补好，对破坏严重者应予以报废。铺设无粘结预应力筋时，可用铁马凳控制其曲率，铁马凳的间距不宜大于 2.0 m，并用铁丝与无粘结预应力筋扎牢。对双向配筋的无粘结预应力筋，应先铺设标高较低的无粘结预应力筋，再铺设标高较高者，避免两个方向的无粘结预应力筋相互穿插编结。

无粘结预应力筋的铺设，通常是在底部钢筋铺设后进行。水电管线一般宜在无粘结预应力筋铺设后进行，且不得将无粘结预应力筋的竖向位置抬高或压低。支座处负弯矩钢筋通常是在最后铺设。无粘结预应力筋的铺设应符合下列要求：无粘结预应力筋的定位应牢固，浇筑混凝土时不应出现移位和变形；端部的预埋锚垫板应垂直于预应力筋；内埋式固定端垫板不应重叠，锚具与垫板应贴紧；无粘结预应力筋成束布置时应能保证混凝土密实并能裹住预应力筋；无粘结预应力筋的护套应完整，局部破损处应采用防水胶带缠绕紧密。

板中单根无粘结预应力筋的水平间距不宜大于板厚的 6 倍，且不宜大于 1 m；带状束的无粘结预应力筋根数不宜多于 5 根，束间距不宜大于板厚的 12 倍，且不宜大于 2.4 m。

梁中集束布置的无粘结预应力筋,束的水平净间距不宜小于 50 mm,束至构件边缘的净间距不宜小于 40 mm。

张拉端模板应按施工图中规定的无粘结预应力筋的位置钻孔。张拉端的承压板应采用钉子固定在木模板的端模板上或用点焊固定在钢筋上。

无粘结预应力曲线筋或折线筋末端的切线应与承压板相垂直,曲线段的起始点至张拉锚固点应有不小于 300 mm 的直线段。当张拉端采用凹入式做法时,可采用塑料穴模或泡沫穴模、木块等形成凹口,如图 7.25 所示。

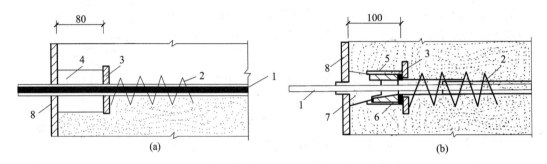

图 7.25　无粘结预应力筋张拉端凹口做法

(a)泡沫穴模;(b)塑料穴模

1—无粘结预应力筋;2—螺旋筋;3—承压钢板;4—泡沫穴模;

5—锚环;6—带杯口的塑料套管;7—塑料穴模;8—模板

(4)无粘结预应力筋的张拉

无粘结预应力筋张拉前,应清理锚垫板表面,并检查锚垫板后面的混凝土质量。如有空鼓现象等质量缺陷,应在无粘结预应力筋张拉前修补完毕。板中的无粘结预应力筋一般采用前卡式千斤顶单根张拉,并用单孔夹片锚具锚固。

无粘结预应力混凝土楼盖结构的张拉顺序,宜先张拉楼板,后张拉楼面梁。板中的无粘结预应力筋,可依次张拉。梁中的无粘结预应力筋宜对称张拉。无粘结预应力筋长度不大于 40 m 时,可一端张拉,大于 40 m 时,宜两端张拉。

对成束无粘结预应力筋,在正式张拉前宜先用千斤顶往复张拉抽动 1～2 次,以降低张拉的摩阻损失。无粘结预应力筋张拉过程中,当有个别钢丝发生滑脱或断裂时,可相应降低张拉力,但滑脱或断裂的钢丝根数,不应超过结构同一截面钢丝总数的 2%。在梁板顶面或墙壁侧面的斜槽内张拉无粘结预应力筋时,宜采用变角张拉装置。

无粘结预应力筋张拉伸长值校核与有粘结预应力筋相同;对超长无粘结预应力筋,由于张拉初期的阻力大,初拉力下的伸长值比常规推算伸长值小,应通过试验修正。

(5)封锚

无粘结预应力筋张拉完毕后,其锚固区应立即用防腐油脂或水泥浆通过锚具或其他附件上的灌注孔,将锚固部位张拉形成的空腔全部灌注密实,以防无粘结预应力筋发生局部锈蚀。无粘结预应力筋锚固后的外露长度不小于 30 mm。在锚具与锚垫板表面涂防水涂料,为了使无粘结预应力筋端头全封闭,在锚具端头涂防腐润滑油脂后,罩上封端塑料盖帽。

7.3.2 先张法

先张法是在浇筑混凝土构件之前,张拉预应力筋,并将其临时锚固在台座上或钢模上,然后浇筑混凝土,待混凝土达到一定强度(一般不低于混凝土强度标准值的75%),保证预应力筋与混凝土之间有足够的粘结力时,放松预应力筋。当预应力筋弹性回缩时,借助于混凝土与预应力筋之间的粘结力,使混凝土产生预压应力。图7.26为先张法混凝土构件生产示意图。

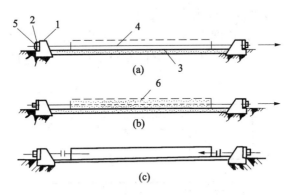

扫一扫

先张法

图7.26 先张法混凝土构件生产示意图

(a)张拉预应力筋;(b)浇筑混凝土;(c)放松预应力筋

1—台座承力墩;2—横梁;3—台面;4—预应力筋;5—夹具;6—构件

先张法工艺根据生产设备的不同又可分为台座法和机组流水法两种。用台座法生产时,预应力筋的张拉、锚固,混凝土构件的浇筑、养护以及预应力筋放松等工序均在台座上进行。采用台座法生产,设备成本较低,但大多为露天作业,劳动条件较差。机组流水法是用钢模代替台座,预应力筋的张拉力主要是由钢模承受。机组流水法大多采用在预制厂生产定型的中小型构件。机械化程度高,劳动条件好,且厂房占用场地面积小,但一次投资费用大,耗用钢材多。

先张法目前大多用于生产中小型预应力构件,如屋面板、楼板、小梁、檩条等。先张法施工工艺如图7.27所示。

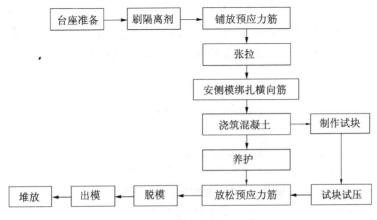

图7.27 先张法施工工艺

7.3.2.1　台座、夹具及张拉机具

预应力筋用夹具可分为夹片夹具、锥销夹具、镦头夹具和螺母夹具等。夹具应具有良好的自锚性能、松锚性能和重复使用性能。由于夹具和张拉机具工作原理与后张法相似，下文主要介绍台座。

台座是先张法生产工艺的主要设备之一。台座按其构造形式不同分为墩式台座和槽式台座两大类。

（1）墩式台座

①台座的形式。墩式台座又称重力式台座，由固定在地面的承力台墩 1、台面 2、横梁 3 等组成，如图 7.28 所示。其长度宜为 100～150 m，台座的承载力根据构件的张拉力进行设计，适用于预制厂制作中小型预应力构件，是目前用得最广泛的一种台座形式。

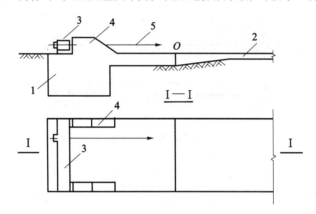

图 7.28　墩式台座
1—钢筋混凝土承力台墩；2—混凝土台面；3—横梁；4—牛腿；5—预应力筋

②台座的受力特点及稳定性验算。墩式台座的受力按照台面是否受力分为两种情况考虑。当不考虑台面受力时（图 7.29），则墩台靠自重及土压力平衡张拉力矩，靠土压力和摩阻力抵抗水平滑移，为确保台座的稳定，需要台座有足够大的自重和埋深，所以不经济。当考虑台面受力时，则因张拉力引起的水平滑移主要由混凝土台面抵抗，很少一部分由土压力和摩阻力抵抗，因此，可以减少埋深。由张拉力引起的倾覆力矩靠台墩的自重对台墩与台面上的结合点的力矩来平衡，从而可以减少台墩的自重和埋深。台墩倾覆点的位置，按理论计算应在混凝土台面的表面处，但考虑到台墩的倾覆趋势使得台面端部顶点出现局部应力集中和混凝土面抹面层的施工质量，因此倾覆点的位置宜取在混凝土台面往下 40～50 mm 处。

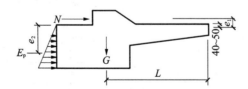

图 7.29　墩式台座的稳定性计算简图

为保证台座的正常工作，需对台座进行稳定性验算，按照下列公式分别对台座进行抗倾覆验算和抗滑移验算。

$$K = \frac{M_1}{M} = \frac{GL + E_{\mathrm{P}}e_2}{P_j e_1} \geqslant 1.50 \qquad (7.9)$$

$$K_{\mathrm{c}} < \frac{N_1}{P_j} \geqslant 1.30 \qquad (7.10)$$

式中 K ——抗倾覆安全系数,一般不小于 1.50;

K_{c} ——抗滑移安全系数,一般不小于 1.30;

M ——倾覆力矩(N·m),由预应力筋的张拉力产生;

P_j ——预应力筋的张拉力(N);

N_1 ——抗滑移力(N);

e_1 ——张拉力合力作用点至倾覆点的力臂(m);

M_1 ——抗倾覆力矩(N·m),由台座自重力和土压力等产生;

G ——台墩的自重(N);

L ——台墩重心至倾覆点的力臂(m);

E_{p} ——台墩后面的被动土压力合力(N),当台墩埋置深度较浅时,可忽略不计;

e_2 ——被动土压力合力至倾覆点的力臂(m)。

如果考虑台面与台墩共同工作,则不作抗滑移计算,而应进行台面的承载力计算。

(2)槽式台座

槽式台座又称柱式或压杆式台座,主要由传力柱、上横梁、下横梁、台面等组成,如图 7.30 所示。

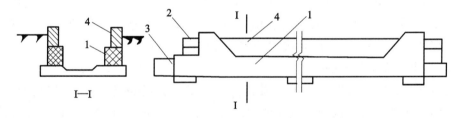

图 7.30 槽式台座

1—传力柱;2—上横梁;3—下横梁;4—砖墙

槽式台座既可以承受钢筋张拉时的反力,又可以作为构件采用蒸汽养护时的养护槽,适用于在预制厂制作张拉吨位较大的大型构件。台座长度一般不大于 76 m,台座能承受的张拉力大(1000~4000 kN),台座变形较小,但建造时较墩式台座材料消耗较多。

槽式台座亦须进行强度和稳定性计算。端柱和传力柱的强度按钢筋混凝土结构偏心受压构件计算,槽式台座端柱抗倾覆力矩由端柱、横梁自重力及部分张拉力组成。

7.3.2.2 先张法预应力混凝土构件施工

(1)预应力筋的张拉

预应力筋的张拉控制应力 σ_{con} 应符合设计要求,当施工中需要超张拉时,其最大控制应力,对消除应力钢丝、钢绞线:$\sigma_{\mathrm{con}} \leqslant 0.80 f_{\mathrm{ptk}}$;中强度预应力钢丝:$\sigma_{\mathrm{con}} \leqslant 0.75 f_{\mathrm{ptk}}$;预应力螺纹钢筋:$\sigma_{\mathrm{con}} \leqslant 0.90 f_{\mathrm{pyk}}$。

预应力筋的张拉是预应力混凝土施工中的关键工序。为了确保质量,预应力筋的张拉应严格按照设计要求进行。

预应力钢丝由于张拉工作量大,宜采用一次张拉程序:

$$0 \to 1.03\sigma_{con} \sim 1.05\sigma_{con}(锚固)$$

采用预应力钢绞线时,

对单根张拉:$0 \to \sigma_{con}(锚固)$;

对整体张拉:$0 \to 初应力调整 \to \sigma_{con}(锚固)$。

预应力筋在张拉过程中或张拉完毕后,是否达到设计要求,可用应力控制的方法,并用伸长值来校核。此外,也可用专用的测力计直接测定预应力筋的张拉力。

多根预应力筋同时张拉时,应预先调整初应力,使其相互之间的应力一致。当采用应力控制方法张拉时,应校核预应力筋的伸长值,实际伸长值与设计计算理论伸长值的相对允许偏差为±6%。预应力筋张拉锚固后,实际预应力值与工程设计规定检验值的相对允许偏差应在±5%以内。先张法构件在浇筑混凝土前发生断裂或滑脱,预应力筋必须予以更换。

先张法预应力筋之间的净间距,不宜小于预应力筋公称直径或等效直径的2.5倍和混凝土粗骨料最大粒径的1.25倍,且对预应力钢丝、三股钢绞线和七股钢绞线分别不应小于15 mm、20 mm和25 mm。当混凝土振捣密实性有可靠保证时,净间距可放宽至粗骨料最大粒径的1.0倍。

张拉过程中,应按混凝土结构工程施工规范要求填写施加预应力记录表。

施工中应注意安全。张拉时,正对钢筋两端禁止站人。敲击锚具的锥塞或楔块时,不应用力过猛,以免损伤预应力筋而断裂伤人,但又要锚固可靠。在冬期张拉预应力筋时,其温度不宜低于-15℃,应考虑预应力筋容易脆断的危险。

(2)混凝土的浇筑与养护

预应力筋张拉完毕后即可浇筑混凝土。在台座上浇灌混凝土时,可按从台座的一端向另一端的顺序进行。一次同时浇灌的生产线,取决于浇筑速度和模板的构造形式,但每条生产线上的构件必须一次连续浇灌完毕。

浇灌混凝土时必须严格控制水灰比,振捣必须密实。在预应力构件的端部和节点部位,因钢筋布置一般较密,放松预应力筋时,端部又有应力集中现象,故对该部分混凝土的振捣应特别注意。刚浇捣的混凝土构件,应注意防止踩踏外露的预应力筋,以免破坏混凝土与预应力筋之间的粘结力。

构件采用叠层生产时,应待下层构件混凝土强度达到5.0 N/mm²以上时,方可浇捣上层构件混凝土(一般当平均气温高于20C°时,每两天可叠浇一层);每次叠浇时,必须先在下层构件的表面涂刷隔离剂,以防止各层互相粘结。

用台座法制作的预应力混凝土构件,一般采用自然养护,为了缩短混凝土养护时间,加速台座的周转率,提高生产量,也可以采用蒸汽养护或加早强剂。

(3)预应力筋的放张

预应力筋的放张是预应力建立的过程,放张方法和顺序是否正确,直接影响构件的质量,因此,在放张之前应确定可靠的放张顺序和放张方法,采取相应的技术措施确保工程质量。

　　预应力筋的放张必须待混凝土达到设计规定的强度以后才可以进行。当设计无要求时应不低于设计的混凝土立方体抗压强度标准值的75%。

　　先张法预应力筋的放张顺序,宜采取缓慢放张工艺进行逐根或整体放张;对轴心受压构件,所有预应力筋宜同时放张;对受弯或偏心受压的构件,应先同时放张预压应力较小区域的预应力筋,再同时放张预压应力较大区域的预应力筋;当不能按以上的规定放张时,应分阶段、对称、相互交错放张;放张后,预应力筋的切断顺序,宜从张拉端开始逐次切向另一端。

　　对于配筋不多的中小型钢筋混凝土构件,钢丝放张可采用剪切(用断丝钳)、锯割(用无齿锯)和熔断(用氧乙炔焰)等方法进行。在长线台座上,剪切宜从生产线中间的构件剪起,这样可以减小回弹。同时,由于第一构件剪断后,预应力筋的收缩力往往大于构件与底模之间的摩擦阻力,因而构件与底模会自动分离,便于构件脱模。对于每一块预应力构件,应从外向内对称放张,以避免因扭转引起构件的端部开裂。

　　对于配筋较多的钢筋混凝土构件,所有钢丝应同时放张,不允许采用逐根放张方法,否则,最后几根钢丝将因承受过大的应力而突然断裂。同时放张的方法可用放张横梁来实现,如采用横梁千斤顶或预先设置在横梁点处的放张装置砂箱放张(图7.31)或楔块放张(图7.32)。

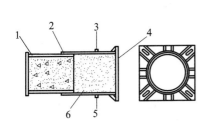 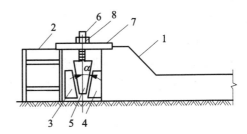

图7.31　砂箱放张　　　　　　　　　　图7.32　楔块放张
1—活塞;2—缸套箱;3—进砂口;　　　　1—台座;2—横梁;3、4—钢板;5—钢楔块;
4—钢套箱底板;5—出砂口;6—砂　　　　6—螺杆;7—承压板;8—螺母

　　钢筋的放张,不允许用剪断或割断等方式突然放张,而应采用千斤顶、砂箱、预热熔割等方式缓慢地进行放张。钢筋数量较少时,可采用逐根加热熔断或借助预先设置在钢筋端部的砂箱等装置单根放张。当钢筋数量较多时,所有钢筋应同时放张,此时宜采用砂箱或千斤顶进行放张。

　　采用氧乙炔焰预热粗钢筋放张时,应在烘烤区轮换加热每根钢筋,使其同步升温,此时钢筋内力徐徐下降,外形慢慢伸长,待钢筋出现缩颈,即可切断,此法应注意防止烧伤构件。

 习题和思考题

7.1　常用的预应力筋有哪些?

7.2　锚(夹)具有哪些基本要求和分类?

7.3 简述各种锚具的特点和适用范围。

7.4 简述锚具的自锁和自锚原理。

7.5 什么是锚具的效率系数？

7.6 有哪些常用的千斤顶？简述其适用范围。

7.7 千斤顶和油压表为什么要配套校验？有什么要求？

7.8 什么是后张有粘结法和后张无粘结法？其工艺流程有哪些？

7.9 孔道留设有哪些方法？有什么要求？

7.10 如何计算预应力筋的下料长度？为什么要校核预应力筋的张拉伸长值？

7.11 试述预应力筋的张拉程序。超张拉的作用是什么？有什么要求？

7.12 简述预应力筋张拉顺序和方法。

7.13 简述孔道灌浆的作用和要求。

7.14 什么是先张法？工艺流程是什么？

7.15 先张法预应力筋放张应注意哪些问题？

7.16 一预应力筋为$\phi^{\text{T}}25$，单根预应力筋截面面积 $A_p = 491 \text{ mm}^2$，$f_{\text{pyk}} = 930 \text{ N/mm}^2$，采用后张法施工，其张拉程序为 $0 \rightarrow 1.05\sigma_{\text{con}} \xrightarrow{\text{持荷 2 min}} \sigma_{\text{con}}$，若千斤顶活塞面积 $F = 16200 \text{ mm}^2$，试计算张拉阶段油压表的理论读数。

7.17 先张法生产某种预应力混凝土空心板，混凝土强度等级为 C40，预应力钢丝采用$\phi^{\text{H}}5$，其极限抗拉强度 $f_{\text{ptk}} = 1570 \text{ N/mm}^2$，单根张拉。问题：

(1)试确定张拉程序及张拉控制应力；

(2)计算张拉力并选择张拉机具；

(3)计算预应力放张时，混凝土应达到的强度值。

8 结构安装工程

 内容提要

本章包括起重机械和索具设备、单层工业厂房结构安装、装配式混凝土结构安装、钢结构安装等内容。主要介绍了起重机械的技术性能,单层工业厂房、装配式混凝土结构以及钢结构构件的吊装工艺,重点阐述了结构吊装方案的拟定。

装配式结构是由预制构件或部件装配、连接而成的结构。结构安装工程就是使用起重设备将预制构件提升或移动至指定位置,并按要求安装固定施工,直至有效地完成装配式结构的安装任务的过程。

结构安装工程作为装配式结构施工的主导工种工程,主要有以下施工特点:

(1)预制构件类型多。构件形状尺寸不同,影响到预制构件的现场平面布置和起重机安装工作的效率。

(2)构件预制质量影响大。构件制作外形尺寸精确与否、埋件位置正确与否、混凝土强度能否达到设计要求,都将直接影响安装的质量与进度。

(3)选择合适的起重机械对安装的质量和进度有着重要影响。

(4)结构构件在施工过程中受力状态变化复杂。构件在预制、运输、堆放和起吊时,与设计构件的正常使用状态下的受力均有所不同。如起吊时的吊点与使用阶段不同,则可能使结构构件内力的大小、性质有所改变,所以,必要时应对构件进行施工阶段的承载力和稳定性吊装验算,并采取相应的临时加强措施。

(5)高空作业多。预制构件的吊装、固定工作大多在高空完成,高空作业危险性较大,施工时必须采取可靠安全措施。

随着装配式建筑的推广应用,结构安装工程技术内容需要不断发展。正式施工前,必须编制吊装作业专项施工方案,并应进行安全技术措施交底。必要时,专业施工单位可根据设计文件进行深化设计,宜选择有代表性的部分进行试安装。

8.1 起重机械和索具设备

结构安装用的起重设备可分为起重机械和索具设备。常用的起重机械有桅杆起重机、自行杆式起重机(履带式起重机、汽车式起重机和轮胎式起重机)、塔式起重机等类型。常用的索具设备有钢丝绳、吊具(卡环、横吊梁)、滑轮组、卷扬机及锚碇等。在特殊安装工程中,常用的起重设备还有各种千斤顶、提升机等。

在选用起重机械时,除了满足建筑物安装要求外,还需符合相关安全技术标准。

8.1.1　桅杆起重机

桅杆起重机具有以下特点：

(1)制作简单,装拆方便,可以在比较狭小的工地使用。

(2)起重能力较大(可达 1000 kN 以上)。

(3)在缺少其他大型起重机械或不能安装其他起重机械的特殊工程和重大结构的情况下,可使用桅杆起重机完成安装任务。

(4)在缺电时可用人工绞磨作为动力进行吊装工作。

(5)桅杆起重机工作半径小,移动困难,需要设置较多的缆风绳,施工速度较慢,因而只适用于构件比较集中,工期比较宽裕的工程安装。

桅杆起重机按构造不同,可分为独脚桅杆、人字桅杆、悬臂桅杆和牵缆式桅杆起重机。

扫一扫

独脚桅杆
施工过程

8.1.1.1　独脚桅杆

独脚桅杆又称拔杆、扒杆,是由桅杆、起重滑轮组、卷扬机、缆风绳和锚碇组成[图 8.1(a)]。

桅杆一般用圆木、钢管或型钢制成。在使用时,桅杆的顶部应保持不大于 10°的倾角,以便吊装时构件不致碰撞桅杆,桅杆的底部应设置供移动的拖子,以减少桅杆移动时与地面的摩阻力。桅杆的稳定主要依靠桅杆顶端的缆风绳。缆风绳常采用钢丝绳,数量一般为 6～12 根,但不得少于 5 根。缆风绳与地面夹角为 30°～45°,角度过大则对桅杆产生较大的压力。桅杆起重机的起重能力,应按实际情况加以验算。对采用梢径 200～320 mm 的圆木制作的木独脚桅杆,起升高度为 15 m 以内,其起升荷载(起重量)在 100 kN 以下;钢管独脚桅杆起升高度小于 30 m,起升荷载一般小于 300 kN;金属格构式独脚桅杆的起升高度可达 70～80 m,起升荷载可达 1000 kN 以上。

8.1.1.2　人字桅杆

人字桅杆一般是用两根圆木、钢管等以钢丝绳或铁件在顶部铰接而成[图 8.1(b)],下挂起重滑轮组,桅杆底部应设有拉杆或拉绳,以平衡桅杆向外的水平推力;两杆夹角以 20°～30°为宜,其中一根桅杆底部装有起重导向滑轮,上部铰接处有缆风绳保持桅杆的稳定。人字桅杆的优点是稳定性较好,缆风绳较少,起升荷载大;缺点是构件吊起后活动范围小。人字桅杆适用于吊装重型构件。

8.1.1.3　悬臂桅杆

在独脚桅杆中部或 2/3 高度处安装一根起重臂即成悬臂桅杆[图 8.1(c)]。因起重臂铰接于桅杆的中上部,起升时将会使桅杆产生较大的弯矩。为此,在铰接处可用撑杆和拉绳进行加固。悬臂桅杆的优点是起升高度和工作幅度(起重半径)都较大,起重臂可左右摆动 120°～270°,便于吊装。悬臂桅杆适用于吊装屋面板、檩条等小型构件。

8.1.1.4　牵缆式桅杆起重机

在独脚桅杆的下端安装一根可以回转和起伏的起重臂即成为牵缆式桅杆起重机[图 8.1(d)]。其优点是起重臂可以起伏,整个机身可作 360°回转,故能把构件吊运到有效工作幅度范围内的任何空间位置;起升荷载(150～600 kN)和起升高度(可达 80 m)都较大。缺点是需设置较多的缆风绳。牵缆式桅杆起重机适用于多而集中的构件吊装。

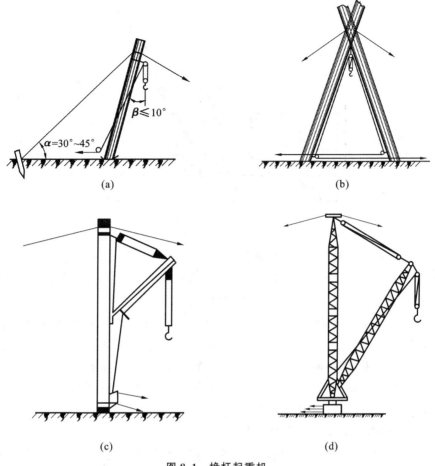

$\beta \leqslant 10°$

$\alpha = 30° \sim 45°$

(a)

(b)

(c)

(d)

图 8.1 桅杆起重机

(a)独脚桅杆;(b)人字桅杆;(c)悬臂桅杆;(d)牵缆式桅杆起重机

8.1.2 自行杆式起重机

自行杆式起重机有履带式起重机、汽车式起重机和轮胎式起重机三类。

8.1.2.1 履带式起重机

常用的履带式起重机有 W 型履带起重机及 KH 系列液压履带起重机。W 型履带起重机主要有 W_1-50 型、W_1-100 型、W_1-200 型;KH 系列液压履带起重机主要有 KH70、KH100、KH125、KH150 等,这类履带起重机的各机构均采用液压操纵,起重臂可通过加装不同长度的中间节组成多种长度的起重臂,起重主臂上还可安装鹅头臂,扩大起重机的使用范围。

(1)履带式起重机的构造及特点

履带式起重机由动力装置、传动装置、回转机构、行走机构、卷扬机构、操作系统、工作装置以及电器设备等部分组成(图 8.2)。

履带式起重机的行走机构为两条链式履带,履带与地接触面积较大,对地面的轮压较低,行走时一般不超过 0.2 MPa,起重时也不超过 0.4 MPa,因此,它可以在较为坎坷不平的松软地面行驶和工作,必要时可垫路基箱。回转机构为装在底盘上的转盘,使机身可回

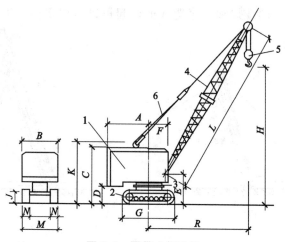

图 8.2　履带式起重机

1—机身;2—行走机构;3—回转机构;4—起重臂;5—起重滑轮组;6—变幅滑轮组

转 360°。起重时不需设支腿,可以负载行驶;起重臂下端铰接于机身上,起重臂可更换,可以分节制作并接长,起重臂随机身回转,顶端设有两套滑轮组(起重及变幅滑轮组),钢丝绳通过起重臂顶端滑轮组连接到机身内的卷扬机上。

履带式起重机操作灵活,使用方便,起重能力强,在平坦坚实的道路上还可负载行走,更换工作装置后可成为挖土机或打桩机。故在结构安装工程中得到了广泛应用。但履带式起重机稳定性较差,使用时必须严格遵守操作规程,若需超负荷或加长起重臂时,必须先对其稳定性进行验算。另外,履带式起重机行走速度慢,对路面破坏性大,在进行长距离转移时,应用平板拖车或铁路平板车运输。

(2)履带式起重机常用型号及技术性能

国产履带式起重机的起升荷载有 50～200 kN,起重臂主臂长度有 10～78 m。国外新型的履带式起重机采用全液压驱动,起升荷载更大,起重臂长更长,起升高度也更高。现仅就 W_1-50 型、W_1-100 型和 W_1-200 型履带式起重机的外形尺寸、技术性能和参数间的关系进行介绍。

①W_1-50 型起重机

W_1-50 型起重机最大起升荷载为 100 kN,起重臂可接长到 18 m。该机机身小,自重轻,运转灵活,可在较狭窄的场地工作,适用于跨度 18 m 以内、高度 10 m 左右的小型车间的安装,也可承担部分吊装辅助工作。

②W_1-100 型起重机

W_1-100 型起重机最大起升荷载为 150 kN,机身较大,行驶速度较慢,但它有较大的起升荷载和可接长的起重臂,可用于安装 18～24 m 跨度的厂房。

③W_1-200 型起重机

W_1-200 型起重机最大起升荷载为 500 kN,起重臂可接长至 40 m,适于大型厂房的结构安装工程。

履带式起重机的外形尺寸见表 8.1,主要技术性能见表 8.2。起重机的技术性能还可以用性能曲线表示,图 8.3、图 8.4 所示即为 W_1-100 型和 W_1-200 型起重机的性能曲线。

表 8.1 履带式起重机外形尺寸(mm)

符号	名 称	型号		
		W_1-50	W_1-100	W_1-200
A	机棚尾部到回转中心距离	2900	3300	4500
B	机棚宽度	2700	3120	3200
C	机棚顶部距地面高度	3220	3675	4125
D	回转平台底面距地面高度	1000	1045	1190
E	起重臂枢轴中心距地面高度	1555	1700	2100
F	起重臂枢轴中心至回转中心的距离	1000	1300	1600
G	履带长度	3420	4005	4950
M	履带架宽度	2850	3200	4050
N	履带板宽度	550	675	800
J	行走底架距地面高度	300	275	390
K	双足支架顶部距地面高度	3480	4175	4300

表 8.2 履带式起重机主要技术性能

项 目		单位	型 号								
			W_1-50			W_1-100			W_1-200		
行走速度		km/h	1.5～3.0			1.5			1.43		
最大爬坡度		(°)	25			20			20		
起重机总重		kN	213.2			394.0			791.4		
起重臂长度		m	10	18	18+2[①]	13	23	30	15	30	40
工作幅度 R	最大	m	10	17	10	12.5	17	14	15.5	22.5	30
	最小	m	3.7	4.3	6	4.5	6.5	8.5	4.5	8	10
起升荷载 Q	R_{max} 时	kN	26	10	10	35	17	15	82	43	15
	R_{min} 时	kN	100	75	20	150	80	40	500	200	80
起升高度 H	R_{max} 时	m	3.7	7.16	14	5.8	16	24	3	19	25
	R_{min} 时	m	9.2	17	17.2	11	19	26	32	26.5	36

注:①表示在 18 m 长的起重臂上加 2 m 外伸的"鸟嘴","鸟嘴"的起升荷载为 20 kN,自重为 4.5 kN。

　　起重机的技术性能还可用起重机工作性能曲线表示,如图 8.3、图 8.4 所示。在实际工作中,对所使用的起重机,可根据不同的起重臂长度,作出详细的性能表,以便查用。

　　起升荷载、工作幅度和起升高度的大小,与起重臂长度及其仰角大小有关。当起重臂长度一定时,随着起重臂仰角的增加,起升荷载和起升高度增加,而工作幅度减小;当起重臂仰角不变时,随着起重臂长度增加,则工作幅度和起升高度增加,而起升荷载减小。

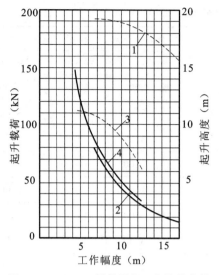

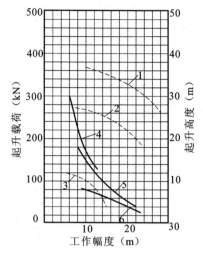

图 8.3　　W₁-100 型起重机工作性能曲线

1—起重杆长 23m 时起升高度曲线；

2—起重杆长 23m 时起升荷载曲线；

3—起重杆长 13m 时起升高度曲线；

4—起重杆长 13m 时起升荷载曲线

图 8.4　　W₁-200 型起重机工作性能曲线

1—起重杆长 40m 时起升高度曲线；

2—起重杆长 30m 时起升高度曲线；

3—起重杆长 15m 时起升高度曲线；

4—起重杆长 15m 时起升荷载曲线；

5—起重杆长 30m 时起升荷载曲线；

6—起重杆长 40m 时起升荷载曲线

　　履带式起重机主要技术性能包括三个主要参数：起升荷载 Q、工作幅度 R 和起升高度 H。起升荷载 Q 不包括吊钩、滑轮组的重量；工作幅度 R 是指重机回转中心至吊钩的水平距离；起升高度 H 是指起重机的起重吊钩钩口至停机面的垂直距离。

　　为了保证履带式起重机安全工作，在使用时要注意以下要求：从起重机起重吊钩中心至起重臂架顶部定滑轮之间必须满足最小安全距离，一般为 $2.5\sim3.5$ m。起重机工作时的地面允许最大坡度不应超过 $3°$，起重臂的最大仰角一般不得超过 $78°$，起重机不宜同时进行起重和旋转操作，也不宜边起重边变幅。起重机如必须负载行驶时，荷载不得超过允许起升荷载的 70%，且道路应坚实平整，施工场地应满足履带对地面的压强要求，当空车停置时为 $80\sim100$ kPa，空车行驶时为 $100\sim190$ kPa，起重时为 $170\sim300$ kPa。若起重机在松软土壤上面工作，宜采用枕木或钢板焊成的路基箱垫好道路，以加快施工速度。起重机负载行驶时重物应在行走的正前方向，离地面不得超过 500 mm，并拴好拉绳。

　　（3）起重臂的接长验算

　　当起重机的起升高度或工作幅度不能满足需要时，则可采用接长起重臂的方法予以解决。此时要求接长后起重引起的倾覆力矩不大于接长前起重引起的倾覆力矩，所以接长后的最大起升荷载 Q 可根据 $\sum M = 0$ 求得（图 8.5）：

$$Q'\left(R' - \frac{M}{2}\right) + G'\left(\frac{R+R'}{2} - \frac{M}{2}\right) = Q\left(R - \frac{M}{2}\right)$$

整理得：

$$Q' = \frac{1}{2R' - M}\left[Q(2R - M) - G'(R + R' - M)\right] \tag{8.1}$$

当计算的 Q' 值大于所吊构件重量时,即满足稳定安全条件;反之,则应采取相应措施,如增加平衡重,或在起重臂顶端拉设两根临时性缆风绳,以加强起重机的稳定性。必要时,应考虑对起重机其他部件的验算和加固。

8.1.2.2 汽车式起重机

汽车式起重机是将起重装置安装在载重汽车(越野汽车)底盘上的一种起重机械(图 8.6),其动力源于汽车的发动机。近年来由于汽车载重能力不断增大,提供了制造大吨位汽车式起重机的可能性。同时,由于液压技术的广泛应用,使汽车式起重机在操作方面增加了许多优点。我国徐州生产的 QY50A 型汽车式起重机最大额定起升荷载达 50 t×3 m(基本臂11 m)。

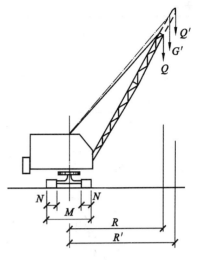

图 8.5 起重臂接长计算

德国的 TC2000 型汽车式起重机最大起升荷载可达 3000 kN($R=6$ m 时),最大起重臂长度达 90 m,最大工作幅度 70 m($Q=69$ kN 时)。

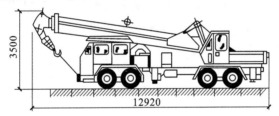

图 8.6 Q_2-32 型汽车式起重机

汽车式起重机最大优点是转移迅速,对路面破坏性小。但它起吊时,必须将支腿落地,不能负载行走,故使用上不及履带式起重机灵活。轻型汽车式起重机(起升荷载在 200 kN 以内)主要适用于装卸作业,大型汽车式起重机(起升荷载不小于 500 kN)可用于一般单层或多层房屋的结构吊装。

国产汽车式起重机的主要技术性能见表 8.3。

表 8.3 汽车式起重机主要技术性能

项目	单位	型 号									
		Q_2-12			Q_2-16			Q_2-32			
行驶速度	km/h	60			60			55			
起重机总重	kN	173			215			320			
起重臂长度	m	8.5	10.8	13.2	8.2	14.1	20	9.5	16.5	23.5	30
工作幅度 R 最大	m	6.4	7.8	10.4	7.0	12	18	9	14	18	26
工作幅度 R 最小	m	3.6	4.6	5.5	3.5	3.5	4.3	3.5	4	5.2	7.2
起升荷载 Q R_{max}时	kN	40	30	20	50	19	8	70	26	15	6
起升荷载 Q R_{min}时	kN	120	70	50	160	80	60	320	220	130	80

续表 8.3

项目		单位	型号									
			Q_2-12			Q_2-16			Q_2-32			
起升高度 H	R_{max}时	m	5.8	7.8	8.6	4.4	7.7	9	—	—	—	—
	R_{min}时	m	8.4	10.4	12.8	7.9	14.2	20	—	—	—	—

汽车式起重机自重较大,对工作场地要求较高,起吊前必须将场地平整、压实,以保证操作平稳、安全。此外,起重机工作时的稳定性主要依靠支腿,故支腿落地必须严格按操作规程进行。

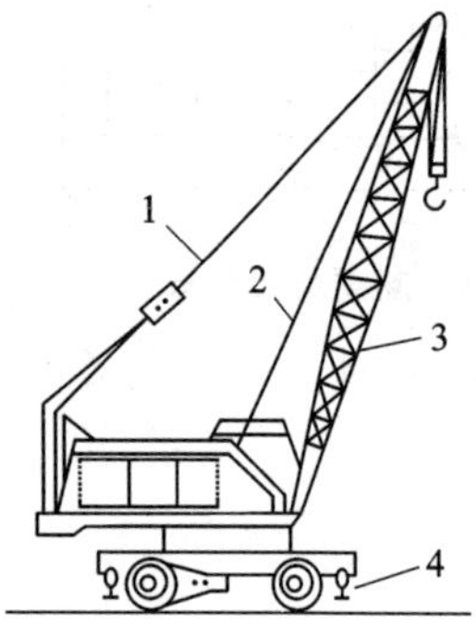

图 8.7 轮胎式起重机

1—变幅索;2—起重索;3—起重杆;4—支腿

8.1.2.3 轮胎式起重机

轮胎式起重机机身和起重机构安装在特制的底盘上,能全回转,在构造上与履带式起重机基本相似,只是行走装置采用轮胎。根据起升荷载大小不同,可以装 2 根或 3 根轮轴,4~10 个充气轮胎,重心低,起重平衡,轮距与轴距较宽,在硬质平整路面上可使用短吊臂吊着 75%的额定起升荷载行驶。

轮胎式起重机由起重机构、变幅机构、回转机构、行走机构、动力设备和操纵系统等组成。图 8.7 所示为轮胎式起重机的构造示意图。

轮胎式起重机底盘上装有可伸缩的支腿,起重时可使用支腿以增加机身的稳定性,并保护轮胎,必要时支腿下面可加垫块,以增加支承面。

国产轮胎式起重机型号及主要技术性能见表 8.4。

表 8.4 轮胎式起重机主要技术性能

项目		单位	型号												
			QL_1-16			QL_2-25					QL_3-40				
行驶速度		km/h	18			18					15				
起升速度		m/min	6.3			7					9				
起重机总重		kN	230			280					537				
起重臂长度		m	10	15	20	12	17	22	27	32	15	21	30	36	42
工作幅度 R	最大	m	11	15.5	20	11.5	14.5	19	21	21	13	16	21	23	25
	最小	m	4.0	4.7	5.5	4.5	6	7	8.5	10	5	6	9	11.5	11.5
起升荷载 Q	R_{max}时	kN	28	15	8	46	28	14	8	6	92	62	35	24	15
	R_{min}时	kN	160	110	80	250	145	106	72	50	400	320	161	103	100
起升高度 H	R_{max}时	m	5.3	4.6	6.9	—	—	—	—	—	8.8	14.2	21.8	27.8	33.8
	R_{min}时	m	8.3	13.2	18	—	—	—	—	—	10.4	15.6	25.4	31.6	37.2

8.1.2.4 起重机抗倾覆稳定性

起重机的稳定性是指起重机在自重和外荷载作用下抵抗倾覆的能力。导致起重机失稳的因素很多,如吊装超载、额外接长起重臂、风力过大、地面坡度过大、吊重下降时产生过大的制动力或回转时产生过大的离心力等。起重机的稳定性验算非常重要,否则便有倾覆的危险,以致造成质量与安全事故。

(1)稳定性验算的原理

验算起重机的抗倾覆稳定性主要采用力矩法。力矩法是《起重机设计规范》(GB/T 3811)中所采用的方法。力矩法校核抗倾覆稳定性的基本原则是:作用于起重机上包括自重在内的各项荷载对危险倾覆边的力矩之和必须大于或等于零,即 $\sum M \geqslant 0$,其中起稳定作用的力矩为正值,起倾覆作用的力矩为负值。

(2)起重机分组

在校核起重机稳定性时,根据起重机的结构特征、工作条件和对抗倾覆稳定性的要求,将起重机分为四组(表8.5)。

表 8.5　起重机组别

组别	起重机特征
I	流动性很大的起重机(如履带式起重机和汽车式起重机等)
II	重心高、工作不频繁以及场地经常变更的起重机(如塔式起重机等)
III	工作场地固定的桥式类型起重机(如门式起重机和装卸桥等)
IV	重心高、速度快、工作场地固定的轨道起重机(如装卸用门座起重机)

(3)验算工况

起重机的抗倾覆稳定性按表8.6所列的工况进行校核。

表 8.6　验算工况

起重机组别	验算工况	自重系数 K_G	起升荷载荷载系数 K_P	水平惯性力荷载系数 K_i	风力荷载系数 K_f	说明
I	1	1	$1.25+0.1G_b/P_Q$	0	0	G_b——臂架自重对臂架铰点按静力等效原则折算到臂端的重量; P_Q——起升荷载,伸缩臂起重机不必验算工况4
	2		1.15	1	1	
	3		−0.2	0	0	
	4		0	0	1.1	
II	1	0.95	1.4	0	0	
	2		1.15	1	1	
	3		−0.2	0	1	
	4		0	0	1.1	
III	1	0.95	1.4	0	0	带悬臂起重机须验算:(1)纵向(悬臂平面)稳定性(工况1、2);(2)横向(行走方向)稳定性(工况4)。无悬臂起重机仅须验算横向稳定性(工况4)
	2		1.2	1	1	
	3		—	—	—	
	4		0	0	1.15	

续表 8.6

起重机组别	验算工况	自重系数 K_G	起升荷载荷载系数 K_P	水平惯性力荷载系数 K_i	风力荷载系数 K_f	说明
Ⅳ	1	0.95	1.5	0	0	
	2		1.35	1	1	
	3		−0.2	0	1	
	4		0	0	1.1	

注:验算工况 1—无风静载;验算工况 2—有风动载;验算工况 3—突然卸载或吊具脱落;验算工况 4—暴风侵袭下的非工作状态。

(4)抗倾覆稳定性校核的表达式

按表 8.6 所列工况,在最不利的荷载组合条件下,计算各项荷载对起重机支承平面上的倾覆线(绕其旋转倾覆的轴线)的力矩。

抗倾覆稳定性校核的力矩表达式为:

$$\sum M = K_G M_G + K_P M_P + K_i M_i + K_f M_f \geqslant 0 \tag{8.2}$$

式中　M_G——起重机自重对倾覆线的力矩(kN·m);

　　　M_P——起升荷载对倾覆线的力矩(kN·m);

　　　M_i——水平惯性力对倾覆线的力矩(kN·m);

　　　M_f——风力对倾覆线的力矩(kN·m);

　　　K_G——起重机自重荷载系数(表 8.6);

　　　K_P——起升荷载的荷载系数;

　　　K_i——水平惯性力荷载系数;

　　　K_f——风力荷载系数。

8.1.3　塔式起重机

8.1.3.1　塔式起重机的主要特点

(1)塔式起重机(也称塔吊)由塔身、回转机构、带起重装置的悬臂架等构成。一般都采用多电机驱动,可进行水平和垂直运输,吊装作业范围大。

(2)自身平衡稳定性好,机械运转安全可靠,不需牵缆,占有场地也不大。

(3)起重塔身直立且高,起重臂安装高度高,在塔身顶部可作 360°回转,有效作业空间大,可将重物吊到有效空间的任何位置上,而自升式塔吊的塔身还可随时加高,所以起升高度也比其他起重机械都高。

(4)有较大的工作幅度和较高的起重能力,工作速度快、生产效率高。

(5)轨道式塔式起重机需预先铺设路基和轨道,安装和拆卸都较为复杂,工地转移和调动也不够灵活。

8.1.3.2　塔式起重机的分类

(1)按回转机构的安装位置不同可分为:上回转式(塔顶回转)和下回转式(塔身回转)。

（2）按变幅方式不同可分为：有倾斜臂架式（改变起重机的俯仰角度）和运行小车式。

（3）按能否移动可分为：固定式和行走式。

（4）按自升塔的爬升部位不同可分为：内爬式（一般安装在建筑物内部电梯间的框架筒上）和附着式（安装在建筑物外侧，塔身与建筑物用连杆锚固）。

8.1.3.3 常用塔式起重机型号及性能

根据建筑工业行业标准《建筑机械与设备产品分类及型号》(JG/T 5093)的规定，我国的塔式起重机按以下所示的编号方式进行编号：

塔式起重机用 QT 表示，其中 Q 代表起重机，T 代表塔式。特征号 K 表示快装式，Z 表示上回转自升式，G 表示固定式，A 表示下回转式。如 QTZ80 代表起重力矩为 800 kN·m 的上回转自升式塔式起重机。

目前一般房屋建筑工程中多采用上回转自升式塔式起重机，如 QTZ40、QTZ60、QTZ80 等，较大规格的塔式起重机起重力矩可达 2500 kN·m。新型塔式起重机研制进展很快，在起升荷载、起重臂长、装拆速度、安全监控等方面都有更进一步的提高。国外的超重型塔式起重机，如法国 POTAN 厂生产的 MD22500 型塔式起重机，其最大工作幅度为 100 m 时的起升荷载达 1800 kN，起升高度为 99 m。

（1）轨道式塔式起重机

轨道式塔式起重机能负荷行走，能同时完成水平运输和垂直运输，且能在直线和曲线轨道上运行，使用安全，生产效率高，起升高度可按需要增减塔身、更换节架。但因需要铺设轨道，装拆及转移耗费工时多，台班费较高。

目前国内单纯意义上的轨道式塔式起重机主要采用下回转俯仰臂式设计，如浙江产的 QT16、沈阳产的 QT25、湖南产的 QT25A 等。塔式起重机的生产厂家为了满足客户的不同需求，通常同一型号的塔吊可根据需要安装成轨道行走式、固定式、附着式及爬升式，这类塔吊通常采用上回转机构，如济南产的 QT60 塔吊、北京产的 QT80 塔吊及 QTZ80 塔吊等。

①QT16 型塔式起重机

QT16 型塔式起重机属下回转快装塔式起重机，起重力矩为 160 kN·m，起升荷载为 10～20 kN，工作幅度为 8～16 m；起升高度当水平臂时为 20.5 m，仰臂时为 31.25 m，轨距×轴距为 3.0 m×2.8 m。

②QT25A 型塔式起重机

QT25A 型塔式起重机也是一种下回转快装塔式起重机，其额定起重力矩为 250 kN·m，起升荷载为 12.5～25 kN，工作幅度为 2.5～20 m；起升高度当水平臂时为 23 m，仰臂时为 32 m；轨距×轴距为 3.8 m×3.2 m。

（2）内爬式塔式起重机

内爬式塔式起重机一般安装在建筑物内部电梯井或特设开间的结构上,它的塔身长度不变,底座通过伸缩支腿支承在建筑物上,借助爬升机构随建筑物的升高而向上爬升,一般每隔1～2层爬升一次。其特点是体积小,质量轻,安装简单,既不需要铺设轨道,又不占用施工场地,故特别适用于施工现场狭窄的高层建筑施工。但全部荷载均由建筑物承受,拆卸时需在屋面架设辅助起重设备。内爬式塔式起重机由底座、套架、塔身、塔顶、起重臂和平衡臂等组成。

上海生产的 QTP-60 是一款专有的内爬式塔吊,其额定起重力矩为 600 kN·m,最大工作幅度为 30 m,对应的起升荷载为 20 kN;最大起升荷载为 60 kN,对应的工作幅度为2.7～10 m,最大起升高度 160 m。另外,前述的 QT60、QT80、QTZ80 等既可用作为附着式、固定式或轨道行走式又可作为内爬式塔式起重机。

内爬式塔式起重机都是利用自身机构进行提升,其自升过程大致分为如下三个阶段进行(图 8.8):

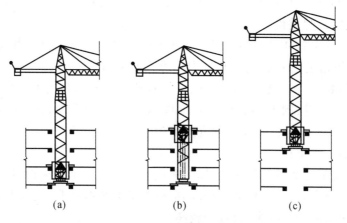

图 8.8 内爬式塔式起重机的爬升过程
(a)准备状态;(b)提升套架;(c)提升起重机

①收起套架上的横梁支腿,准备提升;

②用吊钩起吊套架横梁至上一个塔位处并与建筑物固定;

③松开塔身底座梁与建筑物骨架的连接螺栓,收起塔身底座支腿,提升塔吊至需要的位置,再伸出底座支腿,扭紧连接螺栓,与该层的结构固定,升塔完毕。

三个阶段结束后即可开始吊装工作,隔1～2层后再进行自升,施工较简便。但施工完毕后,拆塔较为复杂。

（3）附着式自升塔式起重机

QTZ60 型塔式起重机是一种上回转、小车变幅的自升式塔式起重机。它随着建筑物的升高,利用液压顶升系统逐步自行接高塔身,每顶升一次,可接高2.5 m。其额定起重力矩为 600 kN·m,最大工作幅度达 45 m,最大工作幅度时的起升荷载为 13.3 kN;最大起升荷载为 40 kN,最大起升荷载时的工作幅度为 15 m,最大附着高度为 100 m。表 8.7 是部分塔式起重机的主要技术性能。

表 8.7 塔式起重机主要技术性能

型号	QTZ25	QTDF40	QT60	QTZ60	QTZ80	QTZ120
产地	济南	重庆	济南	山西	北京	湖南
额定起重力矩(kN·m)	250	400	600	600	800	1200
最大工作幅度(m)	25	25	35	45/30	45	40/50
最大起升荷载工作幅度(m)	3.5~10	2.8~10	2.5~10	15	3~16	—
最大工作幅度起升荷载(t)	1.0	1.6	1.9	1.33/2	1.62	3
最大起升荷载(t)	2.5	4.0	6	4	6	8
轨道式最大起升高度(m)	25(独立)	32(独立)	45	40(独立)	45	50
附着式最大起升高度(m)	60	60	70~100	100	100	120
内爬式起升高度(m)			140		140	
起升速度(m/min)	44/29/6.9	39/26/6.5	94/50/32 46.5/25/16	80/53/30 20/5	100/51.8/32.7 50/28/16.3	120/60/30 60/30/15
变幅小车速度(m/min)	20	17	33	38/19	30.5	50/25/7/5
回转速度(r/min)	0.8/0.4	0.62	0.63	0.67/0.34	0.6	0.6
轴距(m)×轨距(m)	4.1×4.1 (底架尺寸)		4.5×4.5	4.88×4.88 (底架尺寸)	5×5	6×6
平衡重/压重(t)	1.6	3	5.5	6	11.7/63	

附着式自升塔式起重机(图 8.9)的液压自升系统主要包括:顶升套架、长行程液压千斤顶、支承座、顶升横梁及定位销等。其顶升过程可分为以下五个步骤(图 8.10):

①将标准节起吊到摆渡小车上,并将过渡节与塔身标准节相连的螺栓松开,准备顶升。

②开动液压千斤顶,将塔式起重机上部结构包括顶升套架向上升起到超过一个标准节的高度,然后用定位销将套架固定。塔式起重机上部结构的重量通过定位销传递到塔身上。

③液压千斤顶回缩,形成引进空间,接着将装有标准节的摆渡小车推入引进空间。

④利用液压千斤顶稍微提起待接高的标准节,退出摆渡小车,然后将待接的标准节平缓地落在下面的塔身上,并用螺栓加以连接。

⑤拔出定位销,下降过渡节,使之与已接高的塔身连成整体。

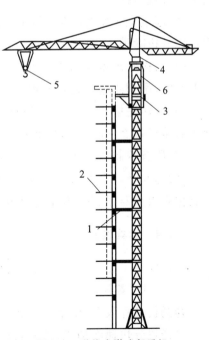

图 8.9 附着式塔式起重机
1—附墙支架;2—建筑物;3—标准节;
4—操纵室;5—起重小车;6—顶升套架

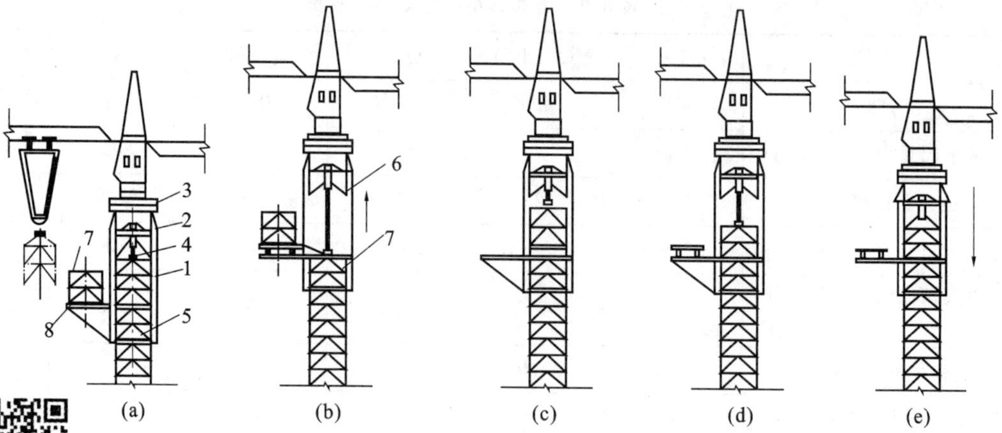

扫一扫

QT4-10 型起重机的顶升过程

图 8.10　附着式自升塔式起重机的顶升过程

(a)准备状态;(b)顶升塔顶;(c)推入塔身标准节;(d)安装塔身标准节;(e)塔顶与塔身连成整体

1—顶升套架;2—液压千斤顶;3—支承座;4—顶升横梁;

5—定位销;6—过渡节;7—标准节;8—摆渡小车

在顶升前,必须按规定将平衡重和起重小车移动到指定位置,以保证顶升过程中的稳定。

8.1.3.4　塔式起重机使用要点

(1)塔式起重机的轨道位置,其边线与结构物应有适当的距离,以防行走时行走台与结构物相碰而发生事故,并避免起重机轮压力传至结构物基础,使基础产生沉陷。钢轨两端必须设置车挡。

(2)起重机工作时必须严格按照额定起升荷载起吊,不得超载,也不准吊运人员斜拉重物以及拔除地下埋设物。

(3)司机必须得到指挥信号后,方能进行操作。操作前司机必须按电铃、发信号。吊物上升时,吊钩距起重臂端不得小于 1 m;工作休息和下班时,不得将重物悬挂在空中。

(4)运转完毕,起重机应开到轨道中部位置停放,并用夹轨钳夹紧在钢轨上,吊钩上升到距起重臂端 2～3 m 处,起重臂应转到平行于轨道方向。

(5)所有控制器工作完毕后,必须扳到停止点(零点),关闭电源总开关。

(6)遇 6 级以上大风及雷雨天,禁止操作;起重机若失火,绝对禁止用水救火,应当用二氧化碳灭火器或其他不导电的物质扑灭火焰。

8.1.4　索具设备

结构安装工程施工中用到的索具设备主要有:卷扬机、钢丝绳、滑轮组、横吊梁等。

8.1.4.1　卷扬机

卷扬机又称绞车,是结构安装最常用的工具。

卷扬机分快速卷扬机、慢速卷扬机两种。快速卷扬机又分为单筒和双筒两种,其设备能力为 4.0～50 kN,主要用于垂直、水平运输和打桩作业。慢速卷扬机多为单筒式,其设备能力为 30～200 kN,主要用于结构吊装、钢筋冷拉和预应力钢筋张拉作业。

卷扬机的主要技术参数是卷筒牵引力、钢丝绳的速度和卷筒的容绳量。

卷扬机使用时应注意：

(1)为使钢丝绳能自动在卷筒上往复缠绕，卷扬机的安装位置应使距第一个导向滑轮的距离 l 不小于卷筒长度 a 的 15 倍，即当钢丝绳在卷筒边时，与卷筒中垂线的夹角不大于 $2°$（图 8.11）。

(2)钢丝绳引入卷筒时应接近水平，并应从卷筒的下面引入，以减少对卷扬机引起的倾覆力矩。

(3)卷扬机要固定可靠以防滑移和倾覆。可以压重固定、做基础固定、做锚碇固定，也可利用树木、建筑物等做固定。

此外，卷扬机在使用时，电气线路要勤加检查，电磁抱闸要有效，全机接地无漏电现象；传动机要啮合正确，加油润滑，无噪音；钢丝绳应与卷筒卡牢，放松钢丝绳时，卷筒上至少应保留 4 圈。

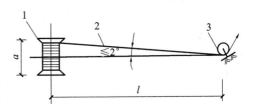

图 8.11　卷扬机与第一个导向滑轮的关系
1—卷筒；2—钢丝绳；3—第一个导向滑轮

8.1.4.2　钢丝绳

钢丝绳是起重机械中用于悬吊、牵引或捆绑构件的绳索。它是由许多根直径为 0.4～2 mm，抗拉强度为 1200～2200 MPa 的钢丝按一定规则捻制而成。按照捻制方法不同，分为单绕、双绕和三绕，土木工程施工中常用的是双绕钢丝绳，它是由钢丝捻成股，再由多股围绕绳芯绕成绳。双绕钢丝绳按照捻制方向分为同向绕、交叉绕和混合绕三种。同向绕是钢丝捻成股的方向与股捻成绳的方向相同，这种绳的挠性好、表面光滑磨损小，但易松散和扭转，不宜用来悬吊重物。交叉绕是指钢丝捻成股的方向与股捻成绳的方向相反，这种绳不易松散和扭转，宜作起吊绳，但挠性差。混合绕指相邻的两股钢丝绕向相反，性能介于同向绕和交叉绕两者之间，制造复杂，用得较少。

钢丝绳按每股钢丝数量的不同又可分为 6×19,6×37 和 6×61 三种。6×19 钢丝绳在绳的直径相同的情况下，钢丝粗，比较耐磨，但较硬，不易弯曲，一般用作缆风绳；6×37 钢丝绳比较柔软，可用作穿滑轮组和吊索；6×61 钢丝绳质地软，主要用于重型起重机械中。

钢丝绳在选用时应考虑多根钢丝的受力不均匀性及其用途，钢丝绳的允许拉力 $[F_g]$ 按下式计算：

$$[F_g] = \frac{\alpha F_g}{K} \tag{8.3}$$

式中　$[F_g]$——钢丝绳的允许拉力(kN)；

　　　F_g——钢丝绳的钢丝破断拉力总和(kN)；

　　　α——换算系数(考虑钢丝受力不均匀性)，见表 8.8；

　　　K——安全系数，见表 8.9。

表 8.8　钢丝绳破断拉力换算系数

钢丝绳结构	换算系数 α
6×19	0.85
6×37	0.82
6×61	0.80

表 8.9　钢丝绳安全系数

用　　途	安全系数 K	用　　途	安全系数 K
作缆风绳	3.5	作吊索(无弯曲)	6~7
用于手动起重设备	4.5	作捆绑吊索	8~10
用于电动起重设备	5~6	用于载人升降机	14

8.1.4.3　滑轮组

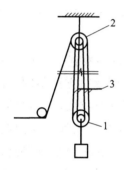

图 8.12　滑轮组
1—动滑轮；2—定滑轮；
3—工作线数(图中 $n=4$)

滑轮组是由一定数量的定滑轮和动滑轮以及穿绕的钢丝绳所组成,具有省力和改变力的方向的功能,是起重机械的重要组成部分。滑轮组共同负担构件重量的钢丝绳的根数称为工作线数(图 8.12)。通常滑轮组的名称,以组成滑轮组的定滑轮与动滑轮的数目来表示,如由 4 个定滑轮和 4 个动滑轮组成的滑轮组称四四滑轮组,5 个定滑轮和 4 个动滑轮所组成的滑轮组称五四滑轮组。

滑轮组钢丝绳跑头的拉力 S,可按下式计算:

$$S = KQ$$

式中　S——跑头拉力(kN);
　　　Q——计算荷载(kN);
　　　K——滑轮组省力系数。

$$K = \frac{f^N(f-1)}{f^n - 1}$$

式中　f——单个滑轮的阻力系数,对青铜轴套轴承 $f=1.04$;对滚珠轴承 $f=1.02$;对无轴套轴承 $f=1.06$;
　　　n——工作线数;
　　　N——当钢丝绳从定滑轮绕出时,$N=n$;当钢丝绳从动滑轮绕出时,$N=n-1$。

起重机所用滑轮组通常都是青铜轴套,其滑轮组的省力系数 K 值见表 8.10。

表 8.10　青铜轴套滑轮组省力系数

工作线数 n	1	2	3	4	5	6	7	8	9	10
省力系数 K	1.04	0.529	0.360	0.275	0.224	0.190	0.166	0.148	0.134	0.123
工作线数 n	11	12	13	14	15	16	17	18	19	20
省力系数 K	0.114	0.106	0.100	0.095	0.090	0.086	0.082	0.079	0.076	0.074

8.1.4.4　横吊梁

横吊梁又称铁扁担,常用于柱和屋架等构件的吊装。用横吊梁吊柱可使柱身保持垂直,便于安装;用横吊梁吊屋架则可降低起吊高度和减少吊索对屋架杆件(主要是上弦)造成的轴向压力。

横吊梁的形式有滑轮横吊梁[图 8.13(a)],一般用于吊装 8 t 以内的柱;钢板横吊梁由 Q235 钢板制作而成[图 8.13(b)],一般用于吊装 10 t 以下的柱;钢管横吊梁的钢管长 6～12 m[图 8.13(c)],一般用于吊装屋架。

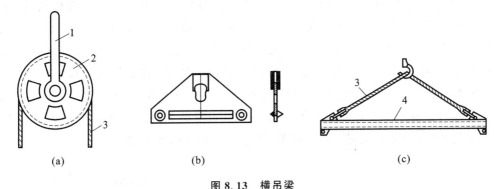

(a)　　　　　　　　　　(b)　　　　　　　　　　(c)

图 8.13　横吊梁

(a)滑轮横吊梁;(b)钢板横吊梁;(c)钢管横吊梁

1—吊环;2—滑轮;3—吊索;4—钢管

8.2　单层工业厂房结构安装

单层工业厂房建筑面积大、构件类型少、数量多,因此一般多采用装配式钢筋混凝土结构。结构安装工程直接影响整个工程的施工进度、劳动生产率、工程质量、施工安全和工程成本,必须予以充分重视。

8.2.1　结构安装前的准备工作

为了保证结构吊装工程的施工进度和吊装质量,正式吊装前必须做好有关的准备工作。结构吊装准备工作包括两大内容:一是室内技术准备工作,主要有熟悉图纸、图纸会审、计算工程量、编制施工组织设计或吊装方案等;二是室外现场准备工作,包括清理场地和修筑起重机行走道路,对被吊构件进行必要的检查,对构件安装位置进行必要的弹线、编号,对构件的运输、就位、堆放予以安排,按方案进行必要的临时加固,对吊点、吊具与索具进行承载力复核和安全性检查。

预制构件经检查合格后,应在构件上设置可靠标志。在装配式结构的施工全过程中,应采取防止预制构件损伤或污染的措施。

8.2.2　构件安装工艺

装配式钢筋混凝土单层工业厂房的结构构件有柱、基础梁、吊车梁、连系梁、托架、屋架、天窗架、屋面板、墙板及支撑等。混凝土预制构件的吊装过程,一般包括绑扎、吊升、对位、临时固定、校正、最后固定等工序。

8.2.2.1 柱的吊装

(1)基础准备

柱基施工时,杯底标高一般比设计标高低(通常低 50 mm),柱在吊装前需对基础杯底标高进行一次调整(或称找平),主要目的是保证柱的牛腿面在同一标高上。调整方法是测出杯底原有标高(小柱测中间一点,大柱测四个角点),再量出柱脚底面至牛腿面的实际长度,计算出杯底标高调整值,并在杯口内标出,然后用 1∶2 水泥砂浆或细石混凝土将杯底找平至标志处。例如,测出杯底标高为 -1.20 m,牛腿面的设计标高是 $+7.80$ m,而柱脚至牛腿面的实际长度为 8.95 m,则杯底标高调整值为 $7.80 + 1.20 - 8.95 = 0.05$ m。

此外,还要在基础杯口面上弹出厂房的纵、横定位轴线和柱的吊装准线,作为柱对位、校正的依据(图 8.14)。柱子应在柱身的三个面上弹出吊装准线(图 8.15)。柱的吊装准线应与基础面上所弹的吊装准线位置相对应。对矩形截面柱可按几何中线弹吊装准线;对工字形截面柱,为便于观测及避免视差,则应靠柱边弹吊装准线。

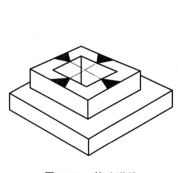

图 8.14　基础弹线

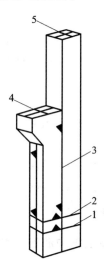

图 8.15　柱的弹线

1—基础顶面线;2—地坪标高线;3—柱子中心线;

4—吊车梁对位线;5—柱顶中心线

(2)柱的绑扎

柱用吊索加卡环进行绑扎,在吊索与构件之间要垫以木板,以防吊索磨损构件棱角。

柱的绑扎位置和绑扎点数,根据柱的形状、断面、长度、配筋和起重机性能等确定。中小型柱(质量不大于 13 t),大多绑扎一点;重型柱或配筋少而细长的柱(如抗风柱),为防止起吊过程中发生断裂,常需绑扎两点或三点。一点绑扎时,绑扎点宜在牛腿下(如无牛腿,可选在柱重心偏上,约离柱脚 2/3 柱高处)200 mm 处,工字形断面和双肢柱,应选在矩形断面处,否则应在绑扎位置用方木加固翼缘,防止翼缘在起吊时损坏。特殊情况下,绑扎点要经计算确定。由于柱起吊时吊离地面的瞬间由自重产生的弯矩最大,其最合理的绑扎点位置,应按柱产生的正负弯矩绝对值相等的原则来确定。

根据柱起吊后柱身是否垂直,分为斜吊绑扎法和直吊绑扎法。

①斜吊绑扎法。当柱平放起吊的受弯承载力满足要求时,可采用斜吊绑扎法(图8.16)。特点是柱不需要翻身,起吊后柱身呈倾斜状态,由于吊索歪在柱的一侧,起重钩可低于柱顶,故起重臂可较短,一般高重型柱吊装时用此法绑扎。但柱对中就位较困难,需人工协助将柱插入杯口。

②直吊绑扎法。当柱平放起吊的受弯承载力不足,需将柱由平放转为侧立后起吊(图8.17)。该法是用吊索围捆柱身,从柱面两侧分别扎住卡环,再与铁扁担相连。起吊后柱顶在吊钩之下,需要较大的起吊高度,但柱身呈直立状态,便于插入杯口,就位校正。

③两点绑扎法。当柱较长,一点绑扎受弯承载力不足时,可用两点绑扎起吊(图8.18)。此时,绑扎点位置,应使下绑扎点至柱重心距离小于上绑扎点至柱重心距离,柱吊起后即可自行回转为直立状态。

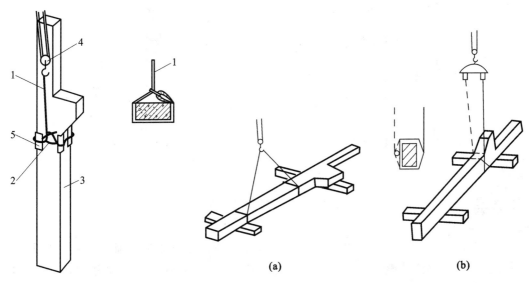

(a)   **(b)**

图8.16 柱的斜吊绑扎法　　　　图8.17 柱的直吊绑扎法

1—吊索;2—活络卡环;3—柱;

4—滑轮;5—方木

(3)柱的吊升

根据柱在吊升过程中运动的特点,当采用单机吊装时,吊装方法可分为旋转法和滑行法两种。对于重型桩还可以采用双机抬吊的方法。

①旋转法。采用旋转法吊装柱时(图8.19),柱脚宜靠近基础,柱的绑扎点、柱脚与柱基中心三者宜位于起重机的同一工作幅度的圆弧上(即三点共弧)。起吊时,起重机的起重臂边升钩、边回转,柱顶随起重机的运动边升起、边回转,而柱脚的位置在旋转过程中是不移动的。当柱由水平转为直立后,起重机将柱吊离地面,旋转至基础上方,插入杯口。

用旋转法吊装时,柱在吊装过程中所受震动较小,生产率高,但对起重机的机动性要求较高。采用自行杆式起重机吊装时,宜采用此法。

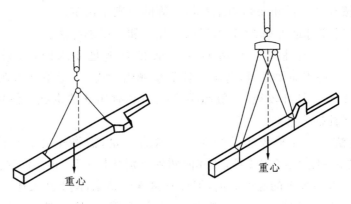

图 8.18　柱的两点绑扎法

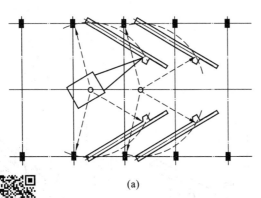

(a)

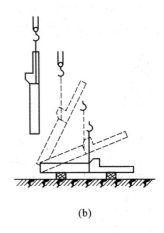

(b)

图 8.19　旋转法吊装柱

(a)柱平面布置;(b)柱旋转过程

扫一扫

旋转法吊装柱

　　②滑行法。采用滑行法吊装时(图 8.20),柱的绑扎点宜靠近基础(即两点共弧)。起吊时,起重臂不动,起重钩上升,柱顶也随之上升,而柱脚则沿地面滑向基础,直至柱身转为直立状态。起重钩将柱吊离地面,对准杯口中心,将柱脚插入杯口。

　　滑行法吊装时柱的布置比较灵活,起重半径小,起重臂不转动,操作简单,可以吊装较重、较长的柱子,对现场狭窄、采用桅杆式起重机吊装的情况较适用。

　　用滑行法吊装时,柱在滑行过程中受到地面阻力,有一定振动,对构件不利,因此宜在柱脚处垫枕木或滚筒等,以减少柱脚与地面的摩擦和滑行造成的振动。

　　旋转法和滑行法是柱吊装的两种基本方法,施工中应尽量按这两种基本方法来布置构件和吊升构件。但施工现场情况很复杂,应根据实际情况布置构件和灵活使用吊升方法。如用旋转法吊装柱时,由于各种条件限制,不可能将柱的绑扎点、柱脚和柱基中心三者同时布置在起重机的同一工作幅度圆弧上,此时也可以灵活处理,采取绑扎点与基础或柱脚与基础两点共弧的办法来布置构件。

　　③双机抬吊。当柱的重量较大,使用一台起重机无法吊装时,可以采用双机抬吊。采用双机抬吊时,宜选用同类型或性能相近的起重机,负载分配应合理,单机荷载不得超过

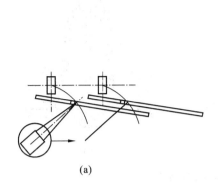 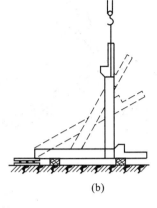

图 8.20 滑行法吊装柱

(a)柱平面布置；(b)柱滑行过程

滑行法吊装柱

规定起重量的 80%。两机应协调起吊和就位，起吊速度应平稳缓慢。双机抬吊仍可采用旋转法（两点抬吊）和滑行法（一点抬吊）。

双机抬吊旋转法，是用一台起重机抬柱的上吊点，另一台起重机抬柱的下吊点，柱的布置应使两个吊点与基础中心分别处于各自起重机工作幅度的圆弧上，两台起重机并列于柱的一侧（图 8.21）起吊时，两机同时同速升钩，将柱吊离地面至 $m+0.3$ m 处，然后两台起重机起重臂同时向杯口旋转，此时，从动起重机 A 只旋转不提升，主动起重机 B 则边旋转、边升钩直至柱直立，双机以等速缓慢落钩，将柱插入杯口中。

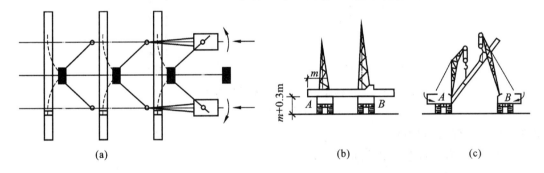

图 8.21 双机抬吊旋转法

(a)柱的平面布置；(b)双机同时提升吊钩；(c)双机同时向杯口旋转

采用双机抬吊滑行法时，柱的平面布置与单机起吊滑行法柱的布置基本相同。两台起重机停放位置相对而立，其吊钩均应位于基础上方（图 8.22）。起吊时，两台起重机以相同的升钩、降钩、旋转速度工作，故宜选择型号相同的起重机。

采用双机抬吊时，为使各机的负荷均不超过该机的起重能力，应进行负荷分配，其计算方法（图 8.23）如下：

$$P_1 = 1.25Q \frac{d_2}{d_1 + d_2} \tag{8.4}$$

$$P_2 = 1.25Q \frac{d_1}{d_1 + d_2} \tag{8.5}$$

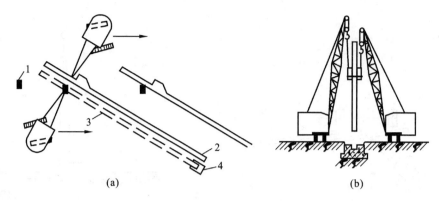

图 8.22　双机抬吊滑行法

(a)俯视图;(b)立面图

1—基础;2—柱预制位置;3—柱翻身后位置;4—滚动支座

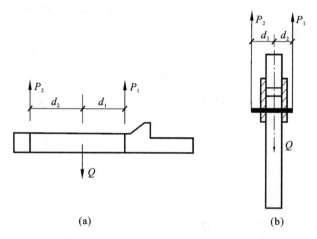

图 8.23　负荷分配计算简图

(a)两点抬吊;(b)一点抬吊

式中　Q——柱的质量(t);

　　　P_1——第一台起重机的负荷(t);

　　　P_2——第二台起重机的负荷(t);

　　　d_1、d_2——起重机吊点至柱重心的距离(m);

　　　1.25——双机抬吊可能引起的超负荷系数,若有保证不超载的措施,可不乘此系数。

(4)柱的对位与临时固定

采用直吊法吊柱时,在柱脚插入杯口后,再提升至离杯底30~50 mm 处进行对位。采用斜吊法吊柱时,则需将柱脚基本送到杯底,然后在吊索一侧的杯口中插入 2 个楔子,再通过起重机回转使其对位。对位时,应先从柱子四周向杯口放入 8 只楔块,并用撬棍拨动柱脚,使柱的吊装中心线对准杯口上的吊装中心线,并使柱基本保持垂直状态。

柱子对位后,应先将楔块略为打紧,待松钩后观察柱子沉至杯底后的对中情况,若已符合要求即可将楔块打紧,使之临时固定(图 8.24)。当柱基杯口深度与柱长之比小于1/20,或具有较大牛腿的重型柱时,还应增设带花篮螺丝的缆风绳或加斜撑措施来加强柱临时固定的稳定性。

柱临时固定后,起重机即可完全放钩,拆除绑扎索具,将其移去吊装下一根柱。

(5)校正

柱的校正是一件相当细致而重要的工作,如果柱的吊装就位不够准确,就会影响与柱相连接的吊车梁、屋架等吊装的准确性。

柱吊装过程中的校正包括平面位置、标高及垂直度三项内容。柱的对位已经对柱的平面位置进行了校正,柱的基础杯底抄平时已经对柱的标高进行了校正,所以主要校正柱的垂直度。

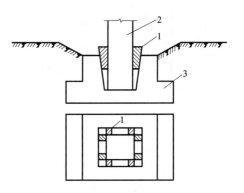

图 8.24　柱的临时固定
1—楔子;2—柱子;3—基础

柱垂直度的检查方法是:用两架经纬仪从柱相邻的两边(视线基本与柱面垂直)去检查柱吊装中心线的垂直度,没有经纬仪时,也可用线锤检查。柱竖向(垂直)偏差的允许值:当柱高不大于 5 m 时,为 5 mm;当柱高大于 5 m 时,为 10 mm;当柱高为 10 m 及大于 10 m 的多节柱时,为 1/1000 柱高,但不得大于 20 mm。如偏差超过上述规定,则应校正柱的垂直度。

柱垂直度的校正方法是:当偏差值较小时,可用打紧或稍放松楔块的方法来纠正;当偏差值较大时,则可采用螺旋千斤顶校正法或撑杆校正法(图 8.25);当柱用缆风绳临时固定时,也可用缆风绳进行校正。柱校正后,应将杯口的楔子打紧,使柱的平面位置与垂直度不再产生变动。

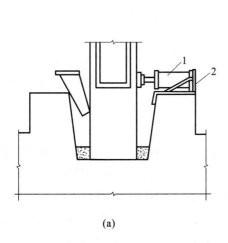

(a)

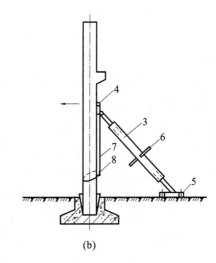

(b)

图 8.25　柱垂直度的校正
(a)螺旋千斤顶校正;(b)撑杆校正
1—螺旋千斤顶;2—千斤顶支座;3—钢管;4—头部摩擦板;5—底板;6—转动手柄;7—钢丝绳;8—卡环

(6)最后固定

柱校正完毕后,应立即进行最后固定。最后固定的方法是在柱脚与杯口的空隙中浇筑细石混凝土。所用混凝土的强度等级可比原构件的混凝土强度等级提高一级。

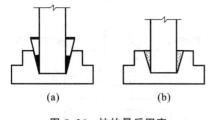

图 8.26　柱的最后固定

(a)第一次浇筑混凝土;(b)第二次浇筑混凝土

细石混凝土的浇筑分两次进行(图 8.26)。第一次将混凝土浇筑至楔块下端。待第一次浇筑的混凝土强度达到设计强度等级的 30% 以上时,即可拔去楔块,第二次将混凝土浇筑至杯口顶,进行养护,待第二次混凝土强度达到设计强度等级的 75% 时,方可拆除缆绳或斜撑,安装上部构件。

8.2.2.2　吊车梁的吊装

待杯口第二次浇筑的混凝土强度达到设计强度等级的 75% 之后,即可进行吊车梁的吊装。

(1)绑扎、吊升、对位与临时固定

吊车梁吊起后应基本保持水平。因此,采用两点绑扎,其绑扎点应对称地设在梁的两端,吊钩应对准梁的重心(图 8.27)。在梁的两端应绑扎溜绳,以控制梁的转动,便于在空中对梁进行控制。

吊车梁对位时应缓慢降钩,使吊车梁端与柱牛腿面的横轴线对准。在吊车梁安装过程中,应用经纬仪或线锤校正柱子的垂直度,若产生了竖向偏移,应将吊车梁吊起重新进行对位,以消除柱的竖向偏移。

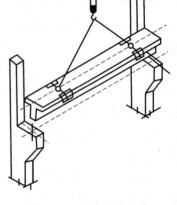

图 8.27　吊车梁的吊装

(2)校正与最后固定

吊车梁的校正也包括标高、平面位置和垂直度三项内容。

①标高的校正。在进行杯形基础杯底抄平时,已对牛腿面至柱脚的高度做过测量和调整,因此误差不会太大,如存在少许误差,也可待安装轨道时,在吊车梁面上抹一层砂浆找平层加以调整。

②平面位置的校正。主要是检查吊车梁的纵轴线以及两列吊车梁之间的跨距 L_k 是否符合要求,吊车梁吊装中心线对定位轴线的偏差不得大于 5 mm。在屋盖吊装前校正时,L_k 不得有正偏差,以防屋盖吊装后柱顶向外偏移,使 L_k 的偏差过大。校正方法有通线法和平移轴线法。通线法是根据柱轴线用经纬仪和钢尺准确地校正好一跨内两端的四根吊车梁的纵轴线和轨距,再依据校正好的端部吊车梁沿其轴线拉上钢丝通线,逐根拨正。平移轴线法是根据柱和吊车梁的定位轴线间的距离(一般为 750 mm),逐根拨正吊车梁的安装中心线。

③垂直度的校正。在检查及拨正吊车梁中心线的同时,可用靠尺、线锤检查吊车梁的垂直度。若发现有偏差,可在吊车梁两端的支座面上加斜垫铁纠正,每端叠加垫铁不得超过 3 块。

吊车梁校正之后,立即按设计图纸要求用电焊作最后固定,并在吊车梁与柱的空隙处,浇筑细石混凝土。

8.2.2.3　屋架的吊装

中小型单层工业厂房屋架的跨度为 12~24 m,质量为 3~10 t。钢筋混凝土屋架一般在施工现场平卧叠浇预制。在屋架吊装前,先要将屋架扶直(又称翻身),然后将屋架吊运到预定地点就位(排放)。

(1)屋架的扶直与就位

钢筋混凝土屋架的侧向刚度较差,扶直时由于自重及运动影响,改变了杆件的受力性质,特别是上弦杆,一般设计为受压杆件,平卧起吊的一刹那受力最为不利,极易扭曲造成损伤。因此,在屋架扶直前应进行吊装验算,确保安全施工。

按照起重机与屋架的相对位置不同,屋架扶直的方法分为正向扶直和反向扶直。

① 正向扶直。起重机位于屋架下弦一侧,首先将吊钩对准屋架中心,收紧吊钩,略升臂使屋架脱模。接着起重机升钩并升臂,使屋架以下弦为轴,缓缓转为直立状态[图8.28、图8.29(a)]。

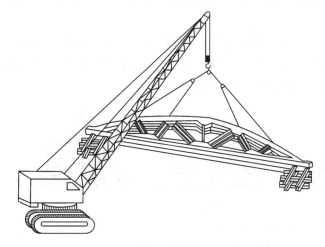

图8.28 屋梁的正向扶直

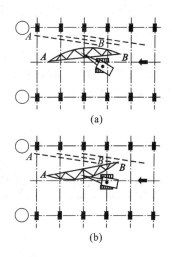

图8.29 屋梁的扶直

(a)正向扶直;(b)反向扶直

(虚线表示屋架就位的位置)

② 反向扶直。起重机位于屋架上弦一侧,首先将吊钩对准屋架中心,收紧吊钩。接着起重机升钩并降臂,使屋架以下弦为轴缓缓转为直立状态[图8.29(b)]。

正向扶直与反向扶直最主要的不同点,是起重臂在扶直过程中,一为升臂,一为降臂。升臂比降臂易于操作且较安全,故应尽可能采用正向扶直。

屋架扶直后,立即进行就位。屋架就位的位置与屋架安装方法、起重机械性能有关。其原则是应少占场地,便于吊装,且应考虑屋架的安装顺序、两端朝向等问题。一般靠柱边斜放或以3~5榀为一组,平行柱边就位。

需要注意的是,如扶直屋架时采用的绑扎点或绑扎方法与设计规定不同,应按实际采用的绑扎方法验算屋架扶直应力。若承载力不足,在浇筑屋架时应补加钢筋或采取其他加强措施。叠浇的屋架之间若粘结严重时,应借助凿、撬棒、手拉葫芦等工具消除粘结后再扶直。当数榀屋架在一起叠浇时,为防止屋架在扶直过程中突然下滑造成损伤,应在屋架两端搭设枕木垛,其高度与被扶直屋架的底面齐平。

扶直屋架时,起重机的吊钩应对准屋架中心,吊索应左右对称,吊索与水平线的夹角不小于45°。为使各吊索受力均匀,吊索可用滑轮串通。在屋架接近扶直时,吊钩应对准下弦中点,防止屋架摆动。

　　屋架就位后,应用8号铁丝、支撑等与已安装的柱或已就位的屋架相互拉牢撑紧,以保持稳定。

　　(2)屋架的绑扎

　　屋架的绑扎点应选在上弦节点处或附近500 mm区域内,左右对称,并高于屋架重心,使屋架起吊后基本保持水平,不晃动,不倾翻。在屋架两端应加溜绳,以控制屋架转动。屋架吊点的数目及位置与屋架的形式和跨度有关,一般由设计确定。绑扎时吊索与水平线的夹角,翻身扶直时不宜小于60°,起吊时不应小于45°,以免屋架承受过大的水平方向分力。当夹角小于45°时,为了减小屋架的起吊高度及过大的水平力,可采用横吊梁。横吊梁的选用应经过计算确定,以确保施工安全。吊运过程应平稳,不应有大幅摆动,且不应长时间悬停。

　　一般情况下,屋架跨度小于或等于18 m时绑扎两点;当跨度大于18 m时需绑扎四点;当跨度大于30 m时,应考虑采用横吊梁,以减小绑扎高度。对三角组合屋架等刚性较差的屋架,下弦不宜承受压力,故绑扎时也应采用横吊梁(图8.30)。

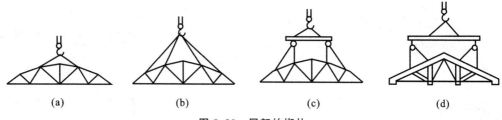

图 8.30　屋架的绑扎

(a)屋架跨度小于或等于18 m时;(b)屋架跨度大于18 m时;
(c)屋架跨度大于30 m时;(d)三角形组合屋架

　　(3)屋架的吊升、对位和临时固定

　　屋架的吊升是先将屋架吊离地面约300 mm,并将屋架转运至吊装位置下方,然后再起钩,将屋架提升超过柱顶约300 mm。最后利用屋架端头的溜绳,将屋架调整对准柱头,并缓缓降至柱头,用撬棍配合进行对位。

扫一扫

屋架吊装

　　屋架对位应以厂房的定位轴线为准。因此,在屋架吊装前,应当用经纬仪或其他工具在柱顶放出厂房的定位轴线。如柱顶截面中线与定位轴线偏差超出规定时,应依次调整纠正。

　　屋架对位后,应立即进行临时固定。临时固定稳妥后,起重机才可摘钩离去。

　　①第一榀屋架的临时固定。第一榀屋架安装至柱顶后呈单片结构,周围无依靠,第二榀屋架的临时固定,还要以第一榀屋架作为支撑,因此对第一榀屋架的临时固定必须十分牢靠。第一榀屋架的临时固定,通常是用4根缆风绳,从两侧将屋架固定,也可将屋架与抗风柱连接作为临时固定。

　　②第二榀屋架的临时固定,是用工具式支撑与第一榀屋架相连(图8.31)。后续各榀屋架的临时固定,均是用工具式支撑与前一榀屋架相连。

　　工具式支撑(图8.32)可用ϕ50钢管制成,两端各装有两只撑脚,撑脚上面有可调节松紧的螺栓将屋架可靠地夹持固定。每榀屋架至少要用两个工具式支撑,才能使屋架稳固。当屋架经校正、最后固定并安装了若干块大型屋面板以后,方可将支撑卸去。

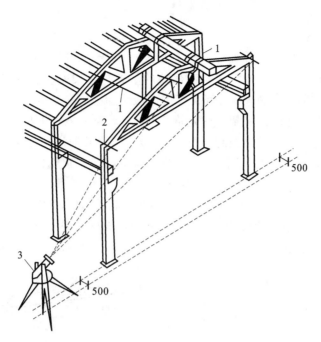

图 8.31　屋架的临时固定与校正

1—工具式支撑;2—卡尺;3—经纬仪

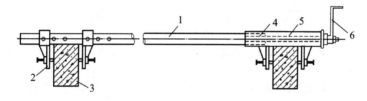

图 8.32　工具式支撑

1—钢管;2—撑脚;3—屋架上弦;4—螺母;5—螺杆;6—摇把

(4)校正与最后固定

屋架的垂直度可用线锤或经纬仪检查。用经纬仪检查时,在屋架上安装三个卡尺,一个安装在上弦中点附近,另两个分别安装在屋架的两端。自屋架几何中线向外量出一定距离(一般可取 500 mm)在卡尺上作出标志,然后在距屋架中线同样距离处安置经纬仪,观测三个卡尺上的标志是否在同一垂直面上(图 8.31)。

用锤球检查屋架垂直度时,步骤与上述相同,但标志距屋架几何中心距离可短些(一般为 300 mm),在两端卡尺的标志间连一通线,自屋架顶卡尺的标志处向下挂锤球,检查三个卡尺的标志是否在同一垂直面上。若发现卡尺标志不在同一垂直面上,即表示屋架存在垂直度偏差,可通过转动工具式支撑上的螺栓加以纠正,并在屋架两端的柱顶上嵌入斜垫铁。

随着测量技术的进步,也可采用全站仪直接计算空间三维安装参数进行定位。

屋架垂直度校正完成后,应立即用电焊固定。焊接时,应在屋架两端同时对角施焊,避免两端同侧施焊而影响屋架的垂直度。

(5)屋架的双机抬吊

当屋架的重量较大,一台起重机的起重量不能满足要求时,则可采用双机抬吊,其方法有以下两种：

①一机回转，一机跑吊

屋架在跨中就位，两台起重机分别位于屋架的两侧（图 8.33）。1 号机在吊装过程中只回转不移动，因此其停机位置距屋架起吊前的吊点与屋架安装至柱顶后的吊点应相等。2 号机在吊装过程中需回转并移动，其行车中心线为屋架安装后各屋架吊点的连线。开始吊装时，两台起重机同时提升屋架至一定高度（超过履带），2 号机将屋架由起重机一侧转至机前，然后两机同时提升屋架至超过柱顶，2 号机带屋架前进至屋架安装就位的停机点，1 号机则作回转以配合，最后两机同时缓缓将屋架下降至柱顶就位。

②双机跑吊

如图 8.34 所示，屋架在跨内一侧就位，开始两台起重机同时将屋架提升至一定高度，使屋架回转时不至碰及其他屋架或柱。然后 1 号机带屋架向后退至停机点，2 号机带屋架向前进，使屋架达到安装就位的位置。两机同时提升屋架超过柱顶，再缓缓下降至柱顶对位。

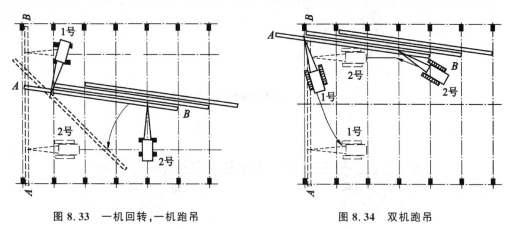

图 8.33　一机回转，一机跑吊　　　　图 8.34　双机跑吊

由于双机跑吊时两台起重机均要进行长距离的负荷行驶，相对而言安全性较低，所以屋架双机抬吊宜优先采用一机回转，一机跑吊的方法。

8.2.2.4　天窗架与屋面板的吊装

天窗架可以单独吊装，也可以在地面上先与屋架拼装成整体后同时吊装。后者虽然减少了高空作业，但对起重机的起升荷载及起升高度要求较高。

天窗架单独吊装时，应在天窗架两侧的屋面板吊装后进行，其吊装过程与屋架基本相同。

根据屋面板平面的尺寸大小，预埋吊环的数目为 4～6 个。如何保证几根吊索受力均匀是钩吊作业时应考虑的问题。采用横吊梁是解决这一问题的方法之一。

为充分发挥起重机的起重能力，提高生产率，也可采用叠吊的方法（图 8.35）。

屋面板的吊装顺序，应自屋架两端檐口左右对称地逐块向屋脊方向吊装，避免屋架承受半边不对称荷载。屋面板对位后，应立即电焊固定，一般情况下每块屋面板应有三个角点焊接。

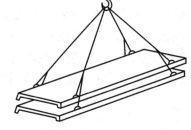

扫一扫

屋面板吊装　　　　图 8.35　屋面板叠吊

8.2.3 结构吊装方案

单层钢筋混凝土装配式厂房平面尺寸大,承重结构的跨度与柱距大,构件类型少,重量大,厂房内还有各种设备基础(特别是重型厂房)等。根据以上特点,在拟定结构吊装方案时,应着重解决起重机的选择、结构吊装方法、起重机开行路线与构件平面布置等问题。

8.2.3.1 起重机的选择

在结构吊装中,起重机械是解决垂直运输的主要手段,而且它还关系到构件吊装方法、起重机械开行路线与停机位置、构件平面布置等许多问题。

(1)起重机类型的选择

起重机械的选择与施工方案关系密切,而起重机的类型主要根据厂房的跨度、高度、构件重量、施工现场条件和可获得的起重设备等确定。

一般高度较低的建筑物,如单层中小型厂房结构,选用自行杆式起重机吊装是比较合理的。当厂房结构的高度和跨度较大时,可选用塔式起重机吊装屋盖结构。在缺乏自行杆式起重机或受地形限制使自行杆式起重机难以到达的地方,可采用独脚桅杆、人字桅杆、悬臂桅杆、井架起重机等吊装。大跨度的重型工业厂房,可以选用大型自行杆式起重机、牵缆桅杆式起重机、重型塔式起重机和塔桅起重机吊装,也可以用双机抬吊等办法来解决重型构件的吊装问题。

(2)起重机型号及起重臂长度的选择

起重机的类型确定之后,还需要进一步选择起重机的型号及起重臂的长度。起重机的型号应根据吊装构件的尺寸、重量、吊装高度及起重机的工作幅度而定。在具体选用起重机型号时,应使所选起重机的三个工作参数(起升荷载、起升高度、工作幅度)和最小起重臂长度均满足结构吊装的要求。

①起升荷载

起重机的起升荷载必须大于所安装构件的重量与索具重量之和,即

$$Q \geqslant Q_1 + Q_2 \qquad (8.6)$$

式中　Q——起重机的起升荷载(kN);

　　　Q_1——构件的重量(kN);

　　　Q_2——索具的重量(kN)。

②起升高度

起重机的起升高度必须满足所吊装构件的吊装高度要求(图 8.36),即

$$H \geqslant h_1 + h_2 + h_3 + h_4 \qquad (8.7)$$

式中　H——起重机的起升高度(m),从停机面算起至吊钩钩口的垂直距离;

　　　h_1——从停机面算起至吊装支座表面的高度(m);

　　　h_2——吊装间隙(m),不小于 0.20 m;

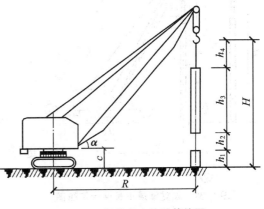

图 8.36　起升高度的计算简图

h_3——构件吊起后底面至绑扎点的距离(m);

h_4——索具高度(m),自绑扎点至吊钩钩口不小于 1 m。

③工作幅度

在一般情况下,当起重机不受限制地可以直接靠近构件吊装构件时,在计算起升荷载 Q 及起升高度 H 之后,便可查阅起重机工作性能表或工作性能曲线,选择起重机型号及起重臂长度,并可进一步查得在一定起升荷载 Q 及起升高度 H 下的工作幅度 R,作为确定起重机开行路线及停机位置时的参考。

当起重机不能直接到吊装位置附近吊装构件时,则对起重机的工作幅度提出了一定要求。此时要根据起升荷载 Q、起升高度 H 及工作幅度 R 三个参数,查阅起重机工作性能表或工作性能曲线来选择起重机的型号及起重臂长度。

同一种型号的起重机可能有几种不同长度的起重臂,应选择一种既能满足三个吊装工作参数要求而又最短的起重臂。但有时由于各种构件吊装工作参数相差过大,也可选择几种不同长度的起重臂。例如吊装柱子时可选用较短的起重臂,吊装屋面结构时则选用较长的起重臂。

④最小起重臂长度的确定

当起重机的起重臂需跨过已吊装好的构件上空去吊装其他构件时(如跨过屋架吊装屋面板),还应考虑起重臂是否与已吊装好的构件相碰。此时,起重机的起重臂的最小长度可用数解法求出,方法如下:

起重臂的长度 L 可分解为由 l_1 及 l_2 两段所组成,即

$$L \geqslant l_1 + l_2 = \frac{h}{\sin\alpha} + \frac{f+g}{\cos\alpha} \tag{8.8}$$

式中　L——起重臂的长度(m);

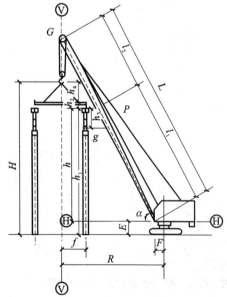

图 8.37　起重臂最小长度计算简图
(吊装屋面板时)

h——起重臂底铰至构件吊装支座(在图 8.37 中即屋架上弦顶面)的高度(m),$h = h_1 - E$;

h_1——停机面至构件吊装支座的高度(m);

f——起重钩需跨过已吊装支座的水平距离(m);

g——起重臂轴线与已吊装屋架轴线间的水平距离(m),至少取 1 m;

E——起重臂底铰至停机面的距离(m),可由起重机外形尺寸表中查得;

α——起重臂的仰角(°)。

为了使求得的起重臂长度为最小,可对式(8.8)进行一次微分,并令 $\dfrac{\mathrm{d}L}{\mathrm{d}\alpha}=0$,即

$$\frac{\mathrm{d}L}{\mathrm{d}\alpha} = -\frac{h\cos\alpha}{\sin^2\alpha} + \frac{(f+g)\sin\alpha}{\cos^2\alpha} = 0$$

解上式,得

$$\alpha = \arctan \sqrt[3]{\frac{h}{f+g}} \tag{8.9}$$

将求得的 α 值代入式(8.8),即可得出所需起重臂的最小长度。根据计算结果,选用适当的起重臂长,然后根据实际采用的 L 及 α 值代入式(8.10),计算出工作幅度 R:

$$R = F + L\cos\alpha \tag{8.10}$$

式中 F——起重臂底铰至起重机回转中心的距离(m),可由表 8.1 查得。

按计算出的 R 值及选用的起重臂长度,查起重机技术性能表或技术性能曲线,复核起升荷载 Q 及起升高度 H。如能满足构件的吊装要求,即可根据 R 值确定起重机吊装屋面板时的停机位置。

以上是数解法求起重臂最小长度的方法,起重臂最小长度还可用图解法求解(图 8.38),步骤为:按比例(不小于 1:200)绘出构件的安装标高,柱距中心线和停机地面线;根据 $(0.3+n+h+b)$ 在柱距中心线上定出 P_1 的位置;根据 $g=1$ m 定出 P_2 点位置;根据起重机的 E 值绘出平行于停机面的水平线 GH;连接 P_1P_3,并延长使之与 GH 相交于 P_3(此点即为起重臂下端的铰点);量出 P_1P_3 的长度,即为所求的起重臂的最小长度。

屋面板的吊装,也可不增加起重臂,而采用在起重臂顶端安装一个鸟嘴架来解决。一般设在鸟嘴架的副吊钩与起重臂顶端中心线的水平距离为 3 m(图 8.39)。

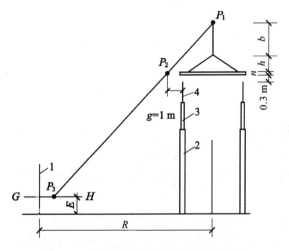

图 8.38 用图解法求起重臂的最小长度

1—起重机回转中心线;2—柱子;3—屋架;4—天窗架

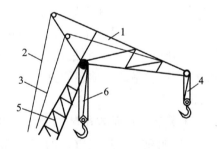

图 8.39 鸟嘴架的构造示意

1—鸟嘴架;2—拉绳;3—起重钢丝绳;
4—副钩;5—起重臂;6—主钩

(3)起重机数量的确定

起重机的数量可用下式计算

$$N = \frac{1}{TCK} \sum \frac{Q_i}{P_i} \tag{8.11}$$

式中 N——起重机台数(台);

T——吊装工作的工期(天);

C——每天工作班数(班);

K——时间利用系数(取 0.8~0.9);

Q_i——每种构件的吊装工程量(件或 t);

P_i——起重机相应的台班产量定额(件/台班或 t/台班)。

此外,在决定起重机数量时,还应考虑到构件装卸、拼装和就位的工作需要。当起重机的数量已定,也可用式(8.11)来反算吊装所需工期或每天应工作的班数。

8.2.3.2 结构吊装方法

结构吊装方法应根据工程结构的特点、构造形式、现场环境、施工单位熟悉的方法和可拥有的起重机械等因素来综合考虑确定。

安装现场应根据工期要求以及工程量、机械设备等现场条件,组织立体交叉、均衡有效的安装施工流水作业。对于与结构设计有密切关系的重大结构或新型结构,还应与设计部门共同研究,确定合适的吊装方法。

确定结构吊装方法应能快速、优质、安全地完成全部吊装工作。对多跨单层厂房,宜先吊主跨,后吊辅助跨;先吊高跨,后吊低跨。多层厂房应先吊中间,后吊两侧,再吊角部,且应对称进行。支撑系统应先安装垂直支撑,后安装水平支撑;先安装中间支撑,后安装两端支撑,并与屋架、天窗架和屋面板的吊装交替进行。

单层工业厂房的结构吊装方法有分件吊装法和综合吊装法两种。

(1)分件吊装法

分件吊装法是指起重机在厂房内每开行一次仅吊装一种或两种构件。通常分三次开行完成全部构件的吊装:

第一次开行——吊装全部柱子(可以留一端抗风柱,待最后同屋盖结构一起吊装完毕),并对柱子进行校正和最后固定;

第二次开行——吊装吊车梁、连系梁及柱间支撑等;

第三次开行——分节间吊装屋架、天窗架、屋面板及屋面支撑等。

此外,在屋架吊装之前还要进行屋架的扶直就位、屋面板的运输堆放以及起重臂接长(需要接长时)等工作。

分件吊装法每次基本吊装同类型构件,索具不需经常更换,操作程序基本相同,所以吊装速度快,能充分发挥起重机的工作能力。此外,构件的供应、现场的平面布置以及构件的校正、最后固定等,都比较容易组织管理。因此,目前装配式钢筋混凝土单层工业厂房,多采用分件吊装法。但是分件吊装法不能为后续工序及早提供工作面,起重机的开行路线较长,停机点较多。

(2)综合吊装法

综合吊装法是指起重机在厂房内的一次开行中,分节间吊装完该节间内所有种类的构件。其顺序是先吊装该节间的柱子(一般 4~6 根),并立即加以校正和固定,之后接着吊装吊车梁、连系梁、屋架、屋面板等构件。该节间所有构件全部吊装完成后,起重机再移动到下一节间进行吊装。起重机在每一停机点,要吊装尽可能多的构件。因此,起重机的开行路线较短,停机位置较少,能为后续工序及早提供作业面。但综合吊装法要同时吊装各种类型的构件,影响了起重机的生产效率,不能充分发挥起重机的工作能力,且构件的供应、平面的布置比较复杂,构件的校正也较困难。因此要有严密的施工组织,否则会造成施工混乱,故目前较少采用,只有在某种结构(如门架式结构)必须采用综合吊装法时,或当采用移动比较困难的起重机(如桅杆式起重机)吊装结构时,才采用综合吊装法。

由于分件吊装法与综合吊装法各有优、缺点,目前有不少工地采用分件吊装法吊装柱子,而采用综合吊装法吊装吊车梁、连系梁、屋架、屋面板等各种构件。起重机分两次开行吊装完各种类型的构件,也是可行的。

8.2.3.3 起重机的开行路线和停机位置

起重机的开行路线和停机位置与起重机的性能,构件的尺寸、重量、平面布置,构件的供应方式和吊装方法等因素有关。

当吊装屋架、屋面板等屋面构件时,起重机大多沿跨中开行;当吊装柱子时,则视跨度大小、柱的尺寸、柱的重量及起重机性能而定,可沿跨中开行或跨边开行(图 8.40)。

(1)当柱布置在跨内时,有以下四种情况:

①当 $R \geqslant L/2$ 时,则起重机可沿跨中开行,每个停机位置可吊装 2 根柱子[图 8.40(a)];

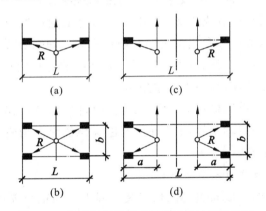

图 8.40 起重机吊柱时的开行路线及停机位置

②当 $R \geqslant \sqrt{\left(\dfrac{L}{2}\right)^2 + \left(\dfrac{b}{2}\right)^2}$ 时,则起重机可沿跨中开行,每个停机位置可吊装 4 根柱子[图 8.40(b)];

③当 $R < L/2$ 时,则起重机只能沿跨边开行,每个停机位置可吊装 1 根柱子[图 8.40(c)];

④若 $\sqrt{a^2 + \left(\dfrac{b}{2}\right)^2} \leqslant R < \dfrac{L}{2}$ 时,则起重机沿跨边开行,每个停机位置可吊装 2 根柱子[图 8.40(d)]。

上述各式中,R 为起重机的工作幅度(m);L 为厂房跨度(m);b 为柱的间距(m);a 为起重机开行路线到跨边轴线的距离(m)。

(2)当柱布置在跨外时,起重机一般沿跨外开行,停机位置与上述跨边开行相似。

图 8.41 是一个单跨厂房采用分件吊装法时起重机的开行路线和停机位置示意图。起重机自 A 轴线进场,沿跨外开行吊装 A 列柱(柱跨外布置),沿 B 轴线跨内开行吊装 B 列柱(柱跨内布置);再转至 A 轴线(跨内)扶直屋架并将屋架就位,然后转至 B 轴吊装 B

列柱上的吊车梁、连系梁等,继而转到 A 轴吊装 A 列柱上的吊车梁、连系梁等构件;最后再转到跨中吊装屋架、天窗架、支撑、托架及屋面板等屋盖系统构件。

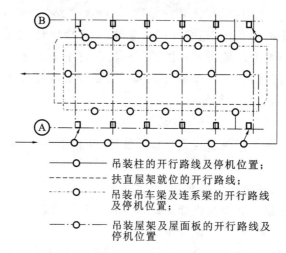

　　　　　　　————○———　吊装柱的开行路线及停机位置;
　　　　　　　- - - - - - - -　扶直屋架就位的开行路线;
　　　　　　　—·—○—·—　吊装吊车梁及连系梁的开行路线
　　　　　　　　　　　　　　　及停机位置;
　　　　　　　————○———　吊装屋架及屋面板的开行路线及
　　　　　　　　　　　　　　　停机位置

图 8.41　起重机的开行路线及停机位置

　　当单层工业厂房面积较大,或跨数较多时,为加速工程进度,可将整个结构安装工程划分为几个安装施工段,选用多台起重机同时进行安装。每台起重机可以独立作业,负责完成一个施工段的全部吊装工作,也可以选用不同性能的起重机协同作业,有的专门吊装柱子,有的专门吊装屋盖结构,组织大流水施工。

　　当单层厂房为多跨或有纵横跨时,可先吊装各纵向跨,然后吊装横向跨,以保证在各纵向跨吊装时起重机械和运输道路的畅通。当建筑物各纵向跨有高低跨时,应先吊装高跨,后逐步向两边低跨吊装。

　　8.2.3.4　构件的平面布置与运输堆放

　　单层工业厂房构件的平面布置是结构安装工程中一项很重要的工作。若构件布置合理,可以免除构件在场地内的二次搬运,充分发挥起重机吊装的效率;若构件布置不合理,会给随后的构件吊装工序带来许多不必要的麻烦。

　　构件的平面布置与吊装方法、起重机械性能、构件制作方法等有关,故应在确定吊装方法、选定起重机械之后,根据施工现场实际情况,会同有关土建、吊装的工人和技术人员共同研究制定。

　　(1)布置构件时应注意的问题

　　①每跨构件尽可能布置在本跨内,如确有困难,才考虑布置在跨外而又便于吊装的地方;

　　②构件的布置方式应满足吊装工艺要求,尽可能布置在起重机的工作幅度内,尽量减少起重机负重行走的距离及起重臂起伏的次数;

　　③优先考虑重型构件的布置,各种构件制作要方便,如留置混凝土构件的支模、扎筋和浇筑混凝土,后张法预应力混凝土构件的管道留设和穿预应力筋等操作所需的场地;

　　④各种构件均应力求占地最少,但要保证起重机械、运输机械(车辆)的道路畅通,起重机械回转时不与构件相碰;

⑤所有构件布置处地基均要坚实。

构件平面布置可分为预制阶段构件的平面布置和吊装阶段的构件平面布置(即构件的就位布置和运输堆放),两者间互相关联,需要同时加以考虑,以利吊装。

(2)预制阶段构件的平面布置

需要在现场预制的主要是较重、较长而不便于运输的构件,如柱、屋架、托架、屋面梁等,吊车梁有时也在现场预制。其他构件则可在构件厂或场外制作,运至工地后就位吊装。

①柱的预制布置

柱的布置方式与场地大小、吊装方法有关。布置方式有三种:斜向布置、纵向布置和横向布置。其中,斜向布置因占地不多,起吊方便,应用最广;纵向布置虽占地少,但起吊不便,只有当场地受限制时才采用;横向布置因占地多,起吊不便,又妨碍交通,故一般用于重型柱的双机抬吊法。

a.柱的斜向布置。如用旋转法起吊,可按三点共弧的作图法确定其斜向布置的位置,其作图步骤如下(图8.42):

首先确定起重机开行路线到柱基中线的距离 a。起重机开行路线到柱基中线的距离 a 与基坑大小、起重机的性能、构件的尺寸和重量有关。a 的最大值不要超过起重机吊装该柱时的最大工

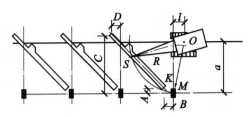

图 8.42 柱的斜向布置

作幅度 R;a 值也不宜过小,以免起重机离基坑边太近造成失稳;此外,还应注意检查当起重机回转时,其尾部不得与周围构件或建筑物相碰。综合考虑这些条件后,就可定出 a 值(即 $R_{min} < a \leqslant R$),并在图上画出起重机的开行路线。

其次确定起重机的停机位置。确定停机位置的方法是以吊装柱的柱基中心 M 为圆心,所选吊装该柱的工作幅度 R 为半径,画弧交起重机开行路线于 O 点,则 O 点即为起重机的停机点位置。标定 O 点与横轴线的距离为 l。

最后确定柱在地面上的预制位置。按旋转法吊装柱的平面布置要求,使柱吊点、柱脚和柱基中心三者都在以停机点 O 为圆心,以工作幅度 R 为半径的圆弧上,且柱脚靠近基础。据此,以停机点 O 为圆心,以吊装该柱的工作幅度 R 为半径画弧,在靠近柱基的弧上选一点 K,作为预制时柱脚的位置。又以 K 为圆心,以柱脚到吊点的距离为半径画弧,两弧相交于 S。再以 KS 为中心线画出柱的外形尺寸,即为柱的预制位置图。标出柱顶、柱脚与柱列纵横轴线的距离,以其外形尺寸作为预制柱支模的依据。

此外,尚需注意牛腿的方向,使柱吊装后其牛腿的方向符合设计要求。因此,对单跨厂房柱只有一侧牛腿的情况下,当柱布置在跨内预制或就位时,牛腿应面向起重机;当柱布置在跨外预制或就位时,则牛腿应背向起重机。

在布置柱时,有时因场地限制或柱过长,很难做到三点共弧,则可安排两点共弧,此时有两种做法:

一种是将柱脚与柱基安排在工作幅度 R 的圆弧上,而吊点不在该圆弧上[图8.43(a)]。吊装时先用工作幅度 R' 吊起柱子,并升起起重臂。当工作幅度由 R' 变为 R 后,停

升起重臂,再按旋转法吊装柱。

另一种是将吊点与柱基安排在工作幅度 R 的圆弧上,而柱脚不在该圆弧上[图 8.43 (b)]。吊装时,柱可用旋转法或滑行法吊升。

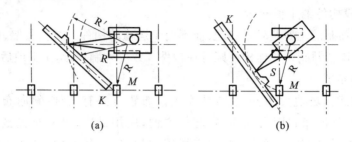

图 8.43　两点共弧布置法

(a)柱脚与柱基共弧;(b)绑扎点与柱基共弧

b. 柱的纵向布置

当柱采用滑行法吊装时,可以纵向布置。若柱长小于 12 m,为节约模板及施工场地,两柱可以叠浇,排成一行;若柱长大于 12 m,则需排成两行叠浇。起重机宜停在两柱基的中间,每停机一次可吊装 2 根柱子。柱的吊点应考虑安排在工作幅度 R 为半径的圆弧上(图 8.44)。

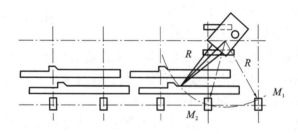

图 8.44　柱的纵向布置

柱叠浇时应注意采取有效的隔离措施,防止两柱粘结。上层柱由于不能绑扎,预制时要加设吊环。

②屋架的预制布置

为节省施工场地,屋架一般安排在跨内平卧叠浇预制,每叠 3~4 榀。屋架的布置方式有三种:斜向布置、正反斜向布置及正反纵向布置(图 8.45)。

在上述三种布置形式中,应优先考虑采用斜向布置方式,因为它便于屋架的扶直就位。只有当场地受限制时,才考虑采用其他两种形式。

若采用钢管抽芯法预留孔道制作预应力混凝土屋架,则在屋架一端或两端需留出抽管及穿筋所必需的长度。其预留长度:当一端抽管时为屋架全长另加抽管时所需工作场地 3 m;当两端抽管时为屋架长度的一半另加抽管时所需工作场地 3 m。若屋架采用预埋金属波纹管预留孔道,则预留 2~3 m 工作场地即可。

每两垛屋架之间的间隙,可取 1m 左右,以便于模板、钢筋和混凝土的施工。屋架之间互相搭接的长度视场地大小及需要而定。

此外,尚需注意,在布置屋架的预制位置时,还应考虑到屋架扶直就位要求及屋架扶

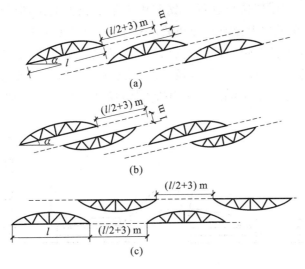

图 8.45 屋架预制时的几种布置方式

(a)斜向布置;(b)正反斜向布置;(c)正反纵向布置

直的先后顺序,先扶直的屋架在后扶直的上面;屋架两端的朝向要符合屋架吊装时对朝向的要求;屋架上预埋铁件位置(尤其两端)需仔细核查,放置位置应正确,以免影响结构吊装工作的顺利进行。

③吊车梁的预制布置

当吊车梁安排在现场预制时,可靠近柱基顺纵向轴线或略作倾斜布置,也可安排在柱子的空当中预制。如具有运输条件,也可另行在场外集中预制布置。

(3)吊装阶段构件的就位布置及运输堆放

由于柱在预制阶段即已按吊装阶段的就位要求进行布置,当预制柱的混凝土强度达到吊装所要求的强度后,即可先行吊装,以便空出场地供布置其他构件。吊装阶段的就位布置一般是指柱子吊装完毕后,其他构件如屋架的扶直就位、吊车梁和屋面板的运输就位等布置。

①屋架的扶直就位

a.屋架扶直。由于屋架一般都叠浇预制,为防止屋架扶直过程中的碰撞损坏,可选用以下两种措施:

一是在屋架端头搭设道木墩法。在屋架端头搭设道木墩,可使叠浇预制的上层屋架(底层除外)在翻身扶直的过程中,其屋架下弦始终置于道木墩上转动,而不至于跌落受碰损(图 8.46)。

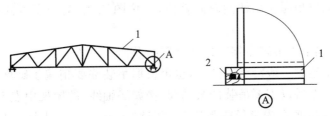

图 8.46 搭设道木墩

1—屋架;2—道木墩(交叉搭设)

二是放钢筋棍法。屋架扶直过程是先利用屋架上弦上的吊环将屋架稍提一下,使上下层屋架分离,然后在屋架上弦节点处垫放木楔子,并落钩使屋架上弦脱空而置于节点处的垫木楔上。待屋架上弦在垫木楔上安稳后,将吊索绕上弦绑扎,此时就可进行屋架扶直工作。当屋架准备起钩扶直时,先将直径 ϕ 30 mm、长 200 mm 的钢筋 3～5 根,放置在下弦节点处(图 8.47),然后再稍落吊钩,并用撬棍将屋架撬离一个屋架下弦宽度距离,此时即可起钩扶直屋架。

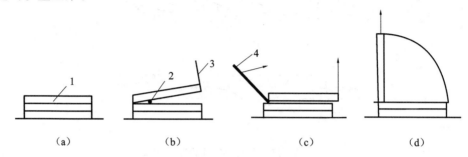

图 8.47　放钢筋棍法

(a)待扶直屋架;(b)屋架稍提起放置钢筋;(c)用撬棍撬动一个屋架宽;(d)扶直

1—屋架;2—ϕ25～30 圆钢筋棍;3—扶直屋架的吊索;4—撬棍

b. 屋架就位。屋架扶直后应立即进行就位。按就位的位置不同,可分为同侧就位和异侧就位两种(图 8.48)。同侧就位时,屋架的预制位置与就位位置均在起重机开行路线的同一侧。异侧就位时,需将屋架由预制的一侧转至起重机开行路线的另一侧就位。此时,屋架两端的朝向已有变动。因此,在预制屋架时,对屋架就位的位置事先应加以考虑,以便确定屋架两端的朝向及预埋件的位置等问题。

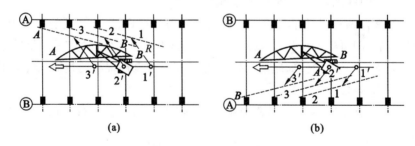

图 8.48　屋架就位示意图

(a)同侧就位;(b)异侧就位

屋架就位有靠柱侧斜向就位和靠柱边成组纵向就位两种方式。

屋架的斜向就位是屋架靠柱侧斜向就位,可按图 8.49 的作图方式确定其就位位置,步骤如下:

第一步:确定起重机吊装屋架时的开行路线及停机位置。

起重机吊装屋架时一般沿跨中开行,也可根据吊装需要稍偏于跨度的一侧开行,在图上画出开行路线。然后以需要吊装的某轴线(例如②轴线)的屋架中点 M_2 为圆心,以所选择吊装屋架的工作幅度 R 为半径画弧交开行路线于 O_2 点,O_2 点即为吊装②轴线屋架的停机位置。

第二步:确定屋架就位的范围。

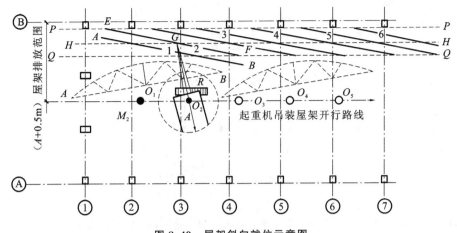

图 8.49 屋架斜向就位示意图
（虚线表示屋架预制时位置）

屋架一般靠柱边就位,但屋架离开柱边的净距不小于 200 mm,并可利用已经安装固定的柱子作为屋架的临时支撑。这样,可定出屋架就位的外边线 $P—P$。另外,起重机在吊装屋架及屋面板时机身需要回转,若起重机尾部至回转中心的距离为 A,则在距起重机开行路线($A+0.5m$)的范围内不宜布置屋架及其他构件(以免机身回转时与构件相碰),以此画出虚线 $Q—Q$。$P—P$ 及 $Q—Q$ 两虚线包含的范围均可布置屋架就位。但屋架就位宽度不一定需要这样大,应根据实际需要定出屋架就位的宽度 $P—Q$。

第三步:确定屋架的就位位置。

当根据需要定出屋架实际就位宽度 $P—Q$ 后,在图上画出 $P—P$ 与 $Q—Q$ 的中线 $H—H$。屋架就位后的中点应在 $H—H$ 线上。因此,以吊装②轴线屋架的停机点 O_2 为圆心,以吊装屋架的工作幅度 R 为半径,画弧交 $H—H$ 线于 G 点,则 G 点即为②轴线屋架就位的中点。再以 G 点为圆心,以屋架跨度的一半为半径,画弧交 $P—P$、$Q—Q$ 两虚线于 E、F 两点。连接 E、F 即为②轴线屋架就位的位置。其他屋架的就位位置均与②轴线屋架就位位置平行,屋架端点相距 6 m(即柱距)。端部①轴线屋架由于已安装了抗风柱,需要后退至②轴线屋架就位位置附近就位。

屋架斜向就位的优点是起重机在吊装时跑车不多,节省吊装时间,缺点是屋架支点过多,支垫木、加固支撑也较多。

屋架的成组纵向就位一般以 4~5 榀屋架为一组,靠柱边顺轴线方向纵向就位。屋架与柱之间、屋架与屋架之间的净距不小于 200 mm,相互之间用铁丝及支撑拉紧撑牢。每组屋架之间应留 3 m 左右的间距作为横向通道。应避免在已吊装好的屋架下面去绑扎吊装屋架,屋架起吊应注意不要与已吊装的屋架相碰。因此,布置屋架时,每组屋架的就位中心线,可大致安排在该组屋架倒数第二榀吊装轴线之后约 2 m 处(图 8.50)。

屋架成组纵向就位的优点是就位方便,支点用道木墩比斜向就位少,缺点是吊装时部分屋架要负荷行驶一段距离,故吊装费时,且要求道路平整。

②吊车梁、连系梁、屋面板的运输、堆放与就位

单层工业厂房除了柱和屋架一般在施工现场制作外,其他构件如吊车梁、连系梁、屋

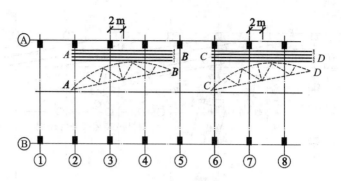

图 8.50　屋架的成组纵向就位
(虚线表示屋架预制时的位置)

面板等均在构件预制厂或附近的露天预制场所制作,然后运至工地吊装。

构件运至现场后,应按施工组织设计所规定的位置,按编号及构件吊装顺序进行就位或堆放。

吊车梁、连系梁的就位位置,一般在其吊装位置的柱列附近,跨内跨外均可,有时也可不用就位,而从运输车辆上直接吊至牛腿上安装。

屋面板的就位位置,可布置在跨内或跨外(图 8.51),主要根据起重机吊装屋面板时所需的工作幅度而定。当屋面板在跨内就位时,大约应向后退 3～4 个节间开始堆放;当屋面板在跨外就位时,大约向后退 1～2 个节间开始堆放。

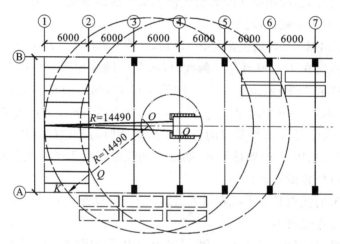

图 8.51　屋面板吊装工作参数计算简图及屋面板的排放布置图
(虚线表示当屋面板跨外布置时的位置)

若吊车梁、屋面板等构件,在吊装时已集中堆放在吊装现场附近,也可不用就位,而采用随吊随运的办法。

以上是单层工业厂房各种构件布置的一般原则与方法,在构件的预制位置或就位位置确定之后,还需按一定比例绘出构件预制和就位的平面布置图。

图 8.52 为某车间预制构件平面布置图。柱和屋架均采用叠层预制,A 列柱跨外预制,B 列柱跨内预制,屋架在跨内靠Ⓐ轴线一侧预制,采用分件安装法吊装,柱子吊升采用旋转法。第一次开行起重机自Ⓐ轴线跨外进场,自①～⑩轴先吊 A 列柱,然后转至Ⓑ轴线,

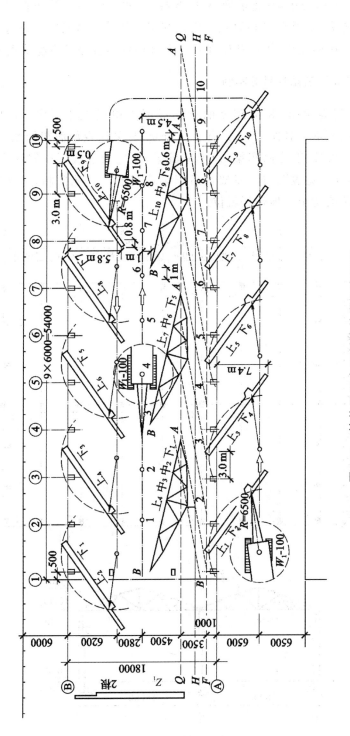

图 8.52　某单层厂房预制构件平面布置图

自⑩～①轴吊装 B 列柱,最后吊装两根抗风柱,至此全部柱子吊装完毕。第二次开行起重机自①～⑩轴吊装 A 列吊车梁、连系梁、柱间支撑等,再自⑩～①轴扶直屋架、屋架就位,吊装 B 列吊车梁、连系梁、柱间支撑以及屋面板卸车就位等。第三次开行起重机自①～⑩轴按节间吊装屋架、屋面支撑、天沟和屋面板。全部构件吊装完毕后起重机退场。

8.2.4 单层工业厂房结构吊装实例

某机械加工车间为两跨 18 m 跨度的钢筋混凝土单层工业厂房。厂房长 48 m,高 10.5 m(至屋架下弦底面),柱距 6 m,共有 8 个节间,其平面及剖面图如图 8.53 所示。主要承重结构为:工字形柱,T 形吊车梁,矩形基础梁,预应力折线形屋架和大型屋面板等,表 8.11 为"预制构件一览表"。柱、屋架及吊车梁均在现场工地预制,支撑及大型屋面板等为工厂预制,吊装前运至工地现场就位。

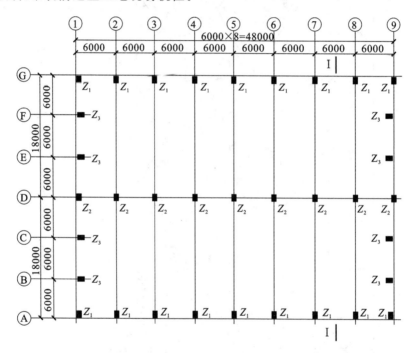

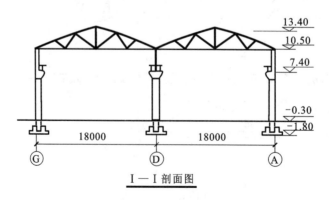

I—I 剖面图

图 8.53 某机械加工车间平面图和剖面图

表 8.11 预制构件一览表

序号	构件名称及编号	构件形状尺寸（mm）	安装标高（m）	构件长度（m）	构件重量（kN）	构件数量	备注
1	A、G 轴柱 Z_1	3100 1100 7700 / 3100 8800	−1.40	11.90	60	18	工字型断面 400×800
2	D 轴柱 Z_2	3100 8800	−1.40	11.90	64	9	
3	B、C、E、F 轴柱 Z_3	2500 10700	—	13.20	56	8	
4	18 m 预应力折线形屋架 YWJ-18	18000 2900	10.50	17.70	49.50	18	高 2900
5	6 m 吊车梁 DCL	500 900 160	7.40	5.97	28.20	32	工字型断面 500×900
6	预应力大型屋面板 YWB	1500×600×240	13.40	5.97	13	192	肋高 240

试拟定结构吊装的施工方案,其内容包括:

(1)结构吊装方法及吊装顺序的确定;

(2)起重机的选择和工作参数的计算;

(3)预制构件的平面布置及起重机的开行路线确定;

(4)绘制柱、吊车梁及屋架现场预制的平面布置图。

8.2.4.1 结构吊装方法及吊装顺序的确定

柱、吊车梁和屋架在现场预制,其他构件在工厂预制后由汽车运至工地排放。

结构吊装方法:采用分件吊装法。

构件吊装顺序:起重机进场→吊装柱→屋架就位排放及吊车梁、基础梁吊装→吊装屋架及屋面板→吊装抗风柱→起重机退场。

8.2.4.2 起重机的选择及工作参数计算

起重机选用履带式起重机,根据各类构件的吊装要求,计算工作参数,选择合适的起重机型号。

(1)柱吊装时起重机的选择

选择 D 轴线 Z_2 柱(重量最大的柱)进行计算,柱采用斜吊绑扎法吊装。

柱重 $Q_1=64$ kN,柱长 $L=11.9$ m,其工作参数为:

起升荷载 $Q=Q_1+Q_2=64+2=66$ kN

起升高度 $H=h_1+h_2+h_3+h_4=0+0.3+7.70+2.0=10.0$ m

初选 W_1-100 型履带式起重机,起重臂长度用 23 m。查该起重机的性能曲线表可得:当起升荷载 $Q=66$ kN 时,其相应的工作幅度 $R=7.5$ m,起升高度为 $H=19.2$ m>10.0 m,满足柱的吊装要求。因此,选用 W_1-100 型履带起重机,起重臂用 23 m,可在 $R\leqslant7.5$ m 处停机吊装柱子。

(2)屋架吊装时起重机选择

18 m 跨度预应力折线形屋架采用两点绑扎法吊装,屋架重量 $Q_1=49.5$ kN,屋架绑扎点距下弦底面的高度 $h_3=2.60$ m 时,其工作参数为:

起升荷载 $Q=Q_1+Q_2=49.5+2=51.5$ kN

起升高度 $H=h_1+h_2+h_3+h_4=(10.5+0.3)+0.3+2.60+3.0=16.7$ m

初选 W_1-100 型履带式起重机,起重臂长度 23 m。查该起重机的性能曲线表可得:当起升荷载 $Q=51.5$ kN 时,其起升高度为 $H=19.0$ m,相应的工作幅度为 $R=9.0$ m。因此,选用 W_1-100 型履带式起重机,起重臂长度 23 m,在 $R\leqslant9.0$ m 处停机吊装屋架。

(3)屋面板吊装时起重机选择

屋架和屋面板采用同一台履带起重机进行吊装作业,在吊装屋架时已初选 W_1-100 型履带式起重机,起重臂长度 23 m。现验算吊装屋面板时,该型号起重机能否满足吊装要求。

起升荷载 $Q=Q_1+Q_2=13+2=15$ kN

起升高度 $H=h_1+h_2+h_3+h_4=[(10.5+0.3)+2.9]+0.3+0.24+2.5=16.74$ m

最小起重臂时的起重仰角 α 值,可按下式计算:

$$\alpha=\arctan\sqrt[3]{\frac{h}{f+g}}=\arctan\sqrt[3]{\frac{(10.8+2.9)-1.7}{3.0+1.0}}=\arctan\sqrt[3]{\frac{13.7-1.7}{4}}=55°16'$$

取 55°。

查起重机外形尺寸表 8.1 得 $E=1.70$ m;$F=1.3$ m。

则最小起重臂长度:

$$L_{min}=\frac{h}{\sin\alpha}+\frac{f+g}{\cos\alpha}=\frac{12}{\sin55°}+\frac{3+1}{\cos55°}=21.62 \text{ m}$$

W_1-100 型履带式起重机的起重臂长度大于 21.62 m,满足要求,故当起重仰角 $\alpha=55°$ 时,可得工作幅度:

$$R=F+L\cos\alpha=1.3+23\cos55°=14.49 \text{ m}$$

根据 $L=23$ m 及 $R=14.49$ m,查 W_1-100 型起重机性能曲线表可得:起升荷载 $Q=20$ kN>15 kN,起升高度 $H=17.3$ m>16.74 m,故起升荷载和起升高度均满足吊装要求。

综合各种构件吊装时所需的起重机工作参数,通过上述计算结果,确定出各种构件吊装时起重机的工作参数,列于表 8.12 中,以便对照。从该表中计算所需工作参数值与 23 m 起重臂实际工作参数的对比可以看出:选用起重臂 23 m 的 W_1-100 型履带式起重机,可以完成本工程的结构吊装任务。

表 8.12　某机械加工车间各主要构件吊装工作参数

构件名称	柱 Z_2			屋架 YWJ-18			屋面板 YWB		
工作参数	Q (kN)	H (m)	R (m)	Q (kN)	H (m)	R (m)	Q (kN)	H (m)	R (m)
计算需要值	66	10.0	7.5	51.5	16.7	9.0	15	16.74	14.49
23 m 起重臂工作参数	66	19.2		51.5	19.0		20	17.30	

8.2.4.3　预制构件的平面布置及起重机的开行路线的确定

（1）柱子的平面布置及吊装柱子时起重机的开行路线

根据现场情况，假设车间周围有空余场地，则Ⓐ及Ⓖ轴线列柱均可以在跨外预制（图 8.54）

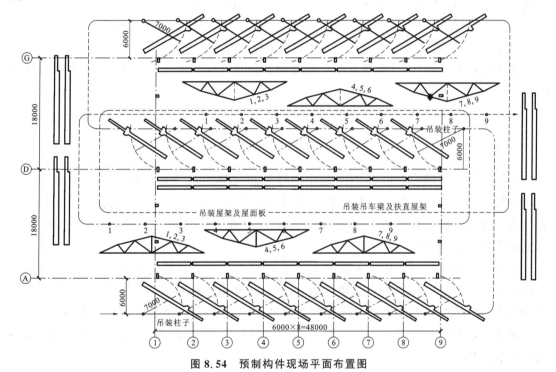

图 8.54　预制构件现场平面布置图

设柱子吊装采用旋转法，预制时使柱的绑扎点与杯口中心在工作幅度的圆弧上。由于起重机在吊装柱子时的工作幅度 $R=7.5$ m≤18 m/2=9 m，因此，起重机吊柱需沿着跨边开行（距杯口中心约 6.0 m 处）。起重机每停机一点，吊装一根柱子。起重机的停机点到柱子吊点、杯形基础中心点的距离均在起重机的工作幅度（取 $R=7$ m）的圆弧上。在构件平面布置图上，柱子采用斜向布置，起重机在跨外首先沿着Ⓐ轴线距离基础中心 6.0 m处开行，吊装Ⓐ轴线柱子，然后转入Ⓓ轴线吊装柱子，最后转入Ⓖ轴线吊装柱子。同时柱的临时固定、校正及最后固定等作业紧紧跟上，这样就完成了第一次开行的吊装工作。

（2）吊车梁和屋架的平面布置及吊装吊车梁时起重机的开行路线

吊车梁可以沿着柱边纵向预制，尽量靠近吊装位置。屋架在车间内 3 榀叠浇预制，屋架两端留有足够的抽管及穿筋所需场地，屋架之间的间隙取 1.0 m 左右，以便支模及浇筑混凝土。

　　吊装吊车梁时,起重机在跨中开行,起重机每停机一点,可吊装2根吊车梁及基础梁。起重机在吊装吊车梁的同时,可进行屋架扶直和就位。屋架就位是根据屋架吊装位置,采用沿柱边纵向排放就位,这样可以减少屋架之间临时支撑,稳定性好。

　　起重机可从Ⓐ①跨⑨轴线开始吊装吊车梁、基础梁及扶直屋架并就位,然后转向Ⓓ①跨从①轴线向⑨轴线方向行进,这样就完成了第二次开行的吊装工作。

　　(3)吊装屋架及大型屋面板时起重机的开行路线

　　当屋架就位后,用汽车起重机将大型屋面板沿柱边纵向堆放。随后用 W_1-100 型履带式起重机在Ⓐ①跨中开行,从⑨、⑧轴线开始按节间吊装屋架、屋面板及屋面支撑等,当Ⓐ①跨屋架、屋面板等构件吊装完成后,随即转入Ⓓ①跨,仍在跨中开行,从①、②轴线开始一直到⑨轴线,这样起重机就完成了第三次开行的吊装工作。

　　最后,起重机在车间两端吊装完8根抗风柱,完成整个车间的结构吊装任务。

8.2.4.4　绘制柱、吊车梁及屋架现场预制阶段时的构件平面布置图

　　该机械加工车间柱、吊车梁及屋架现场预制阶段时的构件平面布置图,起重机的开行路线及停机位置等如图8.54所示。

8.3　装配式混凝土结构安装

　　装配式混凝土结构是由预制混凝土构件通过可靠的连接方式装配而成的混凝土结构,包括装配整体式混凝土结构、全装配混凝土结构等。装配式混凝土结构按照结构体系划分为装配式混凝土框架结构、装配式混凝土剪力墙结构、装配式混凝土框剪结构、装配式混凝土预应力框架结构等。

　　装配式混凝土结构是近年来国家大力推进发展的装配式建筑的重要组成部分,其建造速度快,受气候条件制约小,节约劳动力,有利于环境保护和提高建筑质量,是转变城市建设模式、降低建筑能耗、推进工业化的重要载体,是工程施工需要探索的工作内容。

　　装配式混凝土结构总体施工流程为:施工方案设计→构件运输与堆放→结构吊装→质量检验与验收。

8.3.1　施工方案设计

　　装配式混凝土结构应结合设计、生产、装配化的原则整体策划,协同建筑、结构、机电、装饰装修等专业要求,进行方案设计。

　　装配式混凝土结构施工宜采用工具化、标准化的吊具和支撑支架等产品,采用建筑信息模型技术对施工全过程及关键工艺进行信息化模拟。施工前宜选择有代表性的单元进行预制构件试安装,并应根据试安装结果及时调整施工工艺、完善施工方案。

　　专项施工方案宜包括工程概况、编制依据、进度计划、施工场地布置、预制构件运输与存放、安装与连接施工、绿色施工、安全管理、质量管理、信息化管理、应急预案等内容。对采用的新技术、新工艺、新材料、新设备,应按有关规定进行评审、备案。

　　装配式混凝土结构吊装的特点是:房屋高度大、跨距小而占地面积较小,构件类型多、

数量大、接头复杂、技术要求较高等。因此,在考虑结构吊装方案时,应着重解决吊装机械的选择和布置、预制构件的供应、现场构件的布置和结构吊装方法等。

(1)起重机械选择

起重机械的选择应根据工程结构特点,即建筑物的层数、总高度、平面形状、平面尺寸、构件重量、构件体形大小以及现场条件、现有机械设备、技术力量等来确定。具体选择时需满足最高、最远、最重构件的吊装要求,同时起重臂的回转应覆盖整个建筑物。

对多层装配式混凝土结构,常选用自行杆式起重机;高层吊装时,常选用塔式起重机。

自行杆式起重机型号的选择与开行路线的确定,可参阅本章相关内容。

塔式起重机的型号选择方法如下:

①根据建筑物构件安装所需的最高起升高度确定

这种情况下,塔式起重机的类型可由所需的最高起升高度通过下式计算确定[图8.55(a)]:

$$H=H_1+H_2+H_3+H_4 \tag{8.12}$$

式中　H——塔式起重机的最高起升高度(m);

H_1——建筑物总高度(m);

H_2——建筑物顶层施工人员安全生产所需高度(m);

H_3——构件高度(m);

H_4——绑扎点到吊钩钩口距离(m)。

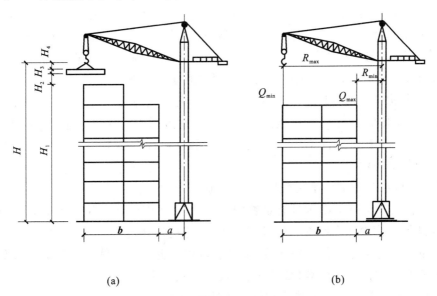

图8.55　塔式起重机工作参数计算简图
(a)起升高度控制;(b)起重量控制

确定塔式起重机的最高起升高度时,还必须考虑留有不小于1.0 m的索具高度,以保证吊装安全。

②根据建筑物构件安装所需的不同距离和不同重量确定

当塔式起重机的最高起升高度确定以后,还要计算起重机在最大工作幅度时的最小起重量和最大起升荷载时的最小工作幅度,作为选择起重机型号的依据[图8.55(b)]:

$$M \geqslant Q_{\min} R_{\max} \tag{8.13a}$$

或

$$M \geqslant Q_{\max} R_{\min} \tag{8.13b}$$

式中　M——起重机额定起重力矩(kN·m);

$Q_{\max}$,$Q_{\min}$——分别为该吊装工程起吊构件的最大起升荷载和最小起升荷载(kN);

$R_{\min}$,$R_{\max}$——分别为$Q_{\max}$,$Q_{\min}$时所需的最小工作幅度和最大工作幅度(m)。

据此,可定出适宜的塔式起重机的型号。变幅式塔式起重机的回转半径在安装时按最大吊装距离和在该距离下的最大吊装重量确定。在吊装作业中,可改变起重机在轨道上的移距来调整吊装距离,禁止在负重的情况下进行起重臂的变幅。

吊装用吊具应按国家现行有关标准的规定进行设计、验算或试验检验。吊具应根据预制构件形状、尺寸及重量等参数进行配置,吊索水平夹角不宜小于60°,且不应小于45°;对尺寸较大或形状复杂的预制构件,宜采用有分配梁或分配桁架的吊具。

安装施工前,应复核吊装设备的吊装能力,检查复核吊装设计及吊具处于安全操作状态,并核实现场环境、天气、道路状况等满足施工要求。吊装作业应符合相关标准和施工方案的规定。

(2)构件吊装的施工验算

装配式混凝土结构施工前,应根据设计要求和施工方案进行必要的施工验算,施工验算的主要内容为临时性结构及预制构件、预埋吊件及预埋件、吊具、临时支撑等。预制构件在脱模、起吊、运输、安装等环节的施工验算,应将构件自重标准值乘以脱模吸附系数或动力系数作为等效荷载标准值。脱模吸附系数宜取1.5,构件的起吊、运输时的动力系数宜取1.5,构件翻转及安装过程中就位、临时固定的动力系数可取1.2。

另外,预制构件中的预埋吊件及临时支撑应满足一定施工安全储备的要求,其施工安全系数对临时支撑应不小于2,对预制构件中的临时支撑连接件以及连接临时支撑的预埋件不小于3,对普通预埋吊件不小于4,对多用途预埋吊件不小于5。

(3)结构吊装方法

在考虑结构吊装方法和吊装顺序时,应遵循以下原则:

a.尽快使已吊装好的结构具有足够的稳定性,以确保结构和施工人员的安全;

b.要满足结构构件先后安装的顺序要求,以适应构件之间的构造连接;

c.尽量缩短起重机的开行路线,减少吊装过程中更换起重吊具和起重臂的变幅次数;

d.要满足必要的技术间歇(如校正、焊接、养护、灌浆等)。

吊装方法也可分为分件吊装法和综合吊装法两种。

①分件吊装法

根据其流水方式不同,可分为分层分段流水吊装法和分层大流水吊装法。

分层分段流水吊装法(图8.56),就是将房屋划分为若干施工层,并将每一施工层再划分为若干安装段。起重机在每一段内按柱、梁、

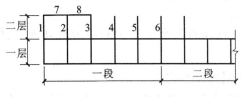

图8.56　分件吊装法示意图

(图中1,2,3,…为吊装顺序)

板的顺序分次进行安装,直至该段的构件全部安装完毕,再转移到另一段去。待一层构件全部安装完毕,并最后固定后,再安装上一层构件。

施工层的划分,则与预制柱的长度有关,当柱子长度为一个楼层高时,以一个楼层为一施工层;当柱子长度为两个楼层高时,以两个楼层为一施工层。由此可见,施工层的数目越多,则柱的接头数量多,安装速度就越慢。因此,当起重机能力满足时,应增加柱子长度,减少施工层数。安装段的划分,主要应考虑以下几个方面:一是保证结构安装时的稳定性,二是减少临时固定支撑的数量,三是使吊装、校正、焊接各工序相互协调,有足够的操作时间。对框架结构的安装段一般以 4~8 个节间为宜。

分层分段流水吊装法的优点是:构件供应与布置较方便;每次吊同类型的构件,安装效率高;吊装、校正、焊接等工序之间易于配合。其缺点是起重机开行路线较长,临时固定设备较多。

分层大流水吊装法与上述方法不同之处,主要是在每一施工层上不再分段,因此,所需临时固定支撑较多,只适于在面积不大的高层房屋中采用。

分件吊装法是多层框架结构安装最常采用的方法。其优点是容易组织吊装、校正、焊接、灌浆等工序的流水作业;易于安排构件的供应和现场布置工作;每次均吊装同类型构件,可提高吊装速度和效率;各工序操作较方便安全。

②综合吊装法

根据所采用吊装机械的性能及流水方式不同,综合吊装法又可分为分层综合吊装法与竖向综合吊装法。

分层综合吊装法[图 8.57(a)],就是将多层房屋划分为若干施工层,起重机在每一施工层中只开行一次,首先安装一个节间的全部构件,再依次安装第二节间、第三节间等。待一层构件全部安装完毕并最后固定后,再将上一层构件依次按节间安装。

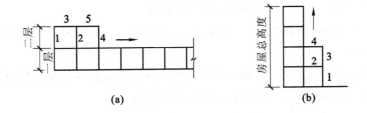

图 8.57 综合吊装法示意图

(a)分层综合吊装;(b)竖向综合吊装

(图中 1,2,3,…为吊装顺序)

竖向综合吊装法,是从底层直到顶层把第一节间的构件全部吊装完毕后,再依次吊装第二节间、第三节间等各层的构件[图 8.57(b)]。

8.3.2 构件运输与堆放

装配式混凝土结构的构件一般在构件厂进行制作,施工前应制定预制构件的运输与堆放方案,其内容应包括运输时间、次序、堆放场地、运输线路、固定要求、堆放支垫及成品保护措施等。对于超高、超宽、形状特殊的大型构件的运输和堆放应有专门的质量安全保证措施。

(1)构件运输

预制构件吊运应根据其形状、尺寸、重量和作业半径等要求选择吊具和起重设备,吊点数量、位置应经计算确定,应保证吊具连接可靠,应采取保证起重设备的主钩位置、吊具及构件重心在竖直方向上重合的措施,吊装大型或形状复杂的构件时,应采取避免构件变形和损伤的临时加固措施。

构件吊点有吊钩、吊环、可拆卸埋置式以及专用吊件等形式,吊装有平吊、直吊和翻身吊等方式,根据具体状况选用。

运输车辆有卡车、自卸汽车和平板车等,其选择应满足构件尺寸和载重要求,构件装载应使构件上限高度低于限高高度。装卸构件时,应采取保证车体平衡的措施;运输构件时,应采取防止构件移动、倾倒、变形等的固定措施,应采取防止构件损坏的措施,对构件边角部或链索接触处的混凝土,宜设置保护衬垫。

应根据构件特点采用不同的运输方式,托架、靠放架、插放架应进行专门设计,进行强度、稳定性和刚度验算:

①外墙板宜采用立式运输,外饰面层应朝外,梁、板、楼梯、阳台宜采用水平运输。

②采用靠放架立式运输时,构件与地面倾斜角度宜大于80°,构件应对称靠放,每侧不大于2层,构件层间上部采用木垫块隔离。

③采用插放架直立运输时,应采取防止构件倾倒措施,构件之间应设置隔离垫块。

④水平运输时,预制梁、柱构件叠放不宜超过3层,板类构件叠放不宜超过6层。

(2)构件堆放

构件的堆放有平放和立放两种方式。堆放时应符合下列规定:

①堆放场地应平整、坚实,并应有良好的排水措施;

②堆放库区宜实行分区管理和信息化台账管理;

③应按照产品品种、规格型号、检验状态分类存放,产品标识应明确、耐久,预埋吊件应朝上,标识应向外;

④应合理设置垫块支点位置,确保预制构件存放稳定,支点宜与起吊点位置一致;

⑤与清水混凝土面接触的垫块应采取防污染措施;

⑥预制构件多层叠放时,每层构件间的垫块应上下对齐;预制楼板、叠合板、阳台板和空调板等构件宜平放,叠放层数不宜超过6层;长期存放时,应采取措施控制预应力构件起拱值和叠合板翘曲变形;

⑦预制柱、梁等细长构件宜平放且用两条垫木支撑;

⑧预制内外墙板、挂板宜采用专用支架直立存放,支架应有足够的强度和刚度。当采用靠放架堆放时,靠放架与地面倾斜角度宜大于80°,墙板宜对称靠放且外饰面朝外,构件上部宜采用木垫块隔离。薄弱构件、构件薄弱部位和门窗洞口应采取防止变形开裂的临时加固措施。

对预制构件成品保护,预制构件成品外露保温板应采取防止开裂措施,外露钢筋应采取防弯折措施,外露预埋件和连接件等外露金属件应按不同环境类别进行防护或防腐、防锈;宜采取保证吊装前预埋螺栓孔清洁的措施;钢筋连接套筒、预埋孔洞应采取防止堵塞的临时封堵措施,露骨料粗糙面冲洗完成后应对灌浆套筒的灌浆孔和出浆孔进行透光检查,并清理灌浆套筒内的杂物。

8.3.3 预制构件安装工艺

装配式混凝土结构多应用于多高层工业与民用建筑,有框架结构与剪力墙结构等形式。构件类型多,包括柱、梁、楼板、墙板(承重和非承重)、楼梯、空调板、阳台等结构构件;构件接头较复杂,施工时要做到既保证结构的整体性,又便于结构安装。现场安装应根据工期要求以及工程量、机械设备等条件,组织立体交叉、均衡有效的安装施工流水作业。构件安装工艺也包括绑扎、吊升、对位、临时固定与校正、最后固定等工序。

预制构件安装前应核对已施工完成结构的混凝土强度、外观质量、尺寸偏差等符合设计文件和规范的有关规定;核对预制构件混凝土强度及预制构件和配件的型号、规格、数量等符合设计文件要求;应在已施工完成结构及预制构件上进行测量放线,并应设置安装定位标志;确认吊装设备及吊具处于安全操作状态;核实现场环境、天气、道路状况满足吊装施工要求。

8.3.3.1 工艺流程

目前我国推广应用的装配式混凝土结构主要是装配整体式框架结构、装配整体式剪力墙结构和以预制楼板、内外墙板和楼梯板为主要内容的混凝土结构。安装的核心技术包括构件、节点的连接技术,板缝的处理技术等。构件的连接主要采用现浇混凝土和套筒灌浆等的湿节点,板缝采用密封条及灌浆技术。

装配整体式框架结构是指全部或部分框架梁、柱采用预制构件构建成的装配整体式混凝土结构。其施工流程主要是:构件编号、弹线,支撑连接件设置复核→预制柱吊装、校正、连接→预制梁吊装、校正、连接→预制楼板吊装、校正、连接→浇筑梁板叠合层混凝土→预制楼梯吊装、校正、连接→预制墙板吊装、校正、连接。

装配整体式剪力墙结构是指全部或部分剪力墙采用预制墙板构建成的装配整体式混凝土结构。其施工流程主要是:构件编号、弹线,支撑连接件设置复核→预制剪力墙吊装、校正、灌浆连接→预制内外填充墙吊装、校正→预制梁吊装、校正→预制楼板吊装、校正→预制阳台吊装、校正、连接→浇筑楼板叠合层混凝土及竖向节点构件→预制楼梯吊装、校正、连接。

预制构件吊装一般工艺流程如图5.58所示。

构件吊装时,临时固定措施、临时支撑系统应具有足够的强度、刚度和整体稳固性,应按有关规定进行验算。预制构件搁置长度应满足设计要求,预制构件与其支承构件间宜设置厚度不大于20 mm坐浆或垫片。

8.3.3.2 柱、墙的吊装

作为竖向构件,柱、墙一般采用直吊法。构件安装前应清洁结合面,构件底部应设置可调整接缝厚度和底部标高的垫块,连接接头灌浆前,应对接缝周围进行封堵。

(1)柱的吊装

柱的长度一般以1～2层楼高为一节,也可以3～4层为一节。采用自行杆式起重机

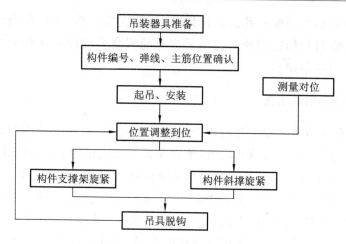

图 5.58 预制构件吊装工艺流程

或塔式起重机进行吊装。预制柱安装宜按照角柱、边柱、中柱顺序进行安装,与现浇部分连接的柱宜先行吊装;预制柱的就位以轴线和外轮廓线为控制线,对于边柱和角柱,应以外轮廓线控制为准;就位前应设置柱底调平装置,控制柱安装标高,就位后应在两个方向设置可调节的临时固定设施,并应进行垂直度、扭转调整。

对长细比较大的柱,吊装时必须合理选择吊点位置和吊装方法,以避免产生构件吊装断裂现象。在一般情况下,当柱长在 10m 以内时,可采用一点绑扎起吊;对于长柱,则应采用两点绑扎起吊,并应进行吊装验算。

①柱的校正

柱的校正应分 2~3 次进行,首先在脱钩后进行初校;在柱接头连接后进行第二次校正,观测变形所引起的偏差。此外,在梁和楼板安装后还需检查一次,以消除偏差。柱在校正时,力求下节柱准确,以免导致上层柱的累积偏差。当下节柱经最后校正后仍存在偏差,若在允许范围内则可以不再进行调整,在这种情况下吊装上节柱时,一般可使上节柱底部中心线对准下节柱顶部中心线和标准中心线的中点,而上节柱的顶部,在校正时仍以标准中心线为准,以此类推。在柱的校正过程中,当垂直度和水平位移有偏差时,若垂直度偏差较大,则应先校正垂直度,后校正水平位移,以减少柱顶倾覆的可能性。柱的垂直度允许偏差值小于或等于 $H/1000$(H 为柱高),且不大于 10 mm,水平位移允许在 5 mm 以内。

对于细而长的框架柱,在阳光的照射下,温差对垂直度的影响较大,在校正时,必须考虑温差的影响,方法如下:

a. 在无阳光影响的时候(如阴天、早晨、晚间)进行校正。

b. 在同一轴线上的柱,可选择第一根柱(称标准柱)在无温差影响下精确校正,其余柱均以此柱作为校正标准。

c. 预留偏差(图 8.59)。其方法是在无温差条件下弹出柱的中心线,在有温差条件下校正 $l/2$ 处的中心线,使其与基础中心线垂直[图 8.59(a)],测得柱顶偏移值为 Δ,再在同方向将柱顶增加偏移值 Δ[图 8.59(b)],当温差消失后该柱回到垂直状态[图 8.59(c)]。

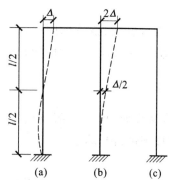

图 8.59 柱校正预留偏差简图

①柱连接接头

在多层装配式框架结构中,柱连接接头的选型和施工直接关系到整个结构的稳定性和刚度,直接影响施工方法、施工进度和材料消耗。接头型式的选用,必须保证结构的整体性,满足承载力和刚度的要求。多层框架结构中的接头,主要是柱与柱的接头和柱与梁的接头。

a.柱与柱的接头

柱与柱的接头首先应能够传递轴向压力,其次是弯矩和剪力。要求接头及其附近区段的强度不低于构件的强度。柱与柱、柱与基础的连接采用钢筋套筒灌浆连接技术。

钢筋套筒灌浆连接是在金属套筒中插入单根带肋钢筋并注入灌浆料拌合物,通过拌合物硬化形成整体实现钢筋对接连接。柱与基础的连接(图8.60)是在基础预埋套筒留孔,上柱下端预留插筋,连接时上端柱的预留插筋插入下部的套筒内,并用专用浆液灌注,使柱与基础连接可靠;也可采用基础预留插筋,上柱套筒灌浆的方法。柱与柱的连接(图8.61)是在下柱预留插筋,插入上柱下部埋设的套筒内进行灌浆连接,保证柱与柱之间连接可靠。为防止吊装过程中柱下端插筋受损或倾斜,预留插筋一般通过定位板进行柱端防护;梁板浇筑至柱吊装就位后应对安装位置、标高、垂直度进行校正,柱与吊具的分离应在校准定位及临时支撑安装完成后进行,最后进行灌浆工作。

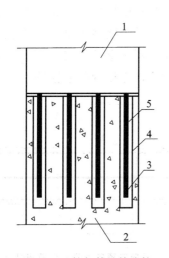

图8.60 柱与基础的连接

1—上柱;2—基础;3—上柱预留插筋;
4—基础预埋套筒;5—灌浆密封

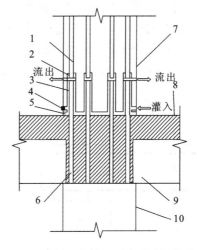

图8.61 柱与柱的连接

1—上柱连接钢筋;2—连接套筒;3—灌浆料;
4—橡胶堵塞;5—灌浆连通腔;6—下柱连接钢筋;
7—上预制柱;8—现浇层;9—预制梁;10—下预制柱

b.梁与柱的接头

梁柱连接节点的抗震性能制约整个预制装配结构的抗震能力,为保证多层装配式框架结构的抗震性能,梁与柱的连接通常采用刚性连接。梁柱连接节点形式主要有:现浇的键槽式梁柱节点连接与预应力预压型节点连接。

ⓐ键槽式梁柱节点连接。键槽式梁柱节点是装配式框架结构节点主要形式。预制柱在梁柱节点区预留出空缺,梁端部留有键槽(图8.62),预制梁吊装就位后,在键槽内安装钢筋,再绑扎梁的负弯矩筋,支设节点区模板并浇筑混凝土形成现浇的连接接点。节点区

混凝土分二次浇筑完成,第一次在梁柱节点的键槽内浇筑高强无收缩混凝土,使其形成梁柱框架体系;第二次浇筑梁板叠合层混凝土,形成整体楼盖。

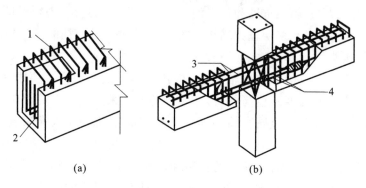

(a)　　　　　　　　　　　(b)

图8.62　键槽式梁柱节点连接

(a)梁端键槽;(b)梁柱连接

1—梁箍筋;2—梁底主筋;3—梁负弯矩筋;4—U形连接钢筋

ⓑ预应力预压型节点连接。梁及梁柱节点内留有孔道,梁就位后穿入预应力筋,再施加预应力,使梁端面预压于柱上。预应力可采用有粘结预应力、部分有粘结以及无粘结预应力形式。为保证节点的可靠性,在预压结合面处事先刮涂专用环氧胶。预压型节点连接又分为牛腿型(图8.63)与平接口型(图8.64)两类。牛腿型的预制梁吊装后直接搁置于柱牛腿上,预压分别施加于梁上部及下部;平接口型的预制梁吊装后搁置于梁柱节点下方的临时钢牛腿上,预压一般只需施加于梁中部,梁上下往往还需设置普通钢筋连接。

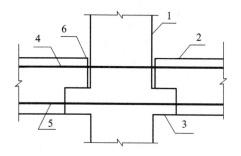

图8.63　牛腿型预应力预压型节点连接

1—预制柱;2—预制梁;3—柱上牛腿;
4—上部预应力筋;5—下部预应力筋;6—接合面涂胶

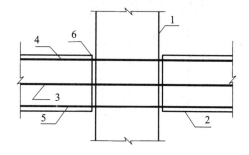

图8.64　平接口预应力预压型节点连接

1—预制柱;2—预制梁;3—中部预应力筋;
4—上部非预应力筋;5—下部非预应力筋;6—接合面涂胶

(2)墙的吊装

预制剪力墙板安装时,与现浇部分连接的墙板宜先行吊装,其他宜按照外墙先行吊装的原则进行吊装。就位前,应在墙板底部设置调平装置;采用灌浆套筒连接、浆锚搭接连接的夹芯保温外墙板应在保温材料部位采用弹性密封材料进行封堵;需要分仓灌浆时,应采用坐浆料进行分仓,多层剪力墙采用坐浆时应均匀铺设坐浆料,坐浆料强度应满足设计要求;墙板以轴线和轮廓线为控制线,外墙应以轴线和外轮廓线双控制。安装就位后应设置可调斜撑临时固定,测量预制墙板的水平位置、垂直度、高度等,通过墙底垫片、临时斜支撑进行调整;对叠合墙板安装就位后进行叠合墙板拼缝处附加钢筋安装,附加钢筋应与现浇段钢筋网交叉点全部绑扎牢固。

剪力墙连接构造如图 8.65 所示。

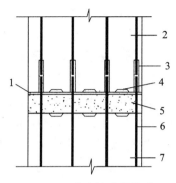

图 8.65　剪力墙连接构造

1—坐浆；2—预制墙体；3—浆锚套筒连接或浆锚搭接连接；
4—键槽或粗糙面；5—现浇圈梁；6—竖向连接筋；7—预制墙体

对其他预制墙板的安装，连接节点及接缝构造应符合设计要求，墙板安装完成后，应及时移除临时支承支座、墙板接缝内的传力垫块。外墙板接缝防水施工前，应将板缝空腔清理干净，应按设计要求填塞背衬材料，密封材料嵌填应饱满、密实、均匀、顺直、表面平滑，其厚度应符合设计要求。

（3）施工注意点

①临时支撑设置。每个预制构件的临时支撑不宜少于 2 道；预制柱、墙板（图 8.66）的上部斜撑，其支撑点距离板底的距离不宜小于板高的 2/3，且不应小于板高的 1/2；构件安装就位后，可通过临时支撑对构件的位置和垂直度进行微调。

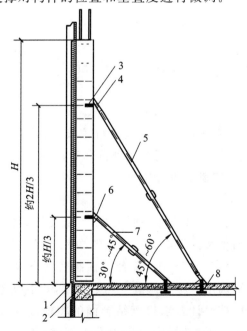

图 8.66　预制墙板临时支撑示意图

1—压条；2—高强砂浆；3—墙板预埋螺母；4,6—支撑托座；5,7—墙板支撑；8—预埋螺母

②构件连接施工。采用钢筋套筒灌浆连接、钢筋浆锚搭接连接的预制构件就位前,应检查套筒、预留孔的规格、位置、数量和深度;被连接钢筋的规格、数量、位置和长度。当套筒、预留孔内有杂物时,应清理干净;当连接钢筋倾斜时,应进行校直。连接钢筋偏离套筒或孔洞中心线不宜超过 3mm。连接钢筋中心位置存在严重偏差影响预制构件安装时,应会同设计单位制定专项处理方案,严禁随意切割、强行调整定位钢筋。

灌浆作业应符合国家现行有关标准及施工方案的要求。灌浆施工时,环境温度不应低于 5℃,低于 5℃时不宜施工,低于 0℃时不得施工,当环境温度高于 30℃时应采取降低灌浆料拌合物温度的措施。应按产品使用说明书的要求计量灌浆料和水的用量,并搅拌均匀,每次拌制的灌浆料拌合物应进行流动度的检测。灌浆作业应采用压浆法从下口灌注,当浆料从上口流出后应及时封堵,必要时可设分仓进行灌浆。灌浆料拌合物应在制备后 30min 内用完。

其他连接方式应符合设计要求及施工规范的规定。

③构件连接部位后浇混凝土及灌浆料的强度达到设计要求后,方可拆除临时固定措施。

8.3.3.3 梁、板的吊装

梁、板作为水平构件一般采用平吊,采用两点或多点起吊。

(1)梁的吊装

预制梁或叠合梁吊装应符合下列规定:

①吊装顺序宜遵循先主梁后次梁、先低后高的原则;

②吊装前,应测量并修正临时支撑标高,确保与梁底标高一致,并在柱上弹出梁边控制线;吊装后根据控制线进行精密调整;

③吊装前,应复核柱钢筋与梁钢筋位置、尺寸,对梁钢筋与柱钢筋位置有冲突的,应按经设计单位确认的技术方案调整;

④吊装时梁伸入支座的长度与搁置长度应符合设计要求。

(2)板的吊装

叠合板预制底板吊装应符合下列规定:

①预制底板吊装完后应对板底接缝高差进行校核;当叠合板板底接缝高差不满足设计要求时,应将构件重新起吊,通过可调托座进行调节;

②预制底板的接缝宽度应满足设计要求。

(3)施工注意点

①应根据设计要求或施工方案设置临时支撑,首层支撑架体的地基应平整坚实,宜采取硬化措施;临时支撑的间距及其与墙、柱、梁边的净距应经设计计算确定,竖向连续支撑层数不宜少于 2 层且上下层支撑宜对准;叠合板预制底板下部支架宜选用定型独立钢支柱,竖向支撑间距应经计算确定。施工荷载宜均匀布置,并不应超过设计规定。

②在混凝土浇筑前,应按设计要求检查结合面的粗糙度及预制构件的外露钢筋。混凝土浇筑应布料均衡,浇筑和振捣时,应对模板及支架进行观察和维护,发生异常情况应及时处理;构件接缝混凝土浇筑和振捣应采取措施防止模板、相连接构件、钢筋、预埋件及

其定位件移位。

③安装预制受弯构件时端部的搁置长度应符合设计要求,端部与支承构件之间应坐浆或设置支承垫块,坐浆或支承垫块厚度不宜大于 20 mm。叠合构件应在后浇混凝土强度达到设计要求后,方可拆除临时支撑。

8.3.3.4 预制楼梯、阳台板、空调板的吊装

(1)预制楼梯吊装

预制楼梯与主体结构之间可以通过预制楼梯预留钢筋与叠合层整体浇筑,也可以在预制楼梯预留孔,通过锚栓与灌浆材料和主体相连接(图 8.67),其安装方式应结合设计要求进行。

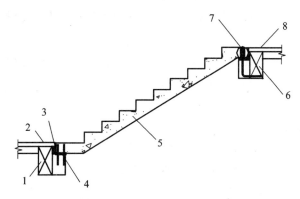

图 8.67 预制楼梯与主体结构连接构造

1,6—现浇梯梁;2,8—建筑面层;3—填充聚苯板;4—预埋件;5—预制梯段板;7—安装就位后用灌浆料灌实

预制楼梯安装前,应检查楼梯构件平面定位及标高,并宜设置调平装置;就位后,应及时调整并固定。

(2)预制阳台板、空调板吊装

叠合阳台由预制部分与叠合部分组成,主要通过预制部分的预留钢筋与叠合层的钢筋搭接或者焊接与主体结构连为整体,如图 8.68 所示。

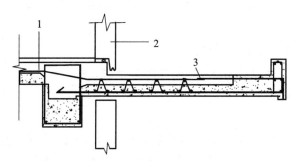

图 8.68 叠合阳台板基本构造

1—钢筋锚入楼板;2—预制外挂墙板;3—双面焊

预制阳台板、空调板安装前,应检查支座顶面标高及支撑面的平整度;临时支撑应在后浇混凝土强度达到设计要求后方可拆除。

8.3.4　质量检查与验收

（1）质量检查

根据装配式混凝土结构的施工特点，预制构件的起吊、运输质量检查包括：吊具和起重设备的型号、数量、工作性能；运输路线；运输车辆的型号、数量；预制构件的支座位置、固定措施和保护措施。预制构件堆放的质量检查包括：堆放场地；垫木或垫块的位置、数量；预制构件堆垛层数、稳定措施。

预制构件安装前应进行下列检查：

①已施工完成结构的混凝土强度、外观质量和尺寸偏差；

②预制构件的混凝土强度，预制构件、连接件及配件的型号、规格和数量；

③安装定位标识；

④预制构件与后浇混凝土结合面的粗糙度，预留钢筋的规格、数量和位置；

⑤吊具及吊装设备的型号、数量、工作性能。

预制构件安装连接应进行下列检查：

①预制构件的位置及尺寸偏差；

②预制构件临时支撑和垫片的规格、位置、数量；

③连接处现浇混凝土或砂浆的强度、外观质量；

④连接处钢筋连接及其他连接质量。

（2）质量验收

装配式混凝土结构施工质量应按现行有关规范的要求进行。

装配式混凝土结构连接节点及叠合构件浇筑混凝土前，应进行隐蔽工程验收。隐蔽工程验收应包括下列主要内容：

①混凝土粗糙面的质量，键槽的尺寸、数量、位置；

②钢筋的牌号、规格、数量、位置、间距，箍筋弯钩的弯折角度及平直段长度；

③钢筋的连接方式、接头位置、接头数量、接头面积百分率、搭接长度、锚固方式及锚固长度；

④预埋件、预留管线的规格、数量、位置；

⑤预制混凝土构件接缝处防水、防火等构造做法；

⑥保温及其节点施工；

⑦其他隐蔽项目。

临时固定措施是装配式混凝土结构安装过程中承受施工荷载、保证构件定位、确保施工安全的有效措施，应符合设计、专项施工方案要求及国家现行有关标准的规定。安装时，预制构件底部接缝坐浆强度应满足设计要求。

钢筋套筒灌浆连接和浆锚搭接连接是装配式混凝土结构的重要连接方式，灌浆质量的好坏对结构的整体性影响非常大，应采取措施保证孔道的灌浆饱满、密实，灌浆料强度应符合有关标准的规定和设计要求。其他连接接头和连接的质量应符合有关标准的规定。

装配式结构工程的外观质量不应有严重缺陷，且不得有影响结构性能和使用功能的尺寸偏差。施工尺寸偏差及检验方法应符合设计要求;当设计无要求时,应符合表 8.13 的规定。

表 8.13　装配式结构安装尺寸允许偏差及检验方法

项　　目			允许偏差(mm)	检验方法
构件中心线 对轴线位置	基础		15	经纬仪及尺量
	竖向构件(柱、墙、桁架)		8	
	水平构件(梁、板)		5	
构件标高	梁、柱、墙、板底面或顶面		±5	水准仪或拉线、尺量
构件垂直度	柱、墙	≤6 m	5	经纬仪或吊线、尺量
		>6 m	10	
构件倾斜度	梁、桁架		5	经纬仪或吊线、尺量
相邻构件 平整度	板端面		5	2 m 靠尺和塞尺量测
	梁、板底面	外露	3	
		不外露	5	
	柱墙侧面	外露	5	
		不外露	8	
构件搁置长度	梁、板		±10	尺量
支座、支垫中心位置	板、梁、柱、墙、桁架		10	尺量
墙板接缝	宽度		±5	尺量

8.4　钢结构安装

钢结构自重轻、构件截面小,便于工厂制造和现场机械化施工,且现场安装作业量少,因而多被用作高层、超高层的主体结构,公共建筑、工业厂房、仓库、车库、超市等大跨度结构,以及用于钢桥塔和钢箱梁等结构。

8.4.1　钢构件工厂制作

钢结构大部分构件便于工厂化制作,这也保证了钢结构构件的制作质量,尽量减小构件上的尺寸给现场安装带来的影响。钢构件在工厂加工制作的基本流程如下:

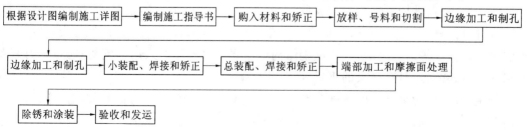

（1）钢结构施工详图设计

钢结构图纸一般由设计图和施工详图组成，其中设计图应由设计单位绘制，其内容一般包括：设计总说明、结构布置图、构件图、节点图、钢材订货表。而施工详图为工厂制作钢构件的依据，它作为制作、安装和质量验收的主要技术文件，其设计工作主要包括节点构造设计和施工详图绘制两部分。施工详图应根据结构设计文件和有关技术文件进行编制，并应得到原设计单位确认；当需要进行节点设计时，节点设计文件也应经原设计单位确认。

施工详图应满足钢结构施工构造、施工工艺、构件运输等有关技术要求，其内容一般包括：图纸目录、设计总说明、构件布置图、构件详图和安装节点图等；图纸应表达清晰、完整，空间复杂构件和节点的施工详图宜增加三维图形表示。施工详图编制的好坏直接反映了承接钢结构加工的制作单位的设备生产能力、积累的制作经验以及质量管理经验。

（2）编制制作工艺规程

钢构件制作的原则是在一定的生产条件下，能以最快速度、最少劳动量和最低费用，可靠地制造出符合设计图纸要求的产品，同时制定工艺规程应考虑到技术的先进性、经济的合理性和劳动的安全性。钢构件制作工艺规程应满足设计图纸和施工详图要求，以及国家标准、技术规范、相关技术文件要求，并符合工厂的生产条件等。工艺规程一般包括以下内容：

① 根据国家与地方标准编写钢结构的技术要求；

② 制造工厂的管理制度和质量保证措施；

③ 为确保钢结构成品符合标准而制定的保证措施；

④ 为保证成品质量而制定的技术措施；

⑤ 采用的加工、焊接设备和工艺装备的设备管理条例；

⑥ 焊工和检查人员的资质证明；

⑦ 各类检查表格。

利用先进的计算机辅助制造系统编制钢结构工艺规程时，可以综合考虑多类型数控设备、焊接机器人和数字化组装线，并可将号料、切割、钻孔、组装、焊接和预拼装等综合在一起。在三维计算机辅助设计系统中，软件自动以文档和图表的格式生成各个制造过程所需的数控数据，这些数控数据和信息在工厂的局域网中自动分流，到达相应的数控设备，根据该系统的特点可简化传统工艺规程的编制。

（3）购入材料和矫正

钢结构工程所用的材料应符合设计文件和国家现行有关标准的规定，应具有质量合格证明文件，并在进场后进行检查验收。对属于下列情况之一的钢材，应进行抽样复验：①国外进口钢材；②钢材混批；③板厚等于或大于 40 mm，且设计有 Z 向性能要求的厚板；④建筑结构安全等级为一级，大跨度钢结构中主要受力构件所采用的钢材；⑤设计有复验要求的钢材；⑥对质量有疑义的钢材。

型钢在轧制、运输、装卸、堆放过程中，可能会产生表面不平、弯曲和波浪形等缺陷，有的需要在下料之前进行矫正，有的则需在切割之后进行矫正。矫正可采用机械矫正、加热

矫正、加热与机械联合矫正等方法。对碳素结构钢和低合金结构钢,当设备能力受到限制、钢材厚度较厚,处于低温条件下或矫正达不到质量要求时,一般采用加热矫正,规定加热温度不要超过 900℃。因为超过此温度时,会使钢材内部组织发生变化,材质变差,而800～900℃属于退火或正火区,是热塑变形的理想温度。当低于 600℃时,因为矫正效果不大,且 500～550℃存在热脆性。故当温度降到 600℃时,就应停止矫正工作。

（4）放样、号料和切割

放样是整个钢结构制作工艺中的第一道工序,也是至关重要的一道工序。放样是根据施工详图用 1∶1 的比例在样台上放出大样,通常按生产需要制作样板或样杆进行号料,并作为切割、加工、弯曲、制孔等检查使用。

放样应根据施工详图和工艺文件进行,并应按要求预留余量。其工作内容有:仔细阅读图纸,对图纸的安装尺寸和孔距进行核对,准备放样需要的工具,根据施工详图以 1∶1 的比例在样台上放出大样,核对各部分尺寸,制作样板和样杆。借助于计算机技术和数字化技术的发展,可以实现计算机辅助三维放样。

号料也称画线,即利用样板、样杆或根据图纸,在板料及型钢上画出孔的位置和零件形状的加工界限。号料的一般工作内容包括:根据料单检查、清点样板和样杆,核对号料材料的规格和质量,准备号料工具,在材料上画出切割、铣、刨、弯曲、钻孔等加工位置,打冲孔,标注出零件的编号等。号料应使用经过检查合格后的样板(样杆),避免直接用钢尺,以免偏差过大或看错尺寸。并应依据先大后小的原则进行号料。对采用数控加工设备的加工单位,有些加工可以省略放样和号料工序。

切割的目的就是将放样和号料的零件形状从原材料上进行下料分离。钢材的切割可采用机械切割、气割、等离子切割等方法。钢材切割面应无裂纹、夹渣、分层和大于 1 mm 的缺棱。对于厚度 12 mm 以下的直线形切割,常采用机械剪切,剪切面应平整。气割多应用于带曲线的零件和厚钢板的切割,切割时,应根据设备类型、钢材厚度和切割气体等因素选择适合的工艺参数。等离子切割主要用于熔点较高的不锈钢材料以及有色金属如铜、铝等切割。

（5）边缘加工和制孔

切割后的钢板或型钢在焊接组装前需进行边缘加工,形成焊接坡口角度和相关部分严格要求的尺寸。边缘加工可采用气割和机械加工方法,对边缘有特殊要求时宜采用精密切割。常用边缘加工的方法主要有:铲边、刨边、铣边、碳弧线刨、气割和坡口机加工等。气割切割坡口简单易行,效率高,能满足 V 形、X 形坡口的要求,是一种广泛采用的边缘加工方法。气割或机械剪切的零件进行边缘加工时,其刨削量不应小于 2.0 mm;边缘加工零件的宽度、长度的允许偏差为±1.0 mm。

孔加工在钢结构制作中占有一定的比重,尤其是采用高强螺栓时对制孔精度要求较高。制孔可采用钻孔、冲孔、铣孔、镗孔和锪孔等方法,对直径较大或长形孔也可采用气割制孔。由于钻孔的原理为机械切削,孔的精度高,对孔壁损伤小,常采用钻孔方法进行制孔;而冲孔只用于较薄钢板及非圆孔的加工。制孔时,对于小批量的孔,采用样板画线钻孔;对于大批量的孔,采用模板制孔。制孔可采用单孔钻或群孔钻。制孔的质量主要控制孔径偏差、孔距偏差以及孔壁表面粗糙度。数控钻孔技术已在钢结构制造中得到应用。可用计算机总体控制多个钻头安装在钻机上同时进行钻孔,当一个钻头损坏或孔径改变时,设备可自动更换钻头。

(6)拼装和焊接

拼装是把制作完成的板材和型材等半成品装配拼接成构件。由于受到运输、吊装、现场施工等条件的限制,为了检验构件制作的整体性,应根据构件或结构的受力和设计要求,出厂前在工厂平台进行预拼装,预拼装时应禁止使用大锤锤击。为减小变形,尽量采取小件组焊,经矫正后再大件组装。拼装胎具及装配出的首件必须经严格检验后,方可大批进行装配工作。

钢梁采用 H 型钢,由于所供的轧制规格有限,往往采用焊接 H 型钢。钢柱多采用焊接"十"形截面或箱形截面。焊接 H 型钢的翼缘板拼接缝和腹板拼接缝的间距不应小于 200 mm。翼缘板拼接长度不应小于 2 倍板宽;腹板拼接宽度不应小于 300 mm,长度不应小于 600 mm。

钢构件的拼装可采用地样法、仿形复制装配法、胎模装配法和专用设备装配法等方法,有立装、卧装等方式。

一般采用胎模装配法拼装焊接 H 型钢梁与钢柱,首先在装配胎具上进行焊接小装配;再进行框架短梁与柱身焊接和总装配,形成满足施工现场吊装能力的梁柱段。对于复杂钢结构,还需在构件运往工地安装之前在制造工厂预先将其按成型位置拼装在一起,用来检验最终的钢结构线性、几何尺寸和构件之间的连接是否正确。为了节省预拼装场地和大量的劳动力,可利用计算机进行预拼装。

在工厂对钢构件焊接拼装前,对首次采用的钢材、焊接材料、焊接方法、接头形式、焊接位置、焊后热处理等各种参数,应在钢结构制作及安装前进行焊接工艺评定试验。焊接工艺评定试验方法和要求,以及免于工艺评定的限制条件,应符合现行国家标准《钢结构焊接规范》(GB 50661)的有关规定。

钢构件的钢板间焊接接头形式主要有对接接头、角接接头、T 形接头等(图 8.69)。对于对接焊缝及对接和角接组合焊缝,必要时应在焊缝的两端设置引弧板和引出板,其材质和坡口形式与焊件相同。焊接完毕后采用气割切除引弧板和引出板,并修磨平整。

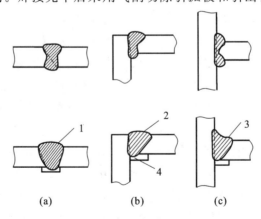

图 8.69 钢板间焊接接头形式

1—对接接头;2—角接接头;3—T 形接头;4—引弧板

H 型钢的翼缘与腹板、箱形柱的四个角区还可采用自动埋弧焊进行焊接组装。这种焊接方法利用机械装置自动控制送丝和移动电弧,电弧在焊接层下燃烧,有利于劳动保护,且能获得优良的焊接接头。

对于高层建筑钢结构中的箱形柱,其柱面板与内置横隔板形成 T 形接头,位于箱内的接头必须采用熔嘴电渣焊才能完成。熔嘴电渣焊是电渣焊的一种形式,将母材坡口两面均用永久性钢垫板合围成管状腔,钢焊丝穿过外涂药皮的导电钢管组合成熔嘴作为熔化电极,熔嘴从管状腔顶端伸入母材的坡口间隙内,施加一定的焊剂,主电源通电同时焊丝送进。焊丝与母材坡口的底部引弧板接触产生电弧,电弧使熔嘴钢管与外敷的药皮及焊剂同时熔池,并随着熔池及渣池的不断上升形成立焊缝。

焊接过程中应注意焊接变形的控制,对接接头、T 形接头,在构件放置条件允许或易于翻转的情况下,宜采用双面对称焊接,有对称截面的构件,宜对称与构件中性轴焊接,有对称连接杆件的节点,宜对称与节点轴线焊接;非对称双面坡口焊接,宜先焊深坡口侧部分焊缝,然后焊满浅坡口侧,最后完成深坡口侧焊缝,特厚板宜增加轮流对称焊接的循环次数;长焊缝宜采用分段退焊法、跳焊法或多人对称焊接法。构件装配焊接时,应先焊收缩量较大的接头,后焊收缩量较小的接头,接头应在约束较小的状态下焊接。

焊缝的检查包括焊缝的尺寸偏差、外观质量和内部质量。在建筑钢结构中,焊缝分为一级、二级、三级三个质量等级,钢构件外形尺寸按现行国家标准《钢结构工程施工质量验收规范》(GB 50205)的规定进行检查。外观检查主要采用目视检查或使用放大镜、焊缝量规和钢尺检查,当存在疑义时,采用渗透或磁粉探伤。焊缝表面不得有裂纹、焊瘤等缺陷。对设计要求全焊透的一、二级焊缝应采用超声波探伤进行内部缺陷的检验,超声波探伤不能对缺陷作出判断时,应采用射线探伤,其内部缺陷分级及探伤方法应符合现行国家标准的规定。

(7)端部加工和摩擦面处理

钢构件的端部加工应在构件拼装、焊接完成并经检验合格后进行。构件的端面铣平加工可用端铣床加工。

钢构件连接如果采用高强螺栓连接,则为摩擦连接,其摩擦面需要进行处理以确保其接触面的抗滑移系数符合设计要求。摩擦面处理方法常采用喷砂、化学处理、人工打磨等。在施工条件受限制时,局部摩擦面可采用角向磨光机打磨。打磨的方向宜与受力方向垂直,范围不应小于螺栓孔径的 4 倍。有条件的摩擦面采用喷砂后生锈的处理方法,经喷砂后的摩擦面置于露天堆场,让其日晒夜露生锈,最佳生锈时间为 60 d。钢结构制作和安装单位应按《钢结构工程施工质量验收规范》(GB 50205)的规定分别进行高强度螺栓连接摩擦面抗滑移系数试验和复验,现场处理的构件摩擦面应单独进行摩擦面抗滑移系数试验,其结果应符合设计要求。

(8)除锈和涂装

钢构件的除锈和普通涂料涂装工程应在钢结构构件组装、预拼装或钢结构安装工程检验批的施工质量验收合格后进行。

为了防止腐蚀,钢材表面需涂刷防护涂层,除锈质量直接影响底漆的附着力和涂层保护寿命。钢构件表面除锈的方法分为喷射、抛射除锈和手工或动力工具除锈,构件的除锈方法与除锈等级应符合设计要求和国家现行有关标准的规定,并要求处理后的钢材表面不应有焊渣、焊疤、灰尘、油污、水和毛刺等。涂刷高性能涂料如富锌涂料时,对底层表面除锈质量要求较高,应采用抛光彻底除锈。如表面涂刷常规的油性涂料,因其湿润性和浸透性较好,可采用手工和动力工具除锈。

钢结构表面涂装时的环境温度和相对湿度应符合涂料产品说明书的要求,且涂料、涂装遍数、涂层厚度均应符合设计要求。

(9)验收和发运

钢结构工程施工质量验收应在施工单位自检基础上,按照检验批、分项工程、分部(子分部)工程进行。钢构件制作完成后按施工详图、编制的制作工艺规定以及《钢结构工程施工质量验收规范》(GB 50205)的规定进行验收。钢构件制作加工厂在出厂时应提交以下资料:产品合格证;施工详图和设计变更文件;制作中对技术问题处理的协议文件;钢材、连接材料和涂装材料的质量证明书或试验报告;焊接工艺评定报告;高强度螺栓摩擦面抗滑移系数、焊缝无损检验报告及涂层检测资料、主要构件验收记录、预拼装记录、构件发运和包装清单等。

钢构件包装完毕应对其标记。标记的内容有:工程名称、构件编号、外廓尺寸、净重、毛重、始发地点、到达地点、收货单位、制造商、发运日期等。发运前包装应符合运输的有关规定,必要时标明重心和吊点位置。发运时应注意运输车辆允许的载重量、高度及长度要求。

8.4.2　钢结构的现场安装

钢结构的现场安装应按施工组织设计和施工方案进行,应根据结构特点安装,按合理顺序进行,并应形成稳固的空间刚度单元,必要时应增加临时支承结构或临时措施。安装的原则就是保证钢结构的稳定性,避免产生永久性变形。钢结构的施工流程如下:

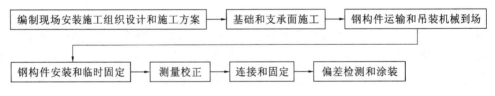

8.4.2.1　制定钢结构施工方案

钢结构施工方案是以钢结构工程为主要对象编制的施工技术与组织方案,用以具体指导其施工过程。其内容主要包括工程概况、施工安排、施工方法、施工准备与资源配置计划、施工进度计划、施工平面布置、技术管理措施等。

8.4.2.2　基础和支承面施工

钢结构安装前应对建筑物的定位轴线、基础轴线和标高、地脚螺栓位置等进行检查并验收。钢结构安装基础的支承面、支座和地脚螺栓的位置、标高等的偏差值应符合相关规范要求。

基础顶面直接作为柱的支承面和基础顶面预埋钢板或支座作为柱的支承面时,如图 8.70所示,其支承面、预留孔和地脚螺栓(锚栓)位置的允许偏差应符合表 8.14的要求。

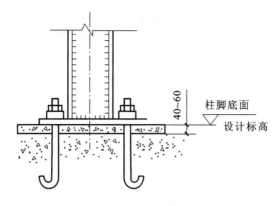

图 8.70 钢柱基础施工

表 8.14 支承面、预留孔和地脚螺栓(锚栓)的允许偏差(mm)

项 目		允许偏差
支承面	标高	±3.0
	水平度	$l/1000$
地脚螺栓(锚栓)	螺栓中心偏移	5.0
预留孔	预留孔中心偏移	10.0

钢柱脚采用钢垫板作支承时,应符合下列规定:

①钢垫板面积应根据混凝土抗压强度、柱脚底板承受的荷载和地脚螺栓(锚栓)的紧固拉力计算确定;

②垫板应设置在靠近地脚螺栓(锚栓)的柱脚底板加劲板或柱肢下,每根地脚螺栓(锚栓)侧应设 1~2 组垫板,每组垫板不得多于 5 块;

③垫板与基础面和柱底面的接触应平整、紧密;当采用成对斜垫板时,其叠合长度不应小于垫板长度的 2/3;

④柱底二次浇灌混凝土前垫板间应焊接固定。

当钢结构基础采用坐浆垫板时(图 8.71),其坐浆垫板的允许偏差应符合表 8.15 的规定。

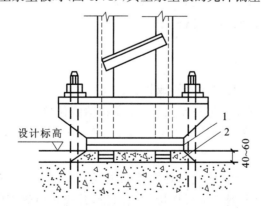

图 8.71 坐浆垫板

1—基础垫板;2—混凝土

表 8.15　坐浆垫板的允许偏差(mm)

项　　目	允许偏差
顶面标高	0.0 −3.0
水平度	$l/1000$
位置	20.0

锚栓及预埋件安装应符合下列规定：

①宜采取锚栓定位支架、定位板等辅助固定措施；

②锚栓和预埋件安装到位后，应可靠固定；当锚栓埋设精度要求较高时，可采用预留孔洞、二次埋设等工艺；

③锚栓应采取防止损坏、锈蚀和污染的保护措施；

④钢柱地脚螺栓紧固后，外露部分应采取防止螺母松动和锈蚀的措施；

⑤当锚栓需要施加预应力时，可采用后张拉方法，张拉力应符合设计文件的要求，并应在张拉完成后进行灌浆处理。

地脚螺栓(锚栓)尺寸的允许偏差应符合表 8.16 的规定。

表 8.16　地脚螺栓(锚栓)尺寸的允许偏差(mm)

项　　目	允许偏差
螺栓(锚栓)露出长度	+30.0 0.0
螺纹长度	+30.0 0.0

8.4.2.3　构件安装

钢结构安装宜采用塔式起重机、履带式起重机、汽车式起重机等定型产品,起重设备应根据其性能、结构特点、现场环境、作业效率等因素综合确定。钢结构吊装作业必须在起重设备的额定起升荷载范围内进行。

(1)钢柱安装

钢柱安装应符合下列规定：

①柱脚安装时,锚栓宜使用导入器或护套。

②首节钢柱安装后应及时进行垂直度、标高和轴线位置校正,钢柱的垂直度可采用经纬仪或线锤测量;校正合格后钢柱应可靠固定,并应进行柱底二次灌浆,灌浆前应清除柱底板与基础面间杂物。

③首节以上的钢柱定位轴线应从地面控制轴线直接引上,不得从下层柱的轴线引上;钢柱校正垂直度时,应确定钢梁接头焊接的收缩量,并应预留焊缝收缩变形值。

一般首节柱安装时,利用调节柱底螺母和垫片的方式调节标高,如图 8.72 所示。在钢柱校正完成后,因独立悬臂柱易产生偏差,所以要求可靠固定,并用无收缩砂浆灌实柱底。

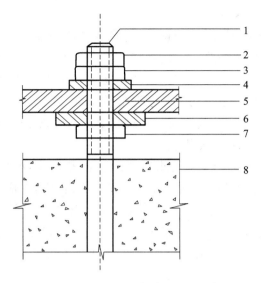

图 8.72 柱脚底板标高精确调整示意图

1—地脚螺栓;2—止退螺母;3—紧固螺母;4—垫片;5—柱脚底板;6—调整垫片;7—调节螺栓;8—混凝土基础

柱顶的标高误差产生原因主要有以下几方面:钢柱制作误差,吊装后垂直度偏差造成,钢柱焊接产生焊接收缩,钢柱与混凝土结构的压缩变形,基础的沉降等。对于采用现场焊接连接的钢柱,一般通过焊缝的根部间隙调整其标高,若偏差过大,应根据现场实际测量值调整柱在工厂的制作长度。

因钢柱安装后总存在一定的垂直度偏差,对于有顶紧接触面要求的部位就必然会出现在最低的地方顶紧,而其他部位呈现楔形间隙的现象,为保证顶紧面传力可靠,可在间隙部位采用塞不同厚度不锈钢片的方式处理。

(2)钢梁安装

钢梁安装宜采用两点起吊;当单根钢梁长度大于 21 m,采用两点吊装不能满足构件强度和变形要求时,宜设置 3~4 个吊装点吊装或采用平衡梁吊装,吊点位置应通过计算确定;钢梁可采用一机一吊或一机串吊的方式吊装,就位后应立即进行临时固定连接;钢梁面的标高及两端高差可采用水准仪与标尺进行测量,校正完成后应进行永久性连接。

(3)支撑安装

支撑安装时,对交叉支撑宜按从下到上的顺序组合吊装;无特殊规定时,支撑构件的校正宜在相邻结构校正固定后进行;屈曲约束支撑应按设计文件和产品说明书的要求进行安装。

(4)桁架(屋架)安装

桁架(屋架)安装应在钢柱校正合格后进行。一般钢桁架(屋架)可采用整榀或分段安装,应在起扳和吊装过程中防止产生变形;单榀钢桁架(屋架)安装时应采用缆绳或刚性支撑增加侧向临时约束。

(5)钢板剪力墙安装

钢板剪力墙吊装时应采取防止平面外的变形措施,安装时间和顺序应符合设计文件要求。

8.4.2.4　单层钢结构安装

对单跨结构宜从跨端一侧向另一侧、中间向两端或两端向中间的顺序进行吊装。对多跨结构,宜先吊主跨、后吊副跨;当有多台起重设备共同作业时,也可多跨同时吊装。

单层钢结构在安装过程中,应及时安装临时柱间支撑稳定缆绳,应在形成空间结构稳定体系后再扩展安装。单层钢结构安装过程中形成的临时空间结构稳定体系应能承受结构自重、风荷载、雪荷载、施工荷载以及吊装过程中冲击荷载的作用。

8.4.2.5　多层、高层钢结构安装

多层及高层钢结构宜划分多个流水作业段进行安装,流水段宜以每节框架为单位。流水段划分应与混凝土结构施工相适应;流水段内的最重构件应在起重设备的起升荷载范围内;起重设备的爬升高度应满足下节流水段内构件的起吊高度要求;每节流水段内的柱长度应根据工厂加工、运输堆放、现场吊装等因素确定,长度宜取 2～3 个楼层高度,分节位置宜在梁顶标高以上 1.0～1.3 m 处;每节流水段可根据结构特点和现场条件在平面上划分流水区进行施工。

构件吊装时可采用整个流水段内先柱后梁或局部先柱后梁的顺序;单柱不得长时间处于悬臂状态;钢楼板及压型金属板安装应与构件吊装进度同步;特殊流水作业段内的吊装顺序应按安装工艺确定,并应符合设计文件的要求。

多层及高层钢结构安装校正应依据基准柱进行,基准柱能够控制建筑物的平面尺寸并便于其他柱的校正,宜选择角柱为基准柱;基准柱校正完毕后,再对其他柱进行校正。同一流水作业段、同一安装高度的一节柱,当各柱的全部构件安装、校正、连接完毕并验收合格后,应再从地面引放上一节柱的定位轴线。

高层钢结构安装时应分析竖向压缩变形对结构的影响,并应根据结构特点和影响程度采取预调安装标高、设置后连接构件等相应措施。

 习题和思考题

8.1　桅杆起重机分几类? 由哪些基本部分组成?

8.2　履带式起重机技术性能主要有哪几个参数? 它们之间存在何种相互关系?

8.3　塔式起重机有哪几种类型? 试述其特点及适用范围。

8.4　单层工业厂房结构吊装前要做好哪些准备工作? 构件的质量检查主要包括哪些内容?

8.5　什么是单机吊柱时的滑行法和旋转法? 采用这两种方法进行吊装时对柱的预制平面布置各有何要求?

8.6　试述柱的对位和临时固定方法,柱的校正和最后固定方法。

8.7　什么是屋架的正向扶直和反向扶直? 有什么异同点?

8.8　试述屋架的吊升、校正和固定方法。

8.9　单层工业厂房结构吊装方案包括哪些主要内容? 选用起重机时应考虑哪些问题?

8.10　如何计算吊装屋面板时的最小起重臂长度?

8.11 什么是分件吊装法和综合吊装法？各在何种情况下适用？

8.12 屋架就位方法有几种？斜向就位的位置如何确定？对成组就位有何要求？

8.13 构件平面布置及起重机开行路线如何确定？两者间存在何种相互关系？

8.14 为什么要分预制阶段和吊装阶段平面布置？构件布置应考虑哪些内容？

8.15 简述装配式混凝土结构吊装应遵循的原则。

8.16 装配式混凝土结构构件运输和堆放有哪些要求？

8.17 装配式混凝土结构构件吊装工艺流程是什么？

8.18 试述多层装配式框架结构的柱、梁接头形式主要有哪些？

8.19 简述装配式混凝土结构构件安装前检查的内容。构件安装连接检查哪些方面？

8.20 装配式混凝土结构安装隐蔽工程验收包括哪些内容？

8.21 试述钢构件加工的工艺流程。

8.22 试述钢结构安装顺序和施工要求。

8.23 某车间跨度 24 m，柱距 6 m，天窗架顶面标高 18 m，屋面板厚 0.24 m。采用履带式起重机安装天窗屋面板，其停机面为 -0.2 m，起重臂底铰距地面高 2.1 m，要求分别用数解法和图解法求起重机的最小臂长。

8.24 某车间跨度 21 m，柱距 6 m，吊柱时起重机分别沿两纵轴线的跨内和跨外一侧开行。当起重半径为 7 m，开行路线距柱纵轴线为 5.5 m 时，旋转法吊装，试对柱进行平面布置。

9 砌体与脚手架工程

 内容提要

本章包括脚手架工程、砖砌体施工、小型砌块砌体施工和砌体冬期施工等内容。主要介绍了房屋建筑常用的脚手架形式和基本构造、砌体工程施工的流程和方法;重点阐述了钢管扣件脚手架搭设要点、砌体施工工艺和质量要求。

砌体工程是指由块体(各种砖、砌块和石)和砂浆砌筑而成的建筑物主要受力构件及其他构件的工程。砌体工程历史悠久,取材方便,施工简单,成本低廉,保温隔热性能好,目前仍是建筑施工中主要的分部分项工程之一。但是,砖砌体砌筑以手工操作为主,劳动强度大,生产效率低,难以适应建筑业现代化、机械化的需要。当前,正积极利用工业废料和天然材料制作各种砌块作为墙体主要材料,开发生产并推广轻质、高强、节能、环保的新型墙体材料,以适应工程建设的需要。

脚手架工程是指在施工现场由杆件或结构单元、配件通过可靠连接而组成,能承受相应荷载,具有安全防护功能,为建筑施工提供作业条件的结构架体系统,是施工的临时设施。在多高层建筑中,脚手架搭拆工作量大,技术要求高,对施工人员的操作安全、工程质量、工程进度、工程成本以及周围环境都有影响,在工程施工中占有相当重要的地位。

砌体工程是一个综合性的施工过程,它包括材料运输、脚手架搭设和砌体砌筑三个施工过程。

9.1 脚手架工程

在土木工程施工中,脚手架是不可缺少的施工临时设施。脚手架为工人操作、材料和机具的存放、安全防护以及解决楼层水平运输提供必要的条件。

脚手架的种类较多。按照脚手架的用途来分有结构用脚手架、装修用脚手架、支撑用脚手架和防护用脚手架;按照相对于建筑物的位置分为外脚手架和里脚手架;按照材料来分有竹、木和金属脚手架,其中金属脚手架按照构造形式不同又分为扣件式、碗扣式、门式以及盘扣式等。目前脚手架的发展趋势是采用金属制作的、具有多种功用的组合式脚手架,可以适应不同情况作业的要求。

为满足安全和使用要求,脚手架基本要求是:构造合理,有足够的承载能力、刚度和稳定性;装拆简便,能多次周转使用,有较好的经济性。

9.1.1　外脚手架

外脚手架是沿着建筑物外围搭设,主要用于外墙结构和装饰施工,按照脚手架的设置状态分为落地式、悬挑式、吊挂式、附着升降式及桥式脚手架等。本节主要介绍落地式和悬挑式脚手架。落地式脚手架是搭设在结构物外围地面上的脚手架,悬挑式脚手架是搭设在结构物向外伸出的悬挑钢梁上的脚手架。

9.1.1.1　扣件式钢管脚手架

扣件式钢管脚手架是用扣件和钢管等构成,是目前应用最为广泛的脚手架类型,工程施工中常用双排落地式脚手架。其主要特点是:承载力大,坚固耐用;装拆方便,通用性强,能适应建筑物平面及高度的变化;而且周转次数多,比较经济。它除用作搭设脚手架外,还可用以搭设井架、上料平台和模板支撑架等。

(1)主要组成部件及作用

扣件式钢管脚手架由钢管杆件和扣件组成的脚手架骨架与脚手板、连墙件、底座和垫板、防护构件等组成。

①钢管杆件

钢管杆件包括立杆、纵向水平杆(大横杆)、横向水平杆(小横杆)、扫地杆、剪刀撑、横向斜撑和抛撑等,其构造如图 9.1 所示。

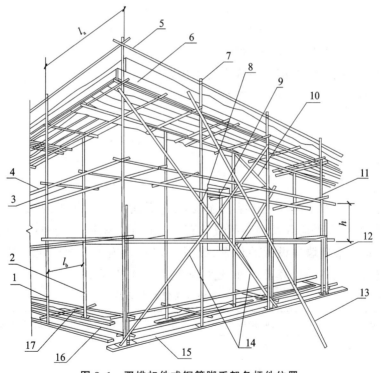

脚手架施工

图 9.1　双排扣件式钢管脚手架各杆件位置

1—外立杆;2—内立杆;3—横向水平杆;4—纵向水平杆;5—栏杆;6—挡脚板;
7—直角扣件;8—旋转扣件;9—连墙件;10—横向斜撑;11—主立杆;12—副立杆;
13—抛撑;14—剪刀撑;15—垫板;16—纵向扫地杆;17—横向扫地杆

　　扫地杆是贴近地面、楼面设置,连接立杆根部的纵、横向水平杆件,包括纵向扫地杆和横向扫地杆。横向斜撑是与双排脚手架内、外立杆或水平杆斜交呈之字形的斜杆。剪刀撑是在脚手架竖向或水平向成对设置的交叉斜杆。扫地杆、横向斜撑和剪刀撑对于脚手架架体的刚度和稳定性有很重要的作用。

　　脚手架钢管宜采用 $\phi 48.3 \times 3.6$ 的焊接钢管或无缝钢管,每根钢管的最大质量不应大于 25.8 kg。用于立杆、大横杆和剪刀撑的钢管最大长度为 4~6.5 m,以便适合人工操作。用于小横杆的钢管长度宜在 1.8~2.2 m,以适应脚手板宽的需要。

　　②扣件

　　扣件是采用螺栓紧固的扣接连接件,一般采用可锻铸铁或铸钢制作。扣件与钢管扣紧时应保证贴合面接触良好,扣件的基本形式有三种(图 9.2):

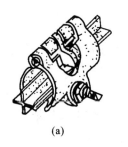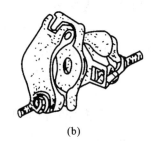

(a)　　　　　　　　　　(b)　　　　　　　　　　(c)

图 9.2　扣件形式

(a)对接扣件;(b)直角扣件;(c)旋转扣件

　　(a)对接扣件:用于两根钢管对接接长的连接;

　　(b)直角扣件:用于两根钢管呈垂直交叉的连接;

　　(c)旋转扣件:用于两根钢管呈任意角度交叉的连接。

　　③脚手板

　　脚手板是铺放在脚手架上供工人作业的平台。脚手板可采用钢、木、竹材料制作,单块脚手板的质量不宜大于 30 kg。

　　④连墙件

　　连墙件是将脚手架架体与主体结构连接,能够传递拉力和压力的构件,对提高脚手架的横向稳定性,承受水平荷载及偏心荷载具有重要作用。实际工程中可用钢管、型钢或粗钢筋制作等。脚手架连墙件设置的位置、数量应按专项施工方案确定。脚手架连墙件数量的设置除应满足规范的计算要求外,还应满足表 9.1 的规定。

表 9.1　连墙件布置最大间距

搭设方法	高度(m)	竖向间距(h)	水平间距(l_a)	每根连墙件覆盖面积(m²)
双排落地	≤50	$3h$	$3l_a$	≤40
双排悬挑	>50	$2h$	$3l_a$	≤27
单排	≤24	$3h$	$3l_a$	≤40

注:h—步距;l_a—纵距。

连墙件应从底部第一步纵向水平杆处开始设置,连墙件与结构的连接应牢固,通常采用预埋件连接,其做法如图9.3所示。

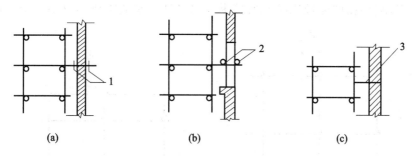

图9.3 双排脚手架连墙杆的做法

(a)实体结构连接;(b)有孔洞结构连接;(c)偏离主节点的连接

1—扣件;2—短钢管;3—连墙件与预埋构件连接

⑤底座和垫板

扣件式钢管脚手架的底座和垫板用于承受脚手架立柱传递下来的荷载,垫板一般采用不少于2跨、厚度不小于50 mm、宽度不小于200 mm的木垫板。底座一般采用厚8 mm,边长为150～200 mm的钢板作底板,上焊150 mm高的钢管。

底座形式有内插式和外套式两种(图9.4),内插式的外径 D_1 比立杆内径小2 mm,外套式的内径 D_2 比立杆外径大2 mm。

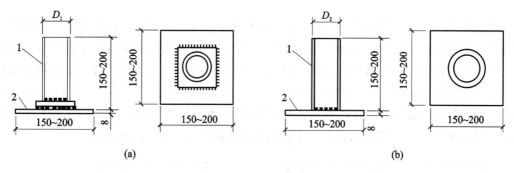

图9.4 扣件式钢管脚手架底座

(a)内插式底座;(b)外套式底座

1—承插钢管;2—钢板底座

(2)扣件式钢管脚手架的构造与搭设要求

扣件式钢管脚手架搭设应注意地基平整坚实,设置底座或垫板,并有可靠的排水措施,防止积水浸泡地基。单排脚手架搭设高度不应超过24 m;双排脚手架搭设高度不宜超过50 m,高度超过50 m的双排脚手架,应采用分段搭设等措施。

根据连墙杆设置情况及荷载大小,双排脚手架立杆横距一般为1.05～1.55 m,立杆纵距为1.2～2.0 m,步距一般为1.50～1.80 m;单排脚手架立杆横距为1.2～1.4 m,立杆纵距为1.2～2.0 m,步距一般为1.50～1.80 m。

纵向水平杆宜设置在立杆内侧,其长度不宜小于3跨。接长宜采用对接扣件连接,也可采用搭接,并应符合下列规定:两根相邻纵向水平杆的接头不应设置在同步或同跨内;

不同步或不同跨两个相邻接头在水平方向错开的距离不应小于 500 mm;各接头中心至最近主节点的距离不应大于纵距的 1/3(图 9.5);搭接长度不应小于 1m,应等间距设置 3 个旋转扣件固定;端部扣件盖板边缘至搭接纵向水平杆杆端的距离不应小于 100 mm。

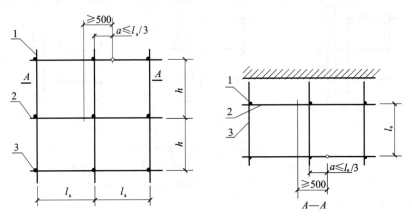

图 9.5　纵向水平杆对接接头布置

(a)接头不在同步内(立面);(b)接头不在同跨内(平面)

1—立杆;2—纵向水平杆;3—横向水平杆

　　脚手架主节点处必须设置一根横向水平杆,用直角扣件扣接且严禁拆除。作业层上非主节点处的横向水平杆,宜根据支承脚手板的需要等间距设置,最大间距不应大于纵距的 1/2。

　　作业层脚手板应铺满、铺稳、铺实,采用冲压钢脚手板、木脚手板、竹串片脚手板等时,应设置在三根横向水平杆上。当脚手板长度小于 2 m 时,可采用两根横向水平杆支承,但应将脚手板两端与横向水平杆可靠固定,严防倾翻。脚手板的铺设应采用对接平铺或搭接铺设。脚手板对接平铺时,接头处应设两根横向水平杆,脚手板外伸长度应取 130~150 mm,两块脚手板外伸长度的和不应大于 300 mm;脚手板搭接铺设时,接头应支在横向水平杆上,搭接长度不应小于 200 mm,其伸出横向水平杆的长度不应小于 100 mm(图 9.6)。

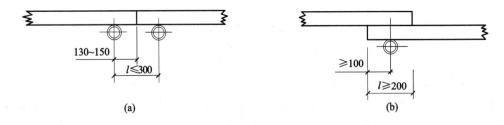

图 9.6　脚手板对接、搭接构造

(a)脚手板对接;(b)脚手板搭接

　　每根立杆底部宜设置底座或垫板。脚手架必须设置纵、横向扫地杆。纵向扫地杆应采用直角扣件固定在距钢管底端不大于 200 mm 处的立杆上。横向扫地杆应采用直角扣件固定在紧靠纵向扫地杆下方的立杆上。脚手架立杆基础不在同一高度上时,必须将高处的纵向扫地杆向低处延长两跨与立杆固定,高低差不应大于 1 m。靠边坡上方的立杆轴线到边坡的距离不应小于 500 mm,如图 9.7 所示。

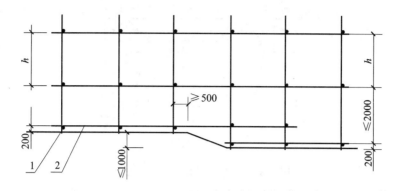

图 9.7 纵、横向扫地杆构造

1—横向扫地杆；2—纵向扫地杆

单排、双排与满堂脚手架立杆接长除顶层顶步外，其余各层各步接头必须采用对接扣件连接。当立杆采用对接接长时，立杆的对接扣件应交错布置，两根相邻立杆的接头不应设置在同步内，同步内隔一根立杆的两个相隔接头在高度方向错开的距离不宜小于 500 mm；各接头中心至主节点的距离不宜大于步距的 1/3；当立杆采用搭接接长时，搭接长度不应小于 1 m，并应采用不少于 2 个旋转扣件固定。端部扣件盖板的边缘至杆端距离不应小于 100 mm。

对于连墙件，应从底层第一步纵向水平杆处开始设置，应靠近主节点设置，偏离主节点的距离不应大于 300 mm；当该处设置有困难时，应采用其他可靠措施固定；连墙件的布置应优先采用菱形，也可采用方形、矩形。开口型脚手架的两端必须设置连墙件，连墙件的垂直间距不应大于建筑物的层高，并且不应大于 4 m；连墙件中的连墙杆应呈水平设置，当不能水平设置时，应向脚手架一端下斜连接；架高超过 40 m 且有风涡流作用时，应采取抗上升翻流作用的连墙措施。

当脚手架下部暂不能设连墙件时可搭设抛撑。抛撑应采用通长杆件与脚手架可靠连接，与地面的倾角应在 45°～60°之间，连接点中心至主节点的距离不应大于 300 mm，抛撑应在连墙件搭设之后方可拆除。

双排脚手架应设置剪刀撑与横向斜撑，单排脚手架应设置剪刀撑。每道剪刀撑跨越立杆的根数应按表 9.2 的规定确定。每道剪刀撑宽度不应小于 4 跨，且不应小于 6 m，斜杆与地面的倾角应在 45°～60°之间。剪刀撑斜杆应用旋转扣件固定在与之相交的横向水平杆的伸出端或立杆上，旋转扣件中心线至主节点的距离不应大于 150 mm。高度在 24 m 及以上的双排脚手架应在外侧全立面连续设置剪刀撑；高度在 24 m 以下的单、双排脚手架，均必须在外侧两端、转角及中间间隔不超过 15m 的立面上，各设置一道剪刀撑，并应由底至顶连续设置（图 9.8）。

表 9.2 剪刀撑跨越立杆的最多根数

剪刀撑斜杆与地面的倾角 α	45°	50°	60°
剪刀撑跨越立杆的最多根数 n	7	6	5

双排脚手架的横向斜撑应在同一节间，由底至顶层呈之字形连续布置，斜撑的固定应符合规范规定；高度在 24 m 以下的封闭型双排脚手架可不设横向斜撑，高度在 24 m 以上

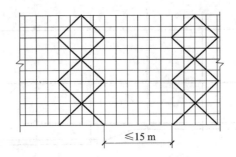

图 9.8　高度 24 m 以下剪刀撑布置

的封闭型脚手架,除拐角应设置横向斜撑外,中间应每隔 6 跨设置一道,开口型双排脚手架的两端均须设置横向斜撑。

单、双排脚手架必须配合施工进度搭设,一次搭设高度不应超过相邻连墙件以上两步;如果超过相邻连墙件以上两步,无法设置连墙件时,应采取撑位固定等措施与建筑结构拉结。

脚手架开始搭设立杆时,应每隔 6 跨设置一根抛撑,直至连墙件安装稳定后,方可根据情况拆除;当架体搭设至有连墙件的主节点时,在搭设完该处的立杆、纵向水平杆、横向水平杆后,应立即设置连墙件。脚手架纵向水平杆应随立杆按步搭设,并应采用直角扣件与立杆固定;双排脚手架横向水平杆的靠墙一端至墙装饰面的距离不应大于 100 mm。连墙件的安装应随脚手架搭设同步进行,不得滞后安装。脚手架剪刀撑与双排脚手架横向斜撑应随立杆、纵向和横向水平杆等同步搭设,不得滞后安装。

扣件规格应与钢管外径相同;螺栓拧紧扭力矩不应小于 40 N·m,且不应大于 65 N·m;在主节点处固定横向水平杆、纵向水平杆、剪刀撑、横向斜撑等用的直角扣件、旋转扣件的中心点的相互距离不应大于 150 mm;对接扣件开口应朝上或朝内。

9.1.1.2　碗扣式钢管脚手架

碗扣式钢管脚手架是采用碗扣方式连接的钢管脚手架和模板支撑架。由于碗扣固定在钢管上,构件全部轴向连接,力学性能好,其连接可靠,组成的脚手架整体性好,不存在扣件丢失问题。但是其设置位置固定,任意性低,杆件自重较大。

碗扣式钢管脚手架由钢管立杆、横杆、碗扣接头等组成。其基本构造和搭设要求与扣件式钢管脚手架类似,不同之处主要在于碗扣接头。碗扣接头是该脚手架系统的核心部件,它由上碗扣、下碗扣、横杆接头和上碗扣的限位销等组成(图 9.9)。

上碗扣、下碗扣和限位销按 600 mm 间距设置在钢管立杆之上,其中下碗扣和限位销则直接焊在立杆上。组装时,将上碗扣的缺口对准限位销后,把横杆接头插入下碗扣内,压紧和旋转上碗扣,利用限位销固定上碗扣。碗扣接头可同时连接 4 根横杆,可以互相垂直或偏转一定角度。

碗扣式钢管脚手架杆件多采用 $\phi 48 \times 3.5$ 钢管制作。立杆长度有 1200 mm、1800 mm、2400 mm、3000 mm 等规格,横杆长有 300 mm、600 mm、900 mm、1200 mm、1500 mm、1800 mm 等规格。

双排脚手架高度在 24 m 及以下时,可按构造要求搭设;模板支架高度超过 24 m 的双排脚手架应按规定进行结构设计与计算。

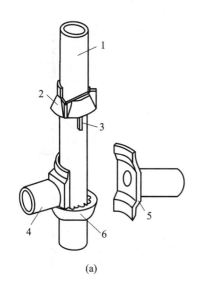
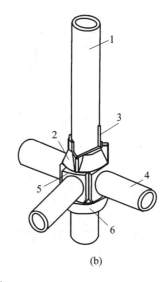

(a) (b)

图 9.9 碗扣接头构成

(a)连接前;(b)连接后

1—立杆;2—上碗扣;3—限位销;4—横杆;5—横杆接头;6—下碗扣

脚手架首层立杆应采用不同的长度交错布置,底层纵、横向横杆作为扫地杆距地面高度应小于或等于 350 mm,严禁施工中拆除扫地杆,立杆应配置可调底座或固定底座。双排脚手架搭设应按立杆、横杆、斜杆、连墙件的顺序逐层搭设,底层水平框架的纵向直线度偏差应小于 1/200 架体长度;横杆间水平度偏差应小于 1/400 架体长度。搭设应与建筑物的施工同步上升,并应高于作业面1.5 m。当双排脚手架高度小于或等于 30 m 时,垂直度偏差应小于或等于 $H/500$;当高度大于 30 m 时,垂直度偏差应小于或等于 $H/1000$(H 为脚手架高度)。

9.1.1.3 门式钢管脚手架

门式钢管脚手架又称多功能门型脚手架,由门架、交叉支撑、连接棒、挂扣式脚手板或水平架、锁臂等组成基本结构(图 9.10),再设置水平加固杆、剪刀撑、扫地杆、封口杆、托座与底座,并采用连墙件与建筑物主体结构相连的一种标准化钢管脚手架(图 9.11)。可用于高层建筑外脚手架,也可用作模板支架、工具式里脚手架等。落地门式脚手架搭设高度一般在 45 m 以内,最大不超过 60 m。门式钢管支撑架不得用于搭设满堂承重支撑架体系。

门架为定型产品,宽度为 1200 mm,高度有1900mm、1700 mm 两种。水平加固杆、封口杆、扫地杆、剪刀撑及脚手架转角处连接杆等宜采用 $\phi42\times2.5$ 焊接钢管,也可采用 $\phi48\times3.5$ 焊接钢管。

门架立杆离墙面净距不宜大于 150 mm,大于 150 mm时应采取内挑架板或其他临口防护的安全措施。门架的内外两侧均应设置交叉支撑并应与门架立杆上的锁销锁

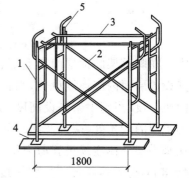

图 9.10 门式钢管脚手架基本结构

1—门架;2—交叉支撑;

3—连接棒;4—底座;5—锁臂

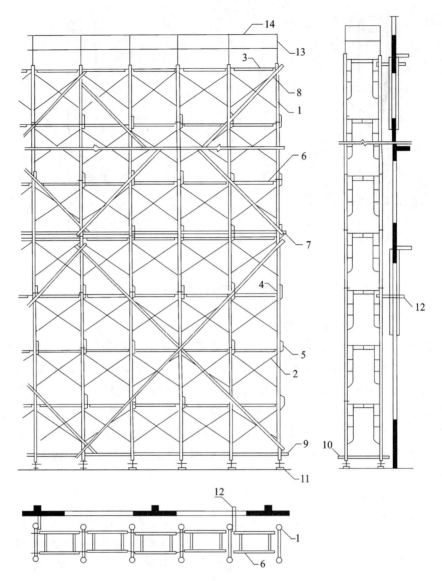

图 9.11 门式钢管脚手架的组成

1—门架;2—交叉支撑;3—脚手板;4—连接棒;5—锁臂;6—水平架;7—水平加固杆;
8—剪刀撑;9—扫地杆;10—封口杆;11—底座;12—连墙件;13—栏杆;14—扶手

牢。在脚手架的顶层门架上部、连墙件设置层、防护棚设置处必须设置水平架,水平架在其设置层面内应连续设置,当脚手架搭设高度 $H \leq 45$ m 时,沿脚手架高度,水平架应至少两步一设;当脚手架搭设高度 $H > 45$ m 时,水平架应每步一设;不论脚手架多高,均应在脚手架的转角处、端部及间断处一个跨距范围内每步一设。脚手架高度超过 20 m 时,应在脚手架外侧连续设置剪刀撑,剪刀撑斜杆与地面的倾角宜为 $45° \sim 60°$,剪刀撑宽度宜为 $4 \sim 8$ m,剪刀撑斜杆若采用搭接接长,搭接长度不宜小于 600 mm,搭接处应采用两个扣件扣紧。对水平加固杆,当脚手架高度超过 20 m 时,应在脚手架外侧每隔 4 步设置一道,并宜在有连墙件的水平层设置,设置纵向水平加固杆应连续,并形成水平闭合圈。在脚手架的底步门架下端应加封口杆,门架的内、外两侧应设通长扫地杆。

门架安装应自一端向另一端延伸,并逐层改变搭设方向,不得相对进行,搭完一步架后,应按要求检查并调整其水平度与垂直度。脚手架应沿建筑物周围连续、同步搭设升高,在建筑物周围形成封闭结构;如不能封闭时,在脚手架两端应按规定增设连墙件。

9.1.1.4　盘扣式钢管脚手架

盘扣式钢管脚手架(承插型盘扣式钢管脚手架)由立杆、水平杆、斜杆、可调底座及可调托座等构配件构成。立杆之间采用外套管或内插管连接,水平杆和斜杆采用杆端扣接头卡入连接盘,用楔形插销连接,形成结构几何不变体系,能承受相应的荷载,并具有作业安全和防护功能的结构架体。一般用于搭设支撑脚手架或高度不大于24m的作业脚手架。

立杆多采用$\phi48\times3.2$钢管,长度有500 mm、1000 mm、1500 mm、2000 mm、2500 mm、3000 mm等规格;水平杆长度按0.3 m模数设置,有300 mm、600 mm、900 mm、1200 mm、1500 mm、1800 mm等规格。盘扣节点由焊接于立杆上的连接盘、水平杆杆端扣接头和斜杆杆端扣接头组成(图9.12)。

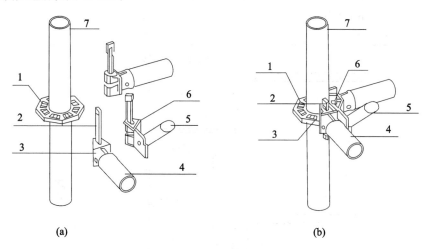

图9.12　盘扣节点
(a)连接前;(b)连接后
1—连接盘;2—插销;3—水平杆杆端扣接头;4—水平杆;5—斜杆;6—斜杆杆端扣接头;7—立杆

立杆盘扣节点间距一般按0.5 m模数设置。安装时,杆端扣接头与连接盘的插销连接并锤击自锁后不应拔脱。搭设脚手架时,宜采用不小于0.5 kg的锤子敲击插销顶面不少于2次,直至插销销紧。销紧后应再次击打,插销下沉量不应大于3 mm。插销销紧后,扣接头端部弧面应与立杆外表面贴合。

脚手架的构造体系应完整,脚手架应具有整体稳定性。应根据施工方案计算得出的立杆纵横向间距选用定长的水平杆和斜杆,并应根据搭设高度组合立杆、基座、可调托撑和可调底座。

搭设双排脚手架时,可根据使用要求选择架体几何尺寸,相邻水平杆步距不宜大于2 m。作业架应分段搭设、分段使用,应经验收合格后方可使用,遵循脚手架安装及拆除工艺流程。

对支撑架的搭设,应根据立杆放置可调底座,应按先立杆后水平杆再斜杆的顺序搭设,形成基本的架体单元,应以此扩展搭设成整体脚手架体系。对标准步距为1.5m的支撑架,应根据支撑架搭设高度、支撑架型号及立杆轴向力设计值进行竖向斜杆布置,竖向斜杆布置形式由施工方案要求确定。水平杆、斜杆扣接头与盘扣通过插销连接,应用锤击方法抽查插销,连续下沉量不应大于 3mm。每搭完一步支模架后,应及时校正水平杆步距,立杆的纵、横距,立杆的垂直偏差与水平杆的水平偏差。控制立杆的垂直偏差不应大于模板支架总高度的 1/500,且不得大于 50mm。在多层楼板上连续设置模板支架时,应保证上下层支撑立杆在同一轴线上。

拆除作业应按先装后拆、后装先拆的原则进行,应从顶层开始,逐层向下拆除,不得上下同时作业,不应抛掷。

9.1.1.5　悬挑式脚手架

悬挑式脚手架是指脚手架架体结构搭设在附着于建筑结构的刚性悬挑支承结构上的脚手架。悬挑支承结构有用型钢焊接制作的三角桁架下撑式结构和用钢丝绳斜拉在水平型钢挑梁的斜拉式结构(图 9.13)两种形式。双排脚手架搭设与落地式相同。在高层建筑施工时,由于落地式脚手架搭设高度的限制,可采用分段悬挑脚手架,每段悬挑脚手架的搭设高度一般在 20 m 以内。

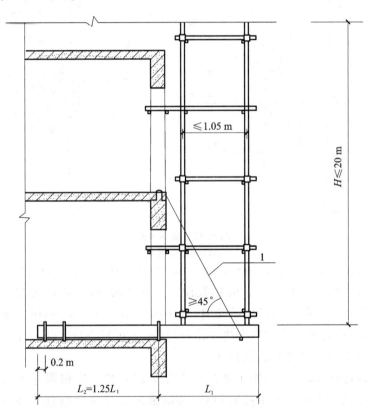

图 9.13　斜拉式型钢悬挑脚手架构造

1—钢丝绳或钢拉杆

型钢悬挑梁应采用双轴对称截面的型钢。悬挑钢梁型号及锚固件应按设计确定,钢梁截面高度不应小于 160 mm。悬挑梁尾端应在两处及以上固定于钢筋混凝土梁板结构上。锚固型钢悬挑梁的 U 形钢筋拉环或锚固螺栓直径不宜小于 16 mm。用于锚固的 U

形钢筋拉环或锚固螺栓应采用冷弯成型。U形钢筋拉环、锚固螺栓与型钢间隙应用钢楔或硬木楔揳紧。每个型钢悬挑梁外端宜设置钢丝绳或钢拉杆与上一层建筑结构斜拉结。钢丝绳、钢拉杆不参与悬挑钢梁受力计算;钢丝绳与建筑结构拉结的吊环应使用HPB300级钢筋,其直径不宜小于20 mm,吊环预埋锚固长度应符合钢筋锚固的规定。

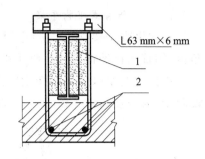

图9.14　悬挑钢梁U形锚固螺栓固定构造
1—木楔侧向揳紧;
2—两根1.5 m长直径18 mmHRB335钢筋

　　悬挑钢梁悬挑长度应按设计确定,固定段长度不应小于悬挑段长度的1.25倍。型钢悬挑梁固定端应采用2个(对)及以上U形钢筋拉环或锚固螺栓与建筑结构梁板固定(图9.14),U形钢筋拉环或锚固螺栓应预埋至混凝土梁板底层钢筋位置,并应与混凝土梁板底层钢筋焊接或绑扎牢固,其锚固长度应符合钢筋锚固的规定(图9.15)。

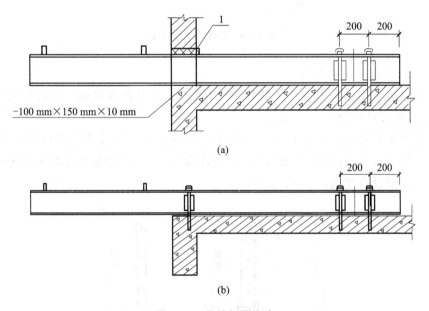

(a)

(b)

图9.15　悬挑钢梁构造
(a)穿墙设置;(b)在楼面设置
1—木楔揳紧

　　型钢悬挑梁悬挑端应设置能使脚手架立杆与钢梁可靠固定的定位点,定位点离悬挑梁端部不应小于100 mm。锚固位置设置在楼板上时,楼板的厚度不宜小于120 mm。如果楼板的厚度小于120 mm应采取加固措施。悬挑梁间距应按悬挑架架体立杆纵距设置,每一纵距设置一根。锚固型钢的主体结构混凝土强度等级不得低于C20。

9.1.2　里脚手架

　　里脚手架常用于楼层上砌砖、内粉刷等工程施工。由于使用过程中不断转移施工地点,装拆较频繁,故其结构形式和尺寸应力求轻便灵活和装拆方便。

9.1.2.1 折叠式里脚手架

折叠式里脚手架(图9.16)适用于民用建筑的内墙砌筑和内粉刷。根据材料不同,分为角钢、钢管和钢筋折叠式里脚手架。

角钢折叠式里脚手架的架设间距,砌墙时不超过1.8 m,粉刷时不超过2.2 m。可以搭设两步,第一步高约1 m,第二步高约1.65 m。

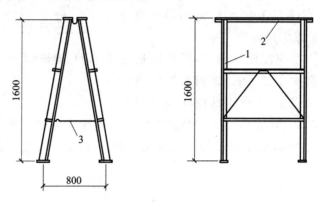

图9.16 折叠式里脚手架

1—立柱;2—横楞;3—挂钩

9.1.2.2 支柱式里脚手架

支柱式里脚手架由若干支柱和横杆组成,适用于砌墙和内粉刷。其搭设间距,砌筑时不超过2 m,装修时不超过2.5 m。

支柱式里脚手架的支柱有套管式和承插式两种形式。套管式支柱(图9.17),它是将插管插入立管中,以销孔间距调节高度,在插管顶端的凹形支托内搁置方木横杆,横杆上铺设脚手架。架设高度为1.5～2.1 m。

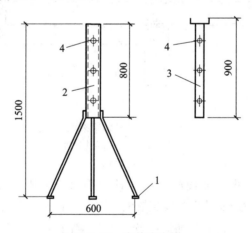

图9.17 套管式支柱

1—支脚;2—立管;3—插管;4—销孔

9.1.2.3 门架式里脚手架

门架式里脚手架由两片A形支架与门架组成(图9.18),适用于砌墙和粉刷。其支架间距,砌墙时不超过2.2 m,粉刷时不超过2.5 m,架设高度为1.5～2.4 m。

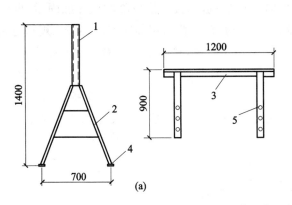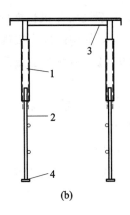

图 9.18   门架式里脚手架

(a)A 形支架与门架;(b)安装示意

1—立管;2—支脚;3—门架;4—垫板;5—销孔

9.1.3   脚手架安全技术

在建筑施工过程中,安全事故时有发生,但多数安全事故都集中在脚手架和模板支架上。一旦发生安全事故,往往会造成严重的伤亡和重大的经济损失。因而,脚手架安全施工必须引起足够的重视。

脚手架的安装与拆除必须是经考核合格的专业架子工持证上岗进行。搭拆脚手架人员必须戴安全帽、系安全带、穿防滑鞋,夜间不宜进行脚手架的搭设与拆除作业。当有六级及以上强风、浓雾、雨或雪天气时应停止脚手架的搭设与拆除作业,雨、雪后上架应采取防滑措施,并应扫除积雪。搭拆脚手架时,地面应设围栏和警戒标志,并派专人看守,严禁非操作人员入内。

脚手架的构配件质量与搭设质量,应该符合规范的规定,并经过确认合格后使用。钢管上严禁打孔,单、双排脚手架、悬挑式脚手架沿架体外围应用密目式安全网封闭,密目式安全网宜设置在脚手架外立杆的内侧,并应与架体绑扎牢固。临街搭设脚手架时,外侧应有防止坠物伤人的防护措施。

脚手架作业层上的施工荷载应符合设计要求,不得超载。满堂脚手架和满堂支撑架在安装过程中,应采取防倾覆的临时固定措施。

脚手架在使用期间,严禁拆除下列杆件:主节点处的纵、横向水平杆和纵、横向扫地杆,连墙件。在使用期间,若需开挖脚手架基础下的设备或管沟时,必须对脚手架采取加固措施。在脚手架上进行电、气焊作业时,应有防火措施和专人看守。过高的脚手架必须有防雷设施。

脚手架拆除前应提前对施工人员进行交底,全面检查脚手架的扣件连接、连墙件、支撑体系等是否符合构造要求,根据检查结果补充完善脚手架专项方案中的拆除顺序和措施。清除脚手架上杂物及地面障碍后,单、双排脚手架拆除作业必须由上而下逐层进行,严禁上下同时作业;连墙件必须随脚手架逐层拆除,严禁先将连墙件整层或数层拆除后再拆脚手架;分段拆除高差大于两步时,应增设连墙件加固。卸料时各构配件严禁抛扔至地面。当脚手架拆至下部最后一根长立杆的高度时,应先在适当位置搭设临时抛撑加固后,再拆除连墙件。运至地面的构配件应按规范的规定及时检查、整修与保养,并应按品种、规格分别存放。

【例 9.1】 某施工企业承接了一大厦建设任务,该工程采用落地式钢管扣件双排脚手架,搭设时,脚手架未经认真设计,依靠一份简单的搭设方案进行,架体多数只用单股铅丝与建筑物拉结,脚手架搭设完成后没有组织验收。使用后不久,这座高 45 m、长 16 m、自重 38 t 的脚手架突然倒塌,造成正在架子上施工的工人死伤的安全生产事故。

问题:(1)简要分析造成事故的原因。

(2)脚手架方案应包括哪些内容?

(3)钢管扣件式脚手架连墙件的设置有哪些要求?

【解】

(1)根据事故调查情况,造成事故的原因:一是脚手架未经认真设计,留下事故隐患;二是违反相关规定,没有经过检查验收脚手架便擅自使用;三是安全管理人员未尽到监管责任,管理混乱。

(2)对该工程脚手架应编制专项施工方案,编制内容包括工程概况、编制依据等,施工工艺包括基础处理、搭设要求、连接方法、拆除作业要求,施工安全技术措施包括应急预案、计算书和施工详图等内容。施工方案应经相关人员签字,搭设前编制人员或项目技术负责人应当向现场管理人员和作业人员进行安全技术交底。搭设过程中安全管理人员应现场监督,脚手架应验收通过后使用。

(3)脚手架连墙件设置的位置、数量应按专项施工方案确定。连墙件必须采用可承受拉力和压力的构造,对高度 24 m 以上的双排脚手架,应采用刚性连墙件与建筑物连接。本工程的连墙件应按二步三跨进行布置。

9.2 砖砌体施工

在砌体结构中,按照所使用的块体不同进行分类,主要有砖砌体、石砌体和砌块砌体。砌体除应采用符合质量要求的原材料之外,还必须有良好的砌筑质量,以使砌体具有良好的整体性、稳定性和足够的承载能力。

9.2.1 砌体材料准备与运输

砖砌筑工程所用的材料主要是砖块和砌筑砂浆。

9.2.1.1 砖

凡是由黏土、页岩、工业废渣或其他地方资源为主要原料制成的小型建筑砌块统称为砖。我国的墙体材料已由黏土为主要原料逐步向利用煤矸石和粉煤灰等工业废料发展,同时由实心向多孔、空心发展,由烧结向非烧结方向发展。

(1)砖的种类

按所用原材料分,有黏土砖、混凝土砖、煤矸石砖、粉煤灰砖、灰砂砖和炉渣砖等;按生产工艺可分为烧结砖和非烧结砖,其中非烧结砖又可分为压制砖、蒸养砖和蒸压砖等;按有无孔洞可分为空心砖和实心砖。

（2）砖的准备

选砖：砖的品种、强度等级必须符合设计要求，并应规格一致；用于清水墙、柱表面的砖，外观要求应尺寸准确，边角整齐，色泽均匀，无裂纹、掉角、缺棱和翘曲等严重现象。

为避免砖吸收砂浆中过多的水分而影响粘结力，砖应提前1～2 d浇水湿润，严禁采用干砖或处于吸水饱和的砖砌筑。烧结类块体的相对含水率为60%～70%，但浇水过多会产生砌体走样或滑动。混凝土多孔砖及混凝土实心砖不需浇水湿润，但在气候干燥炎热的情况下，宜在砌筑前对其喷水湿润。其他非烧结类块体的相对含水率为40%～50%。

9.2.1.2　砂浆

常用的砌筑砂浆有水泥砂浆、水泥混合砂浆等，水泥砂浆强度等级有 M5、M7.5、M10、M15、M20、M25 和 M30；水泥混合砂浆强度等级有 M5、M7.5、M10、M15，应按照设计要求选择砂浆的种类和强度等级。

砂浆现场拌制时，各组分材料应采用质量计量。水泥及各种外加剂配料的偏差应控制在±2%以内，砂、粉煤灰、石灰膏应控制在±5%以内。

砌筑砂浆应采用机械搅拌，自开始加水算起，搅拌时间应符合下列规定：

①水泥砂浆和水泥混合砂浆不得少于 2 min；

②水泥粉煤灰砂浆和掺用外加剂的砂浆不得少于 3 min。

砂浆应随拌随用，水泥砂浆和水泥混合砂浆应分别在 3 h 和 4 h 内使用完毕，当施工期间最高气温超过 30℃时，应分别在拌成后 2 h 和 3 h 内使用完毕。

砌筑砂浆的稠度应满足表 9.3 的规定。

表 9.3　砌筑砂浆的稠度(mm)

砌体种类	砂浆稠度
烧结普通砖砌体 蒸压粉煤灰砖砌体	70～90
混凝土实心砖、混凝土多孔砖砌体 普通混凝土小型空心砌块砌体 蒸压灰砂砖砌体	50～70
烧结多孔砖、空心砖砌体 轻骨料小型空心砌块砌体 蒸压加气混凝土砌块砌体	60～80
石砌体	30～50

随着建筑业技术进步和文明施工要求的提高，现场拌制砂浆日益显示出其固有的缺陷，如砂浆质量不稳定、材料浪费大、砂浆品种单一、文明施工程度低以及污染环境等。因此，使用预拌砂浆是绿色施工的重要内容。

预拌砂浆是指由专业生产厂生产的，用于建设工程中的各种砂浆材料，包括湿拌砂浆和干混砂浆。湿拌砂浆是水泥、细骨料、矿物掺合料、外加剂、添加剂和水，按一定比例，在搅拌站经计量、拌制后,运至使用地点,并在规定时间内使用的拌合物;干混砂浆是水泥、干燥骨料或粉料、添加剂以及根据性能确定的其他组分,按一定比例,在专业生产厂经计量、混合而成的混合物,在使用地点按规定比例加水或配套组分拌和使用。

(1)预拌砂浆的使用要求

预拌砂浆的品种选用应根据设计、施工等的要求确定,不同品种、规格的预拌砂浆不应混合使用。预拌砂浆施工时,施工环境温度宜在5～35℃。当在温度低于5℃或高于35℃施工时,应采取保证工程质量的措施,五级风及以上、雨天和雪天的露天环境条件下,不应进行预拌砂浆施工。

(2)预拌砂浆的进场检验

预拌砂浆进场时,供应方应按规定批次向需方提供质量证明文件。质量证明文件应包括产品型式检验报告和出厂检验报告等。

预拌砂浆进场时应进行外观检验,并符合下列规定:

①湿拌砂浆应外观均匀,无离析、泌水现象;

②散装干混砂浆应外观均匀,无结块、受潮现象;

③袋装干混砂浆应包装完整,无受潮现象。

根据《预拌砂浆应用技术规程》(JGJ/T 223)规定,湿拌砂浆应进行稠度检验,且稠度允许偏差应符合表9.4的规定。

表 9.4　湿拌砂浆稠度偏差

规定稠度(mm)	允许偏差(mm)
50、70、90	+5
110	+5
	-10

预拌砌筑砂浆的外观、稠度检验合格后,还应进行保水率、抗压强度等指标的检查。

(3)预拌砂浆的储存与拌和

对湿拌砂浆,施工现场宜配备湿拌砂浆储存容器,不同品种、不同强度等级的湿拌砂浆应分别存放在不同的储存容器中,并应对储存容器进行标识,标识内容应包括砂浆的品种、强度等级和使用时限等。拌制好的砂浆应防止水分的蒸发,夏季应采取遮阳、防雨措施,冬季应采取保温措施。湿拌砂浆储存地点的环境温度宜为5～35℃。

湿拌砂浆应先存先用,在储存及使用过程中不应加水。砂浆存放过程中,当出现少量泌水时,应拌和均匀后使用。砂浆用完后,应立即清理其储存容器。

对干混砂浆,不同品种的散装干混砂浆应分别储存在散装移动筒仓中,不得混存混用,并应对筒仓进行标识。袋装干混砂浆应储存在干燥、通风、防潮、不受雨淋的场所,并应按品种、批号分别堆放,不得混堆混用,且应先存先用。配套组分中的有机类材料应储存在阴凉、干燥、通风、远离火和热源的场所,不应露天存放和暴晒,储存环境温度应为5～35℃。散装干混砂浆在储存及使用过程中,当对砂浆质量的均匀性有疑问或争议时,应按相关规定检验其均匀性。

干混砂浆应按产品说明书的要求加水或其他配套组分拌和,不得添加其他成分,并应采用机械搅拌,搅拌时间除应符合产品说明书的要求外,尚应符合下列规定:

①采用连续式搅拌器搅拌时,应搅拌均匀,并应使砂浆拌合物均匀稳定。

②采用手持式电动搅拌器搅拌时,应先在容器中加入规定量的水或配套液体,再加入干混砂浆搅拌,搅拌时间宜为 3～5 min,且应搅拌均匀,应按产品说明书的要求静停后再拌和均匀。

③搅拌结束后,应及时清洗搅拌设备。

砂浆拌合物应在砂浆可操作时间内用完,且应满足工作施工的要求,当砂浆拌合物出现少量泌水时,应拌和均匀后使用。

9.2.1.3　砖和砂浆的运输

砖和砂浆的水平运输多采用手推车或机动翻斗车,垂直运输多采用施工电梯或塔式起重机。对多、高层建筑,还可以用灰浆泵输送砂浆。

9.2.2　砌筑工艺与质量要求

9.2.2.1　一般规定

(1)砖的品种、强度等级必须符合设计要求,并应规格一致。不同品种的砖不得在同一楼层混砌。

(2)混凝土多孔砖、混凝土实心砖、蒸压灰砂砖和蒸压粉煤灰砖等块体的龄期不得低于 28 d。

(3)240 mm 承重墙的每层墙的最上一皮砖,砖砌体的台阶水平面上及挑出层的外皮砖,应整砌丁砖。

(4)不得在下列墙体或部位设置脚手眼:

①120 mm 厚墙、料石清水墙和独立柱;

②过梁上与过梁成 60°角的三角形范围及过梁净跨度 1/2 的高度范围内;

③宽度小于 1 m 的窗间墙;

④砌体门窗洞口两侧 200 mm 和转角处 450 mm 范围内;

⑤梁或梁垫下及其 500 mm 范围内;

⑥不应在截面边长小于 500 mm 的承重墙、独立柱内埋设管线。

9.2.2.2　施工工艺

(1)组砌形式

砖砌体的组砌形式常用的有一顺一丁、三顺一丁和梅花丁,除此之外还有全顺式、全丁式和两平一侧式。

一顺一丁砌法是一皮中全部顺砖与一皮中全部丁砖相互间隔砌成,上下皮间的竖缝相互错开 1/4 砖长,如图 9.19(a)所示。

三顺一丁砌法是三皮中全部顺砖与一皮中全部丁砖间隔砌成,上下皮顺砖与丁砖间竖缝错开 1/4 砖长,上下皮顺砖间竖缝错开 1/2 砖长,如图 9.19(b)所示。

梅花丁砌法是每皮中丁砖与顺砖相隔,上皮丁砖坐中于下皮顺砖,上下皮间竖缝相互错开 1/4 砖长,如图 9.19(c)所示。

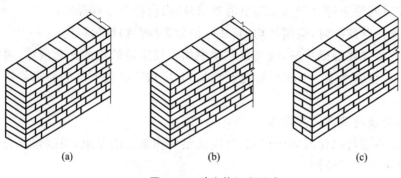

图 9.19 砖砌体组砌形式

(a)一顺一丁;(b)三顺一丁;(c)梅花丁

全顺式砌法,每皮砖全部用顺砖砌筑,两皮间竖缝搭接长度为 1/2 砖长,此种砌法仅用于半砖隔断墙。

全丁砌法,每皮砖全部用丁砖砌筑,两皮间竖缝搭接长度为 1/4 砖长,此种砌法一般多用于圆形构筑物,如水塔、烟囱、水池、圆仓等。

两平一侧式是由内皮顺砖和一皮侧砖为一层交替而成,用于砌筑 180 mm 厚砖墙。

(2)施工工艺

砖墙的砌筑工艺有抄平、放线、摆砖、立皮数杆、盘角挂线、砌筑、勾缝等工序。

①抄平。砌墙前应在基础防潮层或楼面上定出各层标高,并用 M7.5 水泥砂浆或 C10 细石混凝土找平,使各段砖墙底部标高符合设计要求。

②放线。根据龙门板上给定的轴线及图纸上标注的墙体尺寸,在抄平的基面上用墨线弹出墙的轴线和墙的宽度线,并定出门洞口位置线。

③摆砖。在放线的基面上按选定的组砌方式用干砖试摆。其目的是为了核对所放的墨线在门窗洞口、附墙垛等处是否符合砖的模数,使每层砖的砖块排列和灰缝厚度均匀,并且尽量减少砍砖。

④立皮数杆。皮数杆是指在其上画有每皮砖和砖缝厚度以及门窗洞口、过梁、楼板、梁底、预埋件等标高位置的一种标杆,其主要作用是控制每皮砖砌筑的竖向尺寸,并使铺灰、砌砖的厚度均匀,保证砖皮水平,控制墙体各部分构件的标高。皮数杆一般立于墙的转角处及纵横墙的交接处,用水准仪校正标高,沿墙长每隔不超过 15 m 设置一根,如图 9.20 所示。

⑤盘角挂线。指在砌墙时先砌墙角,然后从墙角处拉准线(即挂线),再按准线砌中间的墙,是保证墙身两面横平竖直的主要依据。应随砌随盘,主要大角盘角不要超过 5 皮砖。盘角时还要与皮数杆对照,检查无误后再挂线砌筑中间的墙,一般 240 mm 厚砖墙可单面挂线,370 mm 厚及以上墙体必须双面挂线。

⑥砌筑。砌砖的操作方式与各地操作习惯、使用工具相关。一般采用"一块砖、一铲灰、一挤揉"工艺砌筑砖砌体的操作方法。砌体组砌应上下错缝,内外搭砌。砌筑实心墙时普通砖宜采用一顺一丁、梅花丁或三顺一丁的砌筑形式,多孔砖宜采用一顺一丁或梅花丁的砌筑形式。采用铺浆法砌筑砌体,铺浆长度不得超过 750 mm,当施工期间气温超过 30℃时,铺浆

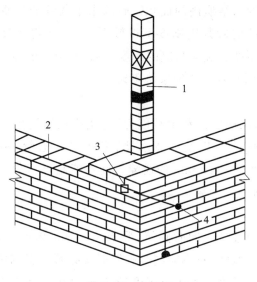

图 9.20　皮数杆

1—皮数杆；2—准线；3—竹片；4—铁钉

长度不得超过 500 mm。每日砌筑高度宜控制在 1.4 m 以内或一步脚手架的高度。

对砌体的砌筑顺序，当基底标高不同时，应从低处砌起，并应由高处向低处搭接，当设计无要求时，搭接长度不应小于基础扩大部分的高度；砌体的转角处和交接处应同时砌筑，当不能同时砌筑时，应按规定留槎、接槎；出檐砌体应按层砌筑，同砌筑层先砌墙身后砌出檐；房屋相邻部分高差较大时，宜先砌筑高度较大部分，后砌筑高度较小部分。

⑦勾缝。清水墙砌完后，要进行墙面修正及勾缝。墙面勾缝应横平竖直，深浅一致，搭接平整，不得有丢缝、开裂和粘结不牢等现象。砖墙勾缝宜采用凹缝或平缝，凹缝深度一般为 4～5 mm。勾缝完毕后，应及时清理墙面、柱面和落地灰。

9.2.2.3　砖砌体质量要求

砖砌体的质量不仅取决于原材料的质量，还取决于砌筑方法，其质量应该达到"横平竖直、砂浆饱满、组砌得当、接槎可靠"，满足《砌体结构工程施工质量验收规范》(GB 50203)的相关要求。

（1）横平竖直

横平竖直的具体要求就是砖呈水平、墙体垂直、墙面平整，水平灰缝应平直，竖向灰缝应垂直对齐，不得游丁走缝。

砌体应该保持横平竖直，以保证砌体均匀受压，不产生剪切和水平推力。否则，在竖向荷载作用下，沿砂浆与砖块结合面产生的剪应力超过抗剪强度时，灰缝受剪破坏，随之对临近砖块形成推力和挤压作用，致使砌体结构受力状况恶化，导致砌体出现开裂、坍塌等现象。为保证砌体横平竖直，砌筑过程中应该做到"三皮一吊，五皮一靠"。

（2）砂浆饱满

砂浆层的厚度和饱满程度对保证砖块均匀受力、加强块体与砂浆之间的粘结以及提高砌体的抗压强度有很大影响。砂浆的饱满程度以砂浆饱满度表示，检验的方法是用百格网检查砖底面与砂浆的粘结痕迹的面积。砖墙水平灰缝的砂浆饱满度不得低于 80%，砖柱水平灰缝和竖向灰缝的砂浆饱满度不得低于 90%，竖缝不得出现瞎缝、假缝和透明缝。砖砌体的水平灰缝厚度和竖向灰缝的厚度一般为 10 mm，但不得小于 8 mm，也不得大于 12 mm。竖缝宜采用挤浆法或加浆法砌筑。

（3）组砌得当

为提高砌体的整体性、稳定性和承载能力，砖块应按照选定的组砌方式，遵守上下错缝、内外搭砌的原则进行排列砌筑。清水墙、窗间墙无通缝；混水墙不得有长度大于 300 mm 的通缝，长度在 200～300 mm 的通缝每间不能超过三处，且不得位于同一面墙体上；砖柱不得采用包心砌法。

（4）接槎可靠

砖砌体的转角处和交接处应同时砌筑，严禁无可靠措施的内外墙分砌施工。在抗震设防烈度为 8 度及以上的地区，对不能同时砌筑而又必须留置的临时间断处应砌成斜槎，普通砖砌体斜槎水平投影长度不得小于高度的 2/3，斜槎的高度不得超过一步架高，如图 9.21(a)所示。非抗震设防及抗震设防烈度为 6 度、7 度地区的临时间断处，当不能留斜槎时，除转角处外，可留直槎，但直槎必须做成凸槎，并且应加设拉结筋，拉结筋应该符合下列规定：每 120 mm 墙厚设置 1φ6 拉结筋，但最少不得少于 2 根，拉结筋末端应有 90°弯钩；拉结筋间距沿墙高不应超过 500 mm，且竖向间距偏差不得超过 100 mm；埋入长度从留槎处算起每边均不应小于 500 mm，对抗震设防烈度为 6 度、7 度的地区，不应小于 1000 mm，如图 9.21(b)所示。

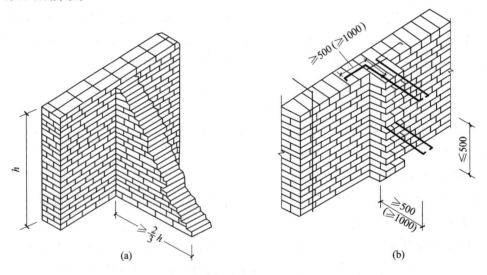

(a)　　　　　　　　　　　　(b)

图 9.21　砖砌体施工留槎

(a)墙体留斜槎；(b)墙体留直槎

设有钢筋混凝土构造柱的墙体，应先绑扎构造柱钢筋，然后砌砖墙，最后支模浇筑混凝土。砖墙应砌成马牙槎，先退后进，每个马牙槎沿高度方向的尺寸不宜超过 300 mm；凹凸尺寸以 60 mm 为宜。砌筑时砌体与构造柱间应设拉结钢筋，如图 9.22 所示。

构造柱施工

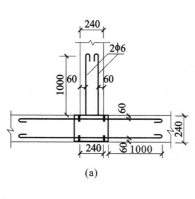

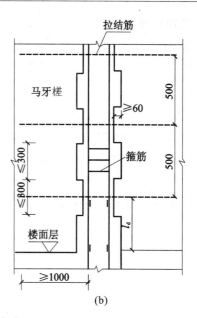

图 9.22 拉结筋布置及马牙槎

(a)平面图；(b)立面图

砖砌体尺寸、位置的允许偏差及检验应符合表 9.5 的规定。

表 9.5 砖砌体尺寸、位置的允许偏差及检验

项次	项目			允许偏差（mm）	检验方法	抽检数量
1	轴线位移			10	用经纬仪和尺检查或用其他测量仪器检查	承重墙、柱全数检查
2	基础、墙、柱顶面标高			±15	用水平仪和尺检查	不应少于5处
3	墙面垂直度	每层		5	用2m托线板检查	不应少于5处
		全高	≤10 m	10	用经纬仪、吊线和尺或用其他测量仪器检查	外墙全部阳角
			>10 m	20		
4	表面平整度	清水墙、柱		5	用2m靠尺和楔形塞尺检查	不应少于5处
		混水墙、柱		8		
5	水平灰缝平直度	清水墙		7	拉5m线和尺检查	不应少于5处
		混水墙		10		
6	门窗洞口高、宽(后塞口)			±10	用尺检查	不应少于5处
7	外墙上下窗口偏移			20	以底层窗口为准，用经纬仪或吊线检查	不应少于5处
8	清水墙游丁走缝			20	以每层第一皮砖为准，用吊线和尺检查	不应少于5处

【例 9.2】 某砖混结构库房，房屋长 60.5 m，宽 15.5 m，墙体高度 4.3 m，圈梁顶标高为 4.5 m，屋盖为钢筋混凝土 V 形折板。工程 3 月底基础施工完毕，然后开始砌筑主体结

构墙体。因采购问题,施工方在征得设计单位同意后,将原设计的 MU7.5 黏土砖改为 MU10 灰砂砖,采用的灰砂砖出窑近一周的时间,使用前按规定对砖进行浇水。该地区 3、4 月份比较寒冷,7、8 月份气候干燥且炎热。8 月份施工完成,之后不久就发现墙体出现大面积裂缝,但基础无裂缝。到 10 月份,山墙也开始出现裂缝,裂缝宽度随时间推移不断增大。11 月底裂缝基本稳定,最大裂缝宽度 21 mm,大多在 1 mm 左右。

问题:(1)施工单位采用 MU10 灰砂砖代替 MU7.5 黏土砖的做法是否正确?

(2)从砌体材料使用的角度分析墙面出现裂缝的原因。

(3)砖砌体工程施工对灰砂砖有何要求?

(4)有裂缝的砌体如何验收?

【解】

(1)本工程中,施工单位采用 MU10 灰砂砖代替 MU7.5 黏土砖的做法可以。因为首先征得了设计单位的同意;其次,在材料的选择上,选择了比原材料强度高一级的符合国家有关标准的灰砂砖。

(2)从材料使用的角度来看,灰砂砖是引起裂缝的主要原因。因为工程中使用的灰砂砖出窑仅一周的时间,4 月份该地区寒冷,加上施工时浇水,使得砖的干燥时间延长。而到了 7、8 月份,灰砂砖的干燥接近完成。而此时该地区干燥炎热的环境使得砌体内部产生较大的收缩拉力,砂浆对砖的约束作用限制了砖的自由收缩,使得墙面出现大量的裂缝。

(3)规范中规定,灰砂砖的龄期不得低于 28 d;砌筑灰砂砖砌体时,砖应提前 1~2 d 适度湿润,严禁采用干砖或处于吸水饱和状态的砖砌筑,其相对含水率为 40%~50%。

(4)有裂缝的砌体应按下列情况进行验收:对于不影响安全性的砌体裂缝,应予以验收,对明显影响使用功能和观感质量的裂缝,应进行处理;对有可能影响安全性的砌体裂缝,应由有资质的检测单位鉴定,需返修或加固处理的,待返修或加固处理满足使用要求后进行二次验收。

9.3 小型砌块砌体施工

砌块代替黏土砖作为墙体材料,是墙体改革的一个重要途径。中小型砌块按材料分有混凝土空心砌块、粉煤灰硅酸盐砌块、煤矸石硅酸盐空心砌块、加气混凝土砌块等。砌块高度为 380~940 mm 的称为中型砌块,砌块高度小于 380 mm 的称为小型砌块。中型砌块的施工,是采用各种吊装机械及夹具将砌块安装在设计位置,一般要按建筑物的平面尺寸及预先设计的砌块排列图逐块地按次序吊装,就位固定。

小型砌块的施工方法同砖砌体施工方法一样,主要是手工砌筑。

9.3.1 砌块排列

由于小砌块的单块体积比普通黏土砖要大得多,且砌筑时必须整块使用,不能像普通黏土砖那样根据需要随意砍砖,因此,小砌块在砌筑前应先绘制砌块排列图。所谓砌块排列图,是指砌筑前,首先根据拟建房屋的平面图、立面图及门窗洞口尺寸大小、楼层标高、构造要求等条件,预先选用几种规格的小砌块、排列组砌成符合各墙面所需尺寸的砌块位置分布图。施工时按排列图进行砌筑。

砌块排列图应按每片纵横墙分别绘制。其绘制方法是按1∶30或1∶50的比例绘出纵横墙,然后将圈梁、过梁、楼板、大梁、楼梯、孔洞等在墙面上标出,按照各纵横墙的高度,除以砌块高度和灰缝厚度,计算出其砌块的皮数,画出水平灰缝线并保证砌体平面尺寸和高度是块体高度加灰缝厚度的倍数,再按照砌块错缝搭接的要求和竖缝大小进行排列,如图9.23所示。

对小砌块进行排列时,应注意以下事项:

(1)小砌块排列从室内±0.000开始;

(2)尽量采用主规格砌块,减少辅助规格的种类与数量,避免采用异型砌块,以便减少块数,提高砌体的整体性;

(3)应尽量减少镶砖,局部必须镶砖时,应尽可能分散布置;

(4)小砌块竖向通缝不得超过两皮小砌块。

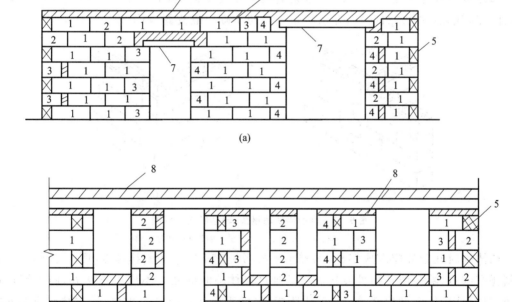

图9.23　砌块排列图

(a)内隔墙;(b)纵墙

1—主规格砌块;2、3、4—副规格砌块;5—丁砌砌块;6—顺砌砌块;7—过梁;8—镶砖

9.3.2 砌块施工工艺与质量要求

9.3.2.1 施工工艺

小砌块砌筑的主要工艺为抄平放线、立皮数杆、铺砂浆、砌块就位、砌筑等。砌体每日砌筑高度宜控制在1.4 m或一步脚手架高度内。

砌块墙体所采用的砂浆,应具有良好的和易性。砌筑小砌块砌体,宜选用专用小砌块砌筑砂浆。砂浆应随铺随砌,每次铺灰长度不宜超过两块主规格砌块的长度。水平灰缝应满铺下皮小砌块的全部壁肋或单排、多排孔小砌块的封底面;竖向灰缝宜将小砌块一个端面朝上满铺砂浆,上墙应挤紧,并须加浆插捣密实。灰缝应横平竖直,铺填砂浆饱满。

施工时所用的小砌块的产品龄期不应小于28 d。承重墙使用的小砌块,应完整、无破损、无裂缝。砌筑小砌块时,应清除表面污物和芯柱及小砌块孔洞底部的毛边,剔除外观质量不合格的小砌块。

砌筑普通混凝土小型空心砌块,不需对小砌块浇水湿润,在天气炎热的情况下,可提前洒水湿润小砌块;对轻骨料混凝土小砌块,应提前浇水湿润,块体的相对含水率为40%～50%。雨天及小砌块表面有浮水时,不得施工。

墙体宜逐块铺浆砌筑。转角处和纵横墙交接处应同时砌筑,T字交接处应使横墙小砌块隔皮露端面[图9.24(a)],外墙转角处应使小砌块隔皮露端面[图9.24(b)]。

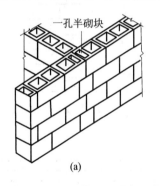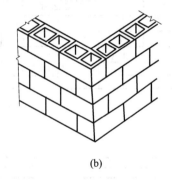

(a)   (b)

图9.24 空心砌块墙接头、转角砌法示意图

(a)无芯柱T形交接处砌法;(b)外墙转角处砌法

墙体临时间断处应砌成斜槎,斜槎水平投影长度不得小于斜槎高度[图9.25(a)]。如留斜槎有困难,除外墙转角处及抗震设防地区砌体临时间断处不应留直槎外,施工洞口可预留直槎,从砌体面伸出200 mm砌成阴阳槎,并沿砌体高每三皮砌块,设拉结筋或钢筋网片[图9.25(b)],接槎部位宜延至门窗洞口。在洞口砌筑和补砌时,应在直槎上下搭砌的小砌块孔洞内用强度等级不低于C20的混凝土灌实。

对空心砌块的芯柱混凝土浇筑,应在砌筑砂浆强度大于1 MPa后进行,每次连续浇筑高度宜为半个楼层,但不应大于1.8 m,每浇筑400～500 mm高度捣实一次,或边浇筑边振捣。

9.3.2.2 质量要求

小砌块的砌筑质量要求,可概括为"对孔、错缝、反砌"。

小砌块墙体应孔对孔,肋对肋,错缝搭砌。单排孔小砌块的搭接长度应为块体长度的

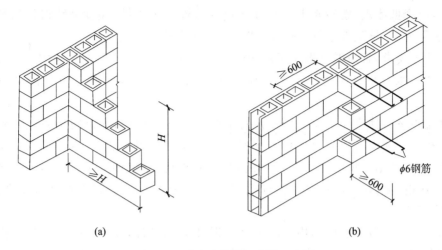

图 9.25　空心砌体墙面留槎示意图

(a)墙体留斜槎；(b)墙体留直槎

1/2,多排孔小砌块的搭接长度可适当调整,但不得小于砌块长度的 1/3,且不应小于 90 mm。墙体的个别部位不能满足上述要求时,应在灰缝中设置拉结钢筋或钢筋网片,但竖向通缝不能超过两皮小砌块。

小砌块应底面朝上砌筑于墙体上,这样,易于铺放砂浆和保证水平缝砂浆的饱满度。砌体的水平灰缝厚度和竖向灰缝厚度宜为 10 mm,不应小于 8 mm,也不应大于 12 mm。水平灰缝和竖向灰缝的砂浆饱满度,按净面积计算不得低于 90%。

9.4　砌体工程冬期施工

9.4.1　基本要求

当室外日平均气温连续 5 d 稳定低于 5℃时,砌体工程应采取冬期施工措施。

冬期施工所用的材料应符合下列要求:

(1)砖、砌块在砌筑前,应清除表面污物、冰雪等,不得使用遭水浸和受冻后表面结冰、污染的砖或砌块。

(2)砌筑砂浆宜采用普通硅酸盐水泥配制,不得使用无水泥拌制的砂浆。

(3)灰膏、电石膏等应防止受冻,如遭冻结,应经融化后使用;拌制砂浆用砂,不得含有冰块和大于 10 mm 的冻结块,砌体用块体不得遭水浸冻。

(4)拌和砂浆时,水的温度不得超过 80℃,砂的温度不得超过 40℃。砂浆稠度宜较常温适当增大,且不得二次加水调整砂浆和易性。

9.4.2　施工方法

(1)外加剂法

砌体工程冬期施工宜选用外加剂法进行。配置砂浆时,可采用掺入氯盐或亚硝酸盐等外加剂,以降低冰点,使砂浆中的水分在负温条件下不冻结,强度继续保持增长。该法成本低,使用方便,早强效果好,故在冬期施工中应用较为广泛。

当设计无要求,且最低气温等于或小于－15℃时,应将砂浆强度等级按常温施工的强度等级提高一级。每日砌筑高度不宜超过1.2 m,墙体留置的洞口距交接墙不应小于500 mm。

掺氯盐砂浆会使砌体析盐、吸湿,并对钢筋产生锈蚀作用,因此施工时应对砌体中配置的钢筋和钢预埋件进行防腐处理。下列情况不允许采用掺盐砂浆:对装饰工程有特殊要求的建筑物;使用环境湿度大于80%的建筑物;配筋、钢埋件无可靠防腐处理措施的砌体;接近高压电线的建筑物;经常处于地下水位变化范围内,以及没有防水措施的结构。

(2)暖棚法

暖棚法施工可以为砌体结构营造一个正温环境,对砌体砂浆的强度增长及砌体工程质量均大有提高,但使用成本较高,所以适用于地下工程、基础工程以及工期紧迫的砌体结构。

暖棚法施工时,暖棚内的最低温度不应低于5℃。砌体在暖棚内的养护时间应根据其内的温度确定,并应符合相关规定。养护时间应满足砂浆达到设计强度等级值30%时的时间,此时砂浆强度可以达到受冻临界强度。之后再拆除暖棚或停止加热时,砂浆也不会产生冻结损伤。

 习题和思考题

9.1　扣件式钢管脚手架的基本构件有哪些?

9.2　连墙件有何作用?其设置和构造各有什么要求?

9.3　扣件式钢管脚手架对搭设有什么要求?

9.4　试述悬挑式脚手架搭设基本要求。

9.5　脚手架拆除有哪些要求?

9.6　砌筑工程中对块材和砂浆各有什么要求?

9.7　什么是预拌砂浆?有何优点?

9.8　预拌砂浆的进场验收包括哪些内容?其储存应该注意哪些问题?

9.9　简述砖砌体的施工工艺过程及质量要求。

9.10　墙体与构造柱的连接处应如何设置?施工时应注意哪些问题?

9.11　试述小型砌块砌筑质量要求。

9.12　砌体冬期施工有哪些方法?

10 防水工程

内容提要

本章内容包括屋面防水工程、地下防水工程和室内防水工程等内容。主要介绍了防水材料、构造、施工方法及质量要求，重点阐述了屋面柔性防水与地下结构防水的相关内容。

防水工程在土木工程中具有重要地位，防水工程质量的优劣，不仅关系到建筑物或构筑物的使用寿命，而且直接关系到它们的使用功能。影响防水工程质量的因素有设计的合理性、防水材料的选择、施工工艺及施工质量、保养与维修管理等。其中，防水工程的施工质量是关键因素。

工程防水应进行专项设计，应遵循因地制宜、以防为主、防排结合、综合治理的原则。防水施工分为屋面防水、地下防水和室内防水等部分，按其构造做法分为结构自防水和采用防水层防水。近年来，随着新型防水材料的应用，防水工程施工技术也在不断发展。

10.1 屋面防水工程

屋面是建筑的外围护结构，包括整体屋面和块材（瓦、金属板及玻璃等）屋面。屋面工程施工是指防水、保温、隔热等构造层所组成房屋顶部的施工，包括屋面找平层、保温与隔热层、防水层和保护层。屋面防水以防为主，以排为辅，屋面工程施工应遵照"按图施工、材料检验、工序检查、过程控制、质量验收"的原则进行。

工程防水等级应依据工程类别和工程防水使用环境类别分为一级、二级和三级。平屋面工程的防水做法应符合表 10.1 的规定。

表 10.1 平屋面工程的防水做法

防水等级	防水做法	防水层	
		防水卷材	防水涂料
一级	不应少于 3 道	卷材防水层不应少于 1 道	
二级	不应少于 2 道	卷材防水层不应少于 1 道	
三级	不应少于 1 道	任选	

对整体屋面，根据防水等级的不同，防水层做法有卷材防水层、涂膜防水层和复合防水层等。

屋面工程所用的防水、保温材料应有产品合格证书和性能检测报告，材料品种、规格、性能等应符合现行国家产品标准和设计要求。屋面工程使用的材料应符合国家现行有关标准对材料有害物质限量的规定,不得对周围环境造成污染。屋面工程应建立管理、维修、保养制度,屋面排水系统应保持畅通,应防止水落口、檐沟、天沟堵塞和积水,屋面防水工程完工后,应进行观感质量检查和雨后观察或淋水、蓄水试验,不得有渗漏和积水现象。

10.1.1 屋面找平层

防水层的基层从广义上讲,包括结构基层和直接依附防水层的找平层;从狭义上讲,防水层的基层是指在结构层上面或保温层上面起到找平作用的基层,又称找平层。找平层是防水层依附的一个层次,为了保证防水层受基层变形影响小,基层应有足够的刚度和承载力,使它变形小、坚固,当然还要有足够的排水坡度,使雨水迅速排走。混凝土结构层宜采用结构找坡,坡度不小于3%。当采用材料找坡时,宜采用质量轻、吸水率低和有一定强度的轻骨料混凝土材料,坡度宜为2%。找平层有水泥砂浆或细石混凝土等做法,它们的技术要求见表10.2。

表 10.2　找平层厚度和技术要求

类　　别	基层种类	厚度(mm)	技术要求
水泥砂浆找平层	整体现浇混凝土板	15～20	1:2.5 水泥砂浆
	整体材料保温层	20～25	
细石混凝土找平层	装配式混凝土板	30～35	C20 混凝土,宜加钢筋网片
	板状材料保温层		C20 混凝土

为了避免或减少找平层开裂,找平层宜留设分格缝,缝宽5～20 mm,纵横缝的间距不大于6 m。找平层的施工工艺为:

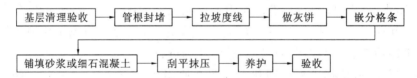

找平层施工前应对基层洒水湿润,并在铺浆前1 h刷素水泥浆一层。找平层铺设按"由远到近,由高到低"的顺序进行。找平层应抹平、压光,抹平工序应在初凝前完成,压光工序应在终凝前完成,终凝后应进行养护。卷材防水层的基层与突出屋面结构的交接处,以及基层的转角处,找平层应做成圆弧形,且应整齐平顺。找平层表面平整度的允许偏差为5 mm。

10.1.2 隔汽、保温和隔热层

隔汽层是阻止室内水蒸气渗透到保温层内的构造层。保温层是减少屋面热交换作用的构造层,按材料可分为板状保温层、纤维材料保温层和整体材料保温层三种。

(1)隔汽层施工

当严寒及寒冷地区屋面结构冷凝界面内侧实际具有的蒸汽渗透阻力小于所需值,或其他地区室内湿气有可能透过屋面结构层进入保温层时,应设置隔汽层。封闭式保温层

或保温层干燥有困难的卷材屋面,宜采取排汽构造措施。

隔汽层设置在结构层上、保温层下,一般选用气密性、水密性好的材料。施工时,隔汽层的基层应平整、干净、干燥。隔汽层应沿周边墙面向上连续铺设,高出保温层上表面不得小于 150 mm,隔汽层采用卷材时宜空铺,卷材搭接缝应满粘,其搭接宽度不小于 80 mm;采用涂料时,应涂刷均匀。

对屋面排汽构造,找平层设置的分格缝可兼作排汽道,排汽道的宽度宜为 40 mm;排汽道应纵横贯通,并应与大气连通的排汽孔相通,排汽孔可设在檐口下或纵横排汽道的交叉处;排汽道纵横间距宜为 6 m,屋面面积每 36 m² 宜设置一个排汽孔,排汽孔应作防水处理;在保温层下也可铺设带支点的塑料板。

(2)保温层施工

保温层设在防水层上面时应做保护层,设在防水层下面时应做找平层。纤维材料做保温层时,应采取防止压缩的措施,屋面坡度较大时,保温层应采取防滑措施。铺设保温层的基层应平整、干燥和干净。

在铺设保温层时,应根据标准铺筑,准确控制保温层的设计厚度。

干铺的板状保温层应铺平垫稳,分层铺设的板块上下层接缝应相互错开,板间缝隙应采用同类材料嵌填密实;采用与防水层材性相容的胶粘剂粘贴时,板状保温材料应贴严、粘牢。板状材料保温层的平面接缝应挤紧拼严,不得在板块侧面涂抹胶粘剂,超过 2 mm的缝隙应采用相同材料板条或片填塞严密。采用机械固定法施工时,应选择专用螺钉和垫片,固定件与结构层之间应连接牢固。

纤维材料保温层施工时,材料应紧靠基层表面上,平面接缝应挤紧拼严,上下层接缝应相互错开。屋面坡度较大时,宜采用金属或塑料专用固定件将纤维保温材料与基层固定。纤维材料填充后,不得上人踩踏。

整体喷涂硬泡聚氨酯保温层施工时,基层应平整,配合比应准确计量,发泡厚度应一致。喷涂时喷嘴与施工基面的间距应由试验确定。一个作业面应分遍喷涂完成,每遍厚度不宜大于 15 mm,当日的作业面应当日连续地喷涂施工完毕。喷涂后 20 min 内严禁上人,保温层完成后,应及时做保护层。喷涂硬泡聚氨酯宜在温度 15～35℃、空气相对湿度小于 85％和风速不大于三级的环境中施工。现浇泡沫混凝土施工时,应将基层上的杂物和油污清理干净,基层应浇水湿润,不得有积水。泡沫混凝土的配合比应准确计量,制备好的泡沫加入水泥砂浆中应搅拌均匀,分层浇筑,一次浇筑厚度不宜超过 200 mm,应随时检查泡沫混凝土的湿密度,养护时间不得少于 7 d。现浇泡沫混凝土施工温度宜为 5～35℃。整体材料保温层粘结应牢固,表面应平整,找坡应正确。

(3)倒置式保温屋面施工

保温层设在防水层上面时称倒置式保温屋面(图10.1)。其基层应采用结构找坡,保温层应采用吸水率低,且长期浸水不变质的保温材料。板状保温材料的下部纵向边缘应设排水凹缝,保温层可干铺,也可粘贴。

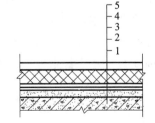

图 10.1　倒置式保温屋面构造
1—结构层;2—找平层;3—防水层;
4—保温层;5—保护层

保温层与防水层所用材料应相容匹配。保温层上面应采用块体材料或细石混凝土做保护层,檐沟、水落口部位应采用现浇混凝土堵头或砖砌堵头,并应做好保温层排水处理。

(4)隔热层施工

隔热层是减少太阳辐射热向室内传递的构造层,根据地域、气候、屋面形式、建筑环境和使用功能等条件,可采用种植隔热层、架空隔热层和蓄水隔热层等。

①种植隔热层施工

种植隔热层与防水层之间应设细石混凝土保护层。种植隔热层的构造层次包括植被层、种植土层、过滤层和排水层等。种植隔热层宜根据植物种类及环境布局的需要进行分区布置,分区布置应设挡墙或挡板。种植隔热层的屋面坡度大于20%时,其排水层、种植土应采取防滑措施。

排水层材料应根据屋面功能及环境、经济条件等进行选择。过滤层宜采用土工布,过滤层应沿种植土周边向上铺设至种植土高度,并应与挡墙或挡板粘牢,土工布的搭设宽度不小于100 mm,接缝宜采用粘合或缝合。种植土四周应设挡墙,挡墙下部应设泄水孔,并应与排水出口连通,种植土应根据种植植物的要求选择综合性能良好的材料,厚度和自重应符合设计要求,种植土表面应低于挡墙高度100 mm。

②架空隔热层施工

架空隔热层一般在屋顶有良好通风的建筑物上采用,不宜在寒冷地区采用。当采用混凝土板作架空隔热层时,屋面坡度不宜大于5%。

架空隔热层高度按屋面宽度和坡度大小确定,一般以180～300 mm左右为宜,架空板与山墙或女儿墙的距离不应小于250 mm。当屋面宽度大于10 m时,架空隔热层中部应设置通风屋脊。施工时先将屋面清扫干净,弹出支座中线再砌筑支座。砌块强度等级对不上人屋面应不低于MU7.5,上人屋面不低于MU10。当在卷材或涂膜防水层上砌筑支墩时,应先干铺略大于支座的卷材块。架空板应坐浆刮平、垫稳,板缝整齐一致,勾填应密实,随时清除落地灰,保证架空隔热层气流畅通。

③蓄水隔热层施工

蓄水隔热层与屋面防水层之间应设隔离层。蓄水隔热层应划分为若干边长不大于10 m的蓄水区,蓄水深度宜为150～200 mm,排水坡度不宜大于0.5%,屋面泛水的防水层高度应高出溢水口100 mm。蓄水池应采用强度等级不低于C25、抗渗等级不低于P6的现浇混凝土,池内采用20 mm厚防水砂浆抹面处理。蓄水屋面的所有孔洞均应预留,不得后凿。每个蓄水区的防水混凝土应一次浇筑完不留施工缝,浇水养护不得少于14 d,蓄水后不得断水。立面与平面的防水层应同时做好,所有给、排水管和溢水管等,应在防水层施工前安装完毕。蓄水池应设置人行通道。

10.1.3 卷材防水屋面

卷材防水屋面是指采用粘结胶粘贴卷材或采用底面带粘结胶的卷材进行热熔或冷粘贴进行防水的屋面,其典型构造层次如图10.2所示,具体构造层次,根据设计要求而定。

这种屋面具有质量轻、防水性能好的优点,其防水层(卷材)的柔韧性好,能适应一定程度

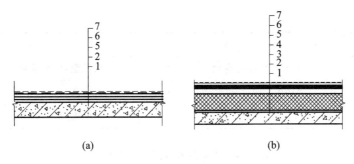

图 10.2　卷材防水屋面构造

(a)无保温屋面；(b)保温屋面

1—结构层；2—找平层；3—隔汽层；4—保温层；5—防水层；6—隔离层；7—保护层

的结构振动和胀缩变形。所用卷材应选用高聚物改性沥青防水卷材或合成高分子防水卷材。

10.1.3.1　材料要求

(1)基层处理剂

基层处理剂的选择应与所用卷材的材性相容。常用的基层处理剂有用于高聚物改性沥青防水卷材屋面的氯丁胶沥青乳胶、橡胶改性沥青溶液、沥青溶液(即冷底子油)和用于合成高分子防水卷材屋面的聚氨酯煤焦油系的二甲苯溶液、氯丁胶乳溶液、氯丁胶沥青乳胶等。施工前应查明产品的使用要求,合理选用。

(2)胶粘剂

高聚物改性沥青卷材可选用橡胶或再生橡胶改性沥青的汽油溶液或水乳液作胶粘剂,其粘结剪切强度应大于 0.05 MPa,粘结剥离强度应大于 8N/10 mm;合成高分子防水卷材可选用以氯丁橡胶和丁基酚醛树脂为主要成分的胶粘剂(如 404 胶等)或以氯丁橡胶乳液制成的胶粘剂,其粘结剥离强度不应小于 15 N/10 mm,用量为 0.4~0.5 kg/m²,还可使用胶粘带。施工前亦应查明产品的使用要求,与相应的卷材配套使用。

(3)卷材

主要防水卷材的分类参见表 10.3,每道卷材防水层的最小厚度应符合表 10.4 的规定。

表 10.3　防水卷材的分类

材料分类		品　种	特　点
合成高分子卷材	硫化橡胶型	三元乙丙橡胶卷材(EPDM); 氯化聚乙烯橡胶共混卷材(CPE); 再生胶类卷材	强度高,延伸大,耐低温好,耐老化
	树脂型	聚氯乙烯卷材(PVC); 氯化聚乙烯橡塑卷材(CPE); 聚乙烯卷材(HDPE·LDPE)	强度高,延伸大,耐低温好,耐老化
	橡塑共混型	乙丙橡胶-聚丙烯共聚卷材(TPO)	延伸大,低温好,施工简便
		自粘卷材(无胎)	延伸大,施工方便
		自粘卷材(有胎)	强度高,施工方便

材料分类	品　种	特　点
高聚物改性沥青卷材	SBS 改性沥青卷材	耐低温好,耐老化好
	APP(APAO)改性沥青卷材	适合高温地区使用
	自粘改性沥青卷材	延伸大,耐低温好,施工简便

表 10.4　卷材防水层最小厚度(mm)

防水卷材类型			卷材防水层最小厚度
聚合物改性沥青类防水卷材	热熔法施工聚合物改性防水卷材		3.0
	热沥青粘结和胶粘法施工聚合物改性防水卷材		3.0
	预铺反粘防水卷材(聚酯胎类)		4.0
	自粘聚合物改性防水卷材(含湿铺)	聚酯胎类	3.0
		无胎类及高分子膜基	1.5
合成高分子类防水卷材	均质型、带纤维背衬型、织物内增强型		1.2
	双面复合型主体片材芯材		0.5
	预铺反粘防水卷材	塑料类	1.2
		橡胶类	1.5
	塑料防水板		1.2

防水卷材及配套材料的质量,应符合设计要求,应有产品合格证、质量检验报告和进场检验报告,严禁使用不合格产品。

10.1.3.2　卷材防水层施工

基层应做好嵌缝(预制板)、找平及转角等基层处理工作,屋面基层与女儿墙、立墙、天窗壁、烟囱、变形缝等突出屋面结构的连接处,以及基层的转角处(各水落口、檐口、天沟、檐沟、屋脊等),均应做成圆弧。防水层施工前,基层应坚实、平整、干净、干燥。

基层处理剂可采用喷涂或刷涂施工工艺。喷、涂应均匀一致,待第一遍干燥后再进行第二遍喷、涂,待最后一遍干燥后,方可铺设卷材。

卷材铺贴在整个工程中应采取"先高后低、先远后近"的施工顺序,即高低跨屋面,先铺高跨后铺低跨;等高的大面积屋面,先铺离上料地点较远的部位,后铺较近部位。卷材大面积铺贴前,应先做好节点密封、附加层和屋面排水较集中部位(屋面与水落口连接处、檐口、天沟等)等细部构造处理,然后由屋面最低标高处向上施工。施工段的划分宜设在屋脊、檐口、天沟、变形缝等处。

屋面坡度大于 25% 时,卷材应采取满粘或钉压固定措施。卷材铺贴应符合下列规定:卷材宜平行屋脊铺贴,上下层卷材不得相互垂直铺贴;檐沟、天沟卷材施工时,宜顺檐沟、天沟方向铺贴,搭接缝应顺流水方向。

卷材搭接缝应符合以下规定:平行屋脊的卷材搭接缝应顺流水方向,卷材搭接宽度应符合表 10.5 的规定;相邻两幅卷材短边搭接缝应错开,且不得小于 500 mm;上下层卷材长边搭接缝应错开,且不得小于幅宽的 1/3(图 10.3);叠层铺贴的各层卷材,在天沟与屋面的交接处,应采用叉接法搭接,搭接缝应错开,搭接缝宜留在屋面与天沟的侧面,不宜留在沟底。

防水卷材可以采用冷粘法、热粘法、热熔法、自粘法、焊接法和机械固定法进行铺贴,按照粘贴面铺贴方式不同又分为满粘法、空铺法、点粘法和条粘法等,具体方式根据材料和设计要求确定。卷材铺贴应平整顺直,搭接尺寸应准确,不应有起鼓、张口、翘边等现象。

防水层和保护层施工完成后,屋面应进行淋水试验或雨后观察,檐沟、天沟、雨水口等应进行蓄水试验,并应在检验合格后再进行下一道工序施工。防水层施工完成后,后续工序施工不应损害防水层,在防水层上堆放材料应采取防护隔离措施。

表 10.5　防水卷材最小搭接宽度 (mm)

防水卷材类别	搭接方式	搭接宽度
高聚物改性沥青类防水卷材	热熔法、热沥青	≥100
	自粘搭接(含湿铺)	≥80
合成高分子类防水卷材	胶粘剂、粘结料	≥100
	胶粘带、自粘胶	≥80
	单缝焊	≥60,有效焊接宽度不应小于 25
	双缝焊	≥80,有效焊接宽度 $10 \times 2 +$ 空腔宽
	塑料防水板双缝焊	≥100,有效焊接宽度 $10 \times 2 +$ 空腔宽

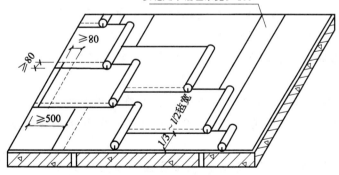

图 10.3　卷材水平铺贴搭接示意

冷粘法铺贴卷材时,胶粘剂涂刷应均匀,不应露底,不应堆积;应控制胶粘剂涂刷与卷材铺贴的间隔时间;卷材下面的空气应排尽,并应辊压粘贴牢固;接缝口应用密封材料封严,宽度不应小于 10 mm。

热粘法铺贴卷材时,熔化热熔型改性沥青胶结料时,宜采用专用导热油

扫一扫

卷材铺贴施工

炉加热,加热温度不应高于 200℃,使用温度不宜低于 80℃;粘贴卷材的热熔型改性沥青胶结料厚度宜为 1.0～1.5 mm;采用热熔型改性沥青胶结料粘贴卷材时,应随刮随铺,并应展平压实。

热熔法铺贴卷材时,火焰加热器加热卷材应均匀,不得加热不足或烧穿卷材;卷材表面热熔后应立即滚铺,卷材下面的空气应排尽,并应辊压粘贴牢固;卷材接缝部位应溢出热熔的改性沥青胶,溢出的改性沥青胶宽度宜为 8 mm;厚度小于 3 mm 的高聚物改性沥青防水卷材,严禁采用热熔法施工。

自粘法铺贴卷材时,应将自粘胶底面的隔离纸全部撕净;卷材下面的空气应排尽,并应辊压粘贴牢固;接缝口应用密封材料封严,宽度不应小于 10 mm;低温施工时,接缝部位宜采用热风加热,并应随即粘贴牢固。

焊接法铺贴卷材时,卷材焊接缝的结合面应干净、干燥,不得有水滴、油污及附着物;焊接时应先焊长边搭接缝,后焊短边搭接缝;控制加热温度和时间,焊接缝不得有漏焊、跳焊、焊焦或焊接不牢现象;焊接时不得损害非焊接部位的卷材。

机械固定法铺贴卷材时,卷材应采用专用固定件进行机械固定;固定件应设置在卷材搭接缝内,外露固定件应用卷材封严;固定件应垂直钉入结构层有效固定,固定件数量和位置应符合设计要求;卷材搭接缝应粘结或焊接牢固,密封应严密;卷材周边 800 mm 范围内应满粘。

卷材防水层施工环境温度,对热熔法和焊接法一般不低于 −10℃,冷粘法和热粘法不低于 5℃,自粘法不低于 10℃。

【例 10.1】 某教学楼工程为框架-剪力墙结构,地下 2 层,地上 18 层,建筑面积 24500 m²。工程于 2008 年 3 月开工建设,地下防水采用卷材防水和防水混凝土两种方式,屋面防水采用高聚物改性沥青防水卷材。对该屋面防水工程,施工完毕后持续淋水 1 h 后进行检查,并进行了蓄水试验,蓄水时间为 24 h。工程于 2009 年 8 月 28 日竣工验收。在使用至第三年发现屋面有渗漏现象,建设单位要求施工单位进行维修处理。

问题:(1)简要说明屋面渗漏淋水试验和蓄水检查是否符合要求?

(2)建设单位要求是否合理?

(3)屋面隐蔽工程验收记录应包括哪些主要内容?

【解】

(1)该工程屋面防水施工后淋水和蓄水试验不符合要求。检查屋面有无渗漏、积水和排水系统是否畅通,应在雨后或持续淋水 2 h 后进行。做蓄水试验的屋面,其蓄水时间不应少于 24 h。

(2)建设单位要求合理,因为屋面防水工程国家规定的最低保修期是 5 年,施工单位应该进行维修处理。

(3)屋面隐蔽工程验收应包括以下主要内容:①卷材防水层的基层;②密封防水处理部位;③天沟、檐沟、泛水和变形缝等细部构造做法;④卷材防水层的搭接宽度和附加层;⑤保护层与卷材防水层之间设置的隔离层。

10.1.4 涂膜防水屋面

涂膜防水屋面是在屋面基层上涂刷防水涂料,经固化后形成一层有一定厚度和弹性的整体涂膜从而达到防水目的的一种防水屋面形式。涂膜防水层的基层应坚实、平整、干净,应无孔隙、起砂和裂缝,基层处理剂的施工要求同卷材防水层施工。

反应类高分子类防水涂料、聚合物乳液类防水涂料和水性聚合物沥青类防水涂料等涂料防水层最小厚度不应小于 1.5 mm,热熔施工橡胶沥青类防水涂料防水层最小厚度不应小于 2.0 mm。当热熔施工橡胶沥青类防水涂料与防水卷材配套使用作为一道防水层时,其厚度不应小于 1.5 mm。

涂膜防水层施工工艺为:

涂膜防水层施工时,防水涂料应多遍均匀涂布,并应待前一遍涂布的涂料干燥成膜后,再涂布下一遍涂料,且前后两遍涂料的涂布方向应相互垂直,涂膜总厚度应符合设计要求,最小厚度不得小于设计厚度的 80%。涂膜间夹铺胎体增强材料时,宜边涂布边铺胎体,胎体应铺贴平整,应排除气泡,并应与涂料粘结牢固。胎体增强材料长边搭接宽度不应小于 50 mm,短边搭接宽度不应小于 70 mm,上下层胎体增强材料不得相互垂直铺设,长边搭接缝应错开,且不得小于幅宽的 1/3。在胎体上涂布涂料时,应使涂料浸透胎体,并应覆盖完全,不得有胎体外露现象。最上面的涂膜厚度不应小于 1.0 mm。

涂膜施工应先做好细部处理,再进行大面积涂布,屋面转角及立面的涂膜应薄涂多遍,不得流淌和堆积。

涂膜防水层施工工艺,水乳型及溶剂型防水涂料宜选用滚涂或喷涂施工,反应固化型防水涂料宜选用刮涂或喷涂施工,热熔型防水涂料宜选用刮涂施工,聚合物水泥防水涂料宜选用刮涂施工。所有防水涂料用于细部构造时,宜选用刷涂或喷涂施工。

涂膜防水层的施工环境温度,对水乳型、反应型涂料和聚合物水泥防水涂料宜为 5～35℃,溶剂型防水涂料宜为 −5～35℃,热熔型防水涂料不宜低于 −10℃。

10.1.5 隔离层和保护层

隔离层是消除相邻两种材料之间粘结力、机械咬合力、化学反应等不利影响的构造层,隔离层的作用是找平和隔离。在柔性防水层上有块体材料、水泥砂浆和细石混凝土等刚性保护层时,应在卷材或涂膜防水层上设置隔离层。隔离层可采用干铺塑料膜、土工布、卷材或铺抹低强度等级砂浆等。隔离层材料的适用范围和技术要求应符合表 10.6 的规定。

表 10.6 隔离层材料的适用范围和技术要求

隔离层材料	适用范围	技术要求
塑料膜	块体材料、水泥砂浆保护层	0.4 mm 厚聚乙烯膜或 3 mm 厚发泡聚乙烯膜
土工布	块体材料、水泥砂浆保护层	200 g/m² 聚酯无纺布
卷材	块体材料、水泥砂浆保护层	石油沥青卷材一层
低强度等级砂浆	细石混凝土保护层	10 mm 厚黏土砂浆, 石灰膏:砂:黏土=1:2.4:3.6
		10 mm 厚石灰砂浆,石灰膏:砂=1:4
		5 mm 厚掺有纤维的石灰砂浆

保护层是对防水层或保温层起防护作用的构造层,保护层的作用是延长卷材或涂膜防水层的使用期限。上人屋面保护层可采用块体材料、细石混凝土等材料,不上人屋面保护层可采用浅色涂料、铝箔、矿物粒料、水泥砂浆等材料。保护层材料的适用范围和技术要求应符合表 10.7 的规定。

表 10.7 保护层材料的适用范围和技术要求

保护层材料	适用范围	技术要求
浅色涂料	不上人屋面	丙烯酸系反射涂料
铝箔	不上人屋面	0.05 mm 厚铝箔反射膜
矿物粒料	不上人屋面	不透明的矿物粒料
水泥砂浆	不上人屋面	20 mm 厚 1:2.5 或 M15 水泥砂浆
块体材料	上人屋面	地砖或 30 mm 厚 C20 细石混凝土预制块
细石混凝土	上人屋面	40 mm 厚 C20 细石混凝土或 50 mm 厚 C20 细石混凝土内配φ4@100 双向钢筋网片

施工完的防水层应进行雨后观察、淋水或蓄水试验,并应在合格后再进行保护层和隔离层的施工。保护层和隔离层施工前,防水层或保温层的表面应平整,施工时应避免损坏防水层或保温层。隔离层和保护层所用材料的质量及配合比,应符合设计要求。

隔离层铺设不得有破损和漏铺现象。干铺塑料膜、土工布、卷材时,其搭接宽度不应小于 50 mm,铺设应平整,不得有皱折。低强度等级砂浆铺设时,其表面应平整、压实,不得有起壳和起砂现象,施工宜在 5~35℃环境温度进行。

块体材料、水泥砂浆和细石混凝土保护层表面的坡度应符合设计要求,不得有积水现象。采用块体材料做保护层时,宜设分格缝,其纵横间距不宜大于 10 m,分格缝宽度宜为 20 mm,并应用密封材料嵌填。采用水泥砂浆做保护层时,表面应抹平压光,并应设表面分格缝,分格面积宜为 1 m²。采用细石混凝土做保护层时,表面应抹平压光,并应设分格缝,其纵横间距不应大于 6 m,分格缝宽度宜为 10~20 mm,并应用密封材料嵌填。细石混凝土铺设不宜留施工缝,当施工间隙超过规定时,应对接槎进行处理。采用淡色涂料做保护层时,应与防水层粘结牢固,厚薄应均匀,不得漏涂。保护层的施工环境温度,对块体材料干铺不宜低于−5℃,湿铺不宜低于5℃;水泥砂浆及细石混凝土宜为5～35℃;浅色涂料不宜低于5℃。

块体材料、水泥砂浆、细石混凝土保护层与女儿墙或山墙之间,应预留宽度为30 mm的缝隙,缝内宜填塞聚苯乙烯泡沫塑料,并应用密封材料嵌填。需经常维护的设施周围和屋面出入口至设施之间的人行道,应铺设块体材料或细石混凝土保护层。

10.2　地下结构防水工程

10.2.1　地下结构的防水方案

地下工程现浇混凝土结构防水做法应符合表10.8的规定。

表10.8　主体结构防水做法

防水等级	防水做法	防水混凝土	外设防水层		
			防水卷材	防水涂料	水泥基防水材料
一级	不应少于3道	为1道,应选	不少于2道; 防水卷材或防水涂料不少于1道		
二级	不应少于2道	为1道,应选	不少于1道; 任选		
三级	不应少于1道	为1道,应选	—		

装配式地下结构构件的连接接头应满足防水及耐久性要求。

地下工程防水方案应根据工程规划、结构设计、材料选择、结构耐久性和施工工艺等确定,应采取有效措施以确保地下结构的正常使用。目前常用的有以下几种方案:

①混凝土结构自防水。它是以地下结构本身的密实性(即防水混凝土)实现防水功能,使结构承重和防水合为一体。

②防水层防水。它是在地下结构外表面加设防水层防水,常用的有砂浆防水层、卷材防水层、涂膜防水层等。

③"防排结合"防水。即采用防水加排水措施,排水方案可采用盲沟排水、渗排水、内排法排水等。

地下防水工程施工期间,应保持基坑内土体干燥,严禁带水或带泥浆进行防水施工,因此,地下水位应降至防水工程底部最低高程500 mm以下,降水作业应持续至回填完毕。基坑内的地面水应及时排出,不得破坏基底受力范围内的土层构造,防止基土流失。

10.2.2　防水混凝土结构施工

(1)防水混凝土的特点及应用

防水混凝土是以调整混凝土配合比或掺外加剂、掺合料等方法,来提高混凝土本身的密实性和抗渗性,使其具有一定防水能力的特殊混凝土,其抗渗等级一般不小于P6。防水混凝土具有取材容易、施工简便、工期较短、耐久性好、工程造价低等优点,因此,在地下工程中防水混凝土应用极为广泛。

目前,常用的防水混凝土主要有普通防水混凝土、外加剂防水混凝土等。

①普通防水混凝土

普通防水混凝土即是在普通混凝土骨料级配的基础上,通过调整和控制配合比的方法,提高自身密实度和抗渗性的一种混凝土。它不仅要满足结构所需要的强度要求,而且还应满足结构所需的抗渗要求。在实验室试配时,考虑实验室条件与实际施工条件的差别,应将设计的抗渗等级提高 0.2 MPa 来选定配合比。实验室固然可以配制出满足各种抗渗等级的防水混凝土,但在实际工程中由于各种条件的限制,往往难以做到更多地采用掺外加剂的方法来满足防水要求。

②外加剂防水混凝土

外加剂防水混凝土是在混凝土中加入一定量的有机或无机物,以改善混凝土性能和结构的组成,提高其密实性和抗渗性,达到防水要求。外加剂防水混凝土的种类很多,常用的有加气剂防水混凝土、减水剂防水混凝土和三乙醇胺防水混凝土。

(2)防水混凝土工程施工

防水混凝土工程质量的优劣,除了取决于设计、材料及配合成分等因素外,还取决于施工质量。因此,对施工中的各主要环节,如混凝土的搅拌、运输、浇捣、养护等,均应严格遵循施工及验收规范和操作规程的规定进行,以保证防水混凝土工程的质量。

①施工要点

防水混凝土工程的模板应平整且拼缝严密,不漏浆,模板构造应牢固稳定;通常固定模板的螺栓或铁丝不直接穿过防水混凝土结构,以免水沿缝隙渗入。当墙较高,需要对拉螺栓固定模板时,可采用工具式螺栓或螺栓加堵头,螺栓上应加焊方形止水环。拆模后应将留下的凹槽用密封材料封堵密实,并应用聚合物水泥砂浆抹平(图 10.4)。

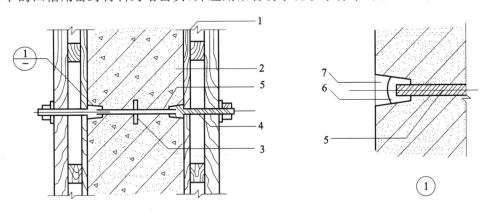

图 10.4　固定模板用螺栓的防水构造

1—模板;2—结构混凝土;3—止水环;4—工具式螺栓;5—固定模板用螺栓;6—密封材料;7—聚合物水泥砂浆

绑扎钢筋时,应按设计要求留好保护层,一般主体结构迎水面钢筋保护层厚度不应小于 50 mm,允许偏差±5 mm。留设保护层应以与混凝土相同配合比的水泥砂浆制成的垫块或钢筋间隔件定位,严禁用钢筋垫块或将钢筋用铁钉、铅丝直接固定在模板上,以防止水沿钢筋浸入。

防水混凝土应采用机械搅拌,搅拌时间不应少于 2 min。对掺外加剂的混凝土,应根据外加剂的技术要求确定搅拌时间,如加气剂防水混凝土搅拌时间为 2～3 min。防水混凝土采用预拌混凝土时,入泵坍落度宜控制在 120～160 mm,初凝时间宜为 6～8 h。

防水混凝土应分层浇筑,每层厚度不得大于 500 mm。浇筑混凝土的自由下落高度应控制,否则应使用串筒、溜槽等工具进行浇筑。防水混凝土应采用机械振捣,严格控制振捣时间,并不得漏振、欠振和超振。当掺有加气剂或减水剂时,应采用高频插入式振捣器振捣,以保证混凝土的抗渗性。

防水混凝土的养护对其抗渗性能影响极大,因此,必须加强养护,混凝土终凝后应立即进行养护,养护时间不少于 14 d。

防水混凝土不能过早拆模,一般在混凝土浇筑 3 d 后,将侧模板松开,在其上口浇水养护 14 d 后方可拆除。拆模时混凝土必须达到 75% 的设计强度,应控制混凝土表面温度与环境温度之差小于 15℃。

②施工缝

施工缝是防水薄弱部位之一,防水混凝土应连续浇筑,应尽量不留或少留施工缝。底板的混凝土应连续浇筑,墙体不应留垂直施工缝。墙体水平施工缝不应留在剪力最大处或底板与墙体交接处,最低水平施工缝距底板面不少于 300 mm,距穿墙孔洞边缘不少于 300 mm。拱(板)墙结合的水平施工缝,宜留在拱(板)墙接缝线以下 150～300 mm 处。如必须留设垂直缝时,垂直施工缝应避开地下水和裂隙水较多的地段,并宜与变形缝相结合。

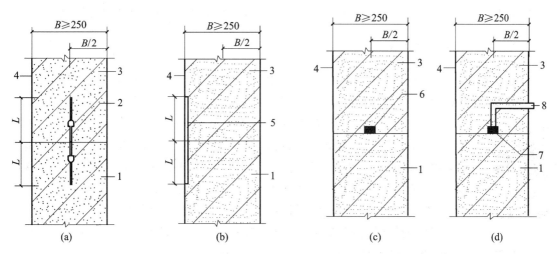

图 10.5　施工缝防水构造形式
(a)预埋止水带;(b)外贴止水带;(c)设置遇水膨胀止水条;(d)预埋注浆管
1—先浇混凝土;2—预埋止水带;3—后浇混凝土;4—结构迎水面;
5—外贴止水带;6—遇水膨胀止水条;7—预埋注浆管;8—注浆导管

施工缝常用防水构造形式见图 10.5,当采用两种以上构造措施时可进行有效组合。水平施工缝上浇筑混凝土前,应清除浮浆和杂物,用水冲洗干净,然后铺设净浆或涂刷混凝土界面处理剂、水泥基渗透结晶型防水涂料等材料,再铺 30～50 mm 厚的 1∶1 水泥砂浆,并及时浇筑混凝土。垂直施工缝浇筑混凝土前,应将表面清理干净,再涂刷混凝土界面处理剂、水泥基渗透结晶型防水涂料等材料,并及时浇筑混凝土。

10.2.3　水泥砂浆防水层施工

水泥砂浆防水层是一种刚性防水层。它是在构筑物的迎水面或背水面分层涂抹一定厚度的水泥砂浆,利用砂浆本身的憎水性和密实性来达到抗渗防水效果。因这种防水层抵抗变形能力差,故不适用于受震动、沉陷或温度、湿度变化易产生裂缝的结构上,亦不适用于温度高于 80℃的地下防水工程。

防水砂浆包括聚合物水泥防水砂浆、掺外加剂或掺合料的防水砂浆,宜采用多层抹压法施工。聚合物水泥防水砂浆厚度,单层施工时宜为 6~8 mm,双层施工时宜为 10~12 mm;掺外加剂或掺合料的水泥防水砂浆厚度宜为 18~20 mm。

水泥砂浆防水层应分层铺抹或喷射。铺抹时应压实、抹平,最后一层表面应提浆压光。聚合物水泥防水砂浆拌和后应在规定时间内用完,施工中不得任意加水。水泥砂浆防水层各层应紧密粘合,每层宜连续施工;必须留设施工缝时,应采用阶梯坡形槎,但离阴阳角处的距离不得小于 200 mm。

水泥砂浆防水层不得在雨天、五级及以上大风中施工。冬期施工时,气温不应低于5℃。夏季不宜在 30℃以上或烈日照射下施工。

水泥砂浆防水层终凝后,应及时进行养护,养护温度不宜低于 5℃,并应保持砂浆表面湿润,养护时间不得少于 14 d。聚合物水泥防水砂浆未达到硬化状态时,不得浇水养护或直接受雨水冲刷,硬化后应采用干湿交替的养护方法。潮湿环境中,可在自然条件下养护。

10.2.4　卷材防水层施工

卷材防水层属柔性防水层,具有较好的韧性和延伸性,防水效果较好。卷材防水层宜用于经常处在地下水环境,且受侵蚀性介质作用或受震动作用的地下工程。

扫一扫

墙面 SBS
防水卷材施工

卷材防水层应铺设在混凝土结构的迎水面(外防水)。卷材防水层用于建筑物地下室时,应铺设在结构底板垫层至墙体防水设防高度的结构基面上;用于单建式的地下工程时,应从结构底板垫层铺设至顶板基面,并应在外围形成封闭的防水层。外防水卷材防水层的铺贴方法,按其与地下结构施工的先后顺序分为外防外贴法(外贴法)和外防内贴法(内贴法)两种。

防水卷材的品种规格和层数,应根据地下工程防水等级、地下水位高低及水压力作用状况、结构构造形式和施工工艺等因素确定。

铺贴防水卷材前,基面应干净、干燥,并应涂刷基层处理剂,当基面潮湿时,应涂刷固化型胶粘剂或潮湿界面隔离剂。基层阴阳角应做成圆弧或 45°坡角,在转角处、变形缝、施工缝、穿墙管等部位应铺设卷材加强层,加强层宽度不小于 500 mm。

结构底板垫层混凝土部位的卷材可采用空铺法或点粘法施工,其粘结位置、点粘面积应按设计要求确定;侧墙采用外贴法的卷材及顶板部位的卷材应采用满粘法施工。卷材与基面、卷材与卷材间的粘结应紧密、牢固,铺贴完成的卷材应平整顺直,搭接尺寸应准确,不得产生扭曲和皱折。卷材搭接处和接头部位应粘贴牢固,接缝口应封严或采用材性相容的密封材料封缝。铺贴立面卷材防水层时,应采取防止卷材下滑的措施。铺贴双层卷材时,上下两层和相邻两幅卷材的接缝应错开 1/3～1/2 幅宽,且两层卷材不得相互垂直铺贴。

卷材防水层经检查合格后,应及时做保护层。顶板卷材防水层上的细石混凝土保护层厚度,采用机械碾压回填土时不小于 70 mm,人工回填土时不小于 50 mm;底板卷材防水层上的细石混凝土保护层厚度不小于 50 mm;侧墙卷材防水层宜采用软质保护材料或铺抹 20 mm 厚 1∶2.5 水泥砂浆层。

(1)外贴法

外贴法是在地下构筑物墙体做好以后,把卷材防水层直接铺贴在墙面上,然后砌筑保护墙(图 10.6)。其施工顺序如下:

待底板垫层上的水泥砂浆找平层干燥后,铺贴底板卷材防水层并伸出与立面卷材搭接的接头。在此之前,为避免伸出的卷材接头受损,先在垫层周围砌保护墙,其下部为永久性的(高度≥B+(200～500) mm,B 为底板厚),上部为临时性的(高度为 360 mm),在墙上抹石灰砂浆或细石混凝土,在立面卷材上抹 M5 砂浆保护层。然后进行底板和墙身施工。在做墙身防水层前,拆临时保护墙,在墙面上抹找平层、刷

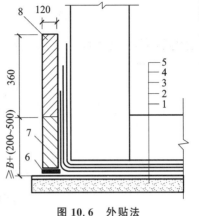

图 10.6 外贴法
1—垫层;2—找平层;3—卷材防水层;
4—保护层;5—构筑物;6—卷材;
7—永久性保护墙;8—临时性保护墙

扫一扫

外贴法

基层处理剂,将接头清理干净后逐层铺贴墙面防水层,最后砌永久性保护墙。

混凝土结构完成铺贴立面卷材时,应先将接槎部位的各层卷材揭开,并应将其表面清理干净,如卷材有局部损伤,应及时进行修补。卷材接槎的搭接长度,对高聚物改性沥青类卷材应为 150 mm,合成高分子类卷材应为 100 mm,当使用两层卷材时,卷材应错槎接缝,上层卷材应盖过下层卷材。

外贴法的优点是构筑物与保护墙有不均匀沉陷时,对防水层影响较小;防水层做好后即可进行漏水试验,修补亦方便。缺点是工期较长,占地面积大;底板与墙身接头处卷材易受损。在施工现场条件允许时,多采用此法施工。

(2)内贴法

内贴法是在墙体未做前,先砌筑保护墙,然后将卷材防水层铺贴在保护墙上,再进行墙体施工(图 10.7)。施工顺序如下:

先做底板垫层,砌永久性保护墙,然后在垫层和保护墙上抹 20 mm 厚 1∶3 水泥砂浆找平层,干燥后涂刷基层处理剂,再铺贴卷材防水层。先贴立面,后贴水平面,先贴转角,后贴大面,铺贴完毕后做保护层,最后进行构筑物底板和墙体施工。

内贴法的优点是防水层的施工比较方便,不必留接头;施工占地面积小。缺点是构筑

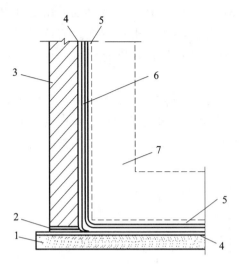

图 10.7　内贴法
1—垫层；2—卷材；
3—永久性保护墙；
4—找平层；5—保护层；
6—卷材防水层；
7—需防水的构筑物

内贴法

物与保护墙发生不均匀沉降时,对防水层影响较大;保护墙稳定性差;竣工后如发现漏水较难修补。这种方法只有当施工场地受限制,无法采用外贴法时才不得不用之。

【例 10.2】　某施工单位承接一栋高层建筑工程项目施工,该工程地上 18 层、地下 2 层,主体为框架-剪力墙结构,地下室为箱型结构。该工程地下水位较高,为了确保基础工程施工质量,在基坑开挖前,施工单位编制了详细的施工方案和质量计划,主要包括基坑降水与支护、土方开挖与回填、地下室混凝土浇筑与防水等,其中基础采用 C40、P8 预拌混凝土浇筑。

问题:(1)简述地下防水混凝土工程施工检查内容。

(2)地下防水工程常见质量通病有些?

(3)该工程地下室施工完毕后发现在预埋件部位出现多处渗漏水现象,请简要分析其原因。

【解】

(1)为保证地下防水混凝土工程施工质量,施工时应重点检查防水混凝土原材料的出厂合格证、质量检查报告、现场抽样试验报告;防水混凝土配合比、计量、坍落度;地下室混凝土模板及支撑;混凝土的浇筑和养护、施工缝或后浇带及预埋件(套管)的处理、止水带(条)等的预埋;混凝土试块的制作和养护、防水混凝土的抗压报告和抗渗性能试验报告;隐蔽工程验收记录、质量缺陷情况和处理记录等。

(2)地下防水工程常见质量通病有防水混凝土施工缝渗漏水、防水混凝土裂缝渗漏水和预埋件部位渗漏水。

(3)预埋件部位渗漏水的原因可能有:①预埋件周围,尤其是预埋件密集处混凝土浇捣困难,振捣不密实;②没有认真清除预埋件表面锈蚀层,致使预埋件不能与混凝土粘结严密;③暗线管接头不严或使用有缝管,水渗入管内后,又从管内流出;④在施工或使用中,预埋件受振松动,与混凝土间产生缝隙。

10.2.5　涂料防水层施工

涂料防水层包括无机防水涂料和有机防水涂料。无机防水涂料可选用掺外加剂、掺合料的水泥基防水涂料、水泥基渗透结晶型防水涂料。有机防水涂料可选用反应型、水乳型、聚合物水泥等涂料。

无机防水涂料宜用于结构主体的背水面,有机防水涂料宜用于地下工程主体结构的迎水面,用于迎水面的有机涂料应具有较高的抗渗性,且与基层有较好的粘结性。

防水涂料宜采用外防外涂或外防内涂。掺外加剂、掺合料的水泥基防水涂料厚度不得小于 3.0 mm,水泥基渗透结晶型防水涂料的用量不应小于 1.5 kg/m²,且厚度不应小于 1.0 mm,有机防水涂料的厚度不得小于 1.2 mm。

涂料应分层涂刷或喷涂,涂层应均匀,涂刷应待前遍涂层干燥成膜后进行。每遍涂刷时应交替改变涂层的涂刷方向,同层涂膜的先后搭压宽度宜为 30~50 mm。涂料防水层的甩槎处接槎宽度不应小于 100 mm,接涂前应将其甩槎表面处理干净。采用有机防水涂料时,基层阴阳角处应做成圆弧;在转角处、变形缝、施工缝、穿墙管等部位应增加胎体增强材料和增涂防水涂料,宽度不应小于 500 mm;胎体增强材料的搭接宽度不应小于 100 mm。上下两层和相邻两幅胎体的接缝应错开 1/3 幅宽,且上下两层胎体不得相互垂直铺贴。

有机防水涂料施工完后应及时做保护层,底板、顶板应采用 20 mm 厚 1:2.5 水泥砂浆和 40~50 mm 厚细石混凝土做保护层,防水层与保护层之间宜设置隔离层;侧墙背水面保护层应采用 20 mm 厚 1:2.5 水泥砂浆;侧墙迎水面保护层宜选用软质保护材料或 20 mm 厚 1:2.5 水泥砂浆。

10.2.6 地下防水工程渗漏处理

地下防水工程,常常由于设计考虑不周、选材不当或施工质量差而造成渗漏,直接影响生产和使用。渗漏水易发生的部位主要在施工缝、蜂窝麻面、裂缝、变形缝及穿墙管道等处。渗漏水的形式主要有孔洞漏水、裂缝漏水、防水面渗水或是上述几种渗漏水的综合。因此,堵漏前必须先查明其原因,确定其位置,弄清水压大小,然后根据不同情况采取不同的防治措施。

(1)渗漏部位及原因

①防水混凝土结构渗漏部位及原因

由于模板表面粗糙或清理不干净,模板浇水湿润不够,脱模剂涂刷不均匀,接缝不严,振捣混凝土不密实等原因,致使混凝土出现蜂窝、孔洞、麻面而引起渗漏。墙板与底板及墙板与墙板间的施工缝处理不当而造成地下水沿施工缝渗入。由于混凝土中砂石含泥量大,养护不及时等,产生收缩和温度裂缝而造成渗漏。混凝土内的预埋件及管道穿墙处未认真处理而致使地下水渗入。

②附加卷材防水层渗漏部位及原因

由于保护墙和地下工程主体结构沉降不同,致使粘在保护墙上的防水卷材被撕裂而造成漏水。卷材的压力和搭接接头宽度不够,搭接不严,结构转角处卷材铺贴不严实,后浇或后砌结构时卷材被破坏,或由于卷材韧性较差,结构不均匀沉降而造成卷材被破坏,也会产生渗漏。另外,还有管道处的卷材与管道粘结不严,出现张口翘边现象而引起渗漏。

③变形缝渗漏原因

止水带固定方法不当,埋设位置不准确或在浇筑混凝土时被挤动,止水带两翼的混凝土包裹不严,特别是底板止水带下面的混凝土振捣不实;钢筋过密,浇筑混凝土时下料和振捣不当,造成止水带周围骨料集中、混凝土离析,产生蜂窝、麻面;混凝土分层浇筑前,止水带周围的木屑杂物等未清理干净,混凝土中形成薄弱的夹层,均会造成渗漏。

(2)堵漏技术

堵漏技术就是根据地下防水工程特点,针对不同程度的渗漏水情况,选择相应的防水材料和堵漏方法,进行防水结构渗漏水处理。在拟定处理渗漏水措施时,应本着将大漏变小漏、片漏变孔漏、线漏变点漏,使漏水部位汇集于一点或数点,最后堵塞的原则进行。

对防水混凝土工程的修补堵漏,通常采用的方法是用促凝剂和水泥拌制而成的快凝水泥胶浆,进行快速堵漏或大面积修补。近年来,采用膨胀水泥(或掺膨胀剂)作为防水修补材料,其抗渗堵漏效果更好。对混凝土的微小裂缝,则采用化学灌浆堵漏技术。

10.3 室内防水工程

室内防水工程指的是建筑室内卫生间、厨房、浴室、水池、游泳池等部位的防水工程。室内防水工程与屋面、地下防水工程相比,不受自然气候的影响,温差变形及紫外线影响小,耐水压力小,因此,对防水材料的温度及厚度要求较小;受水的浸蚀具有长久性或干湿交替性,要求防水材料的耐水性、耐久性优良,不易水解、霉烂;室内防水工程较复杂,存在施工空间相对狭小、空气流通不畅、卫生间和厨房等处穿楼板(墙)管道多及阴阳角多等不利因素,防水材料施工不易操作,防水效果不易保证,选择防水材料应充分考虑可操作性;从使用功能上考虑,室内防水工程选用的防水材料直接或间接与人接触,要求防水材料无毒、难燃、环保,满足施工和使用的安全要求。

10.3.1 卫生间、厨房防水构造

卫生间、厨房防水工程是最常见的室内防水工程,其防水构造一般为:

(1)防水基层(找平层)

用配合比1:2.5或1:3.0水泥砂浆找平,厚度20 mm,抹平压光。

(2)地面防水层、地面与墙面阴阳角处理

地面防水层应做在地面找平层之上,饰面层以下。地面四周与墙体连接处,防水层往墙面上返250 mm以上;地面与墙面阴阳角处先做附加层处理,再做四周立墙防水层。

(3)管根防水

管根孔洞在立管定位后,楼板四周缝隙用1:2.5水泥砂浆堵严。缝大于20 mm时,可用细石防水混凝土堵严,并做底模。在管根与混凝土(或水泥砂浆)之间应留凹槽,槽深10 mm、宽20 mm,凹槽内嵌填密封材料。管根平面与管根周围立面转角处应做涂膜防水附加层。必要时在立管外设置套管,一般套管高出铺装层地面20~50 mm,套管内径要比管外径大2~5 mm,空隙嵌填密封材料。套管安装时,在套管周边预留10 mm×10 mm凹槽,凹槽内嵌填密封材料。防水层上做20 mm厚水泥砂浆保护层,再做地面砖等饰面层。墙面与顶板应做防水处理。有淋浴设施的卫生间墙面,防水层高度不应小于1.8 m,并与楼地面防水层交圈。

10.3.2 卫生间、厨房防水施工

卫生间和厨房防水施工在作业上一般采用施工灵便、无接缝的涂膜防水做法,也可选用聚乙烯丙纶防水卷材与配套粘结料复合防水做法。以实施冷作业、对人身健康无危害、符合环保要求及安全施工为原则。

目前防水涂料的品种很多,适用于卫生间、厨房等室内防水工程涂膜防水的防水涂料主要有聚氨酯防水涂料、聚合物水泥防水涂料、聚合物乳液防水涂料和渗透结晶型防水涂料。

以单组分聚氨酯防水涂料为例,卫生间、厨房防水工程涂膜防水的施工工艺流程为:

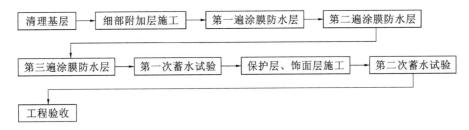

(1)清理基层。表面必须彻底清扫干净,不得有浮尘、杂物、明水等。

(2)细部附加层施工。卫生间的地漏、管根、阴阳角等处应用单组分聚氨酯涂刮一遍做附加层处理。

(3)第一遍涂膜施工以单组分聚氨酯涂料用橡胶刮板在基层表面均匀涂刮,厚度一致,涂刮量以 $0.6\sim0.8\ \text{kg/m}^2$ 为宜。

(4)第二遍涂膜施工。在第一遍涂膜固化后,再进行第二遍聚氨酯涂刮。对平面的涂刮方向应与第一遍刮涂方向相垂直,涂刮量与第一遍相同。

(5)第三遍涂膜和粘砂粒施工。第二遍涂膜固化后,进行第三遍聚氨酯涂刮,达到设计厚度。在最后一遍涂膜施工完毕尚未固化时,在其表面应均匀地撒上少量干净的粗砂,以增加与即将覆盖的水泥砂浆保护层之间的粘结。卫生间、厨房防水层经多遍涂刷,单组分聚氨酯涂膜总厚度应大于或等于 1.5 mm。当涂膜固化完全并经蓄水试验验收合格才可进行保护层、饰面层施工。

卫生间、厨房防水层完工后,应做 24 h 蓄水试验,蓄水高度在最高处为 $20\sim30$ mm,确认无渗漏时再做保护层或饰面层。设备与饰面层施工完毕还应在其上继续做第二次 24 h 蓄水试验,达到最终无渗漏和排水畅通为合格。

 习题和思考题

10.1 简述屋面防水层的构造及其作用。

10.2 试述倒置式保温屋面的构造及其施工要求。

10.3 常用基层处理剂有哪几种?一般采用什么方法施工?

10.4 防水卷材的种类有哪些?当用于屋面防水层时,卷材铺设有哪些要求?

10.5 简述涂膜防水屋面的适用范围及各类防水涂膜的施工要点。

10.6 细石混凝土保护层施工要点有哪些？

10.7 简述地下工程防水施工方案。

10.8 常用的防水混凝土有哪些？防水混凝土施工有哪些要求？防水混凝土施工缝有哪几种构造？

10.9 简述地下结构水泥砂浆防水层的种类、构造及施工要点。

10.10 何谓卷材防水层的内贴法和外贴法？各自的施工工艺与特点是什么？

10.11 地下防水工程渗漏原因有哪几种？常用的处理方法有哪些？

10.12 室内防水工程的基本特征有哪些？

11 装 饰 工 程

内容提要

本章包括抹灰工程、饰面工程、涂饰和裱糊工程、幕墙工程等内容。主要介绍各相关工程的分类、组成和施工工艺;并重点阐述了抹灰工程和饰面工程的施工要点、质量检查与验收。

装饰工程包括抹灰、门窗、吊顶、轻质隔墙、饰面、涂饰、裱糊和软包、幕墙和细部等工程。装饰工程是建筑施工的最后一个施工过程,其作用是保护结构免受风雨、潮气等浸蚀,改善使用功能,提高居住条件以及增加建筑物美观和美化环境。

装饰工程施工工程量大、工期长、用工量多,随着经济建设发展和居住条件要求的提高,装饰材料发展迅速,对装饰工程的施工技术和质量要求也提出了更高的要求。装饰工程材料应符合国家标准的规定,施工中应保证主体结构安全和主要使用功能。

11.1 抹 灰 工 程

抹灰工程就是用砂浆、石灰或各种装饰材料涂抹在建筑物的墙面、顶棚等部位的一种装饰工作,其作用是增加建筑物的美观和形象,可以隔热、隔音、防潮,减少外界有害物质对建筑物的腐蚀,延长建筑物的使用寿命。

抹灰工程按使用材料和装饰效果分为一般抹灰和装饰抹灰。

11.1.1 一般抹灰施工

11.1.1.1 一般抹灰的组成和分类

为保证抹灰表面的平整,避免开裂,抹灰层一般可分为底层、中层和面层。

底层主要使抹灰层与基层粘结牢固和初步找平;中层主要起找平作用,以弥补底层因砂浆收缩而出现的裂缝;面层使表面光滑细腻,起装饰作用(图 11.1)。

一般抹灰用石灰砂浆、水泥砂浆、水泥混合砂浆、聚合物水泥砂浆和麻刀石灰、纸筋石灰、石灰膏等材料,所用材料的品种和性能应符合设计要求。

按装饰质量要求的不同,一般抹灰可以分为普通抹灰和高级抹灰,当设计无要求时,按普通抹灰进行。

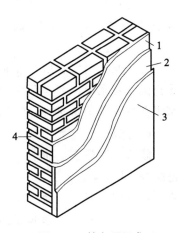

图 11.1 抹灰层组成

1—底层;2—中层;3—面层;4—基体

普通抹灰为一底层、一中层、一面层,三遍成活,适用于一般室内装饰。主要工序为阴阳角找方、设置标筋,分层涂抹,表面压光。要求表面光滑、洁净,接槎平整,分格缝清晰。

高级抹灰为一底层、几遍中层、一面层,多遍成活。主要工序为阴阳角找方、设置标筋,分层涂抹、擀平、修整,表面压光;要求表面光滑、洁净、颜色均匀、无抹纹,分格缝和灰线清晰美观。

11.1.1.2 一般抹灰施工

扫一扫 一般抹灰

一般抹灰的施工工艺为:

洒水湿润基层 → 抹灰饼 → 设置标筋 → 做护角 → 抹灰 → 清理

(1)基层处理

施工洞口堵塞密实,达到表面平整,立面垂直;洒水湿润基层,以使底层砂浆与基层粘结牢固,防止基层过干而吸去砂浆中的水分,使抹灰层产生空鼓和脱落。对不同材料基体交接处,应采取金属网或纤维网加强措施以防抹灰层因基体温度变化胀缩不一而产生裂缝。

(2)设置灰饼

为了有效地控制抹灰层的厚度和墙面平直度,抹灰前用与抹灰层相同的砂浆先设置灰饼、标筋作为底层、中层抹灰的依据。

抹灰饼前,先全面检查墙面的平整度和垂直度,以确定抹灰厚度,在距离上下两边阴角 20 cm 处,用底层抹灰砂浆各做一个边长约 5 cm 的灰饼,厚度与抹灰层厚度相同,然后以这两个灰饼为依据,用拖线板或线锤吊挂垂直,再做相邻的灰饼,并使左右两灰饼的间距为 1.2~1.5 m。

(3)墙面标筋

标筋就是在上下两块灰饼之间抹出一条长梯形灰埂,其宽度为 10 cm 左右,厚度与灰饼相同,作为墙面底层抹灰的标准。标筋间挂线,用引线控制抹灰层厚度。抹灰墙面不大时,可做两条标筋,待稍干后可进行底层抹灰。如图 11.2 所示。

顶棚抹灰一般不设灰饼标筋,而是在靠近顶棚四周的墙面上弹一条水平线以控制抹灰厚度,并作为抹灰找平的依据。

(4)护角

在室内的门窗洞口及墙面、柱面的阳角处应做护角,使阳角线条清晰顺直,防止碰坏。无论设计有无规定都必须做护角,护角也起到冲筋的作用。设计无要求时,应采用1:2水泥砂浆做暗护角,护角高度应不低于 2 m,每侧宽度应不小于 50 mm,如图 11.3 所示。

(5)抹灰

墙面一般是自上而下,分别进行。一般情况下做完标筋稍干后即可抹底层灰,抹灰时先薄刮一层,接着分层找平,刮找一遍,然后检查底灰的平整度和阴阳角的方正。待底层灰收水后抹中层灰。面层抹灰,应在中层灰稍干后进行,并分两遍连续适时压实收光。

顶棚抹灰应在墙顶四周弹出水平线,沿四周抹灰并找平。

外墙窗台、窗楣、雨篷、阳台、压顶及突出腰线的上面应做流水坡度,下面应做滴水线或滴水槽。滴水槽的深度和宽度均不小于 10 mm,并整齐一致。

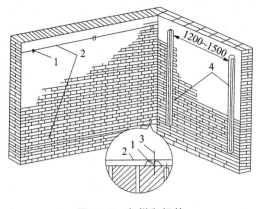

图 11.2　灰饼和标筋

1—底饼;2—引线;3—钉子;4—标筋

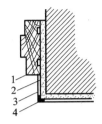

图 11.3　护角

1—窗口;2—墙面抹灰;3—面层;4—护角

各抹灰层的厚度根据基体材料、抹灰砂浆种类、墙体表面情况和质量要求等确定,水泥砂浆每遍厚度宜为 7～10 mm,石灰砂浆和水泥混合砂浆每遍厚度宜为 5～7 mm。抹灰层的总厚度应符合设计要求,内墙普通抹灰和高级抹灰总厚度分别不大于 20 mm 和 25 mm。外墙抹灰总厚度不大于 20 mm。顶棚为现浇混凝土时,总厚度不大于 15 mm;为预制混凝土板时,总厚度不大于 18 mm。勒脚和突出部位的抹灰总厚度不大于 25 mm。

11.1.2　装饰抹灰施工

装饰抹灰施工方法依据材料不同而定,可以分成石粒类和砂浆类。石粒类有水磨石、水刷石、干粘石、斩假石等;砂浆类有拉毛、假面砖、喷涂等。

装饰抹灰的底层与一般抹灰要求相同,多为 1∶3 水泥砂浆打底,仅面层根据材料及施工方法而具有不同的形式。装饰抹灰属于湿作业,现已被很多新型装饰材料所替代,一般仅在仿古工程、修缮工程或一些特殊部位才采用。

11.1.2.1　水刷石

水刷石多用于外墙面。其抹灰共分三层,底层同一般抹灰,待底层砂浆收水后,抹中层砂浆并压实搓平。中层砂浆凝结后,在其上按设计分格弹线,用水泥砂浆粘分格条。面层施工前,必须在中层面上洒水润湿后刮水泥浆或涂刷界面剂,使面层与中层结合牢固。随即抹上稠度为 5～7 cm,厚 8～12 mm 的水泥石浆(水泥∶石子＝1∶1.25～1∶1.5)面层,拍平压实,使石子密实且分布均匀。当面层达到用手指按压无明显指印时,即用鬃刷沾水自上而下刷掉面层水泥浆,使石子表面完全外露为止。为使表面洁净,可用喷雾器自上而下喷清水,将石子表面水泥浆冲洗干净。

完工后,水刷石表面应石粒清晰、分布均匀、紧密平整、色泽一致,无掉粒和接槎痕迹。

11.1.2.2　干粘石

在水泥砂浆面上直接干粘石子的做法称为干粘石法。其底层也与一般抹灰相同,待底层灰 6～7 成干后,按设计要求弹出分格线并贴分格条,分格条要横平竖直。当中层灰已干燥时先用水湿润,刷水泥浆一道,随即涂抹水泥砂浆粘结层,厚度以 6～8 mm 为宜,待干湿情况适宜时,将配有不同颜色的石粒均匀地甩至粘结层上,用抹子拍平压实。石粒嵌入粘结层深度不小于石子粒径的 1/2。甩石粒应遵循"先边角后中间,先上面后下面"的原则。待水泥砂浆有一定强度后洒水养护。当墙面达到表面平整,石粒饱满时,即可起出分格条。

完工后的干粘石表面应色泽一致,不露浆,不漏粘,石粒应粘结牢固、分布均匀,阳角处应无明显黑边。

11.1.2.3　斩假石

斩假石又称剁斧石,是仿制天然花岗岩、青条石的一种饰面,属中高档外墙装饰,常用于台阶、外墙面等。

施工时先抹底层水泥砂浆,养护 24 h 后,弹线分格并粘结分格木条。洒水湿润后,刷界面剂一道,随即抹厚约 10 mm 的 1∶2～1∶2.5 的水泥石子浆面层,擀平压实,洒水养护 2～3 d,待面层强度达 60%～70% 即可试剁,若石子不脱落,即可用斧斩剁加工。斩时先上后下、先左后右达到设计纹理。剁纹的深度一般以 1/3 石粒径为宜。施工时应先将面层斩毛,剁的方向要一致,剁纹深浅均匀,不得漏剁,一般两遍成活。斩好后应及时取出分格条,修整分格缝,清理残屑,将斩假石墙面清扫干净。

斩假石表面剁纹应均匀顺直,深浅一致,阳角处应留横剁并留出宽窄一致的不剁边条,棱角应无损坏。

11.1.2.4　喷涂、弹涂、滚涂

喷涂、弹涂、滚涂是聚合物砂浆装饰外墙面的施工办法。在水泥砂浆中加入一定的聚乙烯醇缩甲醛胶(107 胶)、颜料、石膏等材料形成。不同的施工方法产生不同的效果。

喷涂外墙饰面:先用 1∶3 水泥砂浆打底分两遍成活,然后用空气压缩机、喷枪将面层砂浆均匀地喷至墙面上。连续喷三遍成活,第一遍喷至底层变色,第二遍喷至出浆不流为度,第三遍喷至全部出浆,颜色均匀一致。面层干燥后,再在表面喷甲基硅醇钠憎水剂,使之形成防水薄膜。

弹涂外墙饰面:用 1∶3 的水泥砂浆打底,木抹子搓平,喷色浆一遍;将拌和好的表面弹点色浆,放在筒形弹力器内,用手动或电动弹力棒将色浆甩出,甩出色浆点直径 1～3 mm,弹涂于底色浆上。表面色浆由 2～3 种颜色组成,颜色应均匀,相互衬托一致,干燥后表面喷甲基硅醇钠憎水剂。

滚涂外墙饰面是在水泥砂浆中掺入聚乙烯醇缩甲醛形成一种新的聚合物砂浆,用它抹于墙面上,再用辊子滚出花纹。具体操作过程为:用 1∶3 水泥砂浆打底,木抹子搓平搓细,浇水湿润,粘结分格条,抹饰面灰。用平面或刻有花纹的橡胶、泡沫塑料滚子在墙面上滚出花纹。面层施工时,一人在前面涂抹砂浆,用抹子压抹刮平,另一人紧接着用滚子上下左右均匀滚压,最后一遍必须自上而下滚压,使色彩均匀一致,不显接槎;面层干燥后,表面喷甲基硅醇钠憎水剂。

11.1.3　抹灰工程质量检查与验收

抹灰工程质量检查包括基体、材料、抹灰施工等内容,其质量关键是粘结牢固、无开裂、空鼓与脱落。

抹灰前基层表面的尘土、污垢、油渍等应清除干净,并应洒水润湿。抹灰所用材料的

品种和性能应符合设计要求,当要求抹灰层具有防水、防潮功能时,应采用防水砂浆;水泥的凝结时间和安定性复验应合格;砂浆的配合比应符合设计要求。抹灰工程应分层进行。当抹灰总厚度大于或等于 35 mm 时,应采取加强措施。不同材料基体交接处表面的抹灰,应采取防止开裂的加强措施,当采用加强网时,加强网与各基体的搭接宽度不应小于 100 mm。抹灰层与基层之间及各抹灰层之间必须粘结牢固。

抹灰层的总厚度应符合设计要求;水泥砂浆不得抹在石灰砂浆层上;罩面石膏灰不得抹在水泥砂浆层上。抹灰分格缝的设置应符合设计要求,宽度和深度应均匀,表面应光滑,棱角应整齐。

一般抹灰工程质量的允许偏差和检验方法应符合表 11.1 的规定。对普通抹灰,阴角方正可不检查;对顶棚抹灰,表面平整度可不检查,但应平顺。

表 11.1　一般抹灰的允许偏差和检验方法

项次	项　目	允许偏差(mm)		检查方法
		普通抹灰	高级抹灰	
1	立面垂直度	4	3	用 2 m 垂直检测尺检查
2	表面平整度	4	3	用 2 m 靠尺和塞尺检查
3	阴阳角方正	4	3	用直角检测尺检查
4	分格条(缝)直线度	4	3	拉 5 m 线,不足 5 m 拉通线,用钢直尺检查
5	墙裙、勒脚上口直线度	4	3	拉 5 m 线,不足 5 m 拉通线,用钢直尺检查

装饰抹灰工程质量的允许偏差和检验方法应符合表 11.2 的规定。

表 11.2　装饰抹灰的允许偏差和检验方法

项次	项　目	允许偏差(mm)				检　验　方　法
		水刷石	斩假石	干粘石	假面砖	
1	立面垂直度	5	4	5	5	用 2 m 垂直检测尺检查
2	表面平整度	3	3	5	4	用 2 m 靠尺和塞尺检查
3	阳角方正	3	3	4	4	用直角检测尺检查
4	分格条(缝)直线度	3	3	3	3	拉 5 m 线,不足 5 m 拉通线,用钢直尺检查
5	墙裙、勒脚上口直线度	3	3	—	—	拉 5 m 线,不足 5 m 接通线,用钢直尺检查

【例 11.1】　某高层综合楼工程,内墙采用粉煤灰砌块,抹灰为水泥砂浆高级抹灰,装饰工程验收中发现部分楼层墙面抹灰有空鼓现象。

问题:(1)抹灰施工工序交接检验内容有哪些?

(2)试述抹灰工程质量控制资料。

(3)分析质量问题原因并提出处理方法。

【解】

(1)水泥砂浆高级抹灰施工前的工序交接检验内容主要有:基层的处理、当抹灰总厚度大于或等于 35 mm 时的加强措施、不同材料基体交接处表面的加强措施。

（2）抹灰工程应检查的质量控制资料有：施工图等设计文件；材料的产品合格证书、性能检测报告、进场验收记录和复验报告；隐蔽工程验收记录和施工记录。

（3）本工程抹灰出现空鼓的原因可能有：抹灰前基层表面处理不干净、结构层洒水润湿不够，施工程序不当等。处理的方法是：铲除空鼓部分，对基层进行处理润湿，分层进行抹灰，各层之间保持一定时间间隔，抹灰施工做好加强措施，做到粘贴牢固。

11.2 饰面工程

饰面工程是指将块料面层镶贴（安装）在结构表面上，以形成良好装饰面层的施工。常用的块料面层按品种不同可分为饰面板和饰面砖两大类。饰面板包括天然石饰面板、人造石饰面板、金属饰面板、铝塑板、玻璃饰面板及木质饰面板等；饰面砖包括釉面瓷砖、外墙面砖、陶瓷锦砖、劈离砖、玻璃锦砖、马赛克等。

11.2.1 饰面板安装

天然石材板主要包括大理石、花岗石、青石板等，根据规格大小和装饰效果的不同，饰面板的安装方法主要有粘贴法、挂贴法和干挂法等，其中粘贴法适用于板材规格小于400 mm×400 mm、厚度小于12 mm 的饰面板安装。

饰面板表面应平整、洁净、色泽一致，无裂痕和缺损。石材表面应无泛碱等污染。饰面板嵌缝应密实、平直，宽度和深度应符合设计要求，嵌填材料色泽应一致。采用湿作业法施工的饰面板工程，石材应进行防碱背涂处理。饰面板与基体之间的灌注材料应饱满密实。饰面板上的孔洞应套割吻合，边缘应整齐。

（1）粘贴法施工

粘贴法施工工艺为：

基层处理 → 抹底灰 → 弹线定位 → 选料预排 → 粘贴饰面板 → 嵌缝、清理板面 → 抛光打蜡

①基层处理。粘贴法施工，基层的平整度尤其重要，故施工前，应对墙、柱基体的缺陷进行修复，清除基体上的灰尘、污垢，并保证平整、粗糙和湿润。

②抹底灰。用1∶3水泥砂浆在基体上抹底灰，厚度为12 mm，用短木杠刮平并划毛。

③弹线定位。根据设计图纸和实际粘贴的部位、饰面板的规格及接缝宽度，在底灰上弹出水平线和垂直线。

④粘贴饰面板。饰面板粘贴前，应在底灰上刷一道素水泥浆。同时将挑选好的饰面板，用水浸泡并取出晾干。粘贴时在饰面板背面抹上2～3 mm 厚的素水泥浆，贴上后用木锤或橡皮锤轻轻敲击使之粘牢。也可用环氧树脂胶粘贴，将胶均匀地涂抹在墙柱面和板块背面上，然后准确地将板块粘贴于墙柱上，并立即挤紧、找平、固定。

⑤嵌缝。待饰面板粘贴2～4 d 后可用与饰面板底色相近的水泥浆进行嵌缝。并清除板材表面多余的浆液。

（2）挂贴法施工

挂贴法的施工工艺为：

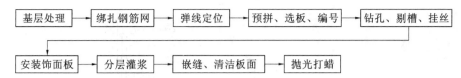

①基层处理。将基体表面清扫干净,对凹凸过大的应找平,表面光滑的应凿毛。

②绑扎钢筋网。根据设计要求用 $\phi 8 \sim 10\ mm$ 的钢筋采用焊接或绑扎的方法形成钢筋网片,竖向钢筋的间距可按饰面板宽度距离设置,横向钢筋其间距比饰面板竖向尺寸小 $20 \sim 30\ mm$ 为宜。随后采用膨胀螺栓、焊接等方式,将钢筋网片固定在基体上(图 11.4)。

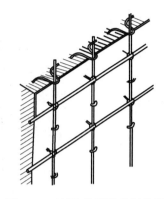

③预拼、选板、编号。为使安装好的石材面板上下左右花纹一致,接缝严密,安装前必须进行预拼、选板,并进行编号。

④钻孔、剔槽、挂丝。为保证饰面板与钢筋网片连接可靠,应事先在饰面板上钻孔或剔槽,常用的有"牛轭

图 11.4 墙面、柱面绑扎钢筋图

孔"、"斜孔"和"三角形槽"(图 11.5)。孔或槽一般距板材两端为板边长的 $1/4 \sim 1/3$ 处,孔的直径及槽的大小应符合施工要求。孔或槽形成后用铜丝或铅丝穿入其中。

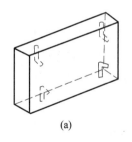 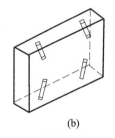 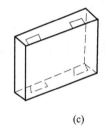

(a) (b) (c)

图 11.5 饰面板各种钻孔

(a)牛轭孔;(b)斜孔;(c)三角形槽

⑤安装饰面板。饰面板的安装一般自下而上逐层进行,拉水平通线,由中间或一端开始,安装时,穿好铜丝或铅丝,并将铜丝或铅丝绑扎在钢筋网片上。板材的平整度、垂直度和接缝宽度可利用木楔进行调整。用糊状石膏做临时固定。待石膏凝结硬化后,清除填缝材料(图 11.6)。

⑥灌浆。板材经校正垂直、平整、方正后,临时固定完毕,即可灌浆。灌浆一般采用 $1:3$ 水泥砂浆,稠度 $8 \sim 15\ cm$,灌浆应分层进行,第一层灌入高度不大于 $150\ mm$($\leqslant 1/3$ 板材高),灌时用小铁钎轻轻插捣,切忌猛捣猛灌。第一层灌完 $1 \sim 2\ h$ 后,检查板材无移动,即可进行第二层灌浆,高度 $100\ mm$ 左右,即板材的 $1/2$ 高度。第三层灌浆应低于板材上口 $50\ mm$ 处,余量作为上层板灌浆的接缝(采用浅色板材时,可采用白水泥,以免透底影响美观)。

⑦嵌缝。当整面板材逐层安装、灌浆后,可铲除外表面的石膏块,并将板材外表面清理干净。然后用与板材接近的颜料调制水泥色浆嵌缝,边嵌边擦拭清洁,使缝隙密实干净,颜色一致。

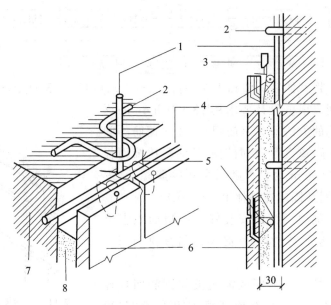

图 11.6　板材安装固定示意图

1—立筋；2—铁环；3—定位木楔；4—横筋；
5—铜丝或铅丝绑扎牢；6—饰面板；7—墙体；8—水泥砂浆

（3）干挂法施工

干挂法是将石材饰面板通过连接件固定于结构表面的施工方法。它与板块之间形成空腔，受结构变形影响小，抗震能力强，施工速度快，装饰质量较高，能避免因湿挂作业对石材表面造成泛碱现象，现已成为大型公共建筑石材饰面安装的主要方法。

扫一扫

干挂法施工

干挂法施工工艺为：

| 基层处理 | → | 弹线 | → | 板材钻孔 | → | 固定连接件 | → | 安装饰面板 | → | 嵌缝 |

①基层处理。剔除突出基体表面影响连接件安装的部分。

②弹线。根据设计图纸和实际需要弹出安装饰面板的位置线和分块线。

③板材钻孔（开槽）。根据设计尺寸和图纸要求，将板材用专用模具在上下侧边进行钻孔（或开槽），孔径 6 mm，孔深 25 mm 左右。

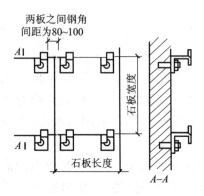

图 11.7　不锈钢挂件的布置

④固定连接件。连接件一般是由不锈钢板或角钢等金属构件组成。连接件的安装位置应根据设计尺寸和板材钻孔的位置确定（图 11.7）。连接件可通过膨胀螺栓等方法与墙、柱基体连接（图 11.8）。

⑤饰面板安装与固定。板材安装顺序是自下而上进行，在墙面最下一排板材位置的上下口拉两条水平控制线，板材从中间或墙面阳角开始就位安装。先安装好第一块作为基准，其平整度应以事先设置的标准厚度为依据，用线锤吊直，将板材固定在上下连接件上，经校准后加以固定。板材安装要求四角平整，纵横对缝。

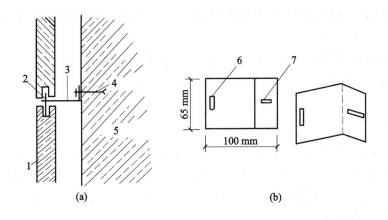

图 11.8 用膨胀螺栓固定板材

(a)板材的固定;(b)L 形连接件

1—饰面板;2—销钉;3—L 形连接件;4—膨胀螺栓;5—混凝土基层;6—销钉槽;7—膨胀螺栓孔

⑥嵌缝及防水处理。每一施工段安装后经检查无误,方可清扫拼接缝,嵌入柔性橡胶条或泡沫聚乙烯材料作为封底,以控制接缝的密封深度和加强密封胶的粘结力。然后用打胶机进行硅胶涂封,以达到防水及美观效果。

11.2.2 饰面砖镶贴

饰面砖施工前应根据设计要求和粘贴方法,准备好各种饰面砖、粘贴材料及辅助材料(金属网),并对面砖进行挑选,包括规格、颜色、平整度等。

饰面砖表面应平整、洁净、色泽一致,无裂痕和缺损。阴阳角处搭接方式、非整砖使用部位应符合设计要求。墙面突出物周围的饰面砖应整砖套割吻合,边缘应整齐。墙裙、贴脸突出墙面的厚度应一致。饰面砖接缝应平直、光滑,填嵌应连续、密实,宽度和深度应符合设计要求。有排水要求的部位应做滴水线(槽),滴水线(槽)应顺直,流水坡向应正确、坡度应符合设计要求。

饰面砖的镶贴工艺为:

(1)基层处理

基体表面残留的砂浆、灰尘及油渍等,应用钢丝刷刷洗干净,基体表面凹凸部分,应事先剔平或用 1∶3 水泥砂浆补平。门窗口与墙交接处应用水泥砂浆嵌填密实。

(2)抹底灰

一般用 1∶3 水泥砂浆对基体表面分层进行抹灰,总厚度控制在 15 mm 左右,抹灰时,要注意找好檐口、腰线、窗台、雨篷等饰面的流水坡度和滴水线(槽)。底灰抹好后,要根据气温情况及时进行浇水养护。

(3)弹线

饰面砖镶贴前,应根据图纸要求和砖的规格大小分别弹出每层的水平线和垂直线,如采用离缝镶贴,要使离缝分格均匀,同时要保证窗口、墙角的阳角使用整块砖。

(4)浸砖

饰面砖在镶贴前应在清水中充分浸泡,以保证粘贴后不致因吸走灰浆中水分而粘贴不牢,浸泡时间一般为3~5 h,外墙面砖则需隔夜浸泡,取出晾干,以饰面砖表面有潮湿感,手按无水迹为宜。

(5)预排

饰面砖镶贴前应根据设计图纸尺寸进行预排,预排时应注意同一墙面的横竖排列,不得有一排以上的非整砖。非整砖应排在不明显的部位或阴角处。一般要求水平缝应与碹脸、窗台齐平,竖向要求阴角及窗口处均为整砖。对墙、垛等处,要求先测好中心线、水平分格线和阴阳角垂直线。

(6)镶贴

①内墙面砖镶贴。内墙面砖镶贴一般用1:3水泥浆做结合层,镶贴的顺序是:由下往上,由左往右,逐层进行镶贴。镶贴前,应根据室内标准水平线,设置支撑饰面砖的地面木托板(图11.9)。加木托板的目的是防止贴饰面砖时在水泥浆未硬化前饰面砖体向下滑移。木托板表面应加工平整,其高度为非整块砖的调节尺寸,整块砖的镶贴,应从木托板开始自下而上,从阳角开始,将非整砖留在阴角或次要部位。

镶贴时,用铲刀将水泥砂浆均匀涂抹在饰面砖的背面,厚度不大于5 mm,四周刮成斜角,按线就位后用手按压,用铲刀木柄轻轻敲击,使其紧密贴于墙面,并注意确保饰面砖四周砂浆饱满,并用靠尺找平。

内墙饰面砖排列方法主要有"对缝排列"和"错缝排列"两种(图11.10)。为满足饰面砖平整度的要求,粘贴时应先贴若干块(间距1.5 m左右)样砖作为标准厚度砖。

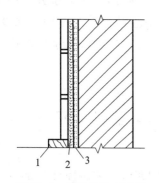

图11.9 设置地面木托板

1—木托板;2—粘贴层;3—找平层

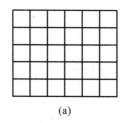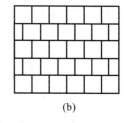

图11.10 瓷砖排列方法

(a)对缝;(b)错缝

镶贴完一行饰面砖后,用靠尺按标准块将其校正。高于标准块的,应轻轻敲击,使其平齐;低于标准块时,应取下饰面砖,重新抹灰镶贴,不得在砖口处塞灰浆,否则会产生空鼓。

②外墙面砖镶贴。外墙面砖镶贴前应先对基层刮糙,再涂抹1:3水泥砂浆找平层,养护1~2 d后,统一弹线分格、排砖,一般要求横缝与碹脸或窗台相平。如按整块分格,可

调整砖缝大小解决。根据弹线分格,在找平层上从上到下弹上若干水平线和垂直线,要求竖向阳角窗口均为整块,粘贴要求与内墙面基本相同。

外墙面砖镶贴的排列方式较多,常用的有密缝粘贴和离缝粘贴两种。这两种方式还可分为齐缝排列和错缝排列(图 11.11)。

凡阳角部位都应整砖镶贴,且阳角处正立面整砖应压盖侧立面整砖,对大面积墙面砖的镶贴除不规则部分外,其他均不裁砖,且阳角不得对角粘贴(图 11.12)。

对突出墙面的窗台、腰线及滴水线等部位,粘贴时要做出一定的排水坡度,一般为3%,台面砖盖立面砖,正面砖要往下突出 3 mm 左右,底面砖要留流水坡度。

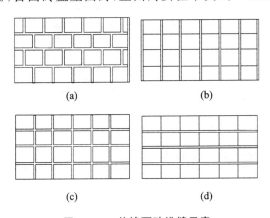

图 11.11 外墙面砖排缝示意

(a)错缝;(b)竖通缝;(c)横竖通缝;(d)横通缝

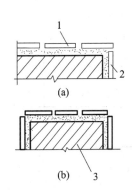

图 11.12 外墙阳角排砖示意

(a)阳角盖砖关系;(b)柱面对角粘贴关系

1—正立面;2—侧立面;3—柱

(7)勾缝

在完成一个层段的墙面并检查合格后,即可进行勾缝,勾缝用 1∶1 水泥砂浆,可做成凹缝(尤其是离缝粘贴),深度 3 mm 左右,面砖密缝处可用和面砖相同颜色的水泥擦缝,勾缝材料硬化后,将面砖表面清洗干净,如有污染,可用浓度为 10%的盐酸溶液刷洗后,再用清水冲净。

11.2.3 饰面工程质量检查与验收

饰面工程主要是保证粘贴和安装牢固,装饰效果达到设计要求。

饰面板、砖的品种、规格、颜色和性能应符合设计要求,木龙骨、木饰面板和塑料饰面板的燃烧性能等级应符合设计要求。

饰面板孔、槽的数量、位置和尺寸应符合设计要求。饰面板安装工程的预埋件(或后置埋件)和连接件的数量、规格、位置、连接方法和防腐处理必须符合设计要求。后置埋件的现场拉拔强度必须符合设计要求。

饰面砖镶贴工程的找平、防水、粘结和勾缝材料及施工方法应符合设计要求及国家现行产品标准和工程技术标准的规定。满粘法施工的饰面砖工程应无空鼓裂缝。

饰面板安装的允许偏差和检验方法应符合表 11.3 的规定。

饰面砖镶贴的允许偏差和检验方法应符合表 11.4 的规定。

表 11.3　饰面板安装的允许偏差和检验方法

项次	项　目	允许偏差(mm)							检验方法
		石　材			瓷板	木材	塑料	金属	
		光面	剁斧石	蘑菇石					
1	立面垂直度	2	3	3	2	1.5	2	2	用 2 m 垂直检测尺检查
2	表面平整度	2	3	—	1.5	1	3	3	用 2 m 靠尺和塞尺检查
3	阴阳角方正	2	4	4	2	1.5	3	3	用直角检测尺检查
4	接缝直线度	2	4	4	2	1	1	1	拉 5 m 线,不足 5 m 拉通线,用钢直尺检查
5	墙裙、勒脚上口直线度	2	3	3	2	2	2	2	拉 5 m 线,不足 5 m 拉通线,用钢直尺检查
6	接缝高低差	0.5	3	—	0.5	0.5	1	1	用钢直尺和塞尺检查
7	接缝宽度	1	2	2	1	1	1	1	用钢直尺检查

表 11.4　饰面砖镶贴的允许偏差和检验方法

项次	项目	允许偏差(mm)		检　验　方　法
		外墙面砖	内墙面砖	
1	立面垂直度	3	2	用 2 m 垂直检测尺检查
2	表面平整度	4	3	用 2 m 靠尺和塞尺检查
3	阴阳角方正	3	3	用直角检测尺检查
4	接缝直线度	3	2	拉 5 m 线,不足 5 m 拉通线,用钢直尺检查
5	接缝高低差	1	0.5	用钢直尺和塞尺检查
6	接缝宽度	1	1	用钢直尺检查

11.3　涂饰和裱糊工程

11.3.1　涂饰工程

建筑涂料是指涂敷于建筑基体表面,经干燥后能形成坚韧涂膜并与基体粘结成一体的材料。它具有保护、装饰和某些特殊功能,涂料干后形成的涂膜对基体表面起覆盖保护作用,涂膜的各种色彩和质感使其具有较强的装饰性。

涂饰工程材料的品种繁多,按其使用部位不同可分为内墙涂料、外墙涂料及地面涂料,按化学成分不同可分为水性涂料(乳液型涂料、无机涂料、水溶性涂料等),溶剂型涂料(丙烯酸酯涂料、聚氨酯丙烯涂料、有机硅丙烯酸涂料等)和美术涂料等。

11.3.1.1　内墙涂料施工

内墙涂料施工工艺为:

（1）基层处理

主要保证墙面的平整、干净、干燥，若有孔洞、裂纹等缺陷需及时修补，墙面有灰尘、油污等污染，应清理干净。同时，抹灰层含水量不大于 10%。

（2）刮腻子、磨光

内墙用腻子一般是由白乳胶、滑石粉（或大白粉）和 2% 羧甲基纤维素溶液（质量配合比为 1:5:3.5）拌制而成。

腻子一般要求满刮两遍，第一遍用胶皮刮板横向刮抹，要求均匀、光滑、密实、不漏刮，接头不留槎，不沾污门窗框其他部位，线角及边棱整齐，待干透后用粗砂纸打磨平整；第二遍刮腻子的方向与第一遍方向垂直，方法相同，干透后用细砂纸打磨平整、光滑。

（3）刷涂料

①水性涂料。水性涂料（如聚乙烯醇水玻璃涂料，即 106 涂料）可用滚涂法施工，将蘸取涂料的毛辊先按 W 方式运动，将涂料大致涂在基层上，然后用蘸取涂料的毛辊紧贴基层，上下、左右来回滚动，使涂料在基层上均匀展开，最后用蘸取涂料的毛辊按一定方向满滚一遍，阴角及上下口宜采用排笔刷涂抹齐。

②丙烯酸酯涂料。丙烯酸酯涂料（如乳胶漆）可采用刷涂的方法施工。用排笔、棕刷等工具蘸上涂料，均匀地刷涂在基层表面上。涂刷时，宜按先左后右，先上后下，先难后易，先边后面的顺序进行。涂刷距离长短一致，勤沾短刷，接槎应在分格缝处。刷涂一般不少于两道，应在前一道涂料表面干燥后，再刷下一道，两道涂料的间隔时间一般为 2～4 h。

③聚氨酯涂料。聚氨酯涂料（如仿瓷涂料）可采用抹涂的方法施工。先在基层刷涂或滚涂 1～2 道底层涂料，待其干燥后，用不锈钢抹子将涂料涂抹在基层上。一般抹 1～2 遍，间隔 1 h 后再用不锈钢抹子压平。

④高分子涂料。高分子涂料可采用喷涂法施工，喷枪压力宜控制在 0.4 ～0.8 MPa 范围内，喷涂时喷枪与墙面应保持垂直，距离宜在 500 mm 左右，匀速平行移动，两行重叠宽度宜控制为喷涂宽的 1/3。

内墙涂料施工时，一般室内温度控制在 5～35℃之间，施工顺序一般应先顶棚后墙面。若楼地面已施工，应予覆盖，以保持地面清洁。

（4）清扫

涂料施工完毕，应及时修补和清扫，并清除预先盖在门窗等部位的遮挡物。

11.3.1.2 外墙涂料施工

外墙涂料的种类较多，现以复层建筑涂料（合成树脂类、硅溶胶类、水泥系类等）为例介绍。

外墙涂料施工工艺为：

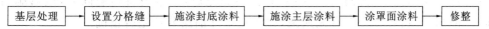

（1）基层处理

将基层表面上的灰尘、污垢等清除干净，将缺棱掉角处用 1:3 水泥砂浆修补好，表面麻面及缝隙可用腻子局部刮平,待腻子干后,用砂纸磨平。

（2）设置分格缝

根据设计要求设置分格缝,并保证分格缝平直、光滑、粗细一致。

（3）施涂封底涂料

封底涂料采用喷涂或刷涂方法进行。

（4）喷涂主层涂料

喷涂施工应根据所用涂料的品种、黏度、稠度等确定喷涂机的种类、喷嘴口径、喷涂压力、与基层之间的距离等。采用喷枪进行施工时,喷嘴中心线必须与墙面垂直,喷枪与墙面平行有规则地移动,运行速度应保持一致,涂料点状大小和疏密程度应均匀一致,涂层的接槎应留在分格缝处。门窗以及不喷涂料的部位,应认真遮挡。喷涂操作一般应连续进行,一次成活。

（5）涂罩面涂料

主层涂料干后,即可涂饰面层涂料,水泥系主层涂料喷涂后应先干燥 12 h,才能施罩面涂料。施涂罩面涂料时,采用喷涂的方法进行,不得有漏涂和流坠现象。待第一遍罩面涂料干燥后,再喷涂第二遍罩面涂料。

（6）修整

修整的形式有两种:一种是随施工随修整,它贯穿于班前班后和每完成一分格块之后;另一种是整个分部、分项工程完成后,应组织进行全面检查,如发现有"漏涂"、"透底"、"流坠"等缺陷,应立即修整和处理,以保证施工质量。

11.3.1.3   木基层涂料施工

木基层涂料的种类很多,常采用溶剂型涂料(简称油漆),现以混色油漆为例进行介绍。

木基层涂料施工工艺为:

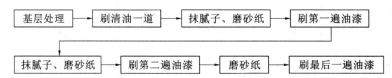

（1）基层处理

基层处理包括清扫、起钉、除油污、刮灰土、磨砂纸。刮灰土时,不要刮出木毛并防止刮坏面层。磨砂纸先磨线角后磨四口平面,顺木纹打磨,在木节疤和油迹处用酒精漆片点刷。

（2）刷清油一道

清油用汽油、光油配制,略加一些红土子(避免漏刷)。刷清油的目的,一是保证木材含水率的稳定性,二是增加面层与基层的附着力。

刷门时,先刷亮子,再刷门框,门扇的背面刷完后,用木楔将门扇固定,最后刷门扇的正面,全部刷完后,检查一下有无遗漏,并注意里外油漆分色是否正确。

刷窗时,如为两扇窗,先刷左扇后刷右扇,三扇窗应最后刷中间一扇,窗扇外面全部刷完后,用木桯钉钩住,不可关闭,然后再刷里面。

涂刷清油时应注意保护门窗框边墙及五金件的清洁。

（3）第一次抹腻子、磨砂纸

腻子的质量配合比为石膏粉：熟桐油：水＝20：7：50。待清油干透后,将钉孔、裂缝、节疤以及边棱残缺处,用石膏油腻子刮抹平整,腻子要横抹竖起,将腻子刮入钉孔或裂纹内。如接缝或裂纹较宽、孔洞较大时,可用开刀将腻子挤入缝洞内,使腻子嵌入后刮平、收净,表面上的腻子要刮光无野腻子残渣。上下冒头、榫头等处均应抹到。

腻子干透后,用1号砂纸打磨,注意不要磨穿油膜,并保护好棱角,不留野腻子痕迹,磨完后应打扫干净,并用湿布将磨下粉末擦净。

（4）刷第一遍油漆

油漆一般采用刷涂(用排笔棕刷等工具)的方法施工,刷涂时应顺着木纹刷涂,线角处不宜刷得过厚。内外分色的分界线应刷得齐直,小面积狭长处可用油刷侧面上油,刷后再用大面理顺。在门芯板或大面积木料上刷油漆时,可采用"开油"(沿长向每隔50～60 mm刷一长条)、"横油"、"斜油"(横向和斜向来回刷开)、"理油"(最后沿长向轻轻理顺),接头处油刷应轻刷,不显刷痕。涂层应均匀平滑,色泽一致,刷完后应检查有无漏刷处。

油刷蘸油漆时应少蘸勤蘸,油刷浸入油漆内不宜超过刷毛长的2/3,蘸好后将油刷两面各在油漆桶边轻拍一下,使多余的涂料回桶,以免滴落沾污其他物面,并可防止在立面上涂刷时流坠。刷涂时,油刷应拿稳,条路应准确,操作应轻便灵活。

（5）第二次抹腻子、磨砂纸

第一遍油漆干透后,对底腻子收缩或残缺处,用稍硬较细的加色腻子嵌补平整,待嵌补腻子干透后,用砂纸将所有施涂部位的表面磨平、磨光,以加强下一遍施涂的附着力,砂纸磨好后用湿布将粉尘擦净待干。

（6）刷后两遍油漆

刷油方法同前,刷涂时,要多刷多理,并注意刷油漆饱满,刷油动作要敏捷,不流不坠,光亮均匀,色泽一致。

继续磨砂纸打磨,注意不要把底层油磨穿,要保护好棱角,并及时做好清理。

最后一遍刷完油漆后,要立即仔细检查,如发现问题,应及时修整。

11.3.1.4　金属面涂料施工

金属面涂料也常采用溶剂型涂料,其施工工艺为:

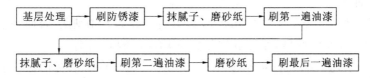

（1）基层处理

基层处理包括清扫、除锈、磨砂纸等,先将钢门窗或金属表面上的浮土、灰浆等清扫干净,发现锈斑的,可用钢丝刷和砂布彻底打磨干净。

（2）刷防锈漆

防锈漆可采用红丹防锈漆或铁红防锈漆等。刷防锈漆时,应手轻、速度较快、刷涂厚度均匀。

（3）抹腻子、磨砂纸

金属表面上的砂眼、凹坑、缺棱、拼缝等，用石膏油性腻子刮抹平整。腻子干后，用砂纸磨平，用油刷处理干净粉尘。

继续刷多遍油漆完成涂饰工作。

11.3.2　裱糊工程

室内墙面可用聚氯乙烯（简称 PVC）塑料壁纸、复合壁纸、墙布等装饰材料装饰。裱糊工程就是把壁纸或墙布用胶粘剂裱糊到内墙基层表面上。

裱糊后的壁纸、墙布表面应平整，色泽一致，不得有波纹起伏、气泡、裂缝、皱折及斑污，斜视时应无胶痕。复合压花壁纸的压痕及发泡壁纸的发泡层应无损坏。壁纸、墙布与各种装饰线、设备线盒应交接严密。壁纸、墙布边缘应平直整齐，不得有纸毛、飞刺。壁纸、墙布阴角处搭接应顺光，阳角处应无接缝。

裱糊工程施工工艺如下：

（1）基层处理

裱糊工程基体或基层要求干燥，混凝土和抹灰层的含水率不大于 8%，木材制品含水率不大于 12%。

裱糊前，应将基体或基层表面的污垢、尘土清除干净。泛碱部位，用 9% 的稀醋酸中和、清洗。对突出基层表面的设备或附件卸下，钉帽应进入基层表面，并涂防锈涂料，钉眼用油性腻子填平。对局部麻点和缝隙等部位先用腻子刮平，并满刮腻子，砂纸磨平。为防止基层吸水过快，裱糊前用 1∶2 的 108 胶水溶液等作底胶涂刷基层，以封闭墙面，为粘贴壁纸提供一个粗糙面。底胶干后，在墙面上弹出裱糊第一幅壁纸或墙面的准线。

（2）壁纸或墙布裁切

为保证整幅墙面对花一致，取得整体装饰效果，裱糊前，应按壁纸、墙布的品种、图案、颜色、规格等进行选配分类，拼花裁切，编号后平放待用。裱糊时按编号顺序粘贴。

（3）胶粘剂涂刷

裱糊 PVC 壁纸，应先将壁纸用水湿润数分钟。裱糊时在基层表面还应涂刷胶粘剂。裱糊顶棚时，为增加粘结强度，基层和壁纸背面均应涂刷胶粘剂。

裱糊上下两层均为纸质的复合壁纸，严禁浸水，应先将壁纸背面涂刷胶粘剂，放置数分钟，裱糊时，基层表面也应涂刷胶粘剂。

裱糊墙布，应先将墙布背面清理干净，裱糊时应在基层表面涂胶粘剂。

裱糊带背胶的壁纸，应先在水中浸泡数分钟后裱糊。裱糊顶棚时，带背胶的壁纸应涂刷一层稀释的胶粘剂。

（4）裱糊

壁纸和墙布上墙裱糊时，对需要重叠对花的，应先裱糊对花，后用钢尺对齐裁下余边；

对直接对花的,直接裱糊。裱糊中赶压气泡时,对于压延壁纸可用钢板刮刀刮平;对于发泡及复合壁纸只可用毛巾、海绵或毛刷赶平。裱糊好的壁纸或墙布经压实后,及时擦去挤出的胶粘剂,表面不得有气泡、斑污等。

裱糊工程完工并干燥后,即可验收。检查数量为选择有代表性的自然间,抽查10%,但不得少于3间。质量要求粘贴牢固,表面平整,无气泡空鼓,各幅拼接横平竖直,拼接处花纹图案吻合,距墙面1.5 m处正视,不显拼缝。

11.3.3 涂饰和裱糊工程质量检查与验收

涂饰工程所用涂料的品种、颜色、型号、性能等应符合设计要求。涂饰应均匀、粘结牢固,不得漏涂、透底、起皮和掉粉。

壁纸、墙布的种类、规格、图案、颜色和燃烧性能等级必须符合设计要求及国家现行标准的有关规定。裱糊工程基层处理质量应符合相关规定。裱糊后各幅拼接应横平竖直,拼接处花纹、图案应吻合,不离缝、不搭接、不显拼缝。壁纸、墙布应粘贴牢固,不得有漏贴、补贴、脱层、空鼓和翘边。

具体质量要求应符合现行《建筑装饰装修工程质量验收规范》(GB 50210)的有关规定。

11.4　幕墙工程

由金属构件与各种板材组成的,悬挂在主体结构上,不承担主体结构荷载与作用的建筑物外围护结构,称为建筑幕墙。按建筑幕墙的面板可将其分为玻璃幕墙、金属幕墙、石材幕墙及组合幕墙等。按建筑幕墙的安装形式又可将其分为散装建筑幕墙、半单元建筑幕墙、单元建筑幕墙、小单元建筑幕墙。

11.4.1 玻璃幕墙

11.4.1.1 玻璃幕墙的分类
面板材料为玻璃的建筑幕墙称为玻璃幕墙。

按照所需玻璃幕墙的建筑效果,可采用不同结构形式的玻璃幕墙。目前玻璃幕墙的主要形式有框支承玻璃幕墙(构件式和单元式)、点支承玻璃幕墙及全玻幕墙。

框支承玻璃幕墙由金属框架作为玻璃幕墙结构的支承,而玻璃幕墙则作为装饰的面板,玻璃与金属框架周边连接;点支承玻璃幕墙由玻璃面板、点支承装置及支承结构构成,玻璃与支承结构间通过点支承装置相连,相对于框支承玻璃幕墙来说,玻璃与支承结构呈点状连接;全玻幕墙由玻璃肋和玻璃面板构成,玻璃本身就是承受自重及风荷载的承重构件。

对于框支承玻璃幕墙,按照金属框架是否外露,分为明框玻璃幕墙、隐框玻璃幕墙、半隐框玻璃幕墙。金属框架的构件显露于面板外表面的框支承玻璃幕墙称为明框玻璃幕墙;金属框架的构件完全不显露于面板外表面的框支承玻璃幕墙称为隐框玻璃幕墙;金属框架的竖向或横向构件显露于面板外表面的框支承玻璃幕墙称为半隐框玻璃幕墙。

11.4.1.2 玻璃幕墙的构造

明框玻璃幕墙是用铝合金压板和螺栓将玻璃固定在骨架的立柱和横梁上,压板的表面再扣插铝合金装饰板(图11.13)。隐框玻璃幕墙常用的构造形式主要有两种:一种是用结构胶将玻璃粘贴在铝合金框架上,再用连接件将铝合金框固定在铝合金骨架上(图11.14);另一种是在玻璃上打孔,再用专用连接件(如接驳器)穿过玻璃孔将玻璃与钢骨架相连,这种玻璃幕墙又称点支式玻璃幕墙。点支式玻璃幕墙在我国正处于蓬勃发展的阶段,从传统的玻璃肋点支式玻璃幕墙(图11.15)、单梁点支式玻璃幕墙(图11.16)、桁架点支式玻璃幕墙(图11.17),到张拉索杆结构点支式玻璃幕墙(图11.18)和张拉自平衡索杆结构点支式玻璃幕墙(图11.19)。点支式玻璃结构与张拉膜结构相组合创造出了崭新的建筑形式。

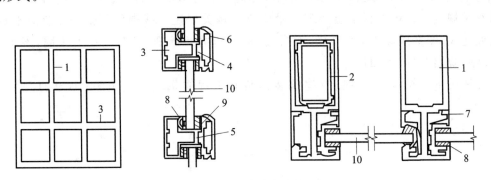

图 11.13 明框玻璃幕墙构造示意图

1—立柱;2—套管;3—横梁;4—压板;5—螺栓;
6—装饰扣板;7—附件;8—橡胶压条;9—耐候胶;10—玻璃

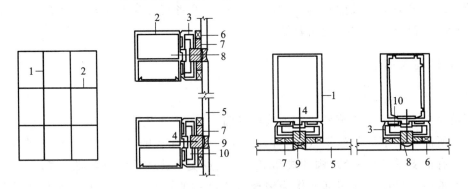

图 11.14 隐框玻璃幕墙构造示意图

1—立柱;2—横梁;3—铝合金框;4—紧固螺栓;5—玻璃;
6—垫条;7—结构胶;8—泡沫棒;9—耐候胶;10—固定件

玻璃幕墙应按围护结构设计,应具有足够的承载能力、刚度、稳定性和相对于主体结构的位移能力。采用螺栓连接的幕墙构件,应有可靠的防松、防滑措施;采用挂接或插接的幕墙构件应有可靠的防脱、防滑措施。

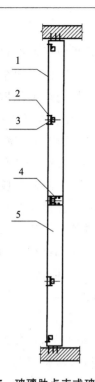

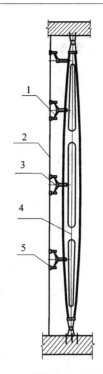

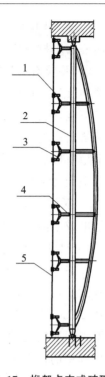

图 11.15　玻璃肋点支式玻璃幕墙

1—钢化玻璃；2—连接件；3—钢爪；
4—不锈钢夹板；5—玻璃肋

图 11.16　单梁点支式玻璃幕墙

1—钢爪；2—钢化玻璃；3—转接件；
4—钢梁；5—连接件

图 11.17　桁架点支式玻璃幕墙

1—连接件；2—钢桁架；3—钢爪；
4—转接件；5—钢化玻璃

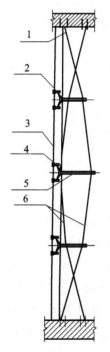

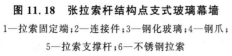

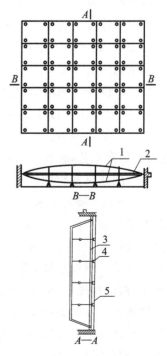

图 11.18　张拉索杆结构点支式玻璃幕墙

1—拉索固定端；2—连接件；3—钢化玻璃；4—钢爪；
5—拉索支撑杆；6—不锈钢拉索

图 11.19　张拉自平衡索杆结构点支式玻璃幕墙

1—不锈钢拉索；2—自平衡钢管；
3—钢桁架；4—钢爪；5—钢化夹胶玻璃

11.4.1.3 玻璃幕墙的材料

玻璃幕墙用材料应符合国家现行标准的有关规定及设计。尚无相应标准的材料应符合设计要求,并应有出厂合格证。玻璃幕墙应选用耐候性的材料。金属材料和金属零配件除不锈钢及耐候钢外,钢材应进行表面热浸镀锌处理、无机富锌涂料处理或采取其他有效的防腐措施,铝合金材料应进行表面阳极氧化、电泳涂漆、粉末喷涂或氟碳漆喷涂处理。

玻璃幕墙材料宜采用不燃性材料或难燃性材料,防火密封构造应采用防火密封材料。隐框和半隐框玻璃幕墙,其玻璃与铝型材的粘结必须采用中性结构密封胶;全玻幕墙和点支承幕墙采用镀膜玻璃时,不应采用酸性硅酮结构密封胶粘结。硅酮结构密封胶和硅酮建筑密封胶必须在有效期内使用。隐框或半隐框玻璃幕墙所采用的中性硅酮结构密封胶是保证隐框或半隐框玻璃幕墙安全的关键材料。中性硅酮结构密封胶有单组分与双组分之分,单组分硅酮结构密封胶是靠吸收空气中的水分而固化,单组分硅酮结构密封胶的固化时间较长,一般为 14～21 d,双组分硅酮结构密封胶固化时间较短,一般为 7～10 d。硅酮结构密封胶在固化前,其粘结拉伸强度是很弱的,因此玻璃幕墙构件在打注结构胶后,应在温度 20℃、湿度 50% 以上的干净室内养护,待固化后才能进行下道工序。

幕墙工程所使用的结构密封胶,应选用法定检测机构检测的合格产品,在使用前应对幕墙工程选用的铝合金型材、玻璃、双面胶带、硅酮耐候密封胶、塑料泡沫棒等与硅酮结构密封胶接触的材料做相容性试验和粘结剥离性试验,试验合格后方可进行打胶。

11.4.1.4 玻璃幕墙的制作

玻璃幕墙在加工制作前应与土建设计施工图进行核对,对已建主体结构进行复测,并应按实测结果对幕墙设计进行必要调整。加工幕墙构件所采用的设备、机具应满足幕墙构件加工精度要求,其量具应定期进行计量认证。

采用硅酮结构密封胶粘结固定隐框玻璃幕墙构件时,应在洁净、通风的室内进行注胶,且环境温度、湿度条件应符合结构胶产品的规定。注胶宽度和厚度应符合设计要求。除全玻幕墙外,不应在现场打注硅酮结构密封胶。单元式幕墙的单元组件、隐框幕墙的装配组件均应在工厂加工组装。低辐射镀膜玻璃应根据其镀膜材料的粘结性能和其他技术要求,确定加工制作工艺;镀膜与硅酮结构密封胶不相容时,应除去镀膜层。硅酮结构密封胶不宜作为硅酮建筑密封胶使用。

11.4.1.5 玻璃幕墙的安装

安装玻璃幕墙的主体结构,应符合有关结构施工质量验收规范的要求。进场安装的玻璃幕墙构件及附件的材料品种、规格、色泽和性能,应符合设计要求。玻璃幕墙的安装施工应单独编制施工组织设计,幕墙施工组织设计应与主体工程施工组织设计衔接。幕墙安装过程中,构件存放、搬运、吊装时不应碰撞和损坏,半成品应及时保护,对型材保护膜应采取保护措施。安装镀膜玻璃时,镀膜面的朝向应符合设计要求,焊接作业时,应采取保护措施防止烧伤型材或玻璃镀膜。玻璃幕墙安装涉及用电、机械使用和高空作业,应遵守相关安全的规定。

(1)框支承玻璃幕墙

构件式玻璃幕墙安装包括立柱、横梁、玻璃和密封胶的施工等内容。立柱和横梁安装应符合设计要求,安装过程中及时做好调整、就位和固定工作;玻璃安装前应进行表面清洁,应按规定型号选用橡胶条,并应采用粘结剂粘结牢固,镶嵌应平整;硅酮建筑密封胶不宜在夜晚、雨天打胶,打胶温度应符合设计要求和产品要求,打胶前应使打胶面清洁、干燥。

单元式玻璃幕墙包括运输、堆放、起吊就位、校正和固定等过程。起吊单元板块时,应使各吊点均匀受力,起吊过程应保持单元板块平稳,将其挂到主体结构的挂点上进行就位;单元板块就位后,应立即校正,并及时与连接部位固定,按规范要求进行隐蔽工程验收。

(2)点支承玻璃幕墙

钢结构安装过程中,制孔、组装、焊接和涂装等工序均应符合现行国家标准《钢结构工程施工质量验收规范》(GB 50205)的有关规定。点支承玻璃幕墙爪件安装前,应精确定出其安装位置。张拉索杆体系中,钢拉杆和钢拉索安装时,必须按设计要求施加预拉力,并宜设置预拉力调节装置;预拉力宜采用测力计测定。采用扭力扳手施加预拉力时,应事先进行标定;施加预拉力应以张拉力为控制量;拉杆、拉索的预拉力应分次、分批对称张拉;在张拉过程中,应对拉杆、拉索的预拉力随时调整,保证施加准确的预拉力值。

(3)全玻幕墙

全玻幕墙安装过程中,应随时检测和调整面板、玻璃肋的水平度和垂直度,使墙面安装平整。每块玻璃的吊夹应位于同一平面,吊夹的受力应均匀。全玻幕墙玻璃两边嵌入槽口深度及预留空隙应符合设计要求,左右空隙尺寸宜相同。全玻幕墙的玻璃宜采用机械吸盘安装。

【例 11.2】 某高层建筑主楼进行半隐框、隐框玻璃幕墙施工,幕墙玻璃由专业公司车间生产,采用单组分硅酮结构密封胶粘结。制作车间的环境温度、湿度及制作工艺符合规范要求,制作完成后,在车间外露天场地按照板块制作时间先后,分别集中堆放,自然养护。每批板块从制作完成日起养护 7 d 后运往现场安装,玻璃板块安装后未进行隐蔽工程验收就进行嵌缝处理。

问题:(1)玻璃板块制作安装工程中有无问题,并说明理由和处理措施。

(2)玻璃板块安装后,密封胶嵌缝前是否应进行隐蔽工程验收?说明理由。

【解】

(1)玻璃板块制作安装中,一是养护场所错误,不应在露天场所养护。因为硅酮结构密封胶在完全固化前,粘结拉伸强度很弱,因此,玻璃板块打注结构胶后,应在温度 20℃、湿度 50% 以上的干净室内养护。二是玻璃板块运输、安装时间错误。因为单组分硅酮结构密封胶的固化时间较长,一般需要 14~21 d,应待其完全固化后才能运输和安装。

(2)应进行隐蔽工程验收。因为固定板块的压块和螺钉受力很大,甚至比结构胶受的力还大,为保证板块安全,规范要求应对幕墙隐框玻璃板块的固定进行隐蔽工程验收。

11.4.2 金属幕墙

面板材料为金属板的建筑幕墙称为金属幕墙。金属幕墙主要由金属饰面板、固定支座、骨架结构、各种连接件及固定件、密封材料等构成,金属饰面板悬挂或固定在承重骨架或墙面上(图 11.20、图 11.21)。与玻璃幕墙和石材幕墙相比,金属幕墙的强度高、质量轻,防火性能好、施工周期短,可用于各类建筑物上。

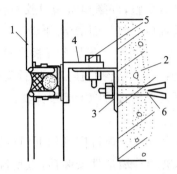

图 11. 20　铝合金板或塑铝板幕墙构造示意图

1—铝合金板或塑铝板;2—建筑结构;

3—角钢连接件;4—直角形铝型材横梁;

5—调节螺栓;6—锚固膨胀螺栓

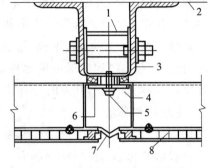

图 11. 21　铝合金蜂窝板幕墙构造示意图

1—焊接钢板;2—结构边线;3—∟75×50×5角钢长50;

4—φ15×3铝管;5—螺丝带垫圈;6—45×45×5铝板;

7—橡胶带;8—蜂窝铝合金外墙板

11.4.2.1　金属幕墙的构成

（1）骨架材料

金属幕墙通常采用型钢骨架或铝合金骨架。型钢骨架结构强度高,造价低,锚固间距大,一般用于低层建筑或者对安装精度要求不高的金属幕墙中。由于型钢骨架易生锈,在施工前必须进行相应的防腐处理,且型钢骨架对使用维护的要求较高,所以金属幕墙的骨架多采用铝合金骨架。

（2）饰面材料

金属幕墙饰面板的常用材料有彩色涂层复合钢板、铝合金板、铝合金蜂窝板和塑铝板等。彩色涂层复合钢板是以彩色涂层钢板为面层,以轻质保温材料为芯板,经过复合后而形成的一种板材。金属幕墙采用的铝合金板一般是 LF21 铝合金板,其厚度为 2.5 mm。为了提高较大规格的铝合金板的板面刚度,通常在铝合金板的背面用与板面相同质地的铝合金带或角铝进行加强。铝合金板的表面则采用粉末喷涂或氟碳喷涂工艺进行处理,协调铝合金板面色调的同时也可提高板材的使用寿命。铝合金蜂窝板是在两块铝板中间加上用各种材料制成的蜂窝状夹层,铝合金蜂窝板的夹层材料以铝箔为主。塑铝板是以铝合金板为面层材料,聚乙烯或聚氯乙烯等热塑性塑料为芯板材料,经复合而成的装饰板。

（3）连接件

金属幕墙的骨架结构需通过连接件与建筑的主体结构相连。连接件需进行防锈、防腐处理。

（4）辅助材料

辅助材料主要指填充材料、保温隔热材料、防火防潮材料、密封材料和粘结材料等。填充材料主要是聚乙烯发泡材料。保温隔热材料主要是岩棉、矿棉及玻璃棉等。密封材料及粘结材料有中性的耐候硅酮胶、双面胶及结构胶。密封胶的性能应满足设计要求,且宜采用中性耐候硅酮胶,不得将过期的密封胶用于幕墙工程中。双面胶在选用时应考虑到金属幕墙所承受的风荷载的大小。结构胶采用高模数中性胶,并不得使用过期的结构胶,结构胶的性能应满足国家规范的有关规定。

11.4.2.2 金属幕墙的安装

金属幕墙在施工前应按照施工图纸,对照现场尺寸的实际情况进行详细的核查。发现有图纸与施工现场情况不相符合时,应会同有关人员进行现场会审。

金属幕墙的施工工艺如下:

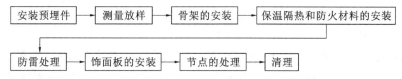

(1)安装预埋件

金属幕墙的预埋件主要是指与建筑结构相连接的预埋铁件和幕墙骨架的固定支座等。预埋铁件用厚钢板制成,其表面应做防腐防锈处理。预埋铁件在结构混凝土浇筑前进行,也可用高强膨胀螺栓直接将其固定在已施工完成的建筑结构上。预埋铁件的表面沿垂直方向的倾斜误差较大时,应采用厚度适中的钢板垫平后焊牢,严禁用钢筋头等不规则金属件进行垫焊或搭接焊。预埋铁件固定后,再用高强螺栓或焊接的方法将幕墙支座固定在预埋铁件上,固定支座可用不锈钢板或经过镀锌处理过的角钢制成。

(2)测量放样

将预埋件和建筑物轴线的位置复测后,再将竖向骨架和横向骨架的位置定出,并用经纬仪定出幕墙的转角位置。测量时应控制好测量误差,测量时的风力不应超过四级。放样后应及时校核相关尺寸,确保幕墙的垂直度和立柱位置的正确性。

(3)骨架的安装

骨架在安装前应检查铝合金骨架的规格尺寸、连接件加工处理的情况等是否符合图纸和规范的要求。将经过热浸镀锌处理过的连接角钢焊接在预埋铁件上,焊接时应采用对称焊接,以防止产生焊接变形。预埋铁件上的连接铁件焊接后需对焊缝进行防锈处理。用不锈钢螺栓将立柱固定在连接角钢上,在立柱与连接铁件的接触处固定厚度为 1 mm左右的橡胶绝缘片,以防不同的金属之间产生电化学腐蚀。立柱的尺寸经过校准后拧紧螺栓。再用 L 形铝角件将铝合金横梁安装在立柱上,立柱与横梁之间用弹性橡胶垫片隔开,横梁与立柱的接缝用密封胶密封处理。

(4)幕墙的防火、隔热和防雷处理

在金属幕墙与楼板结构之间的缝隙处,用厚度不小于 1.5 mm 经过防腐处理的耐热钢板和岩棉或矿棉进行防火密封处理,形成防火隔离带,隔离带中间不得有空隙。幕墙有保温隔热要求时,在铝合金骨架的空当内用阻燃型聚苯乙烯泡沫板等材料进行填充,泡沫板的尺寸可根据现场尺寸裁切。将泡沫板固定在铝合金框架内,再用彩色涂层钢板或不锈钢板等材料进行封闭。金属幕墙的饰面板如果用铝合金蜂窝板时,由于蜂窝板本身具有较好的保温隔热性能,则在板的背面可以不做上述的保温隔热处理。幕墙的防雷体系应与建筑结构的防雷体系有可靠的连接,以确保整片幕墙框架具有连续而有效的导电性,保证防雷系统的接地装置安全可靠。防雷系统与供电系统不得共用接地装置。

（5）饰面板的安装

饰面板在安装时应做好保护工作，避免板面被硬物撞击或划伤。按照幕墙上饰面板的分格布置要求将饰面板固定在铝合金骨架上，固定时应注意分格缝的水平度和垂直度应满足有关要求。饰面板固定后，在板的接缝内安装泡沫棒。板的接缝四周须用保护胶纸粘贴，以防密封胶污染板面。注胶的宽度与深度的比例一般为 2∶1。密封胶固化后再将保护胶纸撕去。

（6）节点的处理

金属幕墙的节点主要是指幕墙的转角处、不同材料的交接处、女儿墙的压顶、墙面边缘的收口、墙面下端部位和幕墙的变形缝等部位。这类节点的处理，既要满足建筑结构的功能要求，又要与建筑装饰相协调，起到烘托饰面美观的作用。在铝合金板墙中，一般采用特制的铝合金成型板进行构造处理。幕墙的变形缝处用异形金属板和氯丁橡胶带进行处理。

（7）清理

清理工作主要是指对幕墙板面的清洗。有保护胶纸的板面应将保护胶纸及时撕去，撕胶纸时应按从上至下的方向进行。板面清洗时所用的清洗剂应是中性清洗剂，不得用碱性或酸性清洗剂，以免板面被污损。

11.4.3　石材幕墙

面板材料为石板材的建筑幕墙称为石材幕墙。它利用金属挂件将石板材钩挂在钢骨架或结构上。石材幕墙主要由石材面板、固定支座、骨架结构、各种连接件及固定件、密封材料等组成。石材幕墙不仅能够承受自重、风荷载、地震荷载和温度应力的作用，还应满足保温隔热、防火、防水和隔声等方面的要求，因此石材幕墙应进行承载力和刚度方面的计算。

由于花岗岩的强度高、耐久性好，因而一般用花岗岩作为石材幕墙的面板材料。为保证板材的安全性，防止板材与连接件处产生裂缝，板材的厚度一般在 30 mm 以上。花岗岩板材的色泽应基本一致，石材的放射性应符合《天然石材产品放射性防护分类控制标准》（JC 518）的规定。

骨架结构材料有铝合金型材和碳素钢型材。铝合金型材的质量应符合石材幕墙规范的规定，碳素钢型材的质量应满足《钢结构设计规范》（GB 50017）的要求。碳素钢构件应经过热浸镀锌防腐处理，焊接部位处必须刷富锌防锈漆。

石材幕墙的连接件和固定件有挂件和螺栓。挂件一般为不锈钢和铝合金材质。不锈钢挂件用于无骨架体系和钢骨架体系，铝合金挂件与铝合金骨架配套使用。螺栓有热浸镀锌钢螺栓或不锈钢螺栓。固定支座用螺栓固定时须做现场拉拔实验，以确定螺栓的承载力。

石材幕墙的构造有直接式（图 11.22）、骨架式（图 11.23）、背栓式、粘结式和组合式等。直接式石材幕墙就是用挂件将石材直接固定在主体结构上的一种构造形式；骨架式是在主体结构上安装相应的骨架体系，然后在骨架上安装金属挂件，通过金属挂件将石材固定在骨架上；背栓式是在石材的背面用柱锥式钻头钻出专用孔，将专用锚栓固定在孔洞内,通过锚栓和金属挂件将板材固定在骨架上;粘结式是在板材背面的某些位置上用干挂石材胶将石材直接粘贴在主体结构上的一种施工工艺;组合式则是将石材、保温材料等在工厂内加工后形成组合框架,再将组合框架固定在钢骨架上。

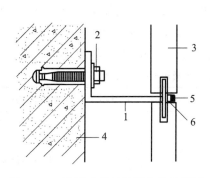

图 11.22 直接式石材幕墙构造示意图

1—挂件;2—膨胀螺栓;3—石材;

4—基体;5—耐候胶;6—泡沫棒

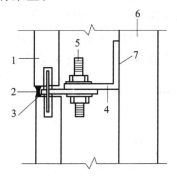

图 11.23 骨架式石材幕墙构造示意图

1—石材;2—耐候胶;3—泡沫棒;

4—挂件;5—螺栓;6—骨架;7—焊接

石材幕墙的施工工艺如下:

安装预埋件 → 测量放样 → 安装骨架 → 石材面板的安装 → 接缝处理 → 清洗、扫尾

11.4.4 幕墙工程质量检查与验收

幕墙工程的质量验收按《建筑装饰装修工程质量验收规范》(GB 50210)的有关规定进行。

幕墙工程所使用的各种材料、构件和组件的质量,应符合设计要求及国家现行产品标准和工程技术规范的规定。隐框、半隐框幕墙所采用的结构粘结材料必须是中性硅酮结构密封胶,其性能必须符合有关规定,硅酮结构密封胶必须在有效期内使用;主体结构与幕墙连接的各种预埋件,其数量、规格、位置和防腐处理必须符合设计要求;幕墙的金属框架与主体结构预埋件的连接、立柱与横梁的连接及幕墙面板的安装必须符合设计要求,安装必须牢固;幕墙的抗震缝、伸缩缝、沉降缝等部位的处理应保证缝的使用功能和饰面的完整性。

11.4.4.1 玻璃幕墙工程

玻璃幕墙的造型和立面分格应符合设计要求。玻璃幕墙使用的玻璃应符合相关规定。玻璃幕墙与主体结构连接的各种预埋件、连接件、紧固件必须安装牢固,其数量、规格、位置、连接方法和防腐处理应符合设计要求。各种连接件、紧固件的螺栓应有防松动措施、焊接连接应符合设计要求和焊接规范的规定。隐框或半隐框玻璃幕墙,每块玻璃下端应设置两个铝合金或不锈钢托条,其长度不应小于 100 mm,厚度不应小于 2 mm,托条外端应低于玻璃外表面 2 mm。

高度超过 4 m 的全玻幕墙应吊挂在主体结构上,吊夹应符合设计要求,玻璃与玻璃、玻璃与玻璃肋之间的缝隙,应采用硅酮结构密封胶填嵌严密。点支承玻璃幕墙应采用带万向头的活动不锈钢爪,其钢爪间的中心距离应大于 250 mm。玻璃幕墙四周、玻璃幕墙内表面与主体结构之间的连接节点、各种变形缝、墙角的连接节点应符合设计要求和技术标准的规定。

　　玻璃幕墙应无渗漏。玻璃幕墙结构胶和密封胶的打注应饱满、密实、连续均匀、无气泡,宽度和厚度应符合设计要求和技术标准的规定。玻璃幕墙开启窗的配件应齐全,安装应牢固,安装位置和开启方向、角度应正确,开启应灵活,关闭应严密。

　　玻璃幕墙安装的允许偏差和检验方法应符合表11.5、表11.6的规定。

表 11.5　明框玻璃幕墙安装的允许偏差和检验方法

项次	项 目		允许偏差(mm)	检验方法
1	幕墙垂直度	幕墙高度≤30 m	10	用经纬仪检查
		30 m<幕墙高度≤60 m	15	
		60 m<幕墙高度≤90 m	20	
		幕墙高度>90 m	25	
2	幕墙水平度	幕墙幅宽≤35 m	5	用水平仪检查
		幕墙幅宽>35 m	7	
3	构件直线度		2	用2 m靠尺和塞尺检查
4	构件水平度	构件长度≤2 m	2	用水平仪检查
		构件长度>2 m	3	
5	相邻构件错位		1	用钢直尺检查
6	分格框对角线长度差	对角线长度≤2 m	3	用钢尺检查
		对角线长度>2 m	4	

表 11.6　隐框、半隐框玻璃幕墙安装的允许偏差和检验方法

项次	项 目		允许偏差(mm)	检验方法
1	幕墙垂直度	幕墙高度≤30 m	10	用经纬仪检查
		30 m<幕墙高度≤60 m	15	
		60 m<幕墙高度≤90 m	20	
		幕墙高度>90 m	25	
2	幕墙水平度	层高≤3 m	3	用水平仪检查
		层高>3 m	5	
3	幕墙表面平整度		2	用2 m靠尺和塞尺检查
4	板材立面垂直度		2	用垂直检测尺检查
5	板材上沿水平度		2	用1 m水平尺和钢直尺检查
6	相邻板材板角错位		1	用钢直尺检查
7	阳角方正		2	用直角检测尺检查

项次	项 目	允许偏差(mm)	检验方法
8	接缝直线度	3	拉 5 m 线,不足 5 m 拉通线,用钢直尺检查
9	接缝高低差	1	用钢直尺和塞尺检查
10	接缝宽度	1	用钢直尺检查

11.4.4.2 金属幕墙工程

金属幕墙主体结构上的预埋件、后置埋件的数量、位置及后置埋件的拉拔力必须符合设计要求;金属幕墙的金属框架立柱与主体结构预埋件的连接、立柱与横梁的连接、金属面板的安装必须符合设计要求,安装必须牢固;金属幕墙的防火、保温、防潮材料的设置应符合设计要求,并应密实均匀厚度一致;金属框架及连接件的防腐处理应符合设计要求;金属幕墙的板缝注胶应饱满、密实、连续、均匀、无气泡,宽度和厚度应符合设计要求和技术标准的规定;金属幕墙应无渗漏。

金属幕墙安装的允许偏差和检验方法应符合表 11.7 的规定。

表 11.7 金属幕墙安装的允许偏差和检验方法

项次	项 目		允许偏差(mm)	检验方法
1	幕墙垂直度	幕墙高度≤30 m	10	用经纬仪检查
		30 m<幕墙高度≤60 m	15	
		60 m<幕墙高度≤90 m	20	
		幕墙高度>90 m	25	
2	幕墙水平度	层高≤3 m	3	用水平仪检查
		层高>3 m	5	
3	幕墙表面平整度		2	用 2 m 靠尺和塞尺检查
4	板材立面垂直度		3	用垂直检测尺检查
5	板材上沿水平度		2	用 1m 水平尺和钢直尺检查
6	相邻板材板角错位		1	用钢直尺检查
7	阳角方正		2	用直角检测尺检查
8	接缝直线度		3	拉 5 m 线,不足 5 m 拉通线,用钢直尺检查
9	接缝高低差		1	用钢直尺和塞尺检查
10	接缝宽度		1	用钢直尺检查

11.4.4.3 石材幕墙工程

石材孔槽的数量、深度、位置、尺寸应符合设计要求;石材幕墙主体结构上的预埋件和后置埋件的位置、数量及后置埋件的拉拔力必须符合设计要求;石材幕墙的金属框架立柱与主体结构预埋件的连接、立柱与横梁的连接、连接件与金属框架的连接、连接件与石材面板的连接必须符合设计要求,安装必须牢固;金属框架和连接件的防腐处理应符合设计要求;石材幕墙的防火、保温、防潮材料的设置应符合设计要求,填充应密实、均匀、厚度一致;石材表面和板缝的处理应符合设计要求;石材幕墙的板缝注胶应饱满、密实、连续、均匀、无气泡,板缝宽度和厚度应符合设计要求和技术标准的规定;石材幕墙应无渗漏。

石材幕墙安装的允许偏差和检验方法应符合表 11.8 的规定。

表 11.8　石材幕墙安装的允许偏差和检验方法

项次	项　　目		允许偏差(mm)		检验方法
			光面	麻面	
1	幕墙垂直度	幕墙高度≤30 m	10		用经纬仪检查
		30 m<幕墙高度≤60 m	15		
		60 m<幕墙高度≤90 m	20		
		幕墙高度>90 m	25		
2	幕墙水平度		3		用水平仪检查
3	板材立面垂直度		3		用水平仪检查
4	板材上沿水平度		2		用 1 m 水平尺和钢直尺检查
5	相邻板材板角错位		1		用钢直尺检查
6	阳角方正		2	3	用直角检测尺检查
7	接缝直线度		2	4	拉 5 m 线,不足 5 m 拉通线,用钢直尺检查
8	接缝高低差		3	4	用钢直尺和塞尺检查
9	接缝宽度		1	—	用钢直尺检查
10	板材立面垂直度		1	2	用垂直检测尺检查

 习题和思考题

11.1　试述一般抹灰工程的分类及组成。

11.2　一般抹灰的施工工艺是什么?其质量有何要求?

11.3　装饰抹灰包括哪些内容?

11.4　试述饰面板干挂法的施工工艺及质量要求。

11.5　简述饰面砖安装的施工工艺与质量要求。

11.6　涂饰工程施工工艺有哪些?其质量要求是什么?

11.7　简述裱糊工程的施工工艺。

11.8　试述幕墙工程的分类和构造要求。

12 桥梁结构工程施工

 内容提要

  本章包括桥梁墩台施工和桥梁上部结构施工等内容。主要介绍了桥梁结构施工方法的选用、砌体墩台与混凝土墩台的施工工艺,混凝土桥梁上部结构的现场浇筑法、预制安装法、悬臂施工法等。重点阐述了砌体墩台、混凝土墩台和桥梁上部结构的施工方法、关键工序及质量检查。

  桥梁结构是跨越山谷、河流及已建道路等障碍的通道,是道路工程建设内容之一,也是土木工程中一个重要组成部分。随着桥梁结构新形式及新材料的应用,桥梁结构施工技术不断发展。桥梁施工方法选择需要充分考虑桥位的地形,地质,环境,安装方法的安全性、经济性及施工要求等因素,同时考虑桥梁的结构形式的差异。

  桥梁结构可分为上部结构和下部结构两大部分。下部结构包括基础工程和墩台,桥梁基础工程主要是桩基础和大体积混凝土结构施工,而桥梁墩台主要采用砌体和现浇混凝土的施工方法。桥梁上部结构因为形式多样,采用的施工方法也不尽相同,典型桥梁上部结构选择的主要施工方法见表 12.1。

表 12.1 不同桥梁结构形式可供选择的主要施工方法

施工方法 ＼ 桥型	适用跨径 (m)	梁　桥			刚架桥	拱　桥			斜拉桥	悬索桥
		简支梁	悬臂梁	连续梁		圬工桥	标准及组合体系拱	桁架拱		
整体支架现浇、砌筑施工法	20~60	√	√	√	√	√	√		√	
大型构件预制安装施工法	20~50	√	√	√	√		√	√	√	√
逐孔施工法	20~60	√		√	√				√	
悬臂施工法	50~320		√	√			√	√	√	
转体施工法	20~140		√	√			√	√	√	
顶推施工法	20~70			√					√	
横移施工法	30~100	√		√					√	
提升施工法	10~80	√		√	√					

  目前,从材料应用上来说,多数桥梁为石砌桥、混凝土桥及钢筋混凝土桥,而且常见的桥梁类型为梁式桥。本章主要介绍常见桥梁的墩台及上部结构的施工。

12.1 桥梁墩台施工

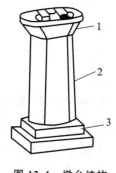

图 12.1 墩台结构
1—墩帽；2—墩身；3—基础

桥梁墩台是支撑桥梁上部结构的建筑物,由墩帽和墩身组成(图 12.1)。墩帽是桥墩支承桥梁支座或拱脚的部分,其作用是把桥梁上部结构荷载传给墩身,并加强和保护墩身顶部。墩身是将上部结构荷载传递给基础的竖向结构。墩台按结构形式分为实体墩台、薄壁墩台、柱式墩台和 V 型墩台等,按建筑材料可分为石料、钢筋混凝土、预应力钢筋混凝土及钢结构等,按施工方法可分为砌体墩台、混凝土预制块式墩台、现浇混凝土墩台、装配式钢结构墩台等。

12.1.1 砌体墩台

砌体墩台包括石砌及混凝土预制块砌筑的墩台。石砌墩台具有就地取材和经久耐用等优点,在石料丰富地区修建墩台时,在施工期限许可的条件下,为节约水泥,应优先考虑石砌墩台方案。混凝土预制块式墩台具有施工速度快、可工厂化制作等优点。

12.1.1.1 材料及设备

砌体墩台是采用片石、块石及粗料石或混凝土预制块以水泥砂浆砌筑而成。其中石料与砂浆的规格要符合有关规定。

(1)石料要求:按加工程度分为片石、块石、粗料石、细料石,砌筑用石料应质地坚硬,不易风化,无裂纹,均匀,试件强度及规格应符合设计要求。片石的厚度应不小于 15 cm;块石及粗料石一般由成层的岩石开出,再按需要尺寸断开成长条形,厚度为 20～30 cm,宽度应为厚度的 1.0～1.5 倍,长度应为厚度的 1.5～3.0 倍(块石)或 2.5～4.0 倍(粗料石)。块石和粗料石加工的形状要求分别如图 12.2、图 12.3 所示。

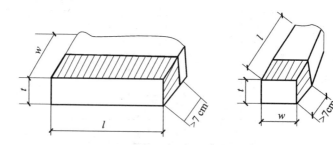

图 12.2 镶面块石
l—长度；w—宽度；t—厚度

(2)用于砌体工程的混凝土预制块,其规格、形状和尺寸应统一,砌体表面应整齐美观,强度符合设计要求。

(3)砂浆的技术要求:砂浆的类别和强度等级应符合设计规定,砂浆中所用水泥、砂、水等材料的质量标准应符合混凝土工程相应材料的质量标准规定,砂宜采用中砂或粗砂,砂的最大粒径,当用于砌筑片石时,不宜超过 5 mm;当用于砌筑块石、粗料石时,不宜超过

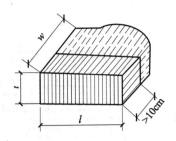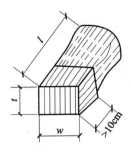

图 12.3　镶面粗料石

l—长度；w—宽度；t—厚度

2.5 mm。砂浆配合比应通过试验确定，可采用质量比或体积比，应随拌随用，保持适宜的稠度，一般在 3～4 h 内使用完毕。发生离析、泌水的砂浆，砌筑前应重拌，而对已凝结的砂浆，不得使用。

(4)小石子混凝土要求：其配合比设计、材料规格、强度试验及质量检验标准应符合混凝土工程的相关规定。小石子混凝土的拌合物应具有良好的和易性，对片石砌体其坍落度宜为 50～70 mm，对块石砌体其坍落度宜为 70～100 mm。

浆砌片石一般适用于高度小于 6 m 的墩台身、基础、镶面以及各式墩台身填腹；浆砌块石一般用于高度大于 6 m 的墩台身、镶面或应力要求大于浆砌片石砌体强度的墩台；浆砌粗料石则用于磨耗及冲击严重的镶面工程以及有整齐美观要求的桥墩台身等。

将石料吊运并安砌到正确位置是砌石工程中比较困难的工序，根据现场实际需选择不同的运送设备。当重量小或距地面不高时，可用简单的马凳跳板直接运送；当重量较大或距地面较高时，可采用塔式起重机、桅杆式起重机或井架拔杆，将材料运到墩台上，然后再分运到安砌地点。用于砌石的脚手架应环绕墩台搭设，用以堆放材料及施工人员操作，对于 6 m 以下的墩台一般采用固定式轻型脚手架，活动脚手架可用在 25 m 以下的墩台，较高的墩台可选用悬吊式脚手架。

12.1.1.2　砌筑施工方法

砌筑砌体墩台时应按设计图放出实样，挂线砌筑。砌筑基础的第一层砌块时，如基底为土质，只在已砌石块的侧面铺上砂浆即可，不需坐浆；如基底为岩层或混凝土基础，应将其表面清洗、润湿后，再坐浆砌筑。砌体应分层砌筑，砌体较长时可分段分层砌筑，但相邻两工作段的砌筑差一般不宜超过 1.2 m，分段位置宜尽量设置在变形缝处；各砌层的砌块应安放稳固，且应砂浆饱满，粘结牢固，不得直接贴靠或脱空；砌筑上层砌块时应避免振动下层砌块。中断砌筑工作后一段时间恢复砌筑时应加以清扫和润湿。对于形状比较复杂的工程，应先作出配料大样图(图 12.4)，注明块石尺寸；形状比较简单的，要根据砌体高度、尺寸、错缝等，先行放样配好料石进行砌筑。

砌筑顺序和方法：

(1)同层砌体顺序为先角石，再镶面，后填腹。即应先砌外圈定位行列，再砌里层，内外砌块交错连成一体，分层一致。

(2)同一层石料及水平灰缝的厚度要均匀一致，每层按水平砌筑，丁顺相间，砌石灰缝互相垂直。

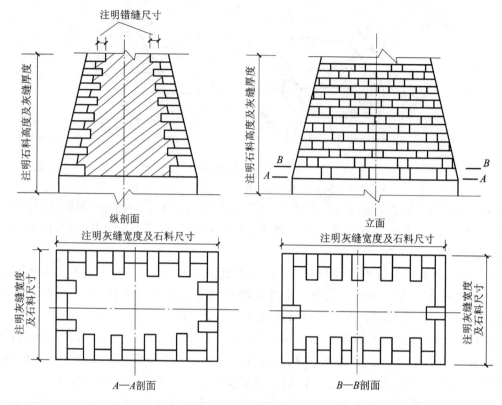

图 12.4　桥墩配料大样图

（3）圆端、尖端及转角形砌体的砌石顺序，应自顶点开始，按丁顺排列接砌镶面石。如圆端形桥墩的圆端顶点不得有垂直灰缝，砌石应从顶端开始先砌石块 1[图 12.5(a)]，然后依丁顺相间排列，接砌四周镶面石；尖端形桥墩的尖端及转角处不得有垂直灰缝，砌石应从两端开始，先砌石块 1[图 12.5(b)]，再砌侧面转角 2，然后丁顺相间排列，接砌四周的镶面石。

（4）浆砌粗石料及混凝土预制块时，施工前应计算层数，选好材料，砌筑时应严格控制平面位置和高度，镶面石应一丁一顺排列，灰缝应横平竖直，上下层竖缝错开砌筑，避免通缝。

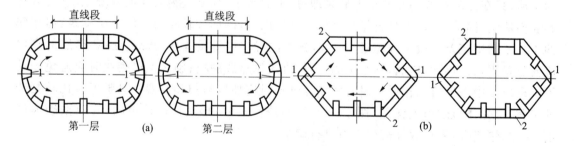

图 12.5　桥墩的砌筑

(a)圆端形桥墩；(b)尖端形桥墩

12.1.1.3　砌体工程质量检验

墩台工程施工中及完成后，应对其进行相应的质量检查，要求砌体质量应符合以下规定：

(1)砌体所用各项材料类别、规格及质量符合要求;

(2)砌缝砂浆或小石子混凝土铺填饱满、强度符合要求;

(3)砌缝宽度、错缝距离符合规定,勾缝坚固、整齐,深度和形式符合要求;

(4)砌筑方法正确;

(5)砌体位置、外形尺寸不超过允许偏差。

墩台砌体位置及外形尺寸允许偏差见表 12.2。

表 12.2　墩台砌体位置及外形尺寸允许偏差

检查序号	检查项目	砌体类别	允许偏差值
1	砂浆强度(MPa)		在合格标准内
2	轴线偏位(mm)		20
3	墩台长度与宽度(mm)	片石	+40,−10
4		块石	+30,−10
5		粗料石	+20,−10
6	大面积平整度(mm) (2 m 直尺检查)	片石	30
7		块石	20
8		粗料石	10
9	竖直度或坡度(%)	片石	0.5
10		块石、粗石料	0.3
11	墩台顶面高程(mm)		±10

12.1.1.4　装配式墩台施工

装配式墩台是将墩台分解成若干轻型部件,在工厂或工地集中预制,再运往现场拼装成桥墩台,可以加快施工进度,宜用于获取水源、砂石料困难地区。装配式墩台主要有柱式拼装式墩台及块件拼装式墩台等形式。

(1)柱式拼装式墩台

柱式拼装式墩台可分为排架式、双柱式、刚架式及板凳式等。在构造上柱式拼装式墩台由帽梁、墩柱和基础组成。图 12.6 所示为几个典型的柱式拼装式墩台。常用于跨度和墩高较小的情况。

施工工序为预制构件、安装连接及混凝土填缝养护等。其中拼装接头是关键施工工序,它要求牢固、安全,同时也要求结构简单便于施工。常见的拼接接头有以下几种:

①承插式接头。将预制构件插入相应的预制孔内,插入长度一般为 1.2~1.5 倍的构件宽度,底部铺设 2 cm 砂浆,四周以半干硬性混凝土填充,常用于立柱与基础的接头连接。

②钢筋锚固接头。将构件上预留钢筋或型钢插入另一构件的预留槽内,或将钢筋互相焊接,再灌注半干硬性混凝土,多用于立柱与墩帽连接。

③焊接接头。将预埋在构件中的铁件与另一构件中的预埋铁件采用电焊连接,再外包混凝土,这种接头易于调整误差,多用于水平连接杆与立柱的连接。

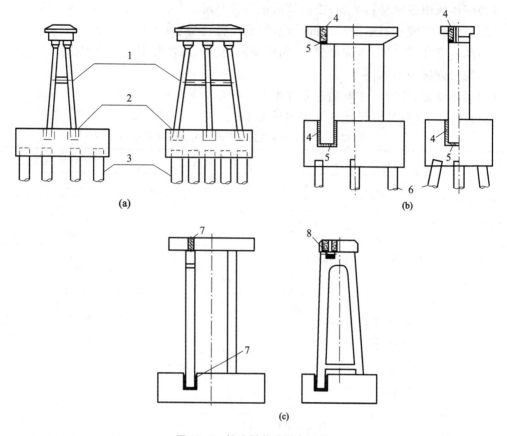

图 12.6　柱式拼装式墩台形式

(a)排架式拼装墩;(b)双柱式拼装墩;(c)刚架式拼装墩

1—预埋角钢焊接后用混凝土封闭;2—预留孔;3—钻孔桩;4—接头混凝土;5—砂浆;

6—管桩;7—半干硬性小石子混凝土;8—半干硬性水泥砂浆

④扣环式连接。相互连接的构件按预定位置预埋环式钢筋,安装时柱脚先坐落在承台的柱芯上,上下环式钢筋相互错接,扣环间插入 U 形短钢筋焊牢,四周再绑扎钢筋一圈,立模浇筑外围接头混凝土。要求上下扣环预埋位置正确,施工较复杂。

⑤法兰盘接头。在相连接构件两端安装法兰盘,用法兰盘连接两构件,要求法兰盘预埋位置必须与构件垂直,接头处可不用混凝土封闭。

柱式拼装式墩台施工时应注意:①墩台构件与基础顶面预留杯形基座应编号,并检查各个墩台高度和基座标高是否符合设计要求。②墩台吊装就位时,应在纵横两方向测量,使墩身竖直度或倾斜度以及平面位置均符合设计要求。而对于重大、细长的墩柱,需要用风缆或撑木固定,方可摘除吊钩。③在墩台顶安装盖梁前,应先检查盖梁口预留槽眼位置是否符合设计要求,否则应先修凿。④柱身与盖梁安装完毕并检查符合要求后,可在基杯空隙与盖梁槽眼处灌筑稀砂浆,待其硬化后,撤除楔子、支撑或风缆,再在楔子孔中灌填砂浆。

(2)块件拼装式墩台

块件拼装式墩台由基础、实体墩身和装配墩身三大部分组成,常见的有后张法预应力混凝土装配式墩台,一般适于在桥梁跨度较大、墩身较高条件下使用。

　　装配墩身由基本构件、隔板、顶板及顶帽四种不同形状的构件组成,用高强钢丝穿入预留的上下贯通的孔道内,张拉锚固而成。实体墩身是装配墩身与基础的连接段,其作用是锚固预应力钢筋,调节装配墩身高度及抵御洪水时漂流物的冲击等。安装墩身块件时,把握关键五点:平,即要求起吊平、构件顶面平、内外接缝要抹平;稳,块件起吊、降落、松钩要稳;准,要求构件尺寸、孔道位置、中线、预埋件位置精准;实,即接缝砂浆要密实;通,构件孔道连通好。如图12.7所示为预应力混凝土拼装式墩台。后张法预应力混凝土拼装式墩台在实际中应用较多,尤其是在跨海大桥建设中,以减少海洋气候环境对海上施工的影响和海上作业量。

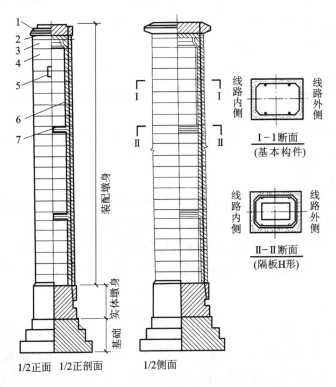

图 12.7　预应力混凝土拼装式墩台构造示意图
1—顶帽;2—平板;3—顶板;4—基本构件;5—检查孔;6—预应力筋;7—钢绞线隔板

　　块件拼装式墩台施工时对实体段墩台身灌注时,要按拼装构件孔道的相对位置预留张拉孔道及工作孔;构件的水平拼装缝采用的水泥砂浆不宜过干或过稀,砂浆厚度为15 mm左右,便于调整构件水平标高,不使误差积累;构件起吊时,要先冲洗底部泥土杂物,同时在构件四角孔道内可插入一根钢管,下端露出约30 cm作为导向;注意测量纵横向中心线位置,检查中心线无误后方可松开吊钩;注意进行孔道检查,如孔道被砂浆堵塞无法捅开时,只能在墩身内壁的相应位置凿开一小洞,清除砂浆积块后,再用环氧树脂砂浆修补。

12.1.2　现浇混凝土墩台

　　现浇混凝土墩台施工主要工序包括墩台钢筋骨架的加工与安装、墩台模板制作与安装、混凝土浇筑。施工技术要求应符合《混凝土结构工程施工规范》(GB 50666)和《公路桥涵施工技术规范》(JTG/T 3650)等标准的规定。

12.1.2.1　墩台钢筋与模板工程

(1)钢筋工程

墩台结构的钢筋加工、连接和安装同一般钢筋工程要求。根据墩台结构情况,钢筋主要采用焊接网及焊接骨架,其加工的允许偏差见表12.3。

表12.3　焊接网及焊接骨架的允许偏差

检查序号	检查项目	允许偏差 (mm)	检查序号	检查项目	允许偏差 (mm)
1	网的长、宽	±10	4	骨架的宽、高	±5
2	网眼的尺寸	±10	5	骨架的长	±10
3	网眼的对角线差	15	6	箍筋间距	±10

(2)模板工程

墩台结构模板类型应结合环境条件、墩台高度、墩台形式、施工方法等要求选择。常用的模板类型有以下几种:

①拼装式模板

拼装式模板又称盾状模板,是用各种尺寸的标准模板利用销钉连接,并与拉杆、加劲构件等组成墩台所需形状的模板。施工时,将墩台表面划分为若干小块,尽量使每部分板扇尺寸相同,以便于周转使用。板扇高度通常与墩台分节灌筑高度相同,一般可为3~6 m,宽度可为1~2 m,具体根据墩台尺寸和起吊条件而定,一般适用于高大桥墩或同类型墩台较多时使用。

②整体吊装模板

将墩台模板水平分成若干段,每段模板组成一个整体,在地面拼装后吊装就位,如图12.8所示。分段高度可视起吊能力而定,一般可为2~4 m。整体吊装模板的优点:安装时间短,无需设施工接缝,加快了施工进度,提高了施工质量;将拼装模板的高空作业改为平地操作,有利于施工安全;模板刚性较强,可少设拉筋或不设拉筋,节约钢材;可利用模外框架作简易脚手架,不需另外搭施工脚手架;结构简单,装拆方便,对建造较高的桥墩较为经济。

③组合型钢模板

组合型钢模板是桥梁施工中常用的模板之一,其是以各种长度、宽度及转角标准构件,用定型的连接件将钢模拼成常规尺寸的结构用模板,具有体积小、质量轻、运输方便、装拆简单、接缝紧密、重复利用等优点,适用于在地面拼装、整体吊装的结构上。图12.9所示为某桥墩身钢木混合模板拼装面模板。

④滑升模板

滑升模板是模板工程中适宜于机械化施工的较为先进的一种形式,其是利用一套滑动提升装置,将已在桥墩承台位置处的整体模板连同工作平台、脚手架等,随混凝土的灌注,沿已经灌注好的墩身慢慢向上提升,这样可持续不断地灌注混凝土直至墩顶。图12.10所示为某桥墩身滑模构造示意图。

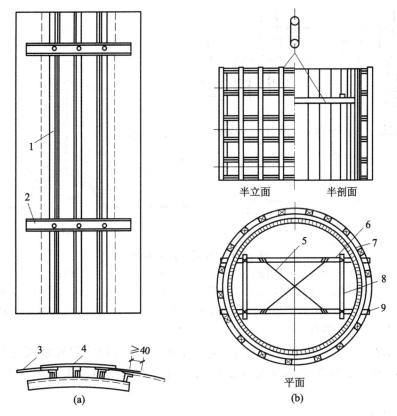

图 12.8　圆形桥墩整体模板

(a)拼装式钢模板;(b)整体式吊装模板

1—竖带;2—横带;3—边板;4—心板;5—千斤绳;6—方木;7—肋木;8—撑杆;9—铁箍

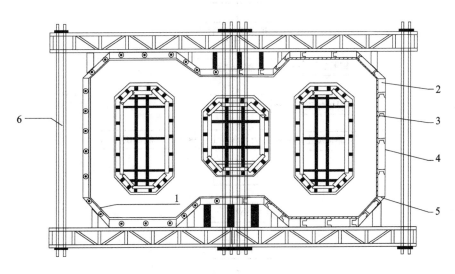

图 12.9　钢木混合模板拼装面模板

1—墙面法兰盘(16 mm);2—剖面示意;3—竖筋(10 号槽钢立放、间距 400 mm);

4—横筋(10 mm 厚钢板、间距 400 mm);5—模板纵向联法兰(L10/6.3 不等边角钢);6—拉杆

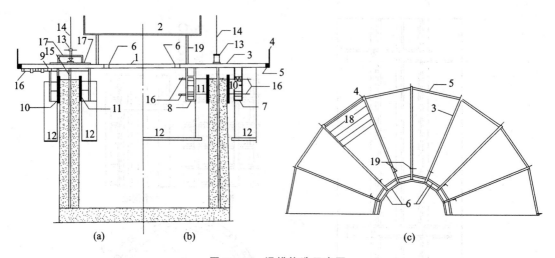

图 12.10 滑模构造示意图

(a)等壁厚收坡滑模半剖面;(b)不等壁厚收坡滑模半剖面;(c)工作平台半平面

1—工作平台;2—混凝土平台;3—辐射梁;4—栏杆;5—外钢环;6—内钢环;7—外立柱;8—内立柱;9—滚轴;10—外模板;

11—内模板;12—吊篮;13—千斤顶;14—顶杆;15—导管;16—收坡丝杆;17—顶架横梁;18—步板;19—混凝土平台立柱

12.1.2.2 混凝土工程

桥梁墩台结构一般采用预拌混凝土,混凝土施工中,应切实保证混凝土的配合比、水灰比和坍落度等技术性能指标满足规范要求。对于大体积混凝土施工应编制专项施工方案。

(1)工艺流程

现浇混凝土墩台施工工艺流程如图 12.11 所示。

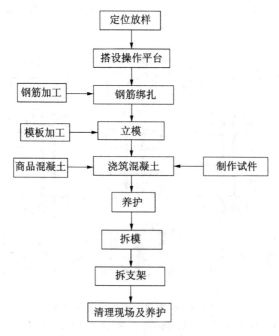

图 12.11 现浇混凝土墩台施工工艺流程

（2）混凝土的浇筑

墩台混凝土应分层进行浇筑。如无设计要求时，墩身受力钢筋的保护层不小于30 mm，承台基础受力钢筋的保护层不小于35 mm。墩身混凝土宜一次连续浇筑，必要时做好施工缝的处理。墩身混凝土未达到终凝前，不得泡水。混凝土、钢筋混凝土墩台的位置及外形尺寸允许偏差见表12.4。

表 12.4　混凝土、钢筋混凝土墩台允许偏差（mm）

项号	项　　目		承台	墩　　身	柱式墩台	墩帽
1	断面尺寸		±30	±20	±15	±20
2	垂直或斜坡			0.3%H，且不大于20	0.3%H，且不大于20	
3	顶面高程		±20	±10	±10	±10
4	轴线偏位		15	10	10	10
5	预埋件位置			10		
6	相邻间距				±20	
7	平整度		5			
8	跨径	$L_0 \leqslant 60$ m		±20		
9		$L_0 > 60$ m		±L_0/3000		
10	支座垫石顶面高程					±2

12.1.2.3　墩帽施工

桥梁墩帽是用来支承桥跨结构的，属于桥梁上下部分的连接部位，其位置、高程及垫石表面平整度等，均应符合设计要求，以免桥梁上部结构安装困难，或出现压缩或裂缝，影响墩台的正常使用及耐久性。

墩帽的施工顺序及要点如下：

（1）施工放样。墩台混凝土（或砌石）浇筑至离墩帽底下约30～50 cm 高度时，即需测出墩台纵横中心轴线，并开始竖立墩帽模板，安装锚栓孔或安装预埋支座垫板、绑扎钢筋等。

（2）墩帽模板。墩帽是支承上部结构的重要部分，其尺寸位置和水平标高的准确度要求较严，墩身混凝土浇筑至墩帽下约30～50 cm 处应停止浇筑，以上部分待墩帽模板立好后一次浇筑，以保证墩帽底有足够厚度的密实混凝土。墩帽背墙模板应特别注意纵向支撑或拉条的刚度，防止浇筑混凝土时发生胀模，侵占梁端空隙；图12.12所示为桥墩墩帽模板示意图。

（3）钢筋的绑扎和预埋件的安设。墩帽钢筋绑扎应遵照现行标准的规定。墩台的预埋件一般有支座预埋件（支座锚栓和支座垫板）、防震锚栓、供运营阶段使用的扶手、检查平台和栏杆、防震挡块的预埋钢筋等。支座垫板的安设，一般采用预埋支座垫板和预留锚栓孔的方法。预埋支座垫板是将锚固钢筋和墩帽骨架钢筋焊接固定，同时将钢垫板用一木架固定在支座的准确位置上，该法在施工时垫板位置不易准确，应经常检查和校正。预留锚栓孔是在安装墩帽模板时，安装好预留孔模板，在绑扎钢筋时注意将锚栓孔位置留出。该法具有支座安装施工方便、垫板位置准确等特点。

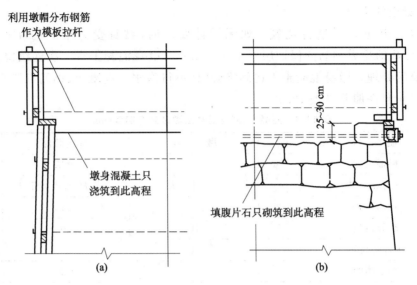

图 12.12　桥墩墩帽模板

(a)混凝土桥墩墩帽模板；(b)石砌桥墩墩帽模板

墩帽施工质量应符合表 12.5 的规定。

表 12.5　墩帽施工质量标准

项目	规定值或允许偏差	项目	规定值或允许偏差
混凝土强度（MPa）	在合格范围内	断面尺寸（mm）	±20
轴线偏位（mm）	10	顶面高程（mm）	±10
预埋件位置（mm）	10	大面积平整度（mm）	5

12.2　桥梁上部结构施工

　　桥梁跨越空间的结构物，简称桥跨或桥跨结构，由桥面、主梁和支座三部分组成。其通过支座支承于桥墩和桥台上，它的结构类型，决定了桥梁的形式。按上部结构主梁的结构形式或主要承重构件特征，桥梁上部结构可划分为板式梁、桁梁、拱桥、刚架（构）和斜腿刚构、斜拉、悬索等类型。一般来说，桥梁上部结构的施工主要是指其承载结构的施工。桥梁承载结构的施工方法很多，常用的有现场浇筑法、预制安装法、悬臂施工法、顶推施工法、移动模架逐孔施工法、转体施工法等。

12.2.1　现场浇筑法

　　随着桥梁的现浇施工技术发展，现场浇筑上部结构主要有两种方式：一是利用满堂式脚手架现浇梁，即在桥位处搭设支架，在支架上浇筑桥体混凝土，达到强度后拆除模板、支架。其优点是无需预制场地，而且不需要大型起吊、运输设备，梁体的主筋可不中断，桥梁整体性好。它的主要缺点是工期长，施工质量不容易控制；对预应力混凝土梁由于混凝土的收缩、徐变引起的应力损失比较大；施工中的支架、模板耗用量大，施工费用高；搭设支架影响排洪、通航,施工期间可能受到洪水和漂流物的威胁。二是利用造桥机原位造梁,跨度、墩高适应范围广,不影响桥下交通,梁施工时的状态与运营工况一致,梁的几何变形易于调整,梁体质量好,且作业安全,所以造桥机在铁路、公路建设上得到迅速发展和广泛应用。为了适应不同的桥梁类型和外部条件,造桥机型号类别多种多样,根据导梁的类型,有单导梁式、双导梁式、三导梁式;有桁架导梁式、箱型导梁式,有上导梁式、下导梁式等各种形式;根据造桥机受力主梁相对于桥梁的相对位置,有上行式和下行式。

12.2.1.1　满堂支架现浇施工

作为模板支撑体系的满堂脚手架主要有扣件式钢管脚手架、碗扣式脚手架、盘扣式脚手架、门式脚手架、承插型钢管脚手架等。

满堂支架现浇施工主要有以下工序:

(1)地基处理。采用满堂式支架法施工现浇梁,梁处的地基应具有足够的强度,在荷载作用下,地基土不发生剪切破坏或失稳。如地基不能满足强度要求,则需进行地基处理。

(2)满堂脚手架搭设。根据支架设计,视现场情况确定从中间向两端或一端向另一端的顺序搭设支架。

(3)支架预压。其作用是在梁体混凝土浇筑前,检验支架的稳定性、卸载方案的可行性及模板连接方案的可行性,消除临时结构由于各种不利因素造成的非弹性变形。方法是用编织袋装砂石,每袋过磅、封口,通过提升架提升至支架上,注意编织袋铺排顺序应从中心顺纵横向对称进行,每次按垂直方向固定数层。在预压加载过程中应对支架的应力应变进行实时观测,应力应变观测应按有关规定进行。

(4)预压完成后,进行梁体钢筋的焊绑、模板的安装及质量检查。

(5)混凝土的浇筑、养护。

12.2.1.2　移动模架现浇施工

移动模架又称造桥机,是利用钢桁架或钢箱梁作为临时支撑梁,提供一个可在桥位逐跨现浇梁体混凝土后,能顺桥轴线纵向移动的制梁平台设备(图12.13)。造桥机适用于跨十字交通大道口的桥梁施工,桥梁跨沟、河、渠以及跨公路、铁路等无法进行落地式满堂支架的桥梁施工,以及地面为软弱土层、支架地基处理困难且投资费用高的桥梁施工等。

图 12.13　下行式移动模架示意图

利用造桥机进行现浇施工,虽然设备形式有所差异,但制梁工艺流程差异不大,现以中小跨度造桥机现浇箱梁为例介绍该技术,其施工工艺流程如图 12.14 所示。

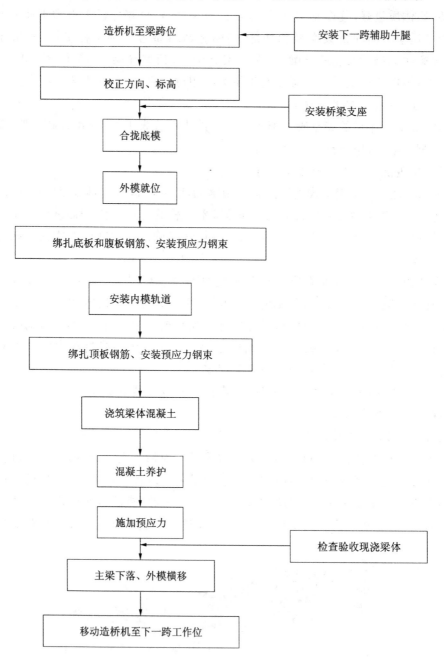

图 12.14　造桥机现浇箱梁施工工艺流程

12.2.2　预制安装法

预制安装法施工一般是指钢筋混凝土或预应力混凝土简支梁的预制安装。预制安装法在预制工厂或在施工现场进行梁体的预制工作,然后采用一定的架设方法进行安装。

预制安装法施工分预制、运输和安装三部分。预制梁的架设安装可采用起重机架设法、架桥机架设法、支架架设法及简易机具组合架设法。因架桥机具有适应性强、功效高且较安全等优点,应用较多。

各种类型架桥机的安装、调试和架梁作业均应严格按照操作规程和使用说明进行。架桥机架设前应铺设轨道或整修运梁通道,如果是铁路桥架设采用轨道运输应对线路进行压道和桥头加固。架桥机通过正线路基架运梁时,要求路基达到设计标准并完成工序交接,路基护坡和路堑的挡墙护坡完成。架桥机架梁施工工艺如图 12.15 所示。

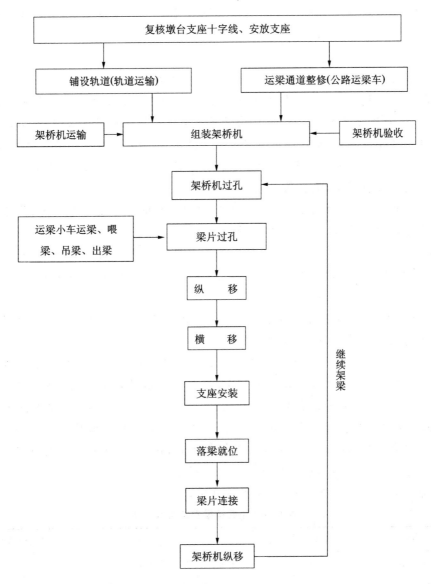

图 12.15　架桥机架梁施工工艺流程

【例 12.1】　某长江大桥北岸引桥为客运专线 24 m、32 m 双线预应力混凝土简支箱梁,采用与客运专线配套设计研制的 500 t 龙门吊、德国 kirow 生产 900 t 级运梁车和架桥机完成简支箱梁的起吊、运输和架设安装方案,其中 HZQ900 型铁路架桥机能够架设直线、曲线(半径不大于 2500 m)、纵坡不大于 20‰的 20 m、24 m、32m 等跨及变跨(客运专线配套设计)的双线预应力混凝土整孔箱梁。预制梁场设于长江大桥北岸引桥 3 号墩与 10 号墩之间,3 号墩与 5 号墩为两孔 32 m 箱梁,5 号墩与 7 号墩为两孔 24 m 箱梁,架桥机架设需要实现一次变跨作业,为减少架桥机的作业强度和充分发挥梁场配备的跨线龙门吊的作用,梁场位置范围内预制箱梁直接采用跨线龙门吊提梁、架设,前 4 孔预制梁用龙门吊机架设,即两跨 32 m 箱梁和两跨 24 m 箱梁。从第 5 孔开始,后续待架箱梁均为 32 m,均采用架桥机架设。试结合预制安装法的架桥工艺,简述本桥箱梁架设过程。

【解】

本桥梁工程运梁车运梁、架桥机架梁工艺及流程如下:

(1)架梁工况:运梁车喂梁。①架桥机准备工作进行,500 t 龙门吊起吊箱梁(带支座)至运梁车上;②运梁车喂梁(图 12.16);③运梁车运梁行至架桥机尾部(运梁车前端到架桥机垫箱后端距离不宜小于 50 cm,且不宜大于 100 cm),停止并制动;④运梁车喂梁之前,架桥机后支腿千斤顶顶起后支腿,使车轮悬空,垫箱承力,架桥机前支腿通过墩顶预埋的精轧螺纹钢锚固在桥墩上,使桥机具有足够的稳定性。将运梁车的控制接口和架桥机的控制接口进行连接,保证运梁车的后驮梁小车和架桥机的前吊梁小车同步、同速运行。⑤前吊梁小车吊起梁体前端。如图 12.17 所示。

(2)架梁工况:前吊梁小车吊梁前行。①前吊梁小车吊梁、拖梁和运梁车上驮梁台车同步配合,前移梁体。②如图 12.18 所示,梁体前端行至架桥机主梁的 1/2 左右时,主梁跨中弯矩最大,注意平稳运行。

(3)架梁工况:后吊梁小车吊梁前行。①梁体继续前移,梁体后端至架桥机尾部;②后吊梁小车吊起梁体后端;③前后吊梁小车同步前移梁体。

(4)架梁工况:前后吊梁小车行至墩顶垫石正上方落梁。①前后吊梁小车吊梁行至设计落梁位置上方,前后对位由吊梁小车实现,左右对位由吊梁小车上的横移机构实现,横移调节量为左右各 20 cm;②落梁至垫石顶面 500 mm 左右,支座对位,检查落梁千斤顶自锁情况,落梁就位。查看千斤顶读数,4 个千斤顶读数接近平均值且读数差小于 5%时支座灌浆。③时效处理,支座灌浆后静等不小于 120 min 方可拆除临时支撑千斤顶,且在 120 min 内架桥机不得过孔,避免振动载荷。如图 12.19 所示。

整孔箱梁安装质量应符合表 12.6 的各项规定。

表 12.6　整孔箱梁安装质量标准

项　　　目	规定值或允许偏差	项　　　目	规定值或允许偏差
轴线偏位(mm)	10	相邻预制梁端的顶面高差(mm)	10
梁顶面高程(mm)	±5	湿接头混凝土强度(MPa)	在合格标准内

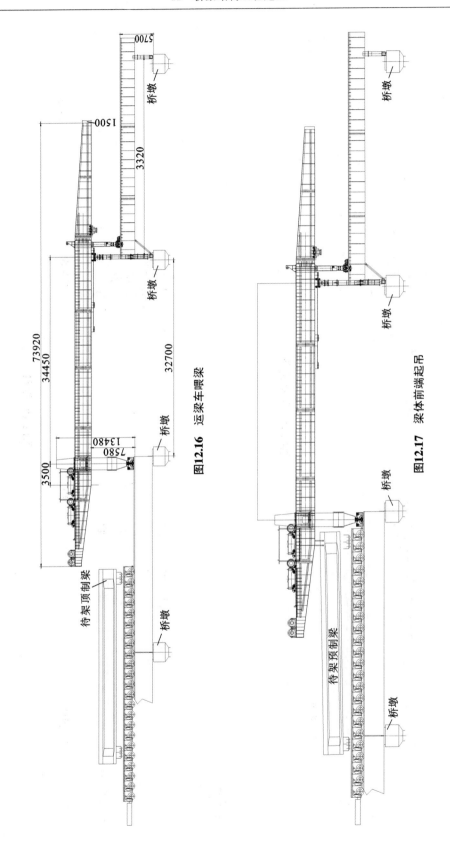

图12.16 运梁车喂梁

图12.17 梁体前端起吊

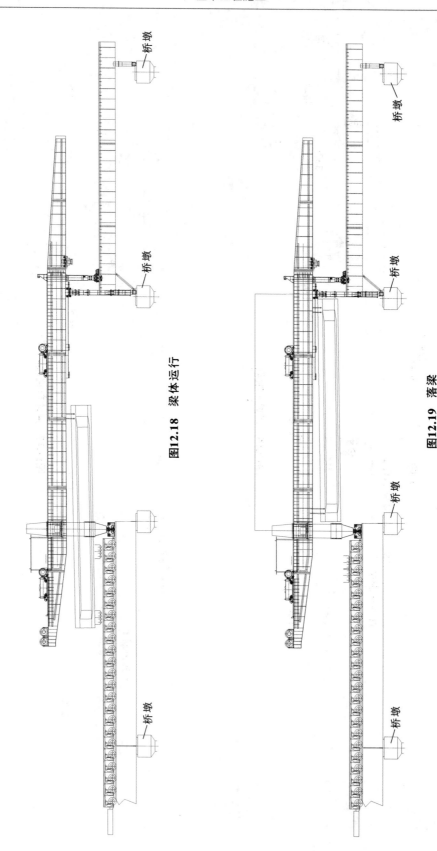

图12.18　梁体运行

图12.19　落梁

12.2.3 悬臂施工法

12.2.3.1 悬臂施工法的类型及特点

悬臂施工法是大跨径连续梁桥常用的施工方法,属于一种自架设方式。悬臂施工法是从桥墩开始,两侧对称进行现浇梁段或将预制节段对称进行拼装。前者称悬臂浇筑法施工,后者称悬臂拼装法施工,两者均采用张拉预应力筋的方法使悬臂接长,有时也将两种方法结合使用。悬臂施工中,位于墩顶的梁段称为 0 号块,一般均在墩顶托架上立模现场浇筑,从 0 号块两侧悬臂施工梁段,分别向两侧顺次编号,即 1 号块、2 号块、……编号至跨中合拢段为止。

悬臂施工的主要特点:

(1)桥梁在施工过程中产生负弯矩,桥墩也要求承受由施工产生的弯矩,因此悬臂施工宜在营运状态的结构受力与施工状态的受力状态比较接近的桥梁中选用,如预应力混凝土 T 型刚构桥、变截面连续梁桥和斜拉桥等。

(2)非墩桥固接的预应力混凝土梁桥,采用悬臂施工时应采取措施,使墩、梁临时固结,因而在施工过程中有结构体系的转换存在。

(3)采用悬臂施工的机具设备种类很多,就挂篮而言,也有桁架式、斜拉式等多种类型,可根据实际情况选用。

(4)悬臂浇筑法施工简便,结构整体性好,施工中可不断调整位置,常在跨径大于 100 m 的桥梁上选用;悬臂拼装法施工速度快,桥梁上、下部结构可平行作业,但施工精度要求比较高,可在跨径 100 m 以下的大桥中选用。

(5)悬臂施工法可不用或少用支架,施工不影响通航或桥下交通。

12.2.3.2 悬臂拼装法施工

悬臂拼装是利用吊机将预制块在桥墩两侧对称吊装,张拉预应力筋后使悬臂不断接长。一个节段拼装连接以后,再拼装下一个节段,形成向桥跨中部逐渐增大的悬臂,直至跨中合拢或拼至下一个墩台上。对于预应力混凝土上部结构的拼装,以及悬臂拼装节段的长度设计,主要取决于悬拼吊机的起重能力,一般为 2～5 m 较为合适,若节段过长则块件自重大,需要庞大的起重设备,节段过短则拼装接缝多,对结构受力不利并使工期延长。一般在悬臂根部,因梁较高、体积大、自重大,可将节段分短,随悬臂伸展可将节段加长。其工艺流程一般为:

```
节段梁体的预制 ──→ 节段梁体的安装 ──→ 全梁合龙
```

预制节段的悬臂拼装法在预应力混凝土连续梁及连续钢构桥都有应用,其施工中关键要点如下:

(1)节段预制要求

做好预制场地及预制台座的精密测量工作,节段宜采用钢模板;可采用长线法或短线法工艺,前者预制节段时,在按桥梁底缘曲线制成的固定底座上安装模板进行块件预制,后者是由可调整外部及内部模板的台车与端模架来完成预制;预制台座应稳定、坚固,在荷载作用下,其顶面的沉降应控制在 2 mm 以内;节段的钢筋宜先制成整体骨架后吊入模板内安装,注意骨架内应设置吊架,且多点起吊;对于预埋件、预留孔或有体外预应力钢束转向器时,其安装必须准确;节段混凝土脱模时间应符合设计规定,设计未规定时,应在混凝土强度达到设计强度等级的75％后方可脱模并拆除。

（2）拼装施工要求

根据工程现场布置和设备条件采取不同的方法进行拼装,一般常见的方法有:

①悬臂吊机拼装法。可利用移动式悬臂吊机实现,该设备主要由纵向主桁架、横向起重桁架、锚固装置、平衡重、起重系、行走系和工作吊篮等部分组成,如图12.20所示。

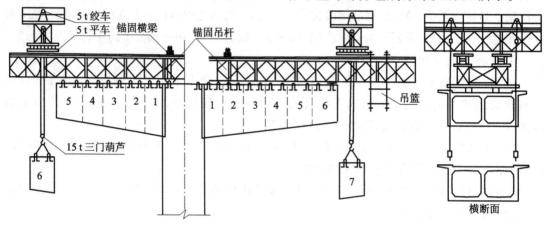

图 12.20　移动式悬臂吊机构造图
1、2、3、4、5、6、7 为吊装顺序

②连续桁架拼装法。移动桁架长度有大于最大跨径和大于2倍桥梁跨径两种,前者是桁梁支承在已拼装完成的梁段上和待悬臂拼装的墩顶上,由吊车在桁梁上移动节段进行拼装,而后者是桁梁支点均支承在桥墩上,节段拼装与0号块可同时进行,图12.21所示为移动式连续桁架悬臂拼装示意。

③起重机拼装法。所用的设备有伸臂吊机、缆索吊机、龙门吊机、人字扒杆、汽车吊、履带吊、浮吊等,吊机可结合现场条件支承在墩柱上、已拼装好的梁段上或栈桥上及桥孔下。

不论采用何种施工起吊设备,应做承载力、刚度及稳定性验算,其安全系数不应小于2;拼装时,桥墩两侧的节段应对称起吊,且应保证桥墩两侧平衡受力,最大不平衡力应符合设计规定。

（3）接缝处理方法

拼装法的接缝形式有湿接缝、干接缝及胶接缝等多种,在不同的施工阶段及不同的施工部位,可采用不同的接缝形式。

（4）施工质量检查

预应力混凝土梁节段悬臂拼装施工质量应符合表12.7中的规定。

表 12.7　预应力混凝土梁节段悬臂拼装施工质量标准

项次	项　　　目		规定值或允许偏差
1	湿接头、合拢段混凝土强度（MPa）		在合格标准内
2	轴线偏位（mm）	跨径 $L \leqslant 100$ m	10
3		跨径 $L > 100$ m	$L/10000$

项次	项　　目		规定值或允许偏差
4	顶面高程（mm）	跨径 $L \leqslant 100$ m	± 20
5		跨径 $L > 100$ m	$\pm L/5000$
6		相邻节段高差	10
7	同跨对称点高差（mm）	跨径 $L \leqslant 100$ m	20
8		跨径 $L > 100$ m	$L/5000$

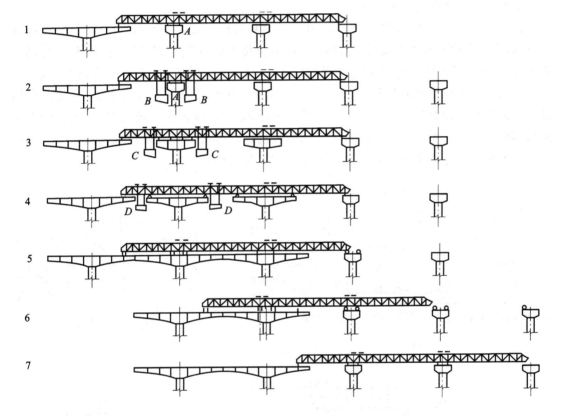

图 12.21　移动式连续桁架悬臂拼装示意

12.2.3.3　悬臂浇筑法施工

悬臂浇筑法是在桥墩两侧利用挂篮，对称浇筑混凝土，待混凝土达到张拉强度后张拉预应力筋，然后移动挂篮继续下一段的悬臂浇筑。悬臂浇筑的每一段将要承受随后浇筑段的结构自重及施工机具、人员等荷载，并要保持悬臂对称和平衡及安全稳定。一般悬臂浇筑的一个节段长 3～8 m，不宜超过 8 m。节段太长，将会增加结构与挂篮的自重，也会引起前面节段过大的施工内力。悬臂浇筑施工一般适用跨越山谷、深槽、河流或地形复杂、桥墩设置有困难而必须配置长跨径，或者桥下空间限制而不宜采用传统工法施工的情况。悬臂浇筑施工方法在预应力混凝土连续梁、连续刚构桥施工中最为常见，下面以挂篮悬臂浇筑施工为例说明悬臂施工的工艺特点。

（1）挂篮形式与受力特点

挂篮是悬臂现浇施工的主要设备,挂篮通常由承重梁、悬吊模板、锚固装置,行走系统和工作平台等部分组成。在施工中,架设模板、安装钢筋、浇筑混凝土和张拉等全部工作均在挂篮的工作平台上进行。当该节段的全部施工完成后,由行走系统将挂篮向前移动,动力常采用绞车牵引。行走系统包括向前牵引装置和尾索保护装置。悬臂浇筑施工中,桥墩顶部的 0 号块一同浇筑,常采用三角托架支承这部分的施工重量。当桥墩较低时,支架可置于桥墩基础或地基上;当桥墩较高时,可在墩中设置预埋件支撑、悬吊或施工托架。

常见的挂篮形式有以下几种:

①平行桁架式挂篮[图 12.22(a)]。其上部结构外形一般为一等高度桁梁,其受力特点是:底模平台及侧模架所受重量均由前后吊杆垂直传至桁架节点和箱梁底板上,故又称吊篮式结构,桁架在梁顶用压重、锚固或两者兼之来解决稳定倾覆问题,桁架本身为受弯结构。

②三角形组合梁挂篮[图 12.22(b)]。是在平行桁架式挂篮的基础之上,将受弯桁架改为三角形组合梁结构。由于其斜拉杆的拉力作用,大大降低了主梁的弯矩,从而使主梁能采用单构件实体型钢。由于挂篮上部结构轻盈,除尾部锚固外,还需较大配重。其底模平台及侧模支架等的承重传力与平行桁架式挂篮基本相同。

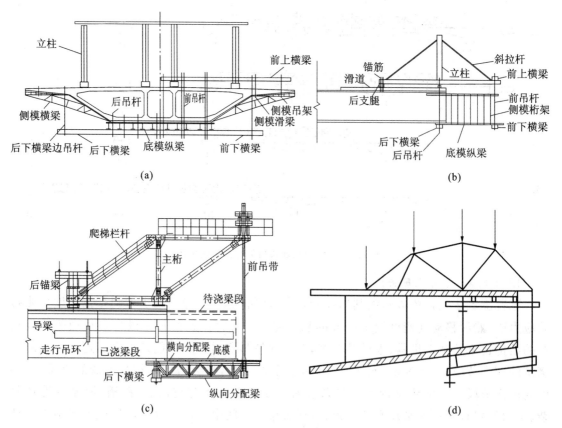

(a)　　　　　　　　　　　　　　　(b)

(c)　　　　　　　　　　　　　　　(d)

图 12.22　常见的悬臂施工挂篮形式

(a)平行桁架式挂篮;(b) 三角形组合梁挂篮;(c) 菱形挂篮;(d)平弦无平衡重挂篮

③菱形挂篮[图 12.22(c)]。可以认为它由平行桁架式挂篮简化而来,其上部结构为菱形,前部伸出两伸臂小梁,作为挂篮底模平台和侧模前移的滑道。其菱形结构后端锚固于箱梁顶板上,无平衡压重,且结构简单,故自重大大减轻。

④平弦无平衡重挂篮[图 12.22(d)]。是在平行桁架式挂篮的基础上,取消压重,在主桁上部增设前后上横梁,根据需要,其可沿主桁纵向滑移,并在主桁横移时吊住底模平台及侧模支架。由于挂篮底部荷重作用在主桁架上的力臂减小,大大减小了倾覆力矩,故不需平衡压重,其主桁后端则通过梁体竖向预应力筋锚固于主梁顶板上。

⑤弓弦式桁架(又称曲弦桁架式)。挂篮主桁外形似弓形,故也可认为是从平行桁架式挂篮演变而来,除具有桁高随弯矩大小变化的特点外,还可在安装时施加预应力以消除非弹性变形。故也可取消平衡重,所以自重较轻。

(2)挂篮施工

①浇筑墩顶梁段,即 0 块块,一般均在墩顶托架上立模现场浇筑。除钢构桥外,如果是连续梁、悬臂梁桥均需在施工中设置临时梁墩锚固或支承,使梁段能承受两侧悬臂施工时产生的不平衡力矩。

②拼装挂篮,挂篮运至工地后,应在岸边试拼,保证正式安装时的顺利及工程进度。悬臂浇筑时一般从墩顶梁段边开始,并且两侧挂篮一开始就独立作业。当桥墩不太高时,其杆件一般用较大吨位的汽车吊直接提升,当桥墩较高或桥下地形不允许,或有较深的水流存在时,可用缆索或浮吊及扒杆等提升。挂篮就位后,安装并校正模板吊架,为保证施工完成后的桥梁符合设计要求,应根据实际情况进行抛高,抛高值包括施工期结构挠度、因挂篮重力和临时支承释放时支座产生的压缩变形等。用堆载法预压挂篮,以消除挂篮的非弹性变形。模板安装应核准中心位置及高程,模板与前一段混凝土面应平整密贴。若上一节段施工后出现中线或高程误差需要调整时,应在模板安装时予以调整。

③浇筑墩顶梁段边混凝土。混凝土浇筑时,T 形构件应两侧对称进行,底板浇筑顺序从根部向两端进行,保证混凝土振捣密实,特别注意锚具受力处的振捣质量。

④挂篮前移、调整、锚固。钢绞线张拉完毕后,准备移篮。移篮的过程为先卸掉侧模拉杆,使侧模与已浇筑混凝土分离。用倒链分别吊在侧模与翼缘板上,控制移动过程中侧模的侧向偏移,防止与相对翼缘板接触,给移篮带来困难。挂篮移动时,每榀桁架主要用两根钢丝绳拉动,两榀挂篮同步进行,先将外侧模、内模滑道同挂篮一起前移到位再移动内模,最后进行固定、校模,进行下一循环。

⑤浇筑下一梁段。依次类推完成悬臂浇筑;拆除挂篮;合龙。

在整个悬臂浇筑过程中,定时进行箱梁节段标高的测量,以及应力和温度的观测,整个测量须完全满足设计和施工技术规范要求。

挂篮悬臂浇筑施工工艺流程如图 12.23 所示。

(3)施工质量检查

悬臂浇筑预应力混凝土梁施工轴线、标高等应符合相关标准,施工质量还应符合表 12.8 的要求。

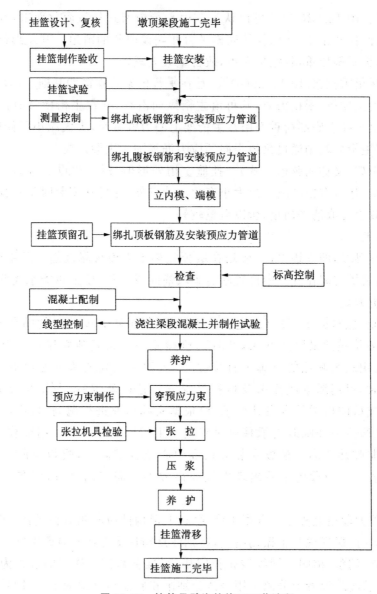

图 12.23 挂篮悬臂浇筑施工工艺流程

表 12.8 悬臂浇筑预应力混凝土梁施工质量标准

项次	项 目		规定值或允许偏差
1	混凝土强度(MPa)		在合格标准内
2	断面尺寸(mm)	高度	+5,-10
3		顶宽	±30
4		底宽	±20
5		顶底腹板厚	+10,0
6	横坡(%)		±0.15
7	平整度(mm)		8

扫一扫

桥梁挂篮悬臂
浇筑和转体

【例 12.2】 某大桥为(50＋4×80＋50)m 连续梁桥,主梁为双箱单室箱形结构,混凝土强度为 C50,采用悬臂拼装法施工工艺。梁段采用长线法预制,缆索吊装就位。试分析该桥施工方法特点及工艺要点。

【解】

(1)采用悬臂拼装法施工,梁体的预制可与桥梁下部构造施工同时进行,平行作业可缩短建桥周期;预制梁的混凝土龄期比悬臂浇筑法的长,故可减少悬拼成梁后混凝土的收缩和徐变;预制场或工厂化的梁段预制生产有利于对整体施工的质量控制。

(2)该桥预制梁段采用长线法,其施工工序为:预制场、存梁区布置→梁段浇筑台座准备→梁段浇筑→梁段调运存放、修整→梁段外运→梁段吊拼。

(3)1号块是紧邻0号块两侧的第一箱梁节段,也是悬臂拼装 T 形构件的基准梁段,是全跨安装质量的关键,一般采用湿接头连接。湿接头拼装梁段施工工序为:吊机就位→提升、起吊1号梁段→安设薄钢板管→中线量测→丈量湿接缝的宽度→调整薄钢板管→高程量测→检查中线→固定1号梁段→安装湿接缝的模板→浇筑湿接缝混凝土→湿接缝养护、拆模→张拉预应力筋→下一梁段拼装。

 习题和思考题

12.1 不同桥梁结构形式所采取的主要施工方法有哪些?

12.2 试述混凝土墩台施工常用模板类型及其适用范围。

12.3 混凝土墩身施工的工序有哪些?

12.4 试述装配式墩台施工方法和特点。

12.5 桥梁上部结构的概念、类型及其施工方法?

12.6 满堂支架现浇法施工要点有哪些?

12.7 试述悬臂施工挂篮的类型及特点。

12.8 简述连续梁悬臂浇筑法的类型及施工要点。

12.9 某三跨预应力混凝土连续刚架桥,跨度为 90 m＋155 m＋90 m,箱梁宽 14 m,底板宽 7 m,箱梁高度由根部的 8.5 m 渐变到跨中的 3.5 m。根据设计要求,0号、1号块混凝土为托架浇筑,采用拼装挂篮,用悬臂浇筑法对称施工,挂篮采用自锚式桁架结构。

(1)简述该桥箱梁悬臂浇筑阶段的主要施工工序。

(2)如果在几个节段施工完成后发现箱梁逐节变化的底板有的地方接缝不顺,底模架变形,侧模接缝不平整,梁底高低不平,梁体纵轴向线形不顺,试分析现场出现问题的原因并提出可采取的预防措施。

13 路面与隧道工程施工

内容提要

本章包括沥青混凝土路面、普通水泥混凝土路面和隧道工程施工等内容。主要介绍了路面工程施工方法及施工质量控制,隧道工程明挖法、盖挖法、新奥法、浅埋暗挖法、盾构法的施工方法及质量检查。重点阐述了相关内容的施工技术要点。

路面工程和隧道工程均属于道路的组成部分,施工质量水平直接影响道路的使用功能。随着经济建设发展,基础设施建设规模和要求不断提高,特别是新材料、新工艺和新型机械设备的出现,使路面和隧道工程施工技术逐步推进。选择合适的工艺方法,进行针对性施工组织,保证工程质量是工程建设的重要任务。

13.1 路面工程概述

路面是在路基顶面的行车部分用各种混合料铺筑而成的层状结构物。因为行车荷载和自然因素对路面的影响是随路面深度的增加而逐渐减弱,故对路面材料的强度、抗变形能力和稳定性的要求也随深度的增加而逐渐降低。为了适应这一特点,路面结构通常分层铺筑,按照使用要求、受力状况、土基支承条件和自然因素影响程度的不同,分成若干层次,一般由面层、基层、底基层及垫层组成,如图 13.1 所示,各个层位功能有所不同。面层是直接与行车和大气接触的表面层次,主要起到承受行车荷载、保证行车通畅、平稳及舒适的作用;基层或底基层承受面层传下的行车垂直荷载,并向垫层和土基扩散荷载;垫层介于基层与土基之间,主要改善土基的湿度和温度状况,以保证面层和基层的强度、刚度

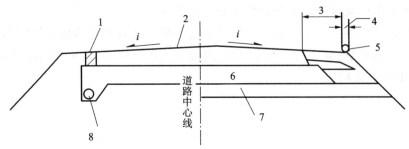

图 13.1 路面结构层次划分示意图

1—路缘石;2—面层;3—硬路肩;4—土路肩;
5—拦水带;6—基层(包括底基层);7—垫层;8—纵向排水沟

和稳定性不受土基水温状况的变化所造成的不良影响,同时也起到防污、扩散应力等功能。有时为了加强面层与基层的共同作用或减少基层裂缝对面层的影响,在基层与面层之间加设一结构层,常见的如沥青碎石或沥青灌入碎石层等,将其称为联结层,为面层的组成部分。

一般来说,路面按照面层的使用品质、材料组成类型及结构强度和稳定性,将路面分为四个等级(表 13.1)。而在工程设计和建设中,沥青混凝土路面、沥青碎石路面及水泥混凝土路面在公路及城市道路中应用较多,本章主要对上述路面结构的施工进行详细介绍。

表 13.1　各等级路面所具有的面层类型以及其所适用的公路等级

路面等级	面层类型	所适用的公路等级
高级	水泥混凝土、沥青混凝土、厂拌沥青碎石、整齐石块或条石	高速、一级、二级
次高级	沥青灌入碎(砾)石、沥青表面处治、半整齐石块	二级、三级
中级	泥结或级配碎(砾)石、水结碎石、不整齐石块、其他粒料	三级、四级
低级	各种粒料或当地材料改善土,如炉渣土、砾石土和砂砾土等	四级

13.2　沥青混凝土路面施工

沥青混凝土路面是指用沥青混凝土作面层的路面,属于高等级路面类型,其面层可由单、双或三层沥青混合料组成,各层混合料的组成设计与施工要点应根据其层位和层厚、气温及降雨量等气候条件、交通量及交通组成等因素确定,以满足对沥青路面使用功能的要求。不同级配的沥青混凝土适用于铺筑不同公路等级的沥青路面,尤其是密级配的沥青混凝土常应用在高等级公路的沥青路面中。

为了保证高等级路面施工质量和使用功能,沥青混凝土路面施工一般采用工厂拌制施工,路面材料是沥青与矿料在加热或常温状态下拌和而成的混合料,高等级公路路面通常采用热拌热铺的施工方法。该方法施工常用的施工机械见表 13.2。

表 13.2　热拌沥青混凝土施工常见设备及用途

类别	机械名称	机械用途
沥青拌和厂设备	沥青混合料拌和机(间歇式或连续式)	拌制沥青混合料
	装载机和推土机	给拌和设备上料
	改性沥青制备设备	用于制备改性沥青
	地秤	用于统计收、发料数量
	供电设备	给拌和厂供电
运输设备	沥青运输车	运送沥青
	自卸车	运送矿料或混合料

续表 13.2

类别	机械名称		机械用途
路面施工设备	沥青混合料摊铺机		摊铺沥青混凝土
	压路机	光轮压路机	沥青路面初压
		重型胶轮压路机	沥青路面复压
		轻型压路机	沥青路面终压
	振动平板夯		修补基础局部坑洞
	路面洗刨车		用于旧路面改建修整
	切缝机		用于切直接缝
	液压镐或风镐		小面积地面修整
	装载机		施工现场倒、运混合料
	洒水车		压路机洒水装置的补水
	照明及供电设备		夜间照明
其他辅助设备	平板拖车		现场倒、运大型施工机械
	吊装设备		拌和机部件的安装
	辅助运输车		其他材料运输等

13.2.1 施工工序

13.2.1.1 施工准备工作

沥青混凝土路面正式施工前,应做好各项施工准备以保证路面连续施工和工程质量,主要准备工作如下:

(1)确定料源及进场材料的质量检验。沥青质量检查项目有检查厂家的试验报告、装运数量、装运日期,并抽验(抽验项目:针入度、延度、软化点、薄膜加热、蜡含量、密度)。其他材料包括石料、砂、矿粉等应符合规格要求。

(2)施工机械选型与配套。重点是拌和设备、摊铺设备及压实设备的选取,结合工程进度、现场施工条件及技术要求等合理确定不同型号及功率的设备,同时考虑多台设备连续施工时,应根据工作量和质量要求进行设备的匹配。

(3)拌和站选型。拌和站要求交通方便,有充足的水源及电源,其设置必须符合国家有关环境保护、消防、安全等规定。当拌和站用于城市道路建设时,考虑到城市拌和站可长期为城市建设服务,一般选用大型固定式沥青混合料拌和站,且具有完善的环保功能;高等级公路的建设一般按就近原则,在修筑公路的附近建立沥青混合料拌和站且考虑拆迁方便,一般采用移动式或半移动式沥青混合料拌和站。

(4)下承层准备和施工放样。下承层是指基层、联结层或面层下层。施工前应对下承层的厚度、平整度、密实度、路拱等进行检查。如有局部损坏应先进行修补至满足要求,之后就可以洒透层、粘层沥青或进行封层以保证面层和基层连接成整体。施工放样包括标高测定和平面控制,测量下承层表面高程与原设计高程的差值,以便在挂线时保持施工层的厚度。

(5)铺筑试验路段。按照《公路沥青路面施工技术规范》(JTG F40)要求,高等级沥青路面在施工前应铺筑试验路段,其他等级公路在缺乏施工经验或初次使用重大设备时,也应铺筑试验路段。试验路段沥青混凝土的稠度通常为 $100\sim200$ mm,宜选择在正线上铺筑,铺筑 12 h 后检查密实度、厚度,保证满足要求。后期道路施工时路面沥青混合料的配合比采用试验路段的路面沥青混合料配合比。

13.2.1.2　沥青混凝土的拌制和运输

(1)混合料的拌和

热拌沥青混凝土必须在搅拌站采用机械拌制。沥青混合料的拌和应考虑以下因素:矿料、沥青的供应充足;拌和机械设备的生产率和完好率;混合料的运输要求;连续生产和铺筑要求等。沥青混凝土的拌制在工厂可采用间歇式和连续式拌和两种,前者是在每盘拌和时,计算混合料各种材料的质量,计量准确;而后者是在计量各种材料之后,连续不断地送进拌和器中拌和,要求各种材料必须稳定不变。拌和设备的各种传感器必须定期检定,每年不少于 1 次;冷料供料装置需经标定得出集料供料曲线。

高速公路和一级公路必须采用间歇式拌和机拌和,以保证混合料的质量稳定和沥青用量更准确。拌和过程中逐盘采集并打印各种传感器测定的材料用量和沥青混合料拌和量、拌和温度等参数,且每个台班结束时打印出一个台班的统计量,对其混合料的拌和质量和铺筑厚度的总量进行检验,如发现有异常应立即停止生产,分析原因。

为保证沥青混合料的质量,需要控制拌制温度、运输温度、摊铺温度及碾压温度。沥青混合料的生产温度应符合规范规定,其拌和的时间根据具体情况经试拌确定,以沥青均匀裹覆集料为度,间歇式搅拌系统每盘的生产周期不宜少于 45 s(其中干拌时间不少于 $5\sim10$ s)。改性沥青和 SMA 混合料的拌和时间应适当延长。经拌和后的沥青混合料应均匀一致,无花白料,无结团成块或严重的粗细料分离现象。生产添加纤维的沥青混合料时,必须将纤维充分分散到混合料中,搅拌均匀。拌和机应具有同步添加投料设备,松散的絮状纤维可在喷入沥青的同时或稍后采用风送设备喷入拌和机,搅拌时间延长 5 s 以上。颗粒纤维在粗集料投入的同时自动加入,经 $5\sim10$ s 的干拌后,再投入矿粉。

沥青混合料出厂时应逐车检测沥青混合料的质量和温度,记录出厂时间,签发运料单。

(2)混合料的运输

热拌沥青混凝土应采用较大吨位的自卸汽车运输,施工过程中摊铺机前方应有运料车在等候卸料,如高等级公路宜待等候的运料车多于 5 辆后开始摊铺。

热拌沥青混凝土运输车厢应清扫干净,为防止沥青与车厢板粘结,车厢侧板和底板可涂一薄层隔离剂或油水混合液(柴油与水的比例可为 1∶3),但不得有余液积聚在车厢底部。

从贮料斗向运输车辆卸料时,应多次挪动车辆位置,平衡装料,以减少混合料离析。运输车运输途中应有保温、防雨、防污染措施,应检查每车来料的温度是否达到要求,是否遭雨淋或结团成块,若不符合要求不得用于铺筑。有条件时可将混合料卸入转运车经二次拌和后再向摊铺机连续均匀地供料。每次卸料务必倒净,尤其是改性沥青混合料,防止余料结块。

13.2.1.3 沥青混凝土的摊铺

高等级沥青路面的摊铺应采用机械摊铺,低等级公路沥青路面可采用人工摊铺。为保证沥青混凝土面层的摊铺厚度,在路面基层测量放样的基础上,先标出混合料的松铺厚度。采用自动调平摊铺机摊铺时,还应放出引导摊铺机运行走向和高程的控制基准线。

目前,机械摊铺设备主要有履带式和轮胎式两种。两种机械的使用性能基本一致,它们的主要组成部件包括料斗、链式传送带、螺旋摊铺器、振捣板、摊铺板、行驶部分和发动机等,图 13.2 所示为轮胎式沥青混合料摊铺机。

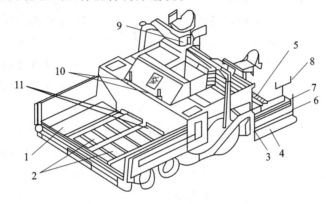

扫一扫
**沥青路面
摊铺碾压**

图 13.2　轮胎式沥青混合料摊铺机

1—受料斗;2—刮板输送器;3—螺旋摊铺器;4—纵坡调节传感器;5—振动烫平板;6—烫平端板;
7—烫平端板调节手柄;8—铺层厚度调节器;9—横坡调节传感器;10—左右闸门标高;11—左右闸门

摊铺机必须缓慢、均匀、连续不间断地摊铺,不得随意变换速度和中途停顿,以提高平整度,减少混合料的离析。摊铺速度宜控制在 2~6 m/min 范围内;摊铺时,要控制好混合料的摊铺温度,最低摊铺温度根据铺筑层厚度、气温、风速及下卧层表面温度等指标按规范控制;且每天施工开始阶段宜采用较高温度的混合料。摊铺厚度应为设计厚度乘以松铺系数,其松铺系数通过试铺试压确定,也可按沥青混凝土混合料 1.15~1.35,沥青碎石混合料 1.15~1.30 酌情取值,摊铺后应检查平整度和路拱。

铺筑高等级沥青混凝土路面时,一台摊铺机的铺筑宽度宜为 6(双车道)~7.5 m(三车道以上),通常宜采用两台及以上台数的摊铺机前后错开 10~20 m 成梯队方式同步摊铺,两幅之间应有 3~6 cm 宽的搭接,并躲开车道轮迹带,面层上、下层搭接位置宜错开 20 cm以上。用机械摊铺的混合料,不宜用人工反复修整,对于道路上某些特殊部位,如路面狭窄、曲线半径过小的匝道等不能采用机械施工,可以人工摊铺混合料,但应符合施工规范要求。

13.2.1.4 沥青混凝土的碾压及成型

沥青混凝土摊铺平整后,应趁热及时碾压。压实温度应符合规范规定。压实成型的沥青路面应符合压实度和平整度的要求,沥青混凝土的最大压实厚度不宜大于 10 cm,若采用大功率压路机且经试验证明能达到压实度时允许增大到 15 cm。碾压温度根据混合料种类、压路机、气温、层厚等情况，并结合规范要求经试压确定。路面碾压分阶段施工，故应配备合理的压路机组合方式和足够数量的压路机。一般碾压分三个步骤：初压、复压和终压，三阶段都应在尽可能高的温度下进行，以达到最佳的压实效果。

（1）初压：压实温度一般为110～130℃（煤沥青混合料不高于90℃），使混合料初步稳定成型，使用较轻型光轮压路机静压1～2遍，从外侧向中心碾压，在超高路段则由低向高碾压。

（2）复压：压实温度一般为90～110℃（煤沥青混合料不低于70℃），为主要压实阶段，应紧跟在初压后开始，且不得随意停顿，使初步密实的混合料逐步压密到要求的密实度，密级配沥青混凝土宜优先采用重型的轮胎压路机。

（3）终压：压实温度一般为70～90℃（煤沥青混合料不低于50℃），是消除碾压轮迹阶段，需保证表面平整，采用轻型钢筒式压路机或关闭振动的振动压路机碾压不宜少于2遍，至无明显轮胎痕迹为止。

压路机不得在未碾压成型路段上转向、掉头、加水或停留。在当天成型的路面上，不得停放各种机械设备或车辆，不得散落矿料、油料等杂物。

13.2.1.5 接缝施工

沥青混凝土路面上存在各种施工接缝，包括横缝和纵缝、新旧路面接缝等，接缝部位处理不当易产生各种质量通病，如裂缝、台阶、松散等，从而影响路面的平整性和耐久性，故沥青路面施工要求接缝紧密、连接平顺，不得产生明显的接缝离析。

（1）横向接缝

高等级公路的表面层的横缝应采用平接缝，上面层以下各层可采用自然碾压的斜接缝，沥青层较厚也可采用阶梯形接缝；其他等级公路的沥青路面各层均可采用斜接缝。如图13.3所示。斜接缝的搭接长度与层厚有关，宜为40～80 cm；阶梯形接缝搭接长度不宜小于3 m。施工接缝处先沿已刨起的缝边用热沥青混凝土覆盖以预热，待接缝处沥青混合料变软之后，将所覆盖的混合料清除，保持接缝面平整清洁，再洒少量沥青并补上细料，然后铺上新沥青混凝土，压路机先横向碾压再纵向碾压成为一个整体，使其充分压实，连接平顺。平接缝可采用切割机制作，宜在铺筑当天混合料冷却后但尚未结硬时进行。

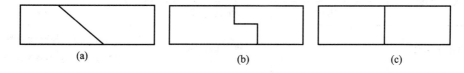

图13.3 横向接缝的几种形式
(a)斜接缝；(b)阶梯形接缝；(c)平接缝

（2）纵向接缝

沥青路面采用分幅施工或其他特殊原因将产生纵向冷接缝时，宜架设挡板或架设切刀切齐，也可在混合料尚未冷却前用镐刨除边缘留下的毛茬，但不宜在冷却后采用切割机作纵向接缝。接缝处铺新料前应涂洒少量沥青，且在已铺层上重叠5～10 cm，并清除已铺层上的混合料，碾压时先在已压实路面上碾压新铺层15 cm左右，然后压实新铺部分。若摊铺时采用梯队作业的纵缝，则应采用热接缝，将已铺部分留下10～20 cm宽暂不碾压，作为后续部分的基准面,然后跨缝碾压以消除缝迹。

13.2.1.6　开放交通

热拌沥青混凝土路面应待摊铺层完全自然冷却,混合料表面温度低于 50℃后,方可开放交通;如需提前开放交通,可洒水冷却降低混合料温度。路面施工期遇到当地雨季时,应加强工地现场、拌和厂及气象台之间的联系,控制施工长度,各道工序紧密衔接;做好运输工具和材料的防雨及排水措施;对已铺筑好的沥青层应严格控制交通,做好保护,严禁在其上堆放施工产生的土及杂物,严禁在已铺层上制作水泥砂浆。

13.2.2　施工质量检查与验收

为了保证沥青路面的施工质量和稳定性,首先做好材料质量控制,包括材料的品质、使用及保管;其次对于高等级公路来说,铺筑试验路段是不可缺少的步骤,应在正线上按照施工工艺铺筑试验段,保证试验段达到标准要求;最后是做好施工过程中质量管理与检查,加强对施工工序进行检查及验收。沥青混合料路面交工验收指标如表 13.3 所示。

表 13.3　高等级公路热拌沥青混合料路面交工验收指标

项　目		频　率	允许偏差
面层总厚度	代表值	每 1 km 5 点	设计值的 −5%
	极值	每 1 km 5 点	设计值的 −10%
上面层厚度	代表值	每 1 km 5 点	设计值的 −10%
	极值	每 1 km 5 点	设计值的 −20%
压实度	代表值	每 1 km 5 点	实验室标准密度的 96%;最大理论密度的 92%;试验段密度的 98%
	极值(最小值)	每 1 km 5 点	比代表值放宽 1%(每千米)或 2%(全线)
路表平整度	标准差	全线连续	1.2 mm
	IRI	全线连续	2.0 m/km
路表渗水系数		每 1 km 5 点	300 mL/min(普通沥青路面)200 mL/min(SMA 路面)
宽度	有侧石	每 1 km 20 个断面	±20 mm
	无侧石	每 1 km 20 个断面	不小于设计宽度
纵断面高程		每 1 km 20 个断面	±15 mm
中线平面偏位		每 1 km 20 个断面	±20 mm
横坡度		每 1 km 20 个断面	±0.3%
弯沉	回弹弯沉	全线每 20 m 1 点	符合设计对交工验收的要求
	总弯沉	全线每 5 m 1 点	符合设计对交工验收的要求

项　目	频　率	允许偏差
构造深度	每 1 km 5 点	符合设计对交工验收的要求
摩擦系数摆值	每 1 km 5 点	符合设计对交工验收的要求
横向力系数	全线连续	符合设计对交工验收的要求

【例 13.1】　某高速公路设计时速为 120 km/h,路面面层为三层式沥青混凝土结构,为了保证工程施工质量,试述该路面施工中工序控制要点。

【解】

路面施工应从材料、机械选择和施工要求等方面加以控制。

(1)选用经试验合格的石料进行备料,严格对下承层进行清扫,并在开工前进行试验段的铺筑,铺筑试验段一是可为控制指标确定相关数据,如松铺系数、机械配备、压实遍数、人员组织、施工工艺等;二是可检验相关的技术指标,如沥青含量、矿料级配、混合料马歇尔试验、压实度等。

(2)除了对沥青混合料及原材料及时进行检验,拌和中还应严格控制集料加热温度和混合料出厂温度,保证拌合料的质量,出厂时混合料如果出现花白料,原因可能是拌和中存在油料偏少、拌和时间偏短、矿粉量过多等现象。

(3)设置两台具有自动调节摊铺厚度及找平装置的高精度沥青混凝土摊铺机梯进式施工,严格控制相邻两机的间距。沥青混凝土摊铺过程中,应对摊铺温度随时检查并做好记录。压实度是沥青混凝土路面施工中一项重要的控制指标,而温度低是造成压实不足的原因之一,随时检查和做好记录是保证路面压实度的重要手段。

(4)选用压路机进行路面碾压,严格控制碾压温度和碾压重叠宽度。工作中压路机要运行均匀,不得中途停留、转向或制动,也不得随意改变碾压速度;不允许在新铺筑路面上停机加油、加水。

13.3　水泥混凝土路面施工

13.3.1　施工准备工作

水泥混凝土路面施工前的准备工作包括选择混凝土拌和场地、材料准备与质量检验、混合料配合比检验与调整、基层的检验与整修、施工测量放样与机械准备等。各项准备工作的具体要求如下:

(1)选择混凝土拌和场地

水泥混凝土路面施工中水泥和水的需要量大,在选择混凝土拌和场地时应根据施工路线的长短和所需要的运输工具,并结合水源、电源情况综合考虑,混凝土可集中在一个场地拌和,也可以沿线选择几个场地,随工程进展情况迁移。拌和场地的选择首先要考虑使运送混合料的运距最短,同时拌和场地接近水源和电源。另外,拌和场地应有足够的面积,以供堆放砂石材料和搭建水泥库房。

(2)材料试验及混凝土配合比检验与调整

根据设计要求和当地材料供应情况,做好混凝土材料准备与质量检验,进行各组成材料的配合比设计。混凝土配合比应按设计配合比取样试拌,测定其工作性,必要时还应试铺检验路段;按工作性符合要求的配合比成型混凝土试件,需测定其 28 d 的强度值是否符合要求。因施工现场集料的含水量会经常发生变化,必须及时测定,并调整配合比,确定施工的实际材料用量。

(3)基层的检验与整修

基层(和底基层)的宽度、路拱与标高、表面平整度和压实度、基层强度等均应检查是否符合要求,若不符合要求,应及时修整和补强,应注意半刚性基层的整修时间。当在旧砂石路面上铺筑混凝土路面时,所有旧路面的坑洞、松散等损坏,以及路拱横坡或宽度不符合要求之处,均应事先翻修并压实;混凝土摊铺前,基层表面应洒水润湿,以免混凝土底部的水分被干燥的基层吸收,变得疏松以致产生细裂缝。有时可在基层与混凝土之间铺设薄层沥青混合料或应力吸收层。

(4)施工放样

测量放样是水泥混凝土路面施工前的一项重要工作。应先放出道路的中心线和边缘线,在中心线上每隔 20 m 设一中桩,同时将设置胀缩缝、曲线起讫点、纵坡变化点等处的中心桩及边桩,并在实地定出。放样时,基层宽度应比混凝土板每侧宽出 25～35 cm。主要中心桩分别固定在路边稳固位置,临时水准点每隔 100 m 左右设置一个,以便施工时就近复核路面高程。测量放样必须经常复核,在浇筑过程中也要复核,确保混凝土路面的平面位置和高程符合设计要求。

(5)选择施工机械及配套设备

水泥混凝土路面施工主要有滑模铺筑、轨道铺筑、三辊轴机组铺筑、小型机具铺筑和碾压混凝土路面铺筑等施工方式。对于施工机械设备的确定,实际工程建设中主要根据公路等级及技术标准要求,高级公路和一级公路通常使用滑模、轨道摊铺设备和工艺;二级及二级以下的公路水泥混凝土路面的施工,大多采用三辊轴机组设备和工艺,小型机具施工多用于三、四级公路,表 13.4 所示为混凝土路面施工机械装备的相关要求。具体施工前,根据施工质量、进度要求和施工企业情况,选择合适的主导机械;在保证主导机械发挥其最大效率,且使配套机械的类型和数量尽可能少的前提下,确定配套机械的类型及数量。

表 13.4   不同公路等级的一般机械装备

摊铺机械装备	高速公路	一级公路	二级公路	三级公路	四级公路
滑模摊铺机	√	√	√	▲	○
轨道摊铺机	▲	√	√	√	○
三辊轴机组	○	▲	√	√	√
小型机具	×	○	▲	√	√
碾压混凝土机械	×	○	√	√	▲
计算机自动控制强制搅拌楼(站)	√	√	√	▲	○
强制搅拌楼(站)	×	○	▲	√	√

注:表中符号√表示应使用;▲表示有条件使用;○表示不宜使用;×表示不得使用。

13.3.2 施工方法

对于水泥混凝土路面的施工,由于施工条件的差异,选取不同的施工机械设备,其施工工艺存在一定的差异,以下主要介绍使用小型机具、三辊轴机组及滑模施工的操作流程与方法。一般普通混凝土路面的施工程序与内容包括施工准备工作、安装模板、设置传力杆和边缘钢筋、混凝土拌和和运输、混凝土摊铺和振捣、接缝留设、表面修整、混凝土养护和填缝等。

13.3.2.1 小型机具施工

(1)安装模板

混凝土面板模板安装包括边侧模板和端头模板安装。在摊铺混凝土之前,应先将两侧模板安装完毕。当采用半幅施工时,还应安装纵缝模板。边侧模板使用量最大,高等级公路混凝土路面板、桥面板和加铺层的施工一般采用组合钢模板或槽钢,低等级公路混凝土路面也可采用木模板,在路面交叉口处可采用薄木模板,便于弯成弧状。

①边侧模板

侧模一般长 3～5 m,安装侧模时先将其按标定的位置安放在基层上,两侧模板每隔 1 m 用钢钎打入基层,设置支撑装置,以固定位置,如图 13.4 所示。模板应做好平面和高程控制。纵缝处需要设置拉杆时,应按设计要求的拉杆距离,在模板上预留拉杆孔。

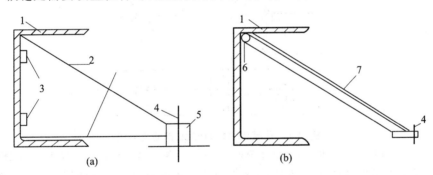

(a)   (b)

图 13.4　槽钢模板焊接钢筋或角钢固定示意图

(a)焊接钢筋固定支架;(b)焊接角钢固定支架

1—槽钢;2—钢筋固定支架;3—套管;4—钢钎;5—固定端;6—固定销;7—角钢固定支架

②端头模板

横向接缝端模板按照传力杆的位置和间距,设置传力杆插入孔和定位套管。而对于不连续浇筑混凝土面板的情况,在施工结束时设置的胀缝宜采用顶头木模固定传力杆的方法,如图 13.5 所示。即在端模板外侧增设一个定位模板,板上同样设置传力杆插入孔,两模板之间用传力杆一半长度的木模固定。当需要继续浇筑混凝土时,拆除挡板、横木及定位模板,设置胀缝板、木质压缝板条和传力杆套管。

(2)传力杆和边缘钢筋的布置

①纵缝处拉杆的设置

设置纵缝处的拉杆可以采用在模板上设孔,立模后在浇筑混凝土之前将拉杆穿入孔中;也可采用拉杆弯成直角形部分预埋在混凝土内,拆模后将外露部分拉杆拉直;还可采

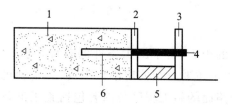

图 13.5 横向施工缝端头模板及传力杆的架设

1—先浇筑的混凝土;2—端头挡板;3—外侧定位模板;4—传力杆半段涂沥青;5—固定模板;6—传力杆

用带螺丝的拉杆,一半拉杆用支架固定在基层上,拆模后另一端带螺丝接头的拉杆同埋在已浇筑混凝土内的半根拉杆相接。

②横缝处传力杆的设置

a. 混凝土板连续浇筑。模板安装好后,在需要设置传力杆的胀缝和缩缝位置上设置传力杆。一般是在嵌缝板上预留孔以便传力杆穿过,嵌缝板上面设木制或铁制压缝板条,再放一块胀缝模板,按传力杆位置和间距,在胀缝模板下部挖成倒 U 形槽,使传力杆由此通过。传力杆两端固定在钢筋支架上,支架脚插入基层内,如图 13.6 所示。

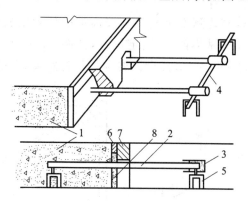

图 13.6 胀缝传力杆的架设(钢筋支架法)

1—先浇筑的混凝土;2—传力杆;3—金属套筒;4—钢筋;5—支架;6—压缝板条;7—嵌缝板;8—胀缝模板

b. 混凝土板不连续浇筑。不连续浇筑的混凝土板在施工结束时设置的胀缝,宜用顶头模板固定传力杆的安装方法。

③边缘钢筋的布置

浇筑混凝土前,应按设计要求布设边缘钢筋,钢筋绑扎应牢固,位置准确。角隅钢筋可先在下面浇筑一层混凝土后再予以安放,然后浇筑上层混凝土。

(3)混凝土搅拌和运输

施工中所需混凝土的制备可采用在工地现场由搅拌机拌制或工厂集中制备,而后运送到现场。为了保证混凝土的质量,搅拌时正确掌握好混凝土施工配合比,严格控制加水量,应根据砂、石料的实测含水量,以调整拌制时的实际加水量。应保证混凝土各组成材料计量在允许的误差内,每一工作班次应检查材料称量精度至少 2 次,每半天检查混合料的坍落度 2 次,搅拌时间为 1.5~2 min。对于厂拌混凝土,应根据控制拌合物的黏聚性、匀质性及强度稳定性,同时结合拌合料质量和产量要求,确定搅拌时间。

混凝土宜采用水泥混凝土搅拌运输车运输,也可采用手推车、翻斗车或自卸车运输。

运输过程中应防止漏浆、漏料和污染路面,防止离析,混凝土应在规定时间内运到摊铺现场。使用自卸车运输混凝土最远距离不宜超过 20 km。

(4) 混凝土摊铺和振捣

混凝土摊铺前,应对模板的位置及支撑稳固情况,传力杆、拉杆的安设等进行全面检查。检查各项指标符合要求后,方可进行混凝土的摊铺和振捣。

① 摊铺

将混凝土直接倾倒在安装好侧模的路槽内,倾落高度不宜超过 2 m,以免发生离析现象;若倾落高度超过 2 m,应采用串筒、溜管或振动管等辅助设施。

② 振捣

振捣设备有平板振动器、插入式振动器及振动梁等。当混凝土面层较薄时,如在 20 cm 以下的面层可一次摊铺,用平板振动器振实;对于振捣不到面层的边角、进水口及设置钢筋的部位等,可用插入式振动器进行振实;当混凝土板厚较大时,可先用插入式振动器振捣,最后用振动梁滚压。

混凝土振捣应注意路面底部、边角等处不得欠振或漏振。振捣时应随时检查振实效果,对模板、拉杆、传力杆及钢筋的移位、变形、松动、漏浆等情况及时纠正。缺料的部位,应人工补料找平,最后将振动梁两端放置在侧模上,沿垂直路面中心线纵向拖振,往返 2~3 遍,使混凝土表面泛浆均匀平整,在拖振整平的过程中,缺料处应使用混凝土填补,不得采用纯砂浆填补,而料多的部位应将多余的料铲除。每个车道路面宜使用 1 根振动梁,振动梁应具有足够的刚度和良好的质量。

③ 面板整平

对于小型机具施工,振捣完成后,随即用直径为 75~100 mm 的无缝钢管(滚杠),两端放于侧模上,沿纵向滚压 2~3 遍,第一遍应短距离缓慢拖滚,之后应较长距离匀速拖滚,并且将水泥浆每次赶在滚杠前方,多余的水泥浆应铲除。用钢管提浆整平后的面层表面,采用 3 m 刮尺纵横各 1 遍再整平饰面,或采用叶片式或圆盘式抹面机往返 2~3 遍压实整平。每车道路面需配备 1 根滚杠,不宜少于 1 台抹面机。

(5)接缝制作

① 胀缝

对于设置传力杆的胀缝,胀缝板应预留传力杆圆孔,传力杆按设计位置穿过胀缝板和模板准确就位并固定,先浇筑胀缝一侧混凝土,取去胀缝模板后,再浇筑另一侧混凝土。待混凝土初凝后取出上方的压缝板条,下部的胀缝板保留。为了减少填缝工作,一般接缝下部的胀缝板用沥青浸制的软木板或油毛毡等制成。

当胀缝与结构物相接,混凝土板无法设置传力杆时,接缝可做成厚边式,即在接近结构物的一端适当加厚,在接缝位置放置沥青玛瑞脂与软木屑制成的嵌缝板;也可采用接缝位置下部用嵌缝板,上部用接缝条,为便于接缝条取出,可在靠结构物一侧贴一层油毛毡。

② 缩缝

混凝土面板的缩缝都是假缝形式。对于假缝,可采取切缝法和锯缝法制作。

切缝法是在混凝土振捣整平后,在缩缝位置利用振捣梁将"T"型震动刀准确地压入切出一条槽缝,随后放入铁质压缝条,并用原浆修平槽边。待混凝土收浆抹面后取出压缝条。

锯缝法是使用锯缝机锯割出要求深度的槽口。这种做法效率高、接缝质量好、平整美观,适宜连续施工。合适的切割时间应根据当地施工气候条件而定,如炎热而多风的天气或早晚温差大时,在表面整修后 4 h 即可开始切割。而气温较低或一天温差变化不大时,可推迟切割时间。

③ 纵缝

纵缝做成企口式纵缝,模板内壁做成凸榫状。拆模后,混凝土板侧面即形成凹槽。需设置拉杆时,模板在相应位置要钻圆孔,以便拉杆穿入。浇筑另一侧混凝土前,应先在凹槽壁上涂抹沥青。

(6)面层防滑处理

混凝土表面整平抹面后,为了增加混凝土表面的粗糙抗滑能力,保证行车安全,应进行表面纹理制作。一般情况下,采用棕刷顺横向在抹面后的表面轻轻刷毛;也可用金属梳子或尼龙梳子梳成深 1~2 mm 的横向或纵向纹理。近年来,也有采用锯槽机制作纹理的方法,即用锯槽机在已结硬的混凝土表面锯割深 5~6 mm,宽 2~3 mm,间距 20 mm 的小横槽。也可在未结硬的混凝土表面塑压成槽,或压入坚硬的石屑来防滑。

(7)混凝土的养护和填缝

① 混凝土养护

混凝土养护方法包括洒水养护和养护剂养护。洒水养护一般是在混凝土抹面 2 h 后,当表面已有一定硬度,用手指轻压不现痕迹即可开始养护。一般采用湿麻袋、湿草垫,或 20~30 mm 厚的砂层铺盖,每天均匀洒水数遍以保持混凝土表面始终处于潮湿状态,一般养护天数宜为 14~21 d,具体时间视天气情况而定。养护剂养护一般是当混凝土表面不见浮水,用手指按压无痕迹时,即可均匀喷洒养护剂,在混凝土表面形成不透水薄膜,从而防止混凝土中水分蒸发,保证混凝土的水化作用。

② 填缝

面板接缝的填缝工作在混凝土初步结硬后进行,填缝前,缝内必须干燥干净,必要时用水冲洗干净,待其干燥后在侧壁涂上一层沥青漆,待沥青漆干燥后再行填缝。实践表明,填料不宜填满缝隙全深,最好在浇灌填料前先用多孔柔性材料填塞缝底,然后再加填料,这样夏天胀缝变窄时,填料不至于受挤而溢出。

接缝填料应选用与混凝土接缝槽壁粘结力强、回弹性好、适应混凝土板收缩、不溶于水、不渗水、高温时不流淌、低温时不脆裂、耐老化的材料。常用的填缝材料有聚氨酯焦油类、氯丁橡胶类、乳化沥青类、聚氯乙烯胶泥、沥青橡胶类、沥青玛瑞脂及橡胶嵌缝条等。尤其是胀缝接缝板应选用能适应混凝土板膨胀收缩、施工时不变形、复原率高和耐久性好的材料。高速公路和一级公路宜选用泡沫橡胶板、沥青纤维板;其他等级公路也可选用木材类或纤维类板。

13.3.2.2 三辊轴机组施工

普通混凝土路面施工中,也可采用三辊轴机组铺筑。三辊轴机组铺筑是指采用振动器、三辊轴整平机等机组铺筑混凝土路面的施工工艺。三辊轴整平机实质上属于小型机具的改造形式,是将小型机具施工时的振动梁和滚杠合并安装在有驱动力轴的设备上,高速公路不宜采用三辊轴机组,一级公路有条件时可采用。表面应使用真空脱水工艺和硬刻槽来保证表面的耐磨性和抗滑性。

三辊轴机组铺筑路面的工艺流程为:

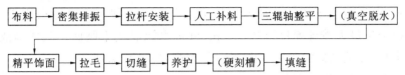

施工操作时,应做好设备选择与配套。面板厚 20 cm 以上宜采用直径 168 mm 的辊轴;桥面铺装或厚度较小的路面可采用直径为 219 mm 的辊轴,轴长比路面宽度长出 600～1200 mm。铺筑面板时,同时配备一台安装插入振动棒组的排式振捣机,振动棒插入间距不应大于其有效作用半径的 1.4 倍,并不大于 500 mm,振捣时间宜为 15～30 s。现场专人指挥车辆卸料及布料,混合料坍落度为 10～40 mm,松铺系数为 1.12～1.25。面板振实后,应随即安装纵缝拉杆。三辊轴整平机采用分段整平混凝土面层,每段长度宜为 20～30 m,振捣与整平两道工序之间的时间间隔不宜超过 15 min。精平饰面可采用 3～5 m 刮尺在纵横两个方向进行,每个方向不少于 2 遍。也可采用旋转抹面机密实精平饰面 2 遍。

13.3.2.3　真空脱水工艺

小型机具施工三、四级公路混凝土路面时,应优先采用在拌合物中掺外加剂,无掺外加剂条件时,应使用真空脱水工艺,该工艺适用于面板厚度不大于 240 mm 混凝土面板施工。

真空脱水工艺是混凝土的一种机械脱水方法,即在混凝土经过一定程度浇筑,振捣成型后,立即在混凝土板表面覆盖上真空吸垫,经过真空泵产生负压,将混凝土内多余水分和空气吸出,同时,由于大气压差作用,在吸垫面层上产生压力,挤压混凝土,使其内部结构达到致密。故可以解决泌水带来的表面水比较大,耐磨性不足的问题。该工艺使用中最重要的是控制最短脱水时间和脱水量。其最短脱水时间不宜短于表 13.5 中的规定,脱水量应经过脱水试验确定。

表 13.5　最短脱水时间(min)

面板厚度 h(cm)	昼夜平均气温 T(℃)					
	3～5	6～10	11～15	16～19	20～25	＞25
18	26	24	22	20	18	17
22	30	28	26	24	22	21
25	35	32	30	27	25	24

当脱水达到规定时间和脱水量后(双控),应先将吸垫四周微微掀起 10～20 mm,继续抽吸 15 s,以便吸尽作业表面和吸管中的余水。真空脱水后,应采用振动梁、滚杠或叶片、圆盘式抹面机重新压实精平 1～2 遍。真空脱水整平后的路面,应采用硬刻槽方式制作抗滑结构。

13.3.2.4　滑模摊铺机施工

滑模摊铺机是一套机械化、自动化程度较高的摊铺机具,目前,在我国一些省市公路及机场跑道修建中已开始使用,由于其侧向模板随着施工进程不断向前移动,无需另设模板,从而大大提高了施工工效。按一次摊铺的宽度来分,滑模摊铺机有三车道滑模摊铺机(最大可一次摊铺宽度 16 m)、双车道滑模摊铺机(最大可一次摊铺宽度 9.7 m)、多功能单车道滑模摊铺机(最大可一次摊铺宽度 6 m)以及路缘石滑模摊铺机(制作路缘石专用)。可根据公路等级和路面总宽度合理选用,高等级公路施工宜选配能一次摊铺 2～3 个车道宽度的摊铺机,二级及以下等级公路水泥混凝土路面最小摊铺宽度不得小于单车道设计宽度。滑模摊铺机最大摊铺厚度可达 50 cm,可将水泥混凝土路面一次摊铺成型,其是集布料、摊铺、平整、振捣、抹平等工艺于一体,效率高,质量易保证。

滑模摊铺机主要施工工艺如下:

(1)滑模摊铺机工作参数的设定及校准。摊铺前,应对摊铺机进行全面性能检查和准确的施工位置参数设定;设置基准线为滑模摊铺机建立一个标高、纵横坡、板厚、板宽、摊铺中线、弯道及连续平整度等几何位置的基本参照系。首次摊铺路面,应挂线对其铺筑位置、几何参数和机架水平度进行调整和校准,准确无误后,方可开始摊铺。在开始摊铺的 5 m 内,应在铺筑行进中对摊铺出的路面标高、边缘厚度、中线、横坡度等参数进行复核测量,所摊铺的路面精确度应控制在规范规定值范围内。

(2)布料。滑模摊铺路面时,可配备 1 台挖掘机或装载机辅助布料,布料与滑模摊铺机之间的施工距离宜控制在 5～10 m,且卸料、布料应与摊铺速度相协调。

(3)铺筑工艺。滑模摊铺机的摊铺过程如图 13.7 所示,首先,由螺旋桨摊铺机 1 把堆积在基层上的水泥混凝土拌合物横向铺开,刮平器 2 进行初步刮平;然后,振动器 3 进行振捣密实,刮平板 4 进行振捣后整平,以形成密实、平整的表面,搓动式振捣板 5 对混凝土层进行振实和整平;最后用光面带 6 对面层进行光面。

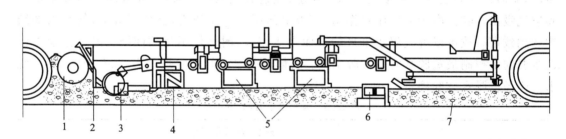

图 13.7　滑模摊铺机摊铺过程示意图

1—螺旋桨摊铺机;2—刮平器;3—振动器;4—刮平板;5—搓动式振捣板;6—光面带;7—混凝土面层

滑模摊铺机施工路面时,摊铺机中线误差的调整消除应通过行进中调整方向传感器横杆距离实现,禁止停机调整,以防止路面出现大幅度调整的棱槽;摊铺应缓慢、匀速、连续不间断地进行,保证进料要求,不得机前缺料;控制振动频率。摊铺机正常摊铺时,振捣频率可在 6000～11000 r/min 之间调整,宜采用 9000 r/min 左右,应防止混凝土过振、欠振或漏振。应根据混凝土的稠度大小,随时调整摊铺的振捣频率或速度。当混凝土坍落度较大时,应适当降低振捣频率,加快摊铺速度,但最快不得超过 3 m/min,最小振捣频率不得小于 6000 r/min;当混凝土坍落度较小时,应提高混凝土振捣频率,但最大不得超过 11000 r/min,同时减慢摊铺速度,最小速度控制在 0.5～1.0 m/min。摊铺机起步时,应先开启振动器 2～3 min,再行推进。摊铺机脱离混凝土后,应立即关闭振动器。

13.3.3　施工质量检查与验收

为了保证水泥混凝土路面的工程质量,在整个施工过程中应按照设计图纸和施工规范要求,对每一个工序进行严格控制把关,对施工各阶段的各项质量指标应做到及时检查、控制和评定,以达到所规定的质量标准。如施工前严格检验原材料的质量,水泥、粗细集料、外加剂、钢筋、传力杆等各项技术指标和规格符合要求,做好混凝土的配合比设计;施工中对混凝土的搅拌与运输、摊铺与振捣、修整与养护等各环节进行严格的质量检查和控制。

对于二级及以上公路混凝土路面工程,使用滑模、轨道、碾压、三辊轴机组机械施工时,在正式摊铺混凝土路面前,必须铺筑试验路段。试验路段长度不应短于200 m,高速公路、一级公路宜在主线路面以外进行试铺。路面厚度、摊铺宽度、接缝设置、钢筋设置等均应与实际工程相同。

施工现场混凝土路面铺筑过程中,路面各项技术指标的质量检验标准应符合各级公路混凝土路面的铺筑质量要求。在质量检查中重点控制混凝土弯拉强度、路面板厚度和路面平整度三项指标。一般施工中用3 m直尺检测平整度,而交工验收时用平整度仪检测动态平整度;混凝土弯拉强度测定应从混凝土中随机取样,通过试验评定;板厚应在面层摊铺前通过基准线或模板严格控制。

工程完工后,应按各级公路混凝土路面铺筑质量要求进行检查,以1 km为单位。当混凝土路面检查的各项技术指标到达竣工验收标准时,施工单位应提交全线检测结果等资料,进行竣工验收。

混凝土路面竣工验收的主要项目包括:

(1)外观不能有蜂窝、麻面、裂缝、脱皮、石子外露和缺边掉角现象。

(2)路缘石应直顺,曲线应圆滑。

混凝土路面质量要求和允许偏差应符合表13.6的规定。

表13.6　各级公路混凝土路面铺筑质量要求和允许偏差

项次	检查项目		允许偏差值	
			高速公路、一级公路	其他公路
1	弯拉强度[①](MPa)		100%符合规范JTG F30的规定	
2	板厚度(mm)		代表值≥−5;极值≥−10,c_v符合设计规定	
3	平整度	σ(mm)	≤1.2	≤2.0
		IRI(m/km)	≤2.0	≤3.2
		3m直尺最大间隙 Δh(mm)	≤3(合格率应≥90%)	≤5(合格率应≥90%)
4	抗滑构造深度(mm)	一般路段	0.70～1.10	0.50～0.90
		特殊路段[②]	0.80～1.20	0.60～1.00
5	相邻板高差(mm)		≤2	≤3
6	连接摊铺纵缝高差(mm)		平均值≤3;极值≤5	平均值≤5;极值≤7
7	接缝顺直度(mm)		≤10	

续表 13.6

项次	检查项目	允许偏差值	
		高速公路、一级公路	其他公路
8	中线平面偏位(mm)	≤20	
9	路面宽度(mm)	±20	
10	纵断高程(mm)	±10	±15
11	横坡度(%)	±0.15	±0.25
12	断板率(‰)	≤2	≤4
13	脱皮、印痕、裂纹、露石、缺边、掉角(‰)	≤2	≤3
14	路缘石顺直度和高度(mm)	≤20	≤20
15	灌缝饱满度(mm)	≤2	≤3
16	切缝深度(mm)	≥50	≥50
17	胀缝表面缺陷	不应有	不宜有
18	胀缝板连浆(mm)	≤20	≤30
	胀缝板倾斜(mm)	≤20	≤25
	胀缝板弯曲和移位(mm)	≤10	≤15
19	传力杆偏斜(mm)	≤10	≤13

注:①路面钻芯劈裂强度应换算为实际面板弯拉强度进行质量评定。

②特殊路段指高速公路、一级公路的立交、平交、变速车道等处;其他公路指急弯、陡坡、交叉口或集镇附近。

13.4　隧道工程施工

隧道是修建在地下或水下供车辆和行人通行的建筑物。根据其所在位置可分为山岭隧道、水下隧道和城市隧道三大类。为缩短距离和避免大坡道而从山岭或丘陵下穿越的称为山岭隧道;为穿越河流或海峡而从河下或海底通过的称为水下隧道;为满足城市交通的需要而在城市地下穿越的称为城市隧道。这三类隧道中修建最多的是山岭隧道。按隧道使用对象的不同有铁路隧道、公路隧道。铁路隧道主要是供铁路机车通行,而公路隧道主要是供汽车和行人通行。不论是何种类型的隧道,其施工方法基本相同,施工中具体指标要求及相关规定应依据相关专业标准。

道路工程施工中涉及各种地域和地质情况,设置隧道既可缩短线路里程,又可提高公路技术标准。近年来,随着城市经济的发展,地铁建设的规模越来越大,城市地铁多采用隧道结构,隧道工程在道路建设中应用越来越广泛,而伴随着地质学及岩土力学的研究成果的应用,隧道施工技术也日益成熟。目前,隧道工程常见的施工方法有明挖法、盖挖法、新奥法、浅埋暗挖法、盾构法等。

13.4.1　明挖法

明挖法就是利用预先施工的围护结构,从地面开始往下挖到需要制作结构的位置,按设计做完结构后再回填,恢复到原状地面。该法具有施工简单、快捷、经济、安全的优点,在山岭隧道的洞口和明洞施工、城市地铁车站和城市地下隧道工程发展初期多采用明挖法。其缺点是需要的施工面广,对周围环境的影响较大。

明挖法施工工序包括降低地下水位、基坑支护(打桩)、土方开挖、埋设支承防护与开挖、地下结构及防水工程、回填、拔桩恢复路面等。其中基坑支护是确保安全施工的关键技术,根据环境情况、基坑深度和施工技术,有敞口放坡开挖、设置基坑支护开挖、设置地下连续墙开挖等方式。

地下工程采用敞口放坡开挖施工时,为了防止塌方,保证施工安全,在基坑开挖深度超过一定限度时,边坡土壁应按规定放坡。一般适用于基坑所处地面开阔,周围无建筑物或建筑物间距很大,地面有足够空地满足施工需要,又不影响周围环境,且地下地质条件较好的情况。基坑应自上而下分层、分段依次开挖,随挖随刷边坡,必要时采用水泥混凝土喷面和锚杆护坡。

基坑支护技术包括重力式挡土支护、直立式和设支撑基坑支护等技术。

对内支撑为型钢包括钢管或 H 型钢的基坑支护,挡土结构可采用单排工字钢、钢板桩以及混凝土桩墙,支撑和连梁连接承受水平荷载。施工前根据施工图纸及现场配撑情况进行支撑加工,钢支撑与法兰盘连接(图 13.8)应满足相关规范要求,且对支撑钢管焊缝进行探伤试验,保证支撑承载力达到设计要求。

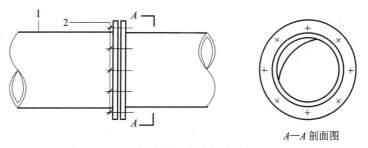

图 13.8　钢支撑与法兰盘连接断面图

1—钢管;2—加强螺栓

支撑施工程序为:

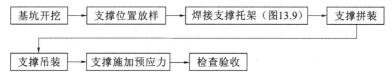

支撑架设具有时间性和协调性,支撑架设的时间、位置及预加力要求直接关系到深基坑的稳定。

①基坑开挖至第一层土下时,即冠梁下 50 mm 后,立即放测出支撑位置线,凿出帽梁内的预埋钢板并进行牛腿支座的焊接加工,牛腿位置与支撑位置一一对应。

②土方开挖到位后,开始吊装第一层钢支撑,施工时采用吊车在基坑内架设,吊起时两端轻放在牛腿支座上,固定端与帽梁内钢板点焊,以防支撑水平滑动;活动端微调采用特制钢楔加塞施加预应力。

③第一层支撑安装完毕后,进行第二层土方的开挖,开挖至基底标高后,开始安装第

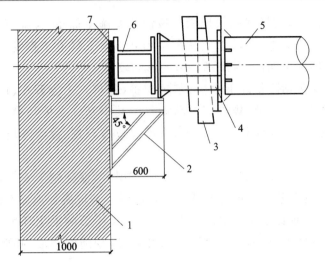

图 13.9　H 型钢托架构造图

1—连续墙;2—E20 槽钢支架@1500 与桩体钢筋焊接;3—钢楔;4—支撑活络头;

5—ϕ609 钢管支撑;6—型钢围檩;7—细石混凝土

二层钢支撑,工序内容与第一层大体相同。

④支撑两端与钢围檩相接,钢围檩要求必须与护坡桩密贴,在有间隙的地方用各种钢板塞紧。

⑤为保证施加预应力时钢围檩不会水平移动,每层钢围檩须设置抗剪凳,抗剪凳位置应与实际护坡桩位置相对应,凿出护坡桩保护层内钢筋,与抗剪凳钢板相焊接,焊接长度应与钢板长度相对应。其他施工工序与第一道支撑相同。

各道钢支撑架设流程见图 13.10。

待支撑架设完毕后进行连系梁及抱箍施工,连系梁与临时立柱采用焊接连接。

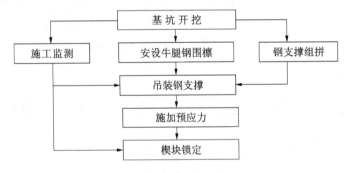

图 13.10　钢支撑架设流程示意图

13.4.2　盖挖法

盖挖法是当地下工程开挖时需要穿越公路、建筑等障碍物且不中断交通时而采取的新型工程施工方法。盖挖法是由地面向下开挖至一定深度后,将顶部封闭,其余的下部工程在封闭的顶盖下进行施工。

根据工程实际情况,盖挖法又可分为盖挖顺作法、盖挖逆作法及盖挖半逆作法,具体施工工序如表 13.7 所示。

表 13.7 盖挖法的各种施工工序

施工方法	施工工序	主体结构施工图及说明
盖挖顺作法	地下管线及地面附着物迁改→施工围挡及场内外交通组织疏解方案→围护结构施工→盖挖系统施工→基坑降水→主体土方开挖，按照"分段分层、由上而下、及时支撑"的原则组织施工→主体结构施工→顶板回填及道路恢复→盖挖系统拆除→盖挖部分回填及道路恢复	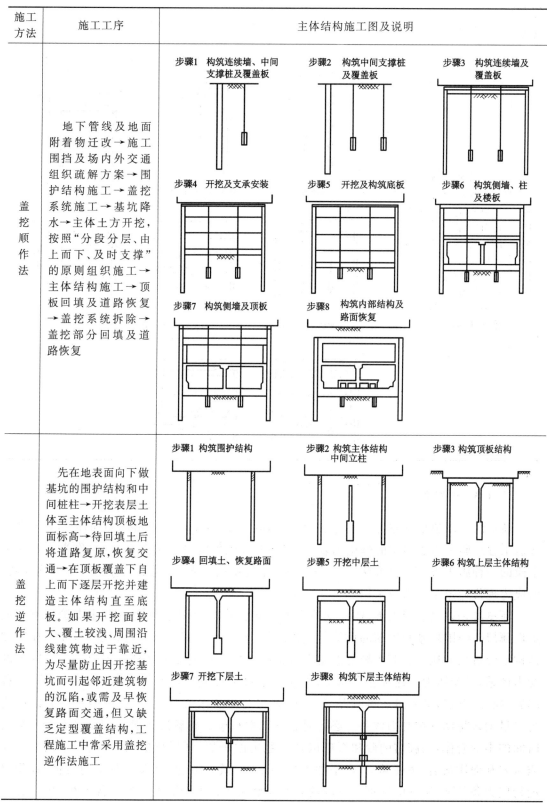
盖挖逆作法	先在地表面向下做基坑的围护结构和中间桩柱→开挖表层土体至主体结构顶板地面标高→待回填土后将道路复原，恢复交通→在顶板覆盖下自上而下逐层开挖并建造主体结构直至底板。如果开挖面较大、覆土较浅、周围沿线建筑物过于靠近，为尽量防止因开挖基坑而引起邻近建筑物的沉陷，或需及早恢复路面交通，但又缺乏定型覆盖结构，工程施工中常采用盖挖逆作法施工	

续表 13.7

施工方法	施工工序	主体结构施工图及说明
盖挖半逆作法	盖挖半逆作法与逆作法的区别仅在于顶板完成及恢复路面后,向下挖土至设计标高后先浇筑底板,再依次向上逐层浇筑侧墙、楼板。在半逆作法施工中,一般都必须设置横撑并施加预应力	步骤1 构筑连续墙、中间支撑桩及临时性挡土设备　步骤2 构筑顶板(Ⅰ)　步骤3 打设中间桩、临时性挡土设备及构筑顶板(Ⅱ) 步骤4 构筑连续墙及顶板(Ⅲ)　步骤5 依序向下开挖及逐层安装水平支撑　步骤6 向下开挖、构筑底板 步骤7 构筑侧墙、柱及楼板　步骤8 构筑侧墙及内部其余结构物

13.4.3 新奥法

新奥法是新奥地利隧道施工方法(New Austrian Tunnelling Method)的简称,它是以隧道工程经验和岩土力学的理论为基础,将锚杆和喷射混凝土组合在一起,作为主要支护手段的一种施工方法。该方法自 20 世纪 60 年代使用以来,在地下工程施工中迅速发展,已成为现代隧道工程新技术标志之一。

新奥法是以喷射混凝土、锚杆支护为主要支护手段,因锚杆喷射混凝土支护能够形成柔性薄层。与围岩紧密黏结的可缩性支护结构,允许围岩有一定的协调变形,而不使支护结构承受过大的压力。其主导思想是把隧道的围岩和初期支护结构一起组成一个完整的受力体系,承受压力。这种受力体系,主要是通过锚杆或钢筋网把坑道周围的岩体(简称围岩)拉住、罩住,必要时还喷射混凝土,形成初期支护体系,把开挖后围岩重新分配的应力尽量纳入初期支护受力体系。必要时施作二次衬砌。新奥法一般适用于具有较长自稳时间的中等岩体,弱胶结的砂和石砾以及不稳定的砾岩,强风化的岩石,刚塑性的黏土泥质灰岩和泥质灰岩,坚硬黏土,带坚硬夹层的黏土,微裂隙的、有很少黏土的岩体,在很高的初应力条件下、坚硬的和可变坚硬的岩石等地质条件下的隧道工程。我国在 20 世纪 70

年代开始引用了这一方法修筑隧道。目前,公路隧道中也采用此法。

(1)特点

新奥法的特点主要体现在:

①支护的及时性。采用喷锚支护可以最大限度地紧跟开挖作业面施工,及时限制围岩的变形发展,保证了支护的及时性和有效性,增强了岩层的稳定性。

②封闭性。及时且全面密黏的喷锚支护,充填围岩因爆破作用而产生的裂隙、节理和凹穴,防止因水和风化作用造成围岩的破坏和剥落,保护原有岩体强度。

③黏结性。喷锚支护同围岩黏结产生连锁作用、复合作用、增加作用,从而提高了围岩的稳定性和强度。

④柔性。喷锚支护属于柔性薄壁支护,可以和围岩共同产生变形,有效控制并允许围岩塑性区有适度的发展,同时,可在与围岩共同变形中受到压缩,对围岩产生越来越大的支护反力,能够抑制围岩产生过大变形。

(2)施工工艺

新奥法施工顺序可以概括为:

```
开挖 ──→ 第一次支护 ──→ 第二次支护
```

①开挖作业。开挖作业依次包括:钻孔、装药、爆破、通风、出渣等。开挖作业与第一次支护作业同时交叉进行,为保护围岩的自身支撑能力,第一次支护工作应尽快进行。为了充分利用围岩的自身支撑能力,开挖应采用灌面爆破(控制爆破)或机械开挖,并尽量采用全断面开挖,地质条件较差时可以采用分块多次开挖。一次开挖长度应根据岩质条件和开挖方式确定。岩质条件好时长度可大一些,岩质条件差时长度可小一些。在同等岩质条件下,分块多次开挖长度可大一些,全断面开挖长度就要小一些,一般在中硬岩中长度为 2~2.5 m,在膨胀性地层中为 0.8~1.0 m。

②第一次支护作业。本工序包括一次喷射混凝土、打锚杆、联网、立钢拱架、复喷混凝土。在巷道开挖后,应尽快地喷一层薄层混凝土,为争取时间,在较松散的围岩掘进中,第一次支护作业是在开挖的渣堆上进行的,待把未被渣堆覆盖的开挖面的一次喷射混凝土完成后再出渣。根据设计图纸和有关规程规范要求,以及现场岩石的具体情况,定出孔位,布置锚杆。加固深度围岩,在围岩内形成承载拱,由喷层、锚杆及岩面承载拱构成外拱,起临时支护作用,同时又是永久支护的一部分。复喷后应达到设计厚度,并要求将锚杆、金属网、钢拱架等覆裹在喷射混凝土内。

施工时注意控制完成第一次支护的时间,一般情况应在开挖后围岩自稳时间的二分之一时间内完成。目前的施工经验是松散围岩应在爆破后 3 h 内完成,主要由施工条件决定。在地质条件非常差的破碎带或膨胀性地层(如风化花岗岩)中开挖巷道,为了延长围岩的自稳时间,给第一次支护争取时间,安全作业,需要在开挖工作面的前方围岩进行超前支护(预支护),然后再开挖。

③第二次支护作业。第一次支护后,在围岩变形趋于稳定时,进行第二次支护和封底,即永久性的支护(或补喷射混凝土,或支模浇筑混凝土),起到提高安全度和整个支护承载能力增强的作用,第二次支护的时间可以由监测结果得到。对于底板不稳,底鼓变形

严重,必然牵动侧墙及顶部支护不稳,所以应尽快封底,形成封闭式的支护,以增强围岩的稳定。图 13.11、图 13.12 为隧道开挖示意图。

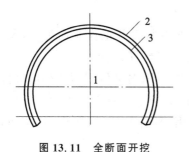

图 13.11　全断面开挖

1—全断面开挖;2—锚喷支护;3—浇筑衬砌

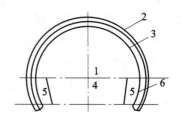

图 13.12　台阶开挖

1—上半部开挖;2—拱部锚喷支护;3—拱部衬砌;

4—下半部中央部开挖;5—边墙部开挖;

6—边墙锚喷支护及衬砌

13.4.4　浅埋暗挖法

浅埋暗挖法是应用岩土力学理论,通过对隧道围岩变形的监测而采用的一种新型支护结构,尽量利用围岩自承能力指导设计和施工的方法。浅埋暗挖法主要适用于城市中不能采用明挖法施工的地方,埋置深度较浅、松散的不稳定土层及软弱破碎岩层等地方。一般应按照"新奥法"原理设计和施工,采用较强的初期支护,先注浆后开挖的方法。与一般深埋隧道新奥法施工相比,浅埋暗挖法更强调预支护和预加固,即要求支护衬砌的结构刚度较大,初期支护允许的变形较小。其现场施工原则是:"管超前、严注浆、短开挖、强支护、快封闭、勤量测"。在隧道浅埋暗挖法施工中,经常遇到砂砾土、砂性土、黏性土或强风化基岩等不稳定地层,自稳时间短,在施工时,为防止拱部坍塌,需要进行地层预加固、预支护。

浅埋暗挖法施工一般有小导管超前注浆、管棚超前支护、开挖面深孔注浆等方法。下面以小导管超前注浆加固来介绍浅埋暗挖法的施工工艺及要点。

小导管超前注浆工艺适用于公路、铁路、市政隧道自稳时间短的软弱破碎带、浅埋段、洞口偏压段、砂层段、砂卵石段、断层破碎带等地段的超前注浆预支护。其施工工艺流程见图 13.13。

小导管施工中,选用的导管规格要符合设计要求,小导管宜选用 $\phi38 \sim 50$ mm 的钢管,长度为 $3.5 \sim 5.0$ m;导管壁厚不小于设计规定值。小导管前端做成尖锥形,尾部焊接 $\phi8$mm 钢筋加劲箍,管壁上每隔 $15 \sim 20$ cm 设有梅花型钻眼,眼孔直径为 $6 \sim 8$ mm,尾部长度不小于 30 cm 作为不钻孔的止浆段。小导管构造如图 13.14 所示。小导管一般在隧道拱部 $120° \sim 135°$ 范围均匀布设,小导管环向间距 $30 \sim 50$ cm、外插角 $10° \sim 15°$,可根据实际情况调整,小导管之间的搭接长度不得小于 1.0 m。

钻孔后,将小导管按设计要求插入孔中,或用机械直接将小导管从型钢钢架上部、中部打入,外露 20 cm 支撑于开挖面后方的钢架上,与钢架共同组成预支护体系。注浆前先喷混凝土封闭掌子面以防漏浆,对于强行打入的钢管应先冲洗管内积物,然后再注浆。注浆顺序由下向上,浆液可用拌和机搅拌。注浆液需符合设计要求,注浆顺序一般是先内圈后外圈

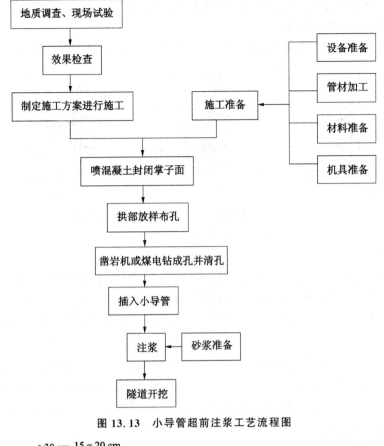

图 13.13 小导管超前注浆工艺流程图

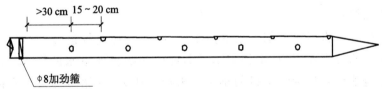

图 13.14 注浆小导管结构图

(在双排孔时),从拱顶顺序往下注,先注无水孔,后注有水孔;先注小水孔,后注大水孔。

注浆效果检查分过程中检查、结束时检查和开挖过程中检查。应保证注浆质量,开挖时发现质量问题,除在下一循环改进外,应加强支护措施。

13.4.5 盾构法

盾构法(Shield Tunnelling Method)是指利用盾构机进行隧道开挖、衬砌等作业的施工方法。盾构机是一种带有护罩的专用设备,利用尾部已装好的衬砌块作为支点向前推进,用刀盘切割土体,同时排土和拼装后面的预制混凝土衬砌块。盾构机既是一种施工机具,也是一种强有力的临时支撑结构,目前主要有泥水平衡式和土压平衡式盾构机。

盾构机设计用来抵挡外向水压和地层压力。它包括三部分:前部的切口环、中部的支撑环以及后部的盾尾。大多数盾构的形状为圆形,也有椭圆形、半圆形、马蹄形及箱形等形式。盾构法施工具有施工速度快、洞体质量比较稳定、对周围建筑物影响较小等特点,一般适合在松软含水地层,或地下线路等设施埋深达到10 m或更深时使用。

(1)盾构施工掘进开挖方式

盾构施工掘进开挖有敞开式、半敞开式和土压平衡模式等方式(图13.15)。

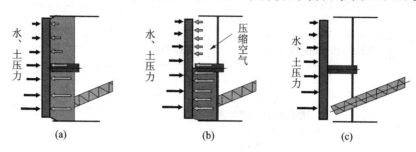

图13.15 盾构施工掘进开挖方式原理示意图
(a)土压平衡模式;(b)半敞开式;(c)敞开式

①敞开式

盾构机切削下来的渣土进入土仓后即被螺旋输送机排出,土仓内仅有极少量的渣土,土仓基本处于清空状态,掘进中刀盘和螺旋输送机所受反扭矩较小。由于土仓内无压力,所以不能支撑开挖面地层和防止地下水渗入。该模式适用于能够自稳、地下水少的地层。

②半敞开式

半敞开式又称为局部气压模式。掘进中土仓内的渣土未充满土仓,尚有一定的空间,通过盾构保压系统向土仓内输入压缩空气与渣土共同支撑开挖面和防止地下水渗入。该掘进模式适用于具有一定自稳能力和地下水压力不太高的地层,其防止地下水渗入的效果主要取决于压缩空气的压力。

③土压平衡模式

土压平衡模式是将刀盘切削下来的渣土充满土仓,通过推进操作产生与掌子面土压力和水压力相平衡的土仓压力,来稳定掌子面地层和防止地下水的渗入。该模式主要通过控制盾构推进速度和螺旋输送机的排土量来产生压力,并通过测量土仓内的土压力来随时调整盾构推进速度和螺旋输送机的转速,控制出渣量。该掘进模式适用于不能自稳的软土和富水地层。

(2)施工工艺

盾构施工法是由稳定开挖面、盾构机挖掘和衬砌三大部分组成。

盾构施工法施工工艺由以下几个步骤组成:第一步,在置放盾构机的地方打垂直井,再用混凝土进行加固;第二步,将盾构机安装到井底,并装配相应的千斤顶;第三步,用千斤顶之力驱动井底部的盾构机往水平方向前进,形成隧道;第四步,将开挖好的隧道边墙用事先制作好的混凝土衬砌加固,地压较高时可以采用浇铸的钢制衬砌来代替混凝土衬砌。盾构法施工中,其隧道一般采用以预制管片拼装的圆形衬砌,也可采用挤压混凝土圆形衬砌,必要时可再浇筑一层内衬砌,形成防水功能好的圆形双层衬砌。

盾构法施工过程如图13.16所示。

盾构施工工序主要有土层开挖、盾构掘进过程中操纵与纠偏、衬砌拼装、衬砌背后注浆等。这些工序均应及时而迅速地进行,绝不能长时间停顿,以免增加地层的扰动和对地

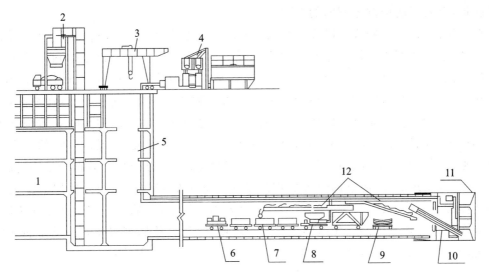

图 13.16 盾构法施工过程示意图

1—车站；2—渣土储舱和卸料；3—龙门吊车；4—泥浆处理设备；5—竖井；6—电瓶车；7—斗车；
8—泥浆注入车；9—管片运输车；10—螺旋输送机；11—盾构机；12—皮带输送机

面、地下构筑物产生影响。

①土层开挖。为了安全并减少对地层的扰动，一般先将盾构前面的切口贯入土体，然后在切口内进行土层开挖，根据工程地质条件的差异和施工条件，可以确定不同的开挖方式。如在稳定地层中盾构掘进可采用敞开式。

②掘进过程中操纵与纠偏。根据不同地段的工程水文地质情况，确定掘进参数。在施工中，对掘进参数进行动态管理，结合地面监测反馈信息对掘进参数进行优化。主要采取编组调整千斤顶的推力、调整开挖面压力以及控制盾构推进的纵坡等方法，来操纵盾构位置和顶进方向。一般按照测量结果提供的偏离设计轴线的高程和平面位置值，确定下一次推进时须有若干千斤顶开动及推力的大小，用以纠正方向。此外，调整的方法也随盾构开挖方式有所不同，如：敞开式盾构，可用超挖或欠挖来调整；挤压式开挖，可用改变进土孔位置和开孔率来调整。

③衬砌拼装。现场拼装常用液压传动的拼装机，拼装方法根据结构受力要求，可分为通缝拼装和错缝拼装。通缝拼装是使管片的纵缝环环对齐，错缝拼装是使相邻衬砌圆环的纵缝错开管片长度的 1/3～1/2。衬砌拼装方法按拼装顺序，又可分为先环后纵和先纵后环两种。先环后纵法是先将管片（或砌块）拼成圆环，然后用盾构千斤顶将衬砌圆环纵向顶紧。先纵后环法是将管片逐块先与上一环管片拼接好，最后封顶成环，这种拼装顺序可轮流缩回和伸出千斤顶活塞杆以防止盾构后退，减少开挖面土体的走动。而先环后纵的拼装顺序，在拼装时须使千斤顶活塞杆全部缩回，极易产生盾构后退，故不宜采用。

④衬砌背后注浆。为了防止地表沉降，必须将盾尾和衬砌之间的空隙及时注浆充填。在不稳定地层中的掘进施工，壁后注浆的质量对盾构隧道的影响较大。施工中采用同步注浆技术，浆液为水泥砂浆，并掺了粉煤灰和稳定剂等材料。同步注浆的主要作用是尽早充填管片与围岩间的间隙，确保管片环获得早期稳定，改善管片环的受力条件，防止管片

局部破损,有利于盾构掘进方向的控制。

在稳定岩层中,盾构施工同步注浆的注浆压力控制在 $2.0\sim2.5~\mathrm{kg/cm^2}$。为了保证注浆的连续性,每环掘进前期的注浆压力宜稍低一点,后期注浆压力再提高到设计压力值。压注的方法有二次压注和一次压注。二次压注是在盾构推进一环后,立即用风动压注机通过衬砌上的预留孔,向衬砌背后的空隙内压入豆粒砂,以防止地层坍塌;在继续推进数环后,再用压浆泵将水泥类浆体压入砂间空隙,使之凝固。一次压注是随着盾构推进,当盾尾和衬砌之间出现空隙时,立即通过预留孔压注水泥类砂浆,并保持一定的压力,使之充满空隙。压浆时要对称进行,并尽量避免单点超压注浆,以减少对衬砌的不均匀施工荷载;一旦压浆出现故障,应立即暂停盾构的推进。通过同步注浆系统及盾尾的注浆管,在盾构向前推进形成盾尾空隙的同时,不断对该处进行注浆,将盾尾空隙不断填充饱满。由于浆液在盾尾空隙形成的极短时间内将其充填密实,从而使周围岩体获得及时的支撑,可有效地防止岩体的坍陷,控制地表的沉降。同步注浆示意参见图 13.17。

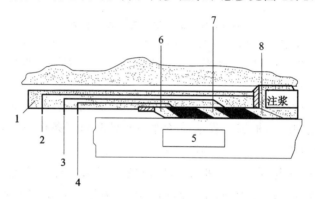

图 13.17　同步注浆示意图

1—盾尾;2—注浆孔;3—后腔油脂孔;4—前腔油脂孔;5—管片;6—刷形密封1;7—刷形密封2;8—刷形密封3

（3）渣土改良

在盾构掘进产生的渣土中掺入泡沫剂或膨润土,使渣土的流动和黏度等性能得到改善,便于盾构掘进、出渣和地层稳定,减小盾构部件损耗,达到盾构施工快速、安全、高效的目的。根据使用材料的不同,渣土改良一般可分为泡沫剂法和膨润土法。实际施工中使用最多的是泡沫剂法,膨润土法只作为泡沫剂法的补充方法,实际使用较少。

【例 13.2】 某公路隧道长 2400 m,穿越的岩层主要由泥岩和砂岩组成,设计采用新奥法施工,复合式衬砌,夹层防水层设计为塑料防水板。隧道通风采用风管式通风。

问题:(1)简述新奥法施工原则。

(2)分析采用风管式通风的特点。

【解】

(1)根据工程背景,采用新奥法施工应遵循的基本原则为:少扰动、早喷锚、勤量测、紧封闭。

(2)施工中采用风管式通风方式,其设备简单、布置灵活、易于拆装,是一般隧道施工常采用的方法,但是由于管路的增长及管道的接头或多或少有漏风,若不保证接头的质量就会造成因风管过长而达不到要求的风量。

13.4.6　隧道工程质量检查与验收

为了保证隧道工程施工质量,在整个施工过程中应严格按照《公路隧道施工技术规范》(JTG/T 3660)的要求完成各个工序环节,做好工程质量检查及过程监控。如,喷射混凝土支护施工质量应符合表13.8的各项规定。

表13.8　喷射混凝土支护施工质量标准

序号	检查项目	施工控制值	检验频率	检验方法
1	喷射混凝土强度(MPa)	在合格标准内	按《公路隧道施工技术规范》(JTG/T 3660)附录B.3检查	
2	喷射混凝土厚度(mm)	初喷厚度:20~50 mm,最小厚度≥20 mm	初喷混凝土厚度每作业循环检查一次,每次不少于3个点	钻孔法
		成品厚度:平均厚度≥设计厚度;60%的检查点厚度≥设计厚度;最小厚度≥0.6倍设计厚度,且≥50 mm	成品厚度每10 m抽查2个断面,每个断面从拱顶中线起每3 m检查1点	钻孔法、全站仪、激光断面仪
			双车道隧道拱部、边墙共3条测线,三车道、四车道隧道拱部、边墙不少于5条测线,连续检测,厚度判定测点,沿每条测线每3 m取一个点	地质雷达
3	空洞检测	无空洞,无杂物	每5 m检查一个断面,每个断面检查不少于3点	钻孔法
			双车道隧道拱部、边墙共3条测线,三车道、四车道隧道拱部、边墙不少于5条测线	地质雷达
4	喷射混凝土支护净空	不小于设计	每10 m抽查3个断面	全站仪、激光断面仪

锚杆支护施工质量应符合表13.9中的各项规定。

表13.9　锚杆支护施工质量标准

序号	检查项目	施工控制值	检验频率	检验方法
1	锚杆数量(根)	满足设计要求	全部	现场逐根清点
2	锚杆拔力(kN)	28 d拔力平均值≥设计值,最小拔力≥0.9倍设计值	按锚杆数1%做拔力试验,且不少于3根	拔力试验
3	锚杆孔位(mm)	±150	随机抽查不少于锚杆数的10%	尺量
4	钻孔深度(mm)	±50	随机抽查不少于锚杆数的10%	尺量
5	孔径(mm)	锚杆钻孔直径应大于锚杆杆体直径+15 mm	随机抽查不少于锚杆数的10%	尺量
6	锚杆长度(m)	±100	随机抽查不少于锚杆数的10%	尺量、物探法
7	锚固剂强度	满足设计要求	每进货批次	按产品标准检验
8	锚杆杆体外观	钢筋无锈蚀、杆体无凹痕、无弯曲	随机抽查不少于锚杆数的10%	目测
9	锚杆砂浆饱满度	饱满、密实、无空洞	随机抽查不少于锚杆数的10%	物探法
10	锚头	锚杆外露长度≤100 mm,垫板与岩面密贴,无间隙	随机抽查不少于锚杆数的50%	目测,尺量

混凝土衬砌施工质量应符合表 13.10 中的各项规定。

表 13.10　混凝土衬砌施工质量标准

序号	检查项目		规定值或允许偏差	检验频率	检验方法
1	混凝土强度(MPa)		在合格标准内	按《公路隧道施工技术规范》(JTG/T 3660)附录 B.1 检查	试件检测
2	坍落度(mm)	<100 mm	±20 mm	按《公路隧道施工技术规范》(JTG/T 3660)附录 B.1 每组试件一次	坍落度桶
		≥100 mm	±30 mm	按《公路隧道施工技术规范》(JTG/T 3660)附录 B.1 每组试件一次	坍落度桶
3	衬砌厚度(mm)		90%的检查点厚度≥设计厚度；最小厚度≥0.5倍设计厚度	立模后,每模端头沿模板弧线不大于 2 m 间距检查一个点,台车每振捣窗检查一个点,两侧拱脚必须检测	尺量
				混凝土浇筑后,双车道分别在隧道拱部、边墙设不少于 3 条测线,三车道、四车道隧道在拱部、边墙设不少于 5 条测线,连续测试。厚度判定测点沿测线间距不大于 2 m	地质雷达
4	衬砌背部密实状况		衬砌背后无杂物、无空洞	拱顶、两拱腰、边墙脚	目测;地质雷达探测
5	墙面平整度(mm)		拱、墙部位≤5	每模边墙、拱腰、拱顶不少于 5 处	2 m 靠尺,顺隧道轴线方向靠紧衬砌表面
6	施工缝表面错台(mm)		施工缝、变形缝±20	每条施工缝边墙、拱腰、拱顶不少于 5 处	靠尺、直尺
7	隧道净高(mm)		不小于设计	每模检查 2 个断面	水准仪
8	总宽度		≥设计值	每模检查 2 个断面,每个断面最大跨度位置和拱脚位置	卷尺、经纬仪、全站仪
9	中线偏差(mm)		≤20mm	每模检查 2 个断面	

注:衬砌背部密实情况,指模筑混凝土衬砌与初期支护之间的密实情况。

隧道仰拱施工质量应符合表 13.11 中的各项规定。

表 13.1　仰拱施工质量标准

序号	检查项目		规定值或允许偏差	检验频率	检验方法
1	混凝土强度(MPa)		在合格标准内	按《公路隧道施工技术规范》(JTG/T 3660)附录 B.1 检查	
2	坍落度(mm)	<100 mm	±20 mm	按《公路隧道施工技术规范》(JTG/T 3660)附录 B.1 每组试件一次	坍落度桶
		≥100 mm	±30 mm	按《公路隧道施工技术规范》(JTG/T 3660)附录 B.1 每组试件一次	坍落度桶

续表 13.1

序号	检查项目	规定值或允许偏差	检验频率	检验方法
3	仰拱厚度(mm)	不小于设计值	立模后,每模端头作为一个检查断面沿模板弧线检测每一浇筑段不少于两个断面,每个断面不少于 5 点,模板每振捣窗检查一个点	尺量
4	仰拱底面高程(mm)	±15	每一浇筑段不少于两个断面,每断面检查不少于 5 点	混凝土浇筑前,水准仪

　　隧道工程施工完毕后,并满足以下要求:①全部施工现场已做到了工完清场;②施工范围内的测量控制网点、导线点、水准点已恢复,并满足精度要求;③按规定要求,准备好了完整、齐全的交工验收资料;④施工单位已按现行《公路工程质量检验评定标准》(JTG F80/2)的要求进行自检评定,并提交了交验申请。完成上述工作后应进行工程的竣工验收。

 习题和思考题

13.1　路面的结构层次如何划分?

13.2　简述沥青混凝土路面施工的主要工序及注意事项。

13.3　试述水泥混凝土路面主要的施工方法。

13.4　试述水泥混凝土路面滑模施工操作要点。

13.5　水泥混凝土路面施工过程中质量检查包括哪些方面?

13.6　常见隧道施工方法及其适用范围。

13.7　试述盖挖法施工工序和内容。

13.8　新奥法的施工特点和工艺有哪些?

13.9　试述盾构法施工隧道掘进方式和特点。

13.10　某沥青混凝土路面,路面结构形式自上而下依次为:上面层 4 cm 厚中粒式沥青混凝土、中面层 6 cm 厚粗粒式沥青混凝土、下面层 8 cm 厚粗粒式沥青混凝土,施工有效期为 200 d。

　　问题:(1)试拟定沥青混凝土路面的施工工序。

　　　　　(2)施工准备中,控制石料除了规格和试验外,堆放应注意哪些要求?

　　　　　(3)简述横接缝的处理方法。

参 考 文 献

[1] 郭正兴.土木工程施工.3版.南京:东南大学出版社,2020.

[2] 应惠清.土木工程施工(上册).3版.上海:同济大学出版社,2018.

[3] 高等学校土木工程学科专业指导委员会.高等学校土木工程本科指导性专业规范.北京:中国建筑工业出版社,2011.

[4] 毛鹤琴.土木工程施工.5版.武汉:武汉理工大学出版社,2018.

[5] 廖代广,孟新田.土木工程施工.4版.武汉:武汉理工大学出版社,2012.

[6] 陈守兰.土木工程施工技术.北京:科学出版社,2010.

[7] 张厚先.土木工程施工技术.北京:化学工业出版社,2011.

[8] 张长友.土木工程施工技术.北京:中国电力出版社,2009.

[9] 侯君伟.装配式混凝土住宅工程施工手册.北京:中国建筑工业出版社,2015.

[10] 济南市城乡建设委员会建筑产业化领导小组办公室.装配整体式混凝土结构工程施工.北京:中国建筑工业出版社,2015.

[11] 吴贤国.土木工程施工.北京:中国建筑工业出版社,2010.

[12] 张可文.地基与基础工程.北京:机械工业出版社,2011.

[13] 任建喜.地下工程施工技术.西安:西北工业大学出版社,2012.

[14] 蒋金生.土建工程施工工艺标准.上海:同济大学出版社,2006.

[15] 雷宏刚.土木工程事故分析与处理.武汉:华中科技大学出版社,2009.

[16] 穆静波,孙震.土木工程施工.2版.北京:中国建筑工业出版社,2014.

[17] 魏红一.桥梁施工及组织管理.北京:人民交通出版社,2008.

[18] 周爱国.隧道工程现场施工技术.北京:人民交通出版社,2004.

[19] 于书翰,杜谟远.隧道施工.北京:人民交通出版社,1999.

[20] 邓学钧.路基路面工程.3版.北京:人民交通出版社,2008.

[21] 郭兰英.路基路面工程.北京:化学工业出版社,2012.

[22] 建筑工程管理与实务复习题集(全国二级建造师执业资格考试辅导).北京:中国建筑工业出版社,2022.

[23] 建筑工程管理与实务复习题集(全国一级建造师执业资格考试辅导).北京:中国建筑工业出版社,2022.

[24] 公路工程管理与实务复习题集(全国一级建造师执业资格考试辅导).北京:中国建筑工业出版社,2022.